T. Stange

Institut X

Institut X

Die Anfänge der Kern- und Hochenergiephysik in der DDR

Von Dr. rer. nat. Thomas Stange
Mainz

B. G. Teubner Stuttgart · Leipzig · Wiesbaden

Dr. rer. nat. Thomas Stange

Geboren 1966 in Hamburg. Ab 1988 Studium der Physik und der Wissenschaftsgeschichte an der Universität Hamburg, Diplom 1994, Promotion zum Dr. rer. nat. 1998. Seit 1997 am Institut für Mikrotechnik Mainz GmbH.
e-mail: stange@imm-mainz.de

Umschlagbild: Lothar Willmann. Luftaufnahme des DESY Zeuthen (Ausschnitt).

Die Deutsche Bibliothek – CIP-Einheitsaufnahme
Ein Titeldatensatz für diese Publikation ist bei
Der Deutschen Bibliothek erhältlich.

1. Auflage Januar 2001

Der Verlag Teubner ist ein Unternehmen der Fachverlagsgruppe BertelsmannSpringer.

www.teubner.de

Gedruckt auf säurefreiem Papier
Umschlaggestaltung: Peter Pfitz, Stuttgart
Druck und buchbinderische Verarbeitung: Präzis-Druck GmbH, Karlsruhe

ISBN-13: 978-3-519-00400-4 e-ISBN- 978-3-322-84802-4

DOI: 10.1007/ 978-3-322-84802-4

Vergangenheit wacht auf, sie lebt, sobald man sich in sie vertieft. Nicht so, daß praktische Ratschläge aus ihr zu gewinnen wären. Aber so, daß wir in ihr den Menschen kennen lernen und dadurch auch uns selber; die Anlagen und Möglichkeiten unseres Volkes; sein Versagen wie seine Schöpfungen; die Herkunft der Gegenwart. Wie die Geschichte arbeitet und wie die einzelnen sich in ihr bewährt haben oder nicht; wie sie das Gute wollten und irren mußten, eingefangen wurden in Konflikten, die sie nicht lösen konnten. Und was sie recht machten.

Golo Mann

Das Gelände des Instituts Miersdorf Ende 1952

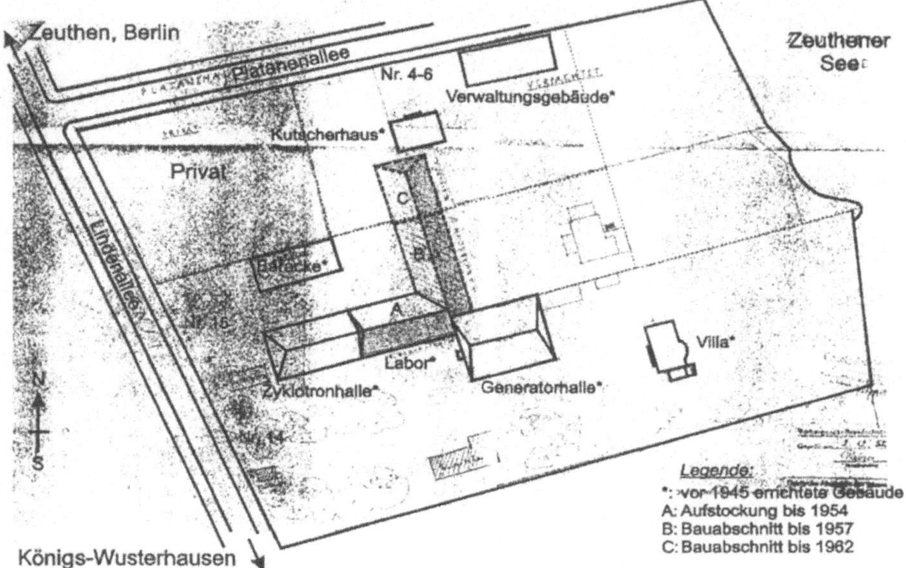

Vorwort

Die DDR-Forschung erlebte durch die Öffnung der Archive und die – mit geringen Ausnahmen – Aufhebung der üblichen 30jährigen Sperrfrist eine nicht mehr für möglich gehaltene Renaissance. Zwar ist Hermann Weber zuzustimmen, der 1993 feststellte, daß bereits auf einen soliden Forschungsstand aufzubauen sei, mithin das Rad nicht neu erfunden werden müsse.[1] Andererseits litt die bundesdeutsche DDR-Forschung vor 1989 allgemein unter einem nachlassenden politischen und öffentlichen Interesse auf der einen sowie dem Manko des fehlenden Zugangs zu den Primärquellen auf der anderen Seite.

Die historische Untersuchung der Naturwissenschaften und ihrer Institutionen in der DDR hatte besonders viel von einer *Terra incognita*, da sie weder vor 1989 noch danach zu den Grundproblemen und Tendenzen der Forschung gezählt wurde.[2] Die vorliegende Arbeit zur Herausbildung eines Instituts für Hochenergiephysik in der DDR stützt sich daher vor allem auf Schriftgut aus hohen Parteigremien, staatlichen Verwaltungen, auf die Archivalien der Akademie der Wissenschaften, des Instituts selbst sowie auf einige versprengte Überlieferungen. Wo möglich wurde versucht, die Aktenlage durch Interviews mit Zeitzeugen, Auswertung von Dokumenten aus privatem Besitz und durch Einsicht in Akten des Ministeriums für Staatssicherheit zu ergänzen.

Diese Quellenlage birgt insgesamt ein interpretatorisches Risiko, nicht nur, weil sie in weiten Teilen von einseitigem Herrschaftswissen geprägt ist, sondern die Mehrzahl der Dokumente darüber hinaus in einer zunehmend formalisierten und oftmals verklausulierten Sprache abgefaßt wurden, die zweifellos vorhandene Konflikte konsequent ausblendete und für einen bundesdeutsch geprägten Forscher schwer zu entschlüsseln sein mußte. Es war daher besonders wichtig, Hinweise von Gesprächspartnern zu verfolgen, Dokumente unterschiedlicher Provenienz gegenzulesen und sich durch ein umfassendes Studium der DDR-Geschichte in die damaligen Situationen einzufühlen.

Dabei stand für mich von Anfang an im Vordergrund, nach den Auswirkungen der wechselhaften politischen Entwicklung auf eine Grundlagenwissenschaft zu fragen, die kostenintensiv war und sich angesichts einer zunehmend anwendungsorientierten Wissenschafts- und Wirtschaftspolitik immer wieder legitimieren mußte. Weil die DDR sich keinen eigenen Hochenergiebeschleuniger leisten konnte, hatte diese Legitimierung ab den 60er Jahren entscheidend auf

[1] [Web93], S. 125.

[2] Vgl. a.a.O., S. 171-181 und S. 256-265. Vgl. hierzu auch die Bibliographie in [Hof97c].

der internationalen Zusammenarbeit zu gründen.

Die Arbeit umspannt gut dreißig Jahre in der Entwicklung des Instituts für Hochenergiephysik: Von seiner Gründung auf Geheiß von Reichspostminister Ohnesorge Anfang 1940 bis zum Ende der Ulbricht-Ära im Frühling 1971. Die mit der Struktur der Kapitel vorgenommene Periodisierung orientiert sich an den Veränderungen des Instituts beziehungsweise der für sie maßgebenden politischen Strukturen.[3]

Die insgesamt fünf Kapitel gliedern sich ihrerseits in drei Teile. Der Prolog (Kapitel 1) rekonstruiert die Vorgeschichte des Instituts im 2. Weltkrieg. Es folgen drei Kapitel, die der Aufbau- bzw. kernphysikalischen Phase des Instituts bis 1962 gewidmet sind: Kapitel 2 geht auf die Umstände der Wiederbelebung des Instituts sowie seine ersten Jahre des Aufbaus bis etwa Ende 1954 ein. Gemeinsam mit Kapitel 4 rahmt es das 3. Kapitel ein, das die Freigabe der Kernforschung in Deutschland im Jahre 1955, die ersten Schritte auf dem Weg zur Ausnutzung der Kernenergie sowie die Gründungen der internationalen Gemeinschaftsinstitute CERN (West) und VIK (Ost) behandelt. Dieser Exkurs ist elementare Voraussetzung für das Verständnis der Kapitel 4 und 5, die sich wieder stärker mit der weiteren Evolution des Instituts beschäftigen. Kapitel 4 nimmt den Faden daher noch einmal im Jahre 1955 auf und verfolgt ihn bis 1962, als sich mit der Einstellung der niederenergetischen Kernphysik der wohl gravierendste Einschnitt in der Institutsgeschichte ergab. Kapitel 5 schließlich beschreibt die 60er Jahre, in denen das Institut seine entscheidenden Prägungen als Einrichtung für das Studium hochenergetischer Prozesse erhielt. Es endet mit den Umstrukturierungen durch die 1968 einsetzende Akademiereform.

Zum Verständnis notwendige Einfügungen meinerseits sind durch eckige Klammern gekennzeichnet, während DM das Zahlungsmittel der DDR bis zur ersten Umbenennung 1964 meint.

Ich danke dem Verlag B.G. Teubner und Herrn Jürgen Weiß, daß sie die Drucklegung dieser gekürzten und leicht redigierten Fassung meiner Dissertation ermöglichten, Herrn Dr. Thomas Richter für die Bereitstellung des Photos seines Vaters, dem DESY-Zeuthen für alle sonstigen Abbildungen (mit Ausnahme der Konstruktionszeichnung auf Seite 30) sowie all jenen, die entscheidenden Anteil am Zustandekommen der Arbeit hatten.

Mainz, August 2000 Dr. Thomas Stange

[3]Interessanterweise weicht sie dabei nur unwesentlich von üblichen Periodisierungen der DDR-Geschichte ab. Vgl. [Web93], S. 130-133.

Inhaltsverzeichnis

Kapitel 1

Die Anfänge

> Geschichte ist etwas, das vielleicht im Grunde erst geschrieben werden kann, wenn alles so lange vorbei ist, daß niemand mehr lebt, der ein aktuelles Interesse daran hat, wie es gewesen sein *sollte*.[1]
>
> Carl Friedrich von Weizsäcker

1.1 Zur Physik im Nationalsozialismus

Während der ersten drei Jahrzehnte dieses Jahrhunderts ist Deutschland eine naturwissenschaftliche und technische Weltmacht gewesen. Allein in der Physik konnte es sich rühmen, bis 1932 elf Nobelpreisträger hervorgebracht zu haben – der überwiegende Teil von ihnen war für Arbeiten auf dem Gebiet der Quantenmechanik und der Atomphysik ausgezeichnet worden, aus denen schon bald die Kernphysik hervorgehen sollte. Mit der beginnenden Technisierung der Forschung in den 20er Jahren nahm eine Entwicklung ihren Ausgang, die – beschleunigt durch nationalsozialistische Diktatur und die militärische Niederlage – in der Vorherrschaft der angelsächsischen Physik nach dem Kriege kulminierte. Statt steigender Forschungsetats, die nötig gewesen wären, um hier mitzuhalten, führten die ökonomische Krise, der Konservativismus der führenden deutschen Wissenschaftler sowie schließlich auch der politische Niedergang der Weimarer Republik dazu, daß in Deutschland der Anschluß an diese Entwicklung weitgehend verlorenging.

Es kam in den Folgejahren dennoch zu einigen wissenschaftlichen und vor allem technischen Spitzenleistungen, was nicht zuletzt auf das außerordentliche Potential zurückzuführen ist, daß in den Jahren vor 1933 geschaffen worden war.[2] Hinzu kam die Bereitschaft der großen Mehrheit der Wissenschaftler und Techniker, dem Staat zu Diensten zu sein, obwohl ein beträchtlicher Teil von

---

[1] [Hof93], S. 350.

[2] Vgl. [Lud79], S. 225.

ihnen der Republik feindlich gegenüber stand und „während dieser Jahre in seinen politischen Anschauungen (verharrte), indem Autoritarismus, Militarismus und Nationalismus hochgehalten, demokratische und internationalistische Bestrebungen hingegen abgelehnt wurden.“[3] Diese auf gewisse Weise schizoide Trennung von wissenschaftlicher und staatsbürgerlicher Loyalität ließ die Wissenschaften und die Technik auch unter der neuen Herrschaft der Nationalsozialisten „funktionieren“.

Da die „Weltanschauung“ der neuen Machthaber äußerst reduktionistisch war und mithin einer gesamtstaatlichen Programmatik ermangelte, beruhte ihre „Politik“ im großen Maße auf Improvisation und der Kontinuität bürokratischer „Pflichterfüllung“. Es verwundert daher auch nicht, daß sie über „keinerlei Konzept für eine konstruktive Forschungspolitk“ verfügten,[4] und so waren die ersten Maßnahmen, die sich auf die Wissenschaften auswirkten, – Entlassung der jüdischen Beamtenschaft und Gleichschaltung – allgemeineren ideologischen und machtpolitschen Ansätzen geschuldet.

Die Folgen besonders der Entlassungspolitik waren allerdings beträchtlich und betrafen die Physik in besonderer Weise: Zwischen 1933 und 1935 kam es zur Vertreibung oder freiwilligen Auswanderung von circa 25 % der im Hochschulbereich beschäftigten Physiker,[5] darunter einige der maßgeblichen Koryphäen jener Zeit (z.B. Albert Einstein, Max Born, Erwin Schrödinger und James Franck), aber auch vieler junger, vielversprechender Physiker (etwa Hans Bethe, Walter Heitler oder Edward Teller). Dieser Verlust ist über seine quantitative Größenordnung hinaus nicht nur aufgrund qualitativer Aspekte höher einzuschätzen. Vielmehr leisteten die Nationalsozialisten damit – ironischerweise – einen entscheidenden Beitrag zum Atombomben-Projekt der Amerikaner.

Daß diese personelle Schwächung nicht als eine solche angesehen wurde, wirft ein bezeichnendes Licht auf die Bedeutung des Antisemitismus' auf der einen, aber auch auf das weitverbreitete Unverständnis für die Zusammenhänge zwischen Forschung und Innovation innerhalb der NSdAP auf der anderen Seite:

> Die in der Wirtschaftskrise oftmals grundsätzlich in Frage gestellte Weiterentwicklung von Technik erwarteten die Nationalsozialisten nur exogen von »Erfindungen«, nicht aber als Ergebnis einer in der Breite geförderten wissenschaftlichen Forschung oder gar Grundlagenforschung.[6]

Diese Geringschätzung der Wissenschaft fand ihre Entsprechung in der Besetzung der Leitung des im Jahre 1934 neugegründeten Reichserziehungsministe-

[3] [Wal90], S. 18.
[4] [Lud79], S. 212.
[5] [Bey82], S. 35 und S. 268.
[6] [Lud79], S. 210.

riums (REM) mit Bernhard Rust, unter dem das REM bis zum Kriegsende eines der schwächsten Ressorts im nationalsozialistischen Machtkartell blieb und die „Physik als eine der wichtigsten Voraussetzungen der modernen Technik im Dritten Reich in Rückstand (geriet)."[7] Wenn Wissenschaft und Technik später durch die Wiederaufrüstung doch noch größere Aufmerksamkeit und Unterstützung zuteil wurden, so lag das weniger an Bemühungen des REM, sondern vor allem im Profilierungsbestreben anderer Dienststellen begründet.

Zunächst aber sah sich die Physikergemeinschaft mit einer politischen Bewegung aus ihren eigenen Reihen konfrontiert:

> Es gab aus der Sicht des Nationalsozialismus zwei getrennte Kategorien für Wissenschaft und Technologie: 1) jene Disziplinen, die offensichtlich dem »Dritten Reich« in ideologischem oder praktischem Sinne nützlich waren, darunter Biologie, Chemie, Geographie und Ingenieurwesen, (...) und 2) andere Disziplinen, wie etwa Mathematik, Physik und Psychologie, die nun ihre Nützlichkeit für das »neue« Deutschland unter Beweis zu stellen hatten.
> Es ist kein Zufall, daß die letztgenannten Fächer alle eine »arische« Wissenschaftsbewegung oder etwas Äquivalentes erfahren haben, das die etablierte Berufshierarchie herausforderte...[8]

Die „arische Physik war ein Mikrokosmos des Nationalsozialismus, eine Anhäufung von Ansichten, die ihrer Form nach irrational und in ihrem Inhalt genauso nihilistisch waren."[9] Eine Bewegung, die mit Versatzstücken völkischer Ideologie und mit Unterstützung der Partei sowohl ihre Vorstellungen einer „Deutschen Physik" durchsetzen und die moderne Physik – die angeblich jüdischen Theorien, Quantenmechanik und Relativitätstheorie – unterbinden als auch deren Verfechter wie etwa Werner Heisenberg zurückdrängen und eigene Anhänger in Amt und Würden bringen wollte. Ihre Hauptvertreter waren die Nobelpreisträger Philipp Lenard und Johannes Stark.

Ihnen verlieh zunächst die Tatsache Gewicht, daß sie sich früh dem Nationalsozialismus angeschlossen hatten und folglich über persönliche Beziehungen zu führenden Parteigenossen verfügten. Allerdings war „ihre Bewegung sowohl schlechte Politik als auch schlechte Physik"[10], und ihre Zahl blieb relativ klein – die große Schar der Fachkollegen stand ihnen ablehnend gegenüber. Je mehr letztere den Pakt mit staatlichen Stellen und Parteigruppierungen eingingen und den Nachweis ihrer Nützlichkeit erbrachten, desto mehr verloren die Anhänger der „Deutschen Physik" an Einfluß.[11] Mit dem Ende der deutschen

[7] A.a.O., S. 211.
[8] [Ren95], S. 20f.
[9] [Bey82], S. 194.
[10] A.a.O., S. 272-274.
[11] [Ren95], S. 21.

Blitzkriegsträume büßten sie endgültig jede Bedeutung ein.
Dennoch blieb die Lage der Physik vorerst eine schwierige:

> Alle Warnungen vor der falschen Annahme, daß ein moderner Krieg die Organisation des wissenschaftlichen Nachschubs entbehren könne, erwiesen sich als in den Wind gesprochen. Während man in Großbritannien und später vor allem in den USA die Natur- und Technikwissenschaften in den Dienst des Krieges stellte und ihre Methoden, insbesondere die der quantifizierenden Messung, sogar politischen Entscheidungsprozessen zugrunde legte, wurde in Deutschland in einer schon traditionellen Überheblichkeit jegliches »operational research« ignoriert.[12]

Zunächst schien das allerdings auch ein vernachlässigbarer Faktor zu sein, denn die ersten Siege waren schnell und umfassend: Polen wurde innerhalb von vier Wochen niedergerungen, Dänemark sofort und Norwegen im Laufe von zwei Monaten besetzt; die Niederlande und Belgien kapitulierten nach wenigen Tagen, und Frankreich gab sich keinen Monat später geschlagen. Ein ähnliches Tempo legten deutsche Streitkräfte in Nordafrika und auf dem Balkan vor. Selbst die Offensive gegen die Sowjetunion versprach raschen Erfolg. So gesehen schien sich eine langfristige Forschungspolitik zu erübrigen, was zu einem Entwicklungsstopp für längerfristige Projekte führte.[13]

Auch die undifferenzierte Mobilisierung entsprach dieser Haltung: Die meisten jungen Wissenschaftler wurden als einfache Soldaten eingezogen, „so daß wissenschaftliche Arbeitskräfte rasch knapp wurden."[14] Betroffen waren natürlich ebenfalls viele Studenten – eine Hypothek, die sich noch in den Nachkriegsjahren bemerkbar machen sollte, denn aufgrund der kriegsschwachen Jahrgänge, der Politisierung der Zulassung zu den Hochschulen und der ideologischen Diskreditierung der modernen, theoretischen Physik waren die Immatrikulationszahlen vor dem Krieg ohnehin schon stark rückläufig gewesen. Der Kriegseinsatz führte dazu, daß von einer ganzen Generation fehlenden Physiker- und Ingenieursnachwuchs gesprochen werden kann.[15]

Die Lage änderte sich grundlegend im folgenden Winter, nachdem der deutsche Vormarsch in den Weiten der Sowjetunion nicht nur zum Stehen gekommen war, sondern deutsche Truppen erstmals geschlagen worden waren und den Rückzug hatten antreten müssen. Zudem war die Luftschlacht über England verloren worden, der Krieg im Westen also noch nicht entschieden. Mit der

---

[12] [Lud79], S. 230.

[13] A.a.O., S. 229f.

[14] [Wal90], S. 58f.

[15] A.a.O., S. 69f. Sehr detailliert äußert sich Ludwig zum Problem der technischen Studiengänge. [Lud79], S. 271-300. Vgl. auch [Bey82], S. 232.

Kriegserklärung an die USA beschwor die deutsche Kriegsführung endgültig die Katastrophe eines erneuten Weltkriegs herauf.

Trotz wiedererwachter Hoffnungen auf die Sommeroffensive von 1942 im Süden der Sowjetunion wurde klar, daß sich der Krieg hinziehen würde. Somit wuchs das Interesse der Wehrmacht an neuen Waffen, die den Erfolg beschleunigen konnten. Das erforderte aber eine weitaus großzügigere Förderung der Wissenschaften und der Technik. Insofern setzte nun erkennbar eine Umsteuerung in der Wissenschaftspolitik ein, die allerdings wenig koordiniert war, zu spät kam - und eher zögerlich ausfiel. So dauerte es bis zum Sommer 1943, ehe erste Rückrufaktionen von Wissenschaftlern und Technikern aus der Truppe einsetzten.[16]

Die damit verbundenen Erwartungen sollten sich allerdings als völlig überzogen und naiv erweisen. Regelrecht groteske Züge nahm dabei der Glaube an eine oder mehrere bald zur Verfügung stehende „Wunderwaffen" an. Sein Gutes lag lediglich darin, daß er vielen Wissenschaftlern und Technikern das Leben rettete, denn wer diesen Glauben zu nähren verstand, blieb vor der Front verschont und wurde besonders gefördert.[17]

***

Im Laufe der 30er Jahre erkannten deutsche Kernphysiker zunehmend ihren gerätetechnischen Rückstand zur damals in diesem Bereich bereits führenden Nation, den USA. Berichte von aus Amerika zurückkehrenden Physikern betonten vor allem die Forschungsmöglichkeiten, die die damals stärkste Strahlenquelle, das Zyklotron, bot.[18] Hier nun war Deutschland selbst im europäischen

[16] Vgl. [Lud79], S. 252.

[17] Zum Stichwort „Wunderwaffe" vgl. etwa [Spe69], S. 452 und S. 467f, [Wal90], S. 114f, oder [Eic85], S. 346-348.

[18] Zur Erklärung: Grundsätzlich verfügen alle Teilchenbeschleuniger über ein elektrisches System zur Beschleunigung eines Teilchenstrahls, Magneten zur Strahllenkung und -fokussierung sowie ein Vakuumrohr (oder eine -kammer), in dem sich die Teilchen bewegen. Der Teilchenstrahl wird schließlich auf ein Target (Ziel) gelenkt, das es zu untersuchen oder physikalisch zu verändern gilt oder mit dessen Hilfe andere Teilchenarten (etwa Pionen, Neutronen, Antiprotonen) hergestellt werden sollen. Beschleunigt werden können alle Teilchen, die elektrisch nicht neutral sind, eine ausreichend lange Lebensdauer haben und möglichst mit geringem Aufwand und in großer Zahl erzeugt werden können. Zu unterscheiden ist zwischen Hochspannungsbeschleunigern (z.B. Kaskaden- und Van-de-Graaff-Generator) und Hochfrequenzbeschleunigern (z.B. Betatron, Zyklotron und Synchrotron). Während Hochspannungsbeschleuniger Teilchen nur einmal mit einer (allerdings sehr hohen) Spannung beschleunigen, ist das Prinzip von Hochfrequenzbeschleunigern, daß die Teilchen mehrfach eine sie beschleunigende Spannung durchlaufen. Daher erreichen Hochfrequenzbeschleuniger höhere Teilchenenergien und sind mit Ausnahme von Linearbeschleunigern ringförmig angelegt.

Maßstab rückständig: Ende 1938 verfügte England bereits über zwei fertige Anlagen, Dänemark über eine, und je eine war in Schweden, der Schweiz, Frankreich und der Sowjetunion im Bau.[19]

Daß die deutschen Physiker zögerten, sich diese neue Technik zu eigen zu machen, lag in erster Linie an dem hohen personellen, zeitlichen und finanziellen Aufwand, die sie erforderte. Vermutlich zwang die innerwissenschaftliche Dynamik die Institutsleiter jedoch schließlich zu einer Änderung ihrer Haltung, „wollten sie nicht riskieren, den Anschluß an die fachliche Entwicklung, besonders im Ausland, zu verlieren."[20]

Hinzu kam als entscheidender Faktor das ökonomische Interesse verschiedener Industriefirmen, diesen besonders für medizinische Anwendungen wichtigen Sektor zu besetzen.[21] Ein erstes Zyklotronprojekt wurde von Gerhard Hoffmann angestrebt, der 1936 Nachfolger Peter Debyes an der Universität Leipzig geworden war und sich bei seinen Berufungsverhandlungen Gelder für eine Beschleunigeranlage ausbedungen hatte.[22] Mit seinen Plänen wandte er sich wie kurz darauf auch Walther Bothe, Leiter der physikalischen Abteilung am Kaiser-Wilhelm-Institut für medizinische Forschung in Heidelberg, an die Siemens & Halske AG. Die Projekte kamen aber nicht recht voran, was zunächst an unterschiedlichen Vorstellungen der Wissenschaftler auf der einen und Siemens & Halske auf der anderen Seite lag. Später kamen dann die Schwierigkeiten der Auftragslage und der Materialwirtschaft des Krieges hinzu. Auf dem Gebiet der technisch sehr viel einfacheren Hochspannungsbeschleuniger sah es jedoch nicht besser aus. Allein in der Kaiser-Wilhelm-Gesellschaft (KWG) ergaben sich in den Jahren zwischen 1935 und 1943 sieben Projekte für Anlagen vom Typ Kaskade oder Van-de-Graaff, von denen jedoch lediglich vier bis Kriegsende in Betrieb genommen werden konnten.[23]

Einen großen Auftrieb erfuhren die deutschen Kernphysiker durch die Kernspaltung, die Otto Hahn und Fritz Straßmann im Herbst 1938 beobachteten. Bald schon wurde das Experiment in anderen Laboratorien nachvollzogen, und es stellte sich heraus, daß bei jeder Spaltung mehrere Neutronen frei wurden. Schnell war man sich in Fachkreisen im In- und Ausland der Bedeutung dieser Entdeckung bewußt: die Möglichkeit einer sich selbst erhaltenden

---

[19]Walther Bothe in einer Aufstellung vom Dezember des Jahres. [Wal90], S. 209f. Außerhalb Europas gab es noch zwei fertige Zyklotrone in Japan und allein in den USA mehr als in der ganzen übrigen Welt, nämlich neun fertige und 27 im Bau befindliche Anlagen.

[20][Wei96], S. 554.

[21][Eck89b], S. 44-46.

[22]Vgl. a.a.O., S. 46, oder [Osi94], S. 262.

[23]So in den Kaiser-Wilhelm-Instituten für Physik, für medizinische Forschung und Hirnforschung und in der Forschungsstelle Dällenbach. [Wei96], S. 543 und S. 547.

Kettenreaktion.[24] Es dauerte auch nicht lange, bis sich erste Physiker an staatliche Stellen wandten, um auf das in den Urankernen steckende Energiepotential aufmerksam zu machen: Im April erreichten entsprechende Schreiben das Reichserziehungsministerium und das Heereswaffenamt.

Eine erste geheime Konferenz zu dem Thema wurde daraufhin von Abraham Esau einberufen und fand bereits am 29. April 1939 statt – die „Gründungsversammlung für einen »Uranverein«".[25] Entscheidender aber war das Interesse, das nach einer zeitlichen Verzögerung aus dem Heereswaffenamt bekundet wurde: Es drängte kurz nach Kriegsbeginn den Reichsforschungsrat und damit das Rustsche Ministerium aus dem Projekt, requirierte kurzerhand das Kaiser-Wilhelm-Institut für Physik und setzte seinen eigenen Kernphysiker, Kurt Diebner, in die Leitung ein. Der Direktor des Instituts, der Holländer Peter Debye, wurde beurlaubt und übernahm in den USA eine Gastprofessur.[26]

Obwohl den Kernphysikern bis Anfang 1942 verschiedene Fortschritte gelangen, so daß sie belegen konnten, daß sowohl die Entwicklung einer Uranmaschine – d.h. eines Reaktors – als auch eines Kernsprengstoffs möglich sei, begann das Heereswaffenamt, seine Kontrolle des Projektes an den Reichsforschungsrat abzugeben: Der zeitliche Horizont einer funktionierenden Apparatur lag jenseits des erwarteten Kriegsendes. Gleichwohl erklärte sich das Heereswaffenamt damit einverstanden, Arbeiten auf dem Gebiet der Kernenergie weiterhin finanziell zu unterstützen. „Alle Beteiligten waren der Meinung, daß diese Arbeiten wegen der großen Anwendungsmöglichkeiten im militärischen und wirtschaftlichen Bereich gefördert werden müßten." Die Kernforschung wurde daher weiterhin als kriegswichtig eingestuft, zumal der finanzielle, materielle und personelle Aufwand angesichts des für die Kriegsführung nötigen äußerst gering war.[27]

Das Projekt blieb über die gesamte Zeit des Krieges ein kleines: „Zu keinem Zeitpunkt waren mehr als siebzig Wissenschaftler direkt oder indirekt mit der Kernenergie befaßt".[28] Das ist richtig, solange man allein die konzertierten Anstrengungen auf die Entwicklung einer Uranmaschine dazu rechnet. Daß sich die Kreise aber tatsächlich noch etwas weiter zogen, wird aus einem Bericht über die Aufgabe der Arbeitsgemeinschaft Kernphysik ersichtlich, den Esau

[24] Vgl. etwa [Rho86], S. 251-275.

[25] [Wal90], S. 30. Esau war Präsident der Physikalisch-Technischen Reichsanstalt (PTR) und ihm unterstand die Fachsparte Physik im Reichsforschungsrat. Von Dezember 1942 bis Ende 1943 war er Bevollmächtigter für Kernphysik.

[26] A.a.O., S. 31-33.

[27] A.a.O., S. 67f. Notabene: Zur selben Zeit kamen die Amerikaner bei etwa gleichem Kenntnisstand zu einem völlig entgegengesetzten Urteil: „Kernwaffen waren machbar und konnten den Ausgang des Krieges entscheiden." A.a.O.

[28] A.a.O., S. 69 und S. 307.

im November 1942 an seinen Vorgesetzten Rudolf Mentzel schrieb. Darin heißt es: Die Arbeitsgemeinschaft stelle „keinen starren Organismus dar, sondern ist so aufgebaut, daß beim Auftreten neuer Fragestellungen entsprechende Stellen hinzugezogen bzw. bei der Beendigung großer Aufgaben wieder freigestellt werden sollen.“ Zum Zeitpunkt des Schreibens waren in ihr „die drei Wehrmachtsteile, die Reichspost, die Physikalisch-Technische Reichsanstalt, die in Frage kommenden Institute der Kaiser-Wilhelm-Gesellschaft und der deutschen Hochschulen sowie die Industrien vertreten, die für die Durchführung der skizzierten Probleme in Frage kommen.“[29]

Diese Aufzählung enthält eine Merkwürdigkeit und wirft die Frage auf: Was hatte die Reichspost mit Kernphysik zu tun?

1.2 Die Ambitionen des Reichspostministers

Wilhelm Ohnesorge, Jahrgang 1872, war der NSdAP bereits 1920 beigetreten. Er gründete in Dortmund die erste Ortsgruppe der Partei außerhalb Bayerns und gehörte folglich zu den frühesten Wegbegleitern Adolf Hitlers. Nachdem er bereits vor der Machtergreifung zum Präsidenten des Reichspostzentralamtes in Berlin aufgestiegen war, wurde er zum 1. März 1933 zum Staatssekretär unter Verkehrsminister Paul Freiherr von Eltz-Rübenach berufen und verfügte seitdem faktisch über die gesamte Reichspost. Nachdem von Eltz-Rübenach aufgrund eines Streites mit Hitler über die Kirchenpolitik des Staates zurückgetreten war,[30] rückte Ohnesorge am 2. Februar 1937 zum Reichspostminister auf.

Einen Monat zuvor, am 1. Januar 1937, war dem bereits die Einrichtung der Forschungsanstalt der Deutschen Reichspost (RPF) vorausgegangen, die neben den posttypischen Forschungsarbeiten auch bald schon „kriegswichtige“ Aufgaben übernahm.[31] Der unmittelbar nach Kriegsende vom Berliner Magistrat mit der Abwicklung der Reichspost beauftragte Ministerialdirigent a. D., Dr. Iring Grailer, schrieb in seinem Bericht dazu:

> Die ursprüngliche Beschränkung der experimentellen Beschäftigung mit den Fragen der Fernmeldetechnik und des Fernsehens auf die Gebiete der allgemeinen Physik, der Optik und Akustik wurde nach kurzer Zeit

[29] DMM, IMS, FR-298, Bl. 1043. Mentzel leitete die Abteilung Wissenschaft im REM, die Deutsche Forschungsgemeinschaft und in dieser Eigenschaft auch die Geschäfte des Reichsforschungsrates.

[30] Vgl. [Wis83], S. 65f.

[31] Das bis dahin für die Forschung zuständige Reichspostzentralamt blieb zusätzlich bestehen.

> aufgegeben und die Forschungsarbeiten auch auf die Spezialgebiete der Chemie, Elektronik und Atomphysik ausgedehnt.[32]

Daß Ohnesorge diesem wissenschaftlich-technischen Bereich seines Ministeriums sehr viel Aufmerksamkeit entgegen brachte, ist nicht verwunderlich: Er selber hatte Mathematik und Physik studiert, war als Ingenieur im Forschungsapparat der Reichspost, dem Reichspostzentralamt, aufgestiegen und – wie erwähnt – bis zu seiner Ernennung zum Staatssekretär sein Präsident gewesen. Entscheidend dürfte aber gewesen sein, daß er sein politisches Gewicht am effektivsten auf dem rüstungsrelevanten Sektor erhöhen konnte.

Dieser Versuch war nicht allein auf den Reichspostminister beschränkt. Mit dem Beginn der Wiederbewaffnung kam es im Zuge der „Selbstmobilisierung“[33] zunehmend zu einer Allianz der den „arischen“ Wissenschaftsbewegungen ablehnend gegenüberstehenden Wissenschaftlern und Ingenieuren mit den Technokraten „in der Industrie, der Wehrmacht oder in einer direkt dem Führer unterstellten speziellen Behörde wie im Amt des Beauftragten für den Vierjahresplan oder in Albert Speers Rüstungsministerium.“ Dieser steile „Aufstieg der Technokraten im NS-Machtkartell“ begann 1936, „beschleunigte sich mit Kriegsbeginn 1939 und erreichte seinen Höhepunkt nach dem Winter 1941-42.“[34]

Es kann hier nicht entschieden werden, wie sich die Anstrengungen des Reichspostministers zu denen anderer Ressorts verhielten. Auf jeden Fall waren sie beträchtlich: Gemäß einer Aufstellung aus dem Sommer 1943 unterhielt die RPF drei Ämter und neun Gruppen, wovon lediglich zwei, Personalwesen und Verwaltung sowie Patentwesen und Bücherei, einen rein administrativen Charakter hatten. Zusätzlich gab es noch drei angegliederte Institute, die von der Reichspost finanziert wurden.[35]

> Die RPF konnte über scheinbar unbegrenzte Mittel verfügen; ihr Personalstand lag am 31. März 1945, als eigentlich jeder wehrfähige männliche Erwachsene eingezogen war, bei 1124 Mitarbeitern, also noch über dem des gesamten Reichspostministeriums (843 Mitarbeiter). In Kleinmachnow bei Berlin wurden bis 1942 auf einem Gelände von über 500 000 Quadratmetern sechs Institutsgebäude, ein Maschinenhaus, fünf Wohnhäuser und drei Baracken errichtet. Die in unmittelbarer Nachbarschaft gelegene Hakeburg, ursprünglich auch als Institutsgebäude vorgesehen, wurde nach den Vorgaben des Ministers zur

[32]BAB, DM-3 (MPF), 800, Bl. 25.

[33]Vgl. [Lud79], S. 241-245, und [Meh94], S. 27-29.

[34][Ren95], S. 21.

[35]Ämter, Gruppen und Sachgebiete der RPF und angegliederte Institute, vermutlich vom August 1943. BAB, R 47.05 (RPF), 22996.

> Dienstwohnung ausgebaut. Die Nähe der Dienstwohnung zur RPF wie die zahlreichen von Ohnesorge angeregten und verfolgten Projekte der RPF lassen darauf schließen, daß der Minister sich hier den Traum einer wissenschaftlich-technischen Denkfabrik realisiert hat, die ihm auch in der Konkurrenz mit den NS-Rüstungsforschungen eine respektable Hausmacht verschaffen sollte.[36]

Der Erfolg dieser Anstrengungen blieb nicht aus: Als Göring am 24. Juli 1942 die Mitglieder des Präsidialrates des reorganisierten Reichsforschungsrates ernannte, tat er dies in numerischer Reihenfolge, die „offenbar einen politischen Stellenwert anzeigen sollte". Darin rangierte Ohnesorge hinter Rüstungsminister Speer, dem für die Luftrüstung zuständigen Staatssekretär im Reichsluftfahrtministerium, Generalfeldmarschall Erhard Milch, Reichsleiter Martin Bormann sowie Reichswirtschaftsminister Walther Funk – und noch vor dem Reichserziehungsminister Rust – an fünfter Stelle.[37] Das Dankschreiben Ohnesorges verdeutlicht den Bedeutungswandel, den die Natur- und Technikwissenschaften durch den Kriegsverlauf erfahren hatten:

> Die außerordentlich intensiven Verflechtungen, die auf dem Gebiet der Nachrichtentechnik zwischen den Ingenieuraufgaben und der physikalischen Forschung bestehen, haben mich schon seit Jahren veranlaßt, der Forschung als dem Urquell jeglichen Fortschrittes meine stärkste Aufmerksamkeit zu widmen. (...) Es ist daher für mich die Erfüllung eines inneren Bedürfnisses, mitzuhelfen in dem von dem Herrn Reichsmarschall umrissenen Rahmen, die deutsche Forschung zu aktivieren und zu lenken. Alle bei der Deutschen Reichspost wissenschaftlich arbeitenden Kräfte sind auf dieses Ziel eingestellt.[38]

***

Auslöser der ungewöhnlichen Förderung kernphysikalischer Forschung durch die Reichspost war offenbar Baron Manfred von Ardenne, der seit Anfang 1928 ein privates Labor für Elektronenphysik in Berlin-Lichterfelde unterhielt und Wilhelm Ohnesorge nach eigener Angabe 1930 kennenlernte. Seine Arbeiten auf dem Gebiet der Fernsehtechnik bildeten eine ideale Ausgangslage für Berührungspunkte mit den Forschungsabteilungen der Reichspost. Das führte bereits 1934 zu der Einrichtung eines Labors für von Ardenne im Reichspostzentralamt in Berlin-Tempelhof. Anfang 1938 schloß von Ardenne dann mit der RPF einen Vertrag, „der unserer Fernseh-Forschung und meinem Labora-

36[Hop95], S. 58.
37[Lud79], S. 235.
38BAB, RL 3 (RLM), 56, Bl. 201f.

torium ein stabiles wirtschaftliches Fundament gab."[39]

Die Einwerbung von Drittmitteln blieb für von Ardenne zweifellos eine wichtige Motivation. Auch besaß er offenbar ein ausgeprägtes Geltungsbedürfnis, und so überrascht es nicht, daß er Ohnesorge Ende 1939 auf die ungeheure Bedeutung der Hahnschen und Straßmannschen Entdeckung aufmerksam gemacht haben will. Dieser Vorstoß, schreibt von Ardenne, sei allerdings erfolglos geblieben.[40]

So erfolglos kann er aber nicht gewesen sein, denn einige Seiten später berichtet von Ardenne:

> Die Intervention bei Ohnesorge 1939 hatte schließlich doch noch Auswirkungen. Ich erhielt von ihm den Auftrag, im Lichterfelder Laboratorium eine 1-Million-Volt-Van-de-Graaff-Anlage zu errichten. Sie war 1941 vollendet. Angeregt durch meine Pläne, gründete Ohnesorge außerdem im Bereich der Postverwaltung ein kernphysikalisches Institut in Miersdorf bei Zeuthen (...), das zunächst eine Philips-Kaskaden-Generator-Anlage erhielt. 1940 wurde dann sowohl in meinem Laboratorium als auch im Miersdorfer Institut der Deutschen Reichspost mit dem Bau einer 60-Tonnen-Zyklotron-Anlage und später einer Pilotanlage für magnetische Massentrennung mit Plasma-Ionen-Quelle begonnen.[41]

Grundlage für das neue Arbeitsfeld war ein im Januar 1940 abgeschlossener Zusatzvertrag, mit dem von Ardenne zusagte, „Aufträge der DRP für die technische Entwicklung von Verfahren und Anlagen auf dem Gebiet der Atomzertrümmerung zu übernehmen", und ihm gleichzeitig die Suspendierung seiner Fernseh-Forschung erlaubte. Dieser Vertrag sah jedoch lediglich eine einmalige finanzielle Leistung von 40.000 RM (unter Beibehaltung der 35.000 RM aus dem Vertrag von 1938) für ein Jahr bei möglicher Verlängerung vor.[42]

Den Auftrag für Bau und Entwicklung eines Zyklotrons erhielt von Ardenne in einem neuerlichen Vertrag im Januar 1941. Im einzelnen heißt es dort unter

---

[39] [Ard86], S. 94, 122 und 133 (Zitat). In dem auf unbestimmte Zeit abgeschlossenen Vertrag verpflichtete sich die Reichspost, von Ardenne jährlich 35.000 RM zu zahlen. BAB, R 47.01 (RPM), 20827, Bl. 125ff.

[40] [Ard86], S. 157. Die Version von Ardennes wird durch den Aktenvermerk eines Siemens-Mitarbeiters gestützt, der Anfang 1941 aus der RPF erfuhr, „daß M. v. Ardenne an den Reichspostminister mit der Anregung herangetreten sei, die RPF solle ein Cyclotron bauen." Aktenvermerk Dr. Krönerts vom 7.2.1941. SAM, Flir 11/Lg 43, Bd. 2.

[41] [Ard86], S. 159f. Die vorstehenden Aussagen sind insofern irreführend, als die Philips-Kaskade erst 1943/44 in Miersdorf installiert wurde, während Zyklotron und Massentrenner nicht im Laboratorium von *von Ardenne*, sondern in dem an das von Ardennesche Grundstück angrenzenden Institut der Reichspost aufgebaut wurden. Vgl. weiter unten.

[42] BAB, R 47.01 (RPM), 20827, Bl. 120f. Dieser Vertrag – wie auch die späteren – erlangte erst mit der ausdrücklichen Genehmigung des Reichspostministers Gültigkeit. Er wurde am 1.12.1940 um eineinhalb Jahre verlängert. BAB, R 47.01 (RPM), 20827, Bl. 115.

§ 1: Die Reichspost „wird nach eigenem Ermessen auf einem möglichst an das Grundstück Berlin-Lichterfelde, Jungfernstieg 19 angrenzenden noch zu erwerbenden Grundstück aus eigenen Mitteln eine Cyclotron-Anlage sowie ein Cyclotron-Laboratorium errichten lassen.“ Und weiter unter § 2: „V.A. verpflichtet sich, unverzüglich die Konstruktion und die technische Ausgestaltung der in § 1 genannten Cyclotron-Anlage bis in alle Einzelheiten und bis zum 30.6.42 so zu entwerfen, daß die werkstattmäßige Herstellung möglich ist. Die Anlage muß für mindestens 7 e M V [MeV] Deuteronen berechnet werden.“[43]

Das schließlich als „Kernphysikalisches Institut des Reichspostministeriums“ bezeichnete Laboratorium wurde in der zweiten Jahreshälfte 1941 und im darauffolgenden Jahr auf dem an das Ardennesche Laboratorium angrenzenden Gelände, Jungfernstieg 18, errichtet. Von Ardenne trat zwar in Briefköpfen auf späteren Schreiben als Leiter der Einrichtung auf, vertraglich war ihm aber lediglich „die Benutzung der Anlage und des Laboratoriums für eigene wissenschaftliche Zwecke“ gestattet.[44]

Der Reihe von Verträgen zwischen von Ardenne und der RPF wurden am 1. April 1942 und ein Jahr später, am 5. Februar 1943, noch zwei weitere hinzugefügt. Im ersten wurde von Ardenne für das Jahr 1942 nochmals ein Betrag von 45.000 RM zuerkannt, um „dem Laboratorium v.A. eine ab 1.2.42 wesentlich verstärkte Entwicklungstätigkeit auf kernphysikalischem Gebiet zu ermöglichen“. In § 2 wurde dies weiter spezifiziert: „V. A. verpflichtet sich, durch Hinzuziehung ihm bereits zugeteilter neuer Arbeitskräfte bzw. neuer Werkstätten zusätzlich zu den von ihm bereits bearbeiteten Aufgaben (van de Graaff-Anlage, Cyclotron-Anlage, spezielle kernphysikalische Untersuchungen) noch die mit Herrn Präsidenten Professor Gladenbeck besprochenen weiteren Aufgaben (vornehmlich Isotopentrennung) durchzuführen.“[45] Der Vertrag des Folgejahres brachte von Ardenne noch einmal Zahlungen von insgesamt 120.000 RM (unter ständiger Beibehaltung des Sockelbetrages von 35.000 RM aus dem Vertrag von 1938).

***

Der Fortgang der Arbeiten am Lichterfelder Zyklotron läßt sich anhand einiger Memoranden von Siemens-Mitarbeitern rekonstruieren. Die Siemens & Halske AG hatte – wie erwähnt – die ersten beiden Zyklotronprojekte Deutschlands für Hoffmann und Bothe übernommen. Da die Firma hoffte, auf dem Gebiet der Entwicklung von Zyklotronen in Deutschland eine Monopolstellung erreichen

[43] A.a.O., Bl. 122-124.

[44] A.a.O., Bl. 122 (Rückseite).

[45] A.a.O., Bl. 130f. Friedrich Gladenbeck war von 1938-1942 Leiter der RPF. Sein Nachfolger wurde Heinrich Gerwig.

zu können, wurden die Bestrebungen der Reichspost, ebenfalls Zyklotrone zu entwickeln, argwöhnisch beobachtet.

Da man aus anderen Gründen häufiger mit von Ardenne zu tun hatte, versuchten die Besucher regelmäßig, Informationen über das Konkurrenzobjekt herauszubekommen. Während des Jahres 1941 wurde allerdings lediglich in Erfahrung gebracht, daß zwei Zyklotrone, eines bei von Ardenne, das andere für die RPF bei Dr. Georg Otterbein, projektiert würden.[46] Allerdings spekulierte man über Größe und Hersteller der Magneten und glaubte, aus dem angekündigten Besuch zweier Herren bei von Ardenne auf die Krupp AG als Lieferant schließen zu können.[47]

Erst durch die Informationen eines Mitarbeiters der RPF erfuhr man weitere Einzelheiten:

> Das Gesamtgewicht eines Zyklotrons beträgt 50 t, der Kammer-Duchmesser 1 m. Die Magnete werden von Elin gebaut und sind von Prof. Thirring (früher Universität Wien) entworfen worden.[48]
> Der erste Magnet für das Ardenn'sche Zyklotron soll in etwa 2 Monaten zur Auslieferung kommen. Der Bau des Hochfrequenzsenders ist einer kleinen Firma unter Mitarbeit von Ardenne übertragen worden. Die Bauarbeiten sind bei M. v. Ard. schon soweit vorbereitet, daß in Kürze mit der Aufstellung begonnen werden kann.[49]

Doch der Magnet ließ auf sich warten. Trotz der im August 1941 durch Rüstungsminister Fritz Todt für die beiden Zyklotrone der Reichspost erteilten Dringlichkeit, war der Magnet auch im September 1942 noch nicht im Lichterfelder Laboratorium zu entdecken. Seine Lieferung war aber offenbar für den kommenden Monat vorgesehen.[50] Der tatsächliche Auslieferungstermin ist nicht bekannt, die Tatsache, daß von den für die Einrichtung des Reichspostinstituts insgesamt veranschlagten 490.000 RM bis März 1943 lediglich etwa 40.000 RM verausgabt worden waren, spricht dafür, daß der Magnet tatsächlich erst im Frühjahr 1943 in Lichterfelde eintraf.[51]

---

[46]Notiz Dr. Krönerts vom 20.6.1941. SAM, Flir 11/Lg 43, Bd. 2.

[47]Schleicher an von Buol, 10.12.1941. A.a.O. Tatsächlich bestanden die Geschäftsbeziehungen zu Krupp auf dem Gebiet der Übermikroskopie. [Ard86], S. 147.

[48]Hans Thirring war seit 1938 Emeritus und fungierte während des Krieges als wissenschaftlicher Berater der ELIN AG, Wien.

[49]Vertrauliches Aktenvermerk (gezeichnet Mehlhorn) vom 16.1.1942. SAM, Flir 11/Lg 43, Bd. 2. Gesprächspartner war Dr. Otto Peter vom APS (vgl. weiter unten).

[50]Notiz von Dr. Schleicher vom 29.9.1942. A.a.O.

[51]Zusammenstellung der im Rechnungsjahr 1941 bei Kap. IV d Anlage entstandenen Ausgaben für Bauvorhaben und Beschaffungen des Fernmeldewesens, für die Mittel beim RPM bereitgestellt worden sind. Aufgestellt am 9.5.1942. Und: Zusammenstellung der im Rechnungsjahr 1942 bei Kap. IV d Anlage entstandenen Ausgaben... Aufgestellt am 12.5.1943. BAB, R 47.05 (RPF), 22994.

Im Mai nährte Staatsrat Esau bereits Hoffnungen, daß mit dem Ingangsetzen der Apparatur Ende des Jahres gerechnet werden könne, da die Räume für die Unterbringung sowie wichtige Teile der Apparatur fertiggestellt seien.[52] Diese Einschätzung erwies sich allerdings als zu optimistisch, was nicht zuletzt auf erste Fliegerschäden zurückzuführen sein dürfte.[53] Wieder verschaffte man sich bei Siemens durch einen Besuch einen genaueren Überblick:

> Der Magnet und die Maschine stehen. Kammer und Duanten lagen in Teilen und zusammengebaut vollkommen neu da. Sie waren also noch nicht zusammengebaut gewesen. Vom Sender war nichts zu sehen. (...) Es scheint nicht die Absicht zu bestehen, in absehbarer Zeit weiterzuarbeiten...[54]

Am 24.3.1944 war Lichterfelde erneut von einem Bombenangriff betroffen, der in beiden Laboratorien schwere Schäden verursachte. So wurden die oberirdischen Räumlichkeiten des Kernphysikalischen Institutes des Reichspostministeriums sowie mehrere wichtige Bauteile des Zyklotrons zerstört beziehungsweise beschädigt. Obwohl der Reichspostminister anordnete, den Schaden für das Kernphysikalische Institut großzügig zu regeln, wodurch der Wiederaufbau der Gebäude schnell voranging, konnte der Zeitverlust bei der Aufstellung des Zyklotrons nicht mehr wettgemacht werden.[55]

Da das Institut von Ardennes keine Dienststelle der RPF war, hatte sich möglicherweise niemand um eine Ausweiche[56] für ihn, seine Familie, seine Mitarbeiter und sein Laboratorium gekümmert. Von Ardenne selbst behauptet, daß er eine ihm angebotene Verlagerung in einen Ort westlich der Elbe abgelehnt habe. Auf jeden Fall bereitete er sich frühzeitig auf die Zeit nach der Niederlage Deutschlands vor, sicher, daß für einen wie ihn immer Interesse und folglich Geld vorhanden sein würden. Nach der Einnahme Berlins durch die Rote Armee entschloß sich von Ardenne, das Angebot anzunehmen, in der Sowjetunion zu arbeiten, von wo er erst zehn Jahre später zurückkehren sollte.[57]

---

[52]DMM, IMS, FR-300, Bl. 181.

[53]Sowohl am 1.3.1943 als auch am 23./24.8.1943 waren Zerstörungen zu verzeichnen gewesen. Vgl. [Ard86], S. 165f. Und: BAB, R 47.01 (RPM), 20827, Bl. 150.

[54]Aktennotiz von Dr. Schleicher vom 18.1.1944. SAM, Flir 11/Lg 43, Bd. 3.

[55]BAB, R 47.01 (RPM), 20827, Bl. 172-174.

[56]Der damals allgemein gebräuchliche Begriff „Ausweiche" bedeutete soviel wie „Ersatzunterkunft", in die Personen und mitunter auch Geräte, Unterlagen und Produktionen verlagert wurden, wenn die Gefahr der Zerstörung oder – in diesem Fall – der Gefangennahme durch die Rote Armee drohte.

[57][Ard86], S. 178 und S. 180f.

1.3 Das Amt für physikalische Sonderfragen

Albert Speer schrieb in seinen Erinnerungen: „Ohnesorge interessierte sich für die Kernspaltung und unterhielt (...) einen selbständigen Forschungsapparat unter der Leitung des jungen Physikers Manfred von Ardenne."[58] Auch in den Papieren der Siemens & Halske AG hielt sich hartnäckig der Irrglaube, von Ardenne würde beide Zyklotrone für die Reichspost entwickeln und bauen.[59] Tatsächlich hat er das Amt für physikalische Sonderfragen (APS) nie besucht[60] – jenes am Zeuthener See gelegene Institut der Reichspostforschungsanstalt, das Ende 1939 als ein eigenständiges Sachgebiet ins Leben gerufen wurde.[61]

Zum Leiter dieser Einrichtung wurde im April 1940 Dr. Georg Otterbein ernannt, der nach seiner Promotion bei Peter Debye in Leipzig ab Mai 1934 als wissenschaftlicher Hilfsarbeiter im Reichspostzentralamt in Berlin tätig gewesen und am 1. Januar 1937 zur neugegründeten Forschungsanstalt gewechselt war, wo er im Juli 1938 zum wissenschaftlichen Mitarbeiter avancierte.[62] Zu seiner Unterstützung versicherte sich Otterbein der Mitarbeit zweier Kollegen aus der Forschungsanstalt: Dr. Otto Peter übernahm die Abteilung für Hochspannungsanlagen, Dr. Helmut Salow die für das Zyklotron.

Bis Mitte Juni 1940 erwarb die RPF ein erstes Grundstück in Miersdorf am Zeuthener See. Darauf befanden sich das Gebäude einer ehemaligen Ausflugsgaststätte, ein Kutscherhaus[63] und einige Bootsschuppen. Die Größe des Grundstücks wurde mit 6311 m^2 angegeben.[64]

Im Erdgeschoß der früheren Gaststätte wurden ein chemischer und einige physikalische Laborräume, im ersten und zweiten Obergeschoß Arbeits- und Büroräume eingerichtet.[65] Schnell erwies sich jedoch die vorhandene Fläche als zu klein. Wie sich Otterbein Jahre später erinnerte, wurde dies im Herbst 1940 deutlich, so daß man Verhandlungen mit zumindest einem der Besitzer der beiden sich nach Süden hin anschließenden Nachbargrundstücke (Lindenallee 14

[58][Spe69], S. 241.

[59]Vgl. etwa die Gedächtnisnotiz Flirs vom 17.3.1943, wo es heißt: „Ardenne baut zwei kleinere Zyklotrone für das Reichspostforschungsinstitut." SAM, Flir 11/Lg 43, Bd. 3.

[60]Manfred von Ardenne an den Verfasser vom 24.10.1994.

[61]Dr. Otto Peter an den Verfasser vom 19.12.1995.

[62]Lebenslauf vom 29.4.1949. BBA, AKL, Personalia Nr. 660.

[63]1958 wurde es auch als ehemaliges Stallhaus bezeichnet, das im 1. Weltkrieg provisorisch zum Wohnhaus hergerichtet worden sei. Richter an das Büro für Planung und Statistik der Deutschen Akademie der Wissenschaften (DAW) vom 27.10.1958. BBA, FG, A 2633.

[64]Entwurf zum 7. Veränderungsnachweis zum Reichsgrund-Verzeichnis der Deutschen Reichspost und der Reichsdruckerei vom 31.3.1934. BAB, R 47.01 (RPM), 21132.

[65]Betriebswirtschaftliches Gutachten zum Investitionsplan 1952 (Vorhaben 5, Institut Miersdorf) vom 22.9.1951. BBA, ABL, III/5/102.

Die ehemalige Ausflugsgaststätte „Seglerschloß" in der Platanenallee am Zeuthener See diente ab 1940 als Verwaltungs- und Laborgebäude für das Amt für physikalische Sonderfragen (APS) der Reichspostforschungsanstalt.

und 15) aufnahm. Als diese sich angesichts offenbar überzogener Forderungen des Besitzers hinzogen, stellte die RPF für beide Grundstücke Enteignungsanträge, denen im Dezember 1941 stattgegeben wurde.[66]

Bald darauf wurde mit den Bauarbeiten für die Hochspannungs- und die Zyklotronhalle sowie für einen Zwischentrakt begonnen, in dem nach der Fertigstellung weitere fünf physikalische Laborräume und eine Behelfswerkstatt eingerichtet wurden.[67]

> Der Bau wird von der Organisation Todt mit großer Dringlichkeit auf Grund einer Vereinbarung zwischen Dr. Ohnesorge und Dr. Todt durchgeführt. Die Bauarbeiten beginnen im Frühjahr und sollen im Herbst beendet sein.
> Die Hochspannungshalle erhält die Abmessungen 17,5 x 28 m, Höhe 14 m. Sie wird als Eisenkonstruktion ausgeführt und im Sommer bezugsfertig sein, da die Eisenkonstruktion bereits im nächsten Monat montagefertig zur Verfügung steht.[68]

---

[66]Die Kauf- bzw. Entschädigungsverhandlungen zogen sich allerdings bis zum Kriegsende hin. Aktenvermerk Otterbeins vom 4.4.1951. OAD (Ordner: Alte Grundstücksakten). Ich danke Frau Christa Schust, Zeuthen, für die Bereitstellung der Akten.

[67]Betriebswirtschaftliches Gutachten zum Investitionsplan 1952 (Vorhaben 5, Institut Miersdorf) vom 22.9.1951. BBA, ABL, III/5/102.

[68]Vertraulicher Aktenvermerk (gezeichnet Mehlhorn) vom 16.1.1942. SAM, Flir 11 Lg/43,

Über die Ausführung der Zyklotronhalle schrieb Salow nach dem Krieg: „Die Halle, in der der Magnet stand, hatte eine Grundfläche von 9 m × 14 m und eine Höhe von 8 m. (...) Aus Strahlenschutzgründen lag die Neutronenquelle 1,3 m unter dem Erdniveau.“ Aus eben diesen Gründen wurde das Gebäude auch durch einen 1,2 Meter breiten Hohlraum getrennt, der mit Wasser gefüllt werden konnte. Dahinter schloß sich eine Betonwand von 1,5 Meter Dicke an. Diese Maßnahmen sollten die Personen in Schaltraum und Quertrakt vor zu hohen Strahlendosen schützen. Ein Periskop ermöglichte es, von hinter der Schutzwand in die Magnethalle zu blicken, und „eine Gegensprechanlage (...) zwischen Schalt- und Magnethalle erleichterte den Aufbau und die Vorbereitung der Versuche.“[69]

Die aufgefundenen fragmentarischen Finanzunterlagen ergeben kein sehr deutliches Bild über die Höhe der verwendeten Gelder und die Verwendungszwecke. Bekannt ist, daß bis 1944 insgesamt 940.000 RM für Um- und Erweiterungsbauten veranschlagt und bewilligt worden waren, die vermutlich auch verbaut worden sind,[70] während für die Einrichtung des APS Mitte 1940 zunächst 892.225 RM bereitgestellt wurden, denen in den Rechnungsjahren 1940 bis 1942 allerdings lediglich Ausgaben von rund 197.000 RM gegenüberstehen.

Das spricht dafür, daß die großen Posten – wie auch bei von Ardenne – bis April 1943 noch nicht fällig geworden waren. Das sollte sich im folgenden Rechnungsjahr ändern, für das Otterbein 1.152.184 RM anforderte.[71] Wieviel davon jedoch letztendlich realisiert wurde, war nicht zu ermitteln; die Mittelanforderung für das Rj. 1944 fiel mit 1.219.780 RM ähnlich hoch aus.[72] Geht man davon aus, daß ein Betrag dieser Höhe in den letzten beiden Rechnungsjahren des Krieges realisiert wurde, addiert man die bis dahin verausgabten etwa 200.000 RM hinzu und bezieht den obigen Ansatz für den Bauhaushalt mit ein, so ergibt sich eine Größenordnung von rund 2,5 Millionen RM, die für Bauten und Einrichtungen des APS insgesamt angefallen sein dürften.

Die Aufwendungen waren nicht nur in finanzieller Hinsicht beträchtlich: Nach einer Schätzung von Dr. Otto Peter betrug die Mitarbeiterzahl im APS 1945,

---

Bd. 2.

[69][Bot53], S. 32 und S. 38.

[70]Voranschlag der Deutschen Reichspost für das Rj. 1944, Nachweisung der in der Zeit vom 1.4. bis 30.6.1944 vorgenommenen Abweichungen. BAB, R 47.01 (RPM) 21044.

[71]Angaben nach: Zusammenstellung der im Rechnungsjahr 1941 bei Kap. IV d Anlage entstandenen Ausgaben für Bauvorhaben und Beschaffungen des Fernmeldewesens, für die Mittel beim RPM bereitgestellt worden sind. Aufgestellt am 9.5.1942. Und: Zusammenstellung der im Rechnungsjahr 1942 bei Kap. IV d Anlage entstandenen Ausgaben... Aufgestellt am 12.5.1943. BAB, R 47.05 (RPF), 22994.

[72]Bedarfsanmeldung des APS vom 17.4.1944. A.a.O.

„nachdem verschiedene zum Militär eingezogen worden waren", noch etwa 60.[73] An wissenschaftlichen Kräften befanden sich (zu unterschiedlichen Zeiten) neben Otterbein, Salow und Peter mindestens noch ein halbes Dutzend im Institut: Dr. Otto Baier als Assistent von Salow; Leo Senzky als technischer Assistent von Otto Peter;[74] Dr. Ursula Drehmann, eine Radiochemikerin;[75] und Dr. Detlof Lyons, ein theoretischer Physiker.[76] Des weiteren gibt es Hinweise auf die Mitarbeit von Dr. Hans Bomke[77] und Dr. Theodor Schmidt. Beide scheinen 1943 „von einem Tage zum anderen von dem damaligen Verwaltungsleiter des Instituts, Dr. Otterbein, zur Wehrmacht freigestellt" worden zu sein.[78]

Der bekannteste Mitarbeiter wurde aber im April 1942 Dr. Siegfried Flügge vom Kaiser-Wilhelm-Institut für Chemie, ein theoretischer Physiker, der einiges Aufsehen erregt hatte, als im Juni und im August 1939 zwei Aufsätze von ihm über die Anwendungsmöglichkeiten der Kernspaltung und der dabei freiwerdenden Energie erschienen waren.[79] Im Freigabeschein heißt es:

> Der bei uns seit 5 Jahren als theoretischer Physiker beschäftigte Dozent Dr. phil.habil. Siegfried Flügge ist voll für kriegswichtige Aufgaben eingesetzt. Im Interesse der gemeinsamen Aufgaben innerhalb der gleichen Arbeitsgemeinschaft, die das der Reichspost gehörige Forschungsinstitut für physikalische Sonderfragen und das Kaiser-Wilhelm-Institut für Chemie wegen der ihm vom RLM übertragenen kriegswichtigen Aufgaben bilden, erfolgt im jetzigen Stadium der Arbeiten (Planung von Aufgaben neuer Versuchsanlagen) seine Tätigkeit im wesentlichen zweckmäßiger im Forschungsinstitut für physikalische Sonderfragen. Wir sind daher damit einverstanden, daß Herr Dr. Flügge aus unserer Gefolgschaft zum 1.4. ausscheidet, um von diesem Zeitpunkt an in dem genannten Forschungsinstitut der Reichspost zu arbeiten.[80]

---

[73]Interview mit Dr. Otto Peter vom 9.8.1995 und Zusammenstellung Otto Peters von 1946/47 (Dr. Otto Peter an den Verfasser vom 19.12.1995).

[74]Senzky war seit 1937 Angestellter der RPF und kam gemeinsam mit Peter zum APS. Dr. Otto Peter an den Verfasser vom 19.12.1995.

[75]Sie übernahm im Januar 1941 das chemische Labor. BBA, PA Dr. Ursula Drehmann, Bl. 11.

[76]Er kam nach seiner Promotion (März 1941) bei Heisenberg in Leipzig im Juli zum APS. HUB, PA L 383, Bd. 1, Bl. 1f.

[77]Den Namen nannte Dr. Otto Peter im Interview vom 9.8.1995. Nach seinen Angaben kam Bomke vom Kaiser-Wilhelm-Institut für Chemie (vgl. auch [Hof93], S. 151 und S. 371f) und war für die Isotopentrennung zuständig.

[78]BSU, AIM 6350/70 A, Bd. 1, Bl. 35.

[79]Siegfried Flügge: Kann der Energieinhalt der Atomkerne technisch nutzbar gemacht werden? **In:** *Die Naturwissenschaften*, 27 (1939) 23/24, S. 402-410. Der allgemein verständliche Artikel in der Deutschen Allgemeinen Zeitung erschien am 15.8.1939 unter dem Titel „Die Ausnutzung der Atomenergie".

[80]MPG, Abt. I, Rep. 11, 235 (PA Dr. Flügge), Bl. 15. Flügge blieb bis zur Evakuierung am

***

Obwohl das Zyklotron seit 1940 geplant wurde, zog sich der Bau aufgrund der zunehmend angespannten Versorgungslage mehr und mehr hin. Um beispielsweise die für die zügige Beschaffung der benötigten Teile erforderliche und damals höchste SS-Dringlichkeit zu bekommen, richtete sich das Reichspostministerium im April 1941 zunächst an den Chef der Wehrmacht Nachrichtenverbindungen, General Erich Fellgiebel. Die Anfrage wurde eine Woche später jedoch abschlägig beschieden.

Hilfe nahte aus dem Technischen Amt des Reichsluftfahrtministeriums (RLM), das im September 1941 „wegen einer Zusammenarbeit" mit der RPF Fühlung aufnahm. Ergebnis war, daß Reichsminister Göring der RPF am 8. Oktober 1941 formal den Forschungsauftrag „Arbeiten auf dem Gebiete der Kernphysik" erteilte, der zudem mit einer SS-Dringlichkeit versehen war. Als Gegenleistung wünschte die im Göringschen Ministerium inzwischen eingerichtete Forschungsführung des Reichsministers der Luftfahrt und Oberbefehlshabers der Luftwaffe, in dem das Technische Amt aufgegangen war, über die Forschungsergebnisse des APS informiert zu werden.[81]

Diese Unterrichtung scheint nur zögernd stattgefunden zu haben, denn Esau wußte in seinem Bericht an Mentzel im November 1942 nur von einem Zyklotron der Post zu berichten und schloß im Mai 1943 im Hinblick auf den ihm bekannten Stand des Lichterfelder Zyklotrons, daß mit der Fertigstellung der Miersdorfer Anlage ebenfalls gegen Ende des Jahres gerechnet werden dürfe – eine sehr vorsichtige Formulierung.[82] Noch Ende März 1944 heißt es in einem Schreiben des Präsidenten der RPF, Heinrich Gerwig, an das Ministerium:

> Um die Unabhängigkeit der Deutschen Reichspost als Reichsbehörde gegenüber der Wehrmacht zu betonen und andererseits jedoch die gewährte Unterstützung durch den Bevollmächtigten für Kernphysik anzuerkennen, erscheint es zweckmäßig, dem Reichsforschungsrat lediglich für sein durch die Erteilung der Dringlichkeit an den Arbeiten der Forschungsanstalt der Deutschen Reichspost bewiesenes Interesse zu danken, und ihm als Gegenleistung die jeweilige Unterrichtung über den Stand der Arbeiten in Aussicht zu stellen.[83]

Institut. Er wurde zwar mit dem Sommersemester 1944 auf eine außerordentliche Professur für theoretische Physik nach Königsberg berufen, doch angesichts der Bedrohung durch die Rote Armee wurde die Arbeit dort im Juli eingestellt und Flügge kehrte nach Zeuthen zurück. Prof. Dr. Siegfried Flügge an den Verfasser vom 16.6.1995.

[81] BAB, R 47.01 (RPM), 20827, Bl. 133f.

[82] DMM, IMS, FR-298, Bl. 1041, und FR-300, Bl. 181.

[83] BAB, R 47.01 (RPM), 20827, Bl. 154.

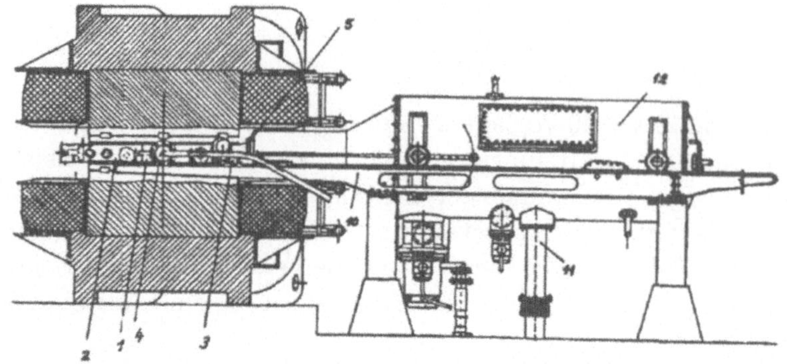

Querschnitt des Miersdorfer Zyklotrons. Links ist der Magnet zu erkennen, in dessen Mitte sich u.a. Kammerring (1), Bestrahlungskammer (2) und die Ionenquelle (3) befinden. Der rechte Teil der Anlage wird vor allem von dem großen Vakuumkessel (12) beherrscht. (Reproduziert nach [Bot53], S. 35.)

Hoffnung auf Beschleunigung des Zyklotronbaus bot auch die Entscheidung, sich mit der Bestellung der Magnete nicht an Krupp, sondern an die ELIN-Werke in Wien zu wenden. Ein Grund mag gewesen sein, daß Krupp nicht nur durch Rüstungsaufträge belastet, sondern bereits mit der Herstellung der Magnete für die beiden Siemens-Zyklotrone betraut war. Andererseits gaben geschäftliche Verbindungen offenbar den Ausschlag.[84] Wie bei von Ardenne verzögerte sich die Lieferung des Magneten jedoch.

Am 23. Januar 1942 wurde indessen der für die Ionenbeschleunigung beim Zyklotron benötigte Kurzwellensender mit einer Leistung von 50 kW bei der C. Lorenz AG, Berlin, bestellt.[85] Wie sich im Verlauf des Jahres jedoch zeigte, reichte die vorhandene SS-Dringlichkeit für eine fristgerechte Auslieferung nicht mehr aus. Inzwischen gab es eine neue höchste Stufe, die DE-Dringlichkeit, die zu erhalten aber „anderen Sterblichen nicht möglich ist“, wie Esau Ende 1942 an Mentzel schrieb.[86]

War die Lieferung zunächst für das Frühjahr 1943 vorgesehen gewesen, so konnte die C. Lorenz AG in einem Schreiben vom 3. Dezember 1942 nur mehr zusagen, daß der Sender bei Beibehaltung der SS-Dringlichkeit vermutlich „etwa Ende 1943 an das Senderlabor lieferbereit sein (würde).“ Hingegen: „Bei Beibringung der DE Dringlichkeit und bei Stellung (...) zusätzlichen Personals durch den Hauptausschuß für Nachrichtengeräte, kann der Sender Ende

[84] Vgl. den Aktenvermerk vom 16.1.1942. SAM, Flir 11/Lg 43, Bd. 2.

[85] BAB, R 47.01 (RPM), 20827, Bl. 138.

[86] DMM, IMS, FR-298, Bl. 1036.

August bezw. Anfang September 1943 zur Prüfung an das Senderlabor der Fa. C. Lorenz geliefert werden."[87]

Die ohnehin schon vorhandenen Terminschwierigkeiten wurden damit wesentlich verschärft. Wieder einmal richtete man sich an General Fellgiebel: Auf Antrag des Präsidenten der RPF ging Anfang 1943 aus dem Reichspostministerium ein Schreiben an den Generalbevollmächtigten für technische Nachrichtenmittel ab, um ihn zu bitten, der Lorenz AG die rechtzeitige Lieferung des Senders zur Auflage zu machen. Bei einer späteren Lieferung sei die Fertigstellung des Zyklotrons ernstlich in Frage gestellt.[88]

Wie diese Anfrage beschieden wurde, ist nicht bekannt. Möglicherweise wurde schließlich doch noch eine DE-Dringlichkeit durch den Bevollmächtigten des Reichsmarschalls für Kernphysik erteilt. Zumindest gab es eine solche für die Vakuumkammer, mit deren Herstellung die AEG, Berlin, beauftragt worden war. Das konnte allerdings nicht verhindern, daß sich auch in diesem Fall Lieferprobleme ergaben, denn aus dem Brief an Fellgiebel geht hervor, daß sie Ende 1943 eintreffen sollte. Im Frühjahr 1944 mußte der Auftrag an die AEG, der neben der Vakuumkammer auch sämtliches Zubehör vorsah, jedoch neu geordnet werden, da sich die AEG nicht in der Lage sah, ihn wie vorgesehen abzuschließen.[89] Sämtliche Schwierigkeiten wurden offenbar im Laufe des Jahres 1944 überwunden, denn laut Salow wurden Magnet und Hochfrequenzsender des Zyklotrons in dieser Zeit betriebsfertig. „Der Kammerring und der Hochfrequenzschwingkreis waren bei Kriegsende in allen Einzelteilen fertiggestellt, so daß nach dem Zusammenbau der Betrieb des Zyklotrons hätte aufgenommen werden können." Hätte es funktioniert, dann wären damit Deuteronen „bis zu maximal 13 MeV, im Dauerbetrieb bis zu 10 MeV" beschleunigt worden.[90]

***

Neben dem Zyklotron gab es noch zwei Kaskadengeneratoranlagen, deren Aufbau in den Händen von Otto Peter lag. Es war der persönliche Wunsch Ohnesorges gewesen, nach einer bei C.H.F. Müller bestellten Anlage auch eine bei Siemens in Auftrag zu geben. Ein Grund dafür war zweifellos die enge Geschäftsverbindung zwischen Reichspost und Siemens. Für C.H.F. Müller sprach hingegen, daß sie keine vergleichbaren Lieferschwierigkeiten wie Sie-

---

[87]BAB, R 47.01 (RPM), 20827, Bl. 140.

[88]A.a.O., Bl. 141f. Darin wird als erwartetes Datum für den Magneten Februar/März genannt.

[89]BAB, R 47.01 (RPM), 20827, Bl. 289.

[90][Bot53], S. 32f.

mens hatte und nicht nur den Generator, sondern auch die Ionenröhre lieferte und montierte.[91]

Die Philips-Kaskade wurde am 9. Januar 1941 bei C.H.F. Müller bestellt.[92] Die zweite Anlage von gleicher Spannung wurde anschließend bei Siemens & Halske geordert. Wegen dieser Vorgaben wurde die Hochspannungshalle in Miersdorf entsprechend groß angelegt. Peter hatte vor, die beiden Kaskaden von jeweils 1,5 MV miteinander zu verbinden, was ihm eine effektive Spannung von maximal 3 Millionen Volt beschert hätte. Die Siemens-Kaskade wurde bis Kriegsende jedoch lediglich in Teilen geliefert und ist nicht mehr aufgestellt worden.

Fundament und Halle für die Philips-Kaskade dürften - wie erwähnt - im Laufe des Jahres 1942 fertig geworden sein. Laut Esau war die Anlage im Mai 1943 bereits ausgeliefert und im Aufbau begriffen, mit ihrer Inbetriebsetzung sei etwa im Oktober zu rechnen.[93] Tatsächlich wurde der Aufbau hingegen erst zwischen Oktober und Dezember 1943 durchgeführt. Die Übergabe fand am 19. Februar 1944 statt.[94]

Die Kaskade lieferte etwa das Äquivalent eines 13 kg schweren Radium-Beryllium-Präparates.[95] Betrieben wurde sie mit einer Deuteriumquelle. Die beschleunigten Deuteronen schlugen dann auf ein Berylliumtarget, und heraus kamen schnelle Neutronen. Da durch Bombenschäden und Verlagerung weder die Anlage in der PTR noch die beiden im Kaiser-Wilhelm-Institut für Chemie geplanten Beschleuniger[96] zum Einsatz gelangten, war die Anlage in Miersdorf im Jahre 1944 der einzige Neutronengenerator dieser Leistung im Berliner Raum. Nur im Institut von von Ardenne, in dem man wie oben beschrieben über einen Van-de-Graaff-Generator von etwa 1 MV verfügte, im Kaiser-Wilhelm-Institut für Hirnforschung, das eine Doppelkaskade von etwa 600 kV hatte, und im Kaiser-Wilhelm-Institut für Physik gab es ansonsten noch Beschleuniger, deren Neutronenausbeute aber weit unter der des Ge-

[91]Eine vergleichbare Anlage für 1,25 MV wurde 1941 von zwei Philips-Mitarbeitern beschrieben. Vgl. [Hei41].

[92]Bericht über die Arbeiten des Laboratoriums I in der Zeit vom September 1942 bis April 1945, PFA, Bericht Nr. 1550. Diese Unterlage verdanke ich Herrn Dr. Burghard Weiss, Lübeck/Berlin.

[93]DMM, IMS, FR-300, Bl. 180.

[94]Bericht über die Arbeiten des Laboratoriums I in der Zeit vom September 1942 bis April 1945. PFA, Bericht Nr. 1550.

[95][Ard46], S. 557.

[96]Es handelte sich dabei um eine Kaskade von 1,2 MV und einen Van-de-Graaff von 3-5 MV. Wie Burghard Weiss darlegt, verhinderten darüber hinaus Finanzierungsprobleme und der später fertiggestellte Bau in Dahlem die rechtzeitige Aufstellung der Anlagen, obwohl die Kaskade beispielsweise fast vierzehn Monate vor der Miersdorfer bestellt worden war. [Wei94b], S. 275-284.

nerators beim APS lagen.[97] So kam es, daß das APS bis Ende 1944 neben eigenen Forschungsthemen auch für mehrere andere Interessenten Bestrahlungen durchführte. Im wesentlichen handelte es sich dabei um das Herstellen von Isotopen und Untersuchungen an lebenden Organismen.

Daß die Kaskade Anfang 1944 in Betrieb genommen werden konnte, führte nicht nur zu einer Aufwertung des APS in der Berliner Wissenschaftslandschaft, es war auch endlich ein vorzeigbarer Erfolg. Zumal ein solcher Kaskadengenerator nicht nur von seiner Größe und Erscheinung her imposant war, sondern auch im Betrieb beeindrucken konnte: So warf Peter bei Besuchen hoher Beamter oder Offiziere während der Vorführung der Anlage bisweilen ein Geldstück in die Höhe, was zu einer Entladung führte[98] – der Blitz und der laute Knall dürften keinen Zweifel mehr an der Legitimation der hier unternommenen Anstrengungen gelassen haben.

Womit beschäftigten sich die Wissenschaftler und technischen Kräfte in Miersdorf sonst noch? Eines der wichtigsten Themen des Uranvereins war zweifellos das Problem der Isotopentrennung, für das man sich auch im APS interessierte. Der theoretische Physiker Detlof Lyons etwa leistete „Vorarbeiten zur Konstruktion einer Zentrifuge für Isotopentrennung, die auf dem Prinzip der Thermodiffusion beruhte“ und stellte Rechnungen für den Bau eines Massenspektrographen an.[99] Die apparative Umsetzung dieser Kalkulationen scheint aber nicht recht vorangekommen zu sein. Anläßlich eines Besuches Walther Gerlachs, dem Nachfolger Abraham Esaus, heißt es im Frühjahr 1944:

> Der Bevollmächtigte für Kernphysik im Reichsforschungsrat hat nach persönlichem Besuch und Besichtigung der Anlagen des Amts für physikalische Sonderfragen (...) durch Übersendung eines förmlichen (...) „Forschungsauftrags“ auf Entwicklung und Aufbau eines Massenspektrographen höheren Auflösungsvermögens und Massentransports als bei den bisher bekannten Geräten dieser Art sein Interesse an der Förderung dieser massenspektrographischen Arbeiten bekundet.[100]

Eine funktionierende Apparatur wurde allerdings bis Kriegsende nicht mehr fertiggestellt.

Des weiteren arbeitete man in Miersdorf auf dem Gebiet der niederenergetischen Kernreaktionen. Als Quellen dienten radioaktive Präparate wie Radi-

---

[97] So soll die Doppelkaskade am Kaiser-Wilhelm-Institut für Physik laut [Wei96], S. 546, trotz einer Maximalspannung von 1,5 MV nur 500 g Radium-Beryllium-Äquivalent ergeben haben. Der Spannungswert muß allerdings als umstritten gelten, da jede der Quellen, die dazu eine Aussage trifft, einen anderen Wert nennt. Vgl. DMM, IMS, FR-300, Bl. 180, [Bot53], S. 24, und [Hof93], S. 202.

[98] Interview mit Dr. Otto Peter vom 9.8.1995.

[99] HUB, PA L 383, Bd. 2, Bl. 3.

[100] BAB, R 47.01 (RPM), 20827, Bl. 154f.

um, und für den Nachweis der Reaktionsprodukte stand eine Nebelkammer zur Verfügung. Helmut Salow führte Untersuchungen an einem Elektronenzyklotron durch, von dem er Erfahrungen auf das Ionenzyklotron zu übertragen hoffte, und ansonsten baute man Zählrohre, um Aktivitäten von radioaktiven Isotopen messen zu können.[101]

Eine der aktivsten Sektionen war die Theorie, die natürlich von keinen Lieferschwierigkeiten betroffen war. Besonders Flügge war ein äußerst fleißiger Verfasser von Vorträgen und Artikeln[102] und nahm an den meisten Konferenzen zur Kernphysik teil. Während das Institut insgesamt eher nominell zur „Arbeitsgemeinschaft Kernphysik" gehörte, unterhielt er weiterhin enge Verbindungen zur KWG und damit zum Uranprojekt.

***

Während die eigentlich naheliegende Verbindung zu von Ardennes Laboratorien ausblieb, gab es besonders zu den Kaiser-Wilhelm-Instituten für Chemie in Berlin-Dahlem und Hirnforschung in Berlin-Buch zahlreiche Kontakte.

Mit dem Kaiser-Wilhelm-Institut für Hirnforschung, genauer: mit der Genetischen Abteilung, und der ebenfalls in Buch untergebrachten Radiologischen Abteilung der Auer-Gesellschaft unterhielten mindestens drei der Wissenschaftler des APS rege Kontakte. Besonders eng arbeitete die Radiochemikerin, Dr. Drehmann, mit den Kollegen in Buch zusammen. Sie selbst schrieb nach dem Krieg:

> Hier [im APS] war ich von Anfang an bestrebt, eine enge Verknüpfung meiner neuen physikalisch-chemischen Kenntnisse mit meinen pharmazeutischen und chemisch-physiologischen Erfahrungen herzustellen. Hierzu hatte ich besonders gute Gelegenheit durch eine längere Gasttätigkeit in der genetischen Abteilung des Kaiser-Wilhelm-Instituts für Gehirnforschung in Berlin-Buch. Ich habe hier häufig an der Auswertung künstlich radioaktiver Isotope in Tierversuchen teilgenommen.[103]

Eine ihrer Arbeiten veröffentlichte sie gemeinsam mit Hans-Joachim Born.[104]

---

[101]Otto Peter in einer Zusammenstellung über das APS, vermutlich von Ende 1946 oder Anfang 1947. Dr. Otto Peter an den Verfasser vom 19.12.1995. Vgl. zum Elektronenzyklotron auch [Bot53], S. 42-49.

[102]In einem (geheimen) Sonderheft der RPF vom November 1944, das innerhalb des Uranprojekts verteilt wurde, sind vier der acht Beiträge von Flügge! DMM, IMS, FR-299, Bl. 647ff.

[103]BBA, PA Dr. Ursula Drehmann, Bl. 4.

[104]Neben Born befanden sich in Buch u.a. die Wissenschaftler Nikolai Timofejew-Ressowski, Karl Günter Zimmer und der für die Auer-Gesellschaft in Berlin-Buch arbeitende Nikolaus Riehl.

In Buch beschäftigte man sich verstärkt mit dem Nachweis radioaktiver Elemente, um Vorgänge innerhalb von Organismen besser zu verstehen. Darüber hinaus interessierten zunehmend die Auswirkungen von Strahlung auf tierisches beziehungsweise menschliches Gewebe, umso mehr, da durch die steigende Zahl von Beschleunigungsanlagen die Frage nach der Gefährdung des Bedienungspersonals bedeutsam wurde.

Aufgrund ihrer hohen Strahlendosis wurde die Kaskade nach ihrer Fertigstellung zu zahlreichen Bestrahlungen dieses Problemkreises genutzt - schon damals war beispielsweise die Fruchtfliege ein beliebtes Studienobjekt. Eine Arbeit, die Peter zusammen mit Karl Günter Zimmer und Alexander Catsch durchführte, umfaßte die Bestrahlung von Ratten mit Röntgenstrahlen und schnellen Neutronen und die anschließende Untersuchung der Veränderungen im Blutbild. Über das Ergebnis berichteten sowohl Zimmer als auch Reichspostminister Ohnesorge persönlich an Walther Gerlach:

> An den Ergebnissen erscheint für den Betrieb von Neutronenquellen und den Strahlungsschutz des Bedienungspersonals besonders das wichtige Ergebnis bedeutsam, daß Schädigungen durch Neutronen keine rasche Erholung finden, wie dies bei Röntgenstrahlenschädigungen der Fall ist.[105]

Auch Flügge interessierte sich für dieses Problemfeld und unterhielt Verbindungen zu Timofejew-Ressowski. Neue Ergebnisse trug er dann den Mitarbeitern in Miersdorf vor.[106]

Des weiteren bestanden zahlreiche Verbindungen zum Kaiser-Wilhelm-Institut für Chemie. Otto Hahn war mindestens zweimal in Miersdorf.[107] Vor allem die Kaskade hatte Bedeutung für sein Institut, denn nachdem die eigenen Pläne für zwei Hochspannungsanlagen schließlich durch die Schwierigkeiten der Finanzierung und die Einwirkungen des Krieges, aus der die Verlagerung Anfang 1944 resultierte, vereitelt worden waren, stand den Forschungen der Chemiker und Physiker im Institut kein eigener Neutronengenerator zur Verfügung.[108] Noch deutlicher äußerte sich ein Mitarbeiter Hahns in einem Brief aus dem August 1943: „Unsere Physik ist jedoch an das Vorhandensein von Hochspannungsanlagen gebunden. Es genügt uns da, in der Nähe von Berlin eine Auffangmöglichkeit zu haben, und diese ist uns auch versprochen worden."[109]

---

[105] DMM, IMS, FR-300, Bl. 337 und 340.

[106] Prof. Dr. Siegried Flügge an den Verfasser vom 16.6.1995.

[107] Interview mit Dr. Otto Peter vom 9.8.1995.

[108] [Hof93], S. 202f. Ein Hinweis, daß in Miersdorf zudem Uran für das Hahnsche Institut bestrahlt wurde, findet sich in [Kra81], S. 135.

[109] MPG, Abt. I, Rep. 11, Bl. 196. Aus ähnlich gelagerten Gründen wünschte man im Kaiser-Wilhelm-Institut für Chemie, auch den Van-de-Graaff von von Ardenne nutzen zu

1.4 Das Kriegsende

Als sich die Gefahr von Bombenangriffen im Laufe des Jahres 1943 sprunghaft erhöhte, begann man bei der RPF, nach Ausweichen für die Sachgebiete zu suchen. Für das APS gab es zunächst eine durch Peter vermittelte gegenseitige Absprache mit Professor Christian Gerthsen von der Friedrich-Wilhelm-Universität (FWU).[110] Etwa im August 1943 bestand dann ein Abkommen mit dem Kaiser-Wilhelm-Institut für Chemie. Als logistische Hilfsleistungen wurden Teile der im Hahnschen Institut vorgesehenen Beschleunigeranlagen monatelang in Miersdorf zwischengelagert, bevor sie im Juli 1944 nach Tailfingen geschickt wurden, wohin das Kaiser-Wilhelm-Institut für Chemie inzwischen verlagert worden war.[111]

Während die Institute der KWG in Dahlem frühzeitig vom Bombenkrieg erfaßt wurden, bot Miersdorf aufgrund seiner Lage außerhalb der Stadt relative Sicherheit vor Luftangriffen. Lediglich mit ein paar Brandbomben hatte man zu kämpfen. Aus diesem Grund brachte Flügge unter Mithilfe von Lyons auch zwei Bibliotheken in das APS: im November 1943 verlagerten sie die Bücher des Instituts für theoretische Physik der FWU und, noch bevor im Februar 1944 das Haus von Max Planck durch Bomben schwer beschädigt wurde, auch einen wesentlichen Teil von dessen Privatbibliothek. Sie wurden in der Hochspannungshalle untergebracht.[112]

Mit dem Beginn des Jahres 1945 ergab sich aber eine neue Bedrohung: die Ostfront rückte mit großer Geschwindigkeit näher. Die letzten Kräfte wurden mobilisiert, um noch in den bereits verlorenen Krieg geschickt zu werden. Darunter waren auch Mitarbeiter des Institutes.[113] Am 12. Januar 1945 begann die Rote Armee ihre Winteroffensive in Polen und Ostpreußen und stieß schnell nach Westen vor. Anfang Februar wichen daher Teile des Instituts, vor allem aber die Wissenschaftler nach Bad Salzungen (Thüringen) aus. Als neue

dürfen: „Die Anlage ist inzwischen auf Wunsch des Kaiser-Wilhelm-Instituts für Chemie so umgeändert worden, daß durch eine einfache Umschaltung von der Deuteronenstrahlung zur Elektronenstrahlung übergegangen werden kann." BAB, R 47.01 (RPM), 20827, Bl. 135.

[110] Aktenvermerk vom 24.4.1943. BAB, R 47.05 (RPF), 22996. Die Aufstellung führt fälschlicherweise die Technische Hochschule an. Peter war 1936 bei Gerthsen in Gießen promoviert worden.

[111] Ämter, Gruppen und Sachgebiete der Reichspostforschungsanstalt und angegliederte Institute, vermutlich vom August 1943. BAB, R 47.05, 22996. Und: [Wei94b], S. 279 und S. 284.

[112] Prof. Dr. Siegfried Flügge an den Verfasser vom 16.6.1995 und 22.9.1995. Vgl. auch [Hof97a].

[113] Von den Wissenschaftlern traf es Otto Baier. Nach Aussage von Otto Peter war man unzufrieden mit seinen Leistungen gewesen und hatte Ende 1944 seine uk-Stellung aufheben lassen. Interview mit Dr. Otto Peter vom 9.8.1995.

Unterkunft diente das Amtsgericht vor Ort. Einige Geräte wurden dorthin mitgenommen, da die Verlagerung aber offenbar sehr spät erst vorbereitet worden war, wurden sie dort gar nicht erst ausgepackt.[114]

Wie sich Peter weiter erinnert, wurden Otterbein, Salow und er wenig später schon wieder nach Berlin zurückbeordert: Da Berlin bis zuletzt verteidigt werden sollte, befahl Ohnesorge die Rückkehr der drei Wissenschaftler.[115] Das gesamte Reich war jedoch bereits in Auflösung begriffen, und so dauerte es nicht lange, bis sich auch die drei entschlossen, erneut in Richtung Süden zu fliehen. Peter erschien jedoch nicht rechtzeitig am vereinbarten Treffpunkt und blieb somit zurück.

Er übernahm die Leitung der verbliebenen Mitarbeiter und wartete auf das Eintreffen der Roten Armee. Diese hatte Zeuthen und Miersdorf bei ihrem Vorstoß auf das Berliner Zentrum zunächst links liegen gelassen und war über Schmöckwitz nach Norden gestoßen, bevor sich Truppen am 25. April auch nach Süden am Zeuthener See entlang bewegten. Schnell interessierte man sich für die Institutseinrichtung. Wenig später stellte sich sogar der Vizechef der sowjetischen Geheimpolizei (NKWD), Awrami Sawenjagin, in Miersdorf ein und verfügte, daß das Institut demontiert und in Moskau wieder aufgebaut werden sollte.[116]

Schon bald darauf begannen Pioniere der Roten Armee unter Mithilfe der Mitarbeiter und zwangsverpflichteter männlicher Bewohner der Umgebung mit dem Abbau der Institutseinrichtungen. Ein ganzer Zug wurde mit Kisten beladen; selbst unwichtige persönliche Gegenstände wurden verpackt und verschickt.[117] Der schwere Zyklotronmagnet wurde hinter einen Panzer gekettet und über das Straßenpflaster zum Bahnhof gezogen, wo er auf Spezialwaggons verladen wurde.

Die beiden Bibliotheken wurden separat weggeschafft. Desgleichen wurden auch einige Fässer mit Uranoxyd abtransportiert, die von der Auer-Gesellschaft in Miersdorf gelagert worden waren. Aus Gesprächen mit Sawenjagin erfuhr Peter, daß von Ardenne und der seit 1936 bei Siemens angestellte Nobelpreisträger für Physik, Gustav Hertz, sich bereit erklärt hatten, in die Sowjetunion zu gehen, um dort weiterarbeiten zu können. Auch ihm unterbreitete man dieses Angebot, das er zunächst ausweichend beschied, da sich seine Fa-

[114]Interview mit Dr. Otto Peter vom 9.8.1995 und Dr. Otto Peter an den Verfasser vom 19.12.1995. Und: Frau Jutta Bartram an den Verfasser vom 10.1.1996.

[115]Otterbein gab nach dem Kriege an, daß er zwischen Februar und April 1945 im betriebsgebundenen Volkssturm tätig war. Personalbogen Otterbeins vom 5.2.1954. BBA, AKL, Personalia 660 (Dr. Otterbein).

[116]Dr. Otto Peter an den Verfasser vom 19.12.1995.

[117]Telephonat mit Frau Jutta Bartram vom 22.1.1996

milie in Rottweil (am Neckar) befand. Als dann die Rede davon war, daß ein Flugzeug bald für ihn bereitstehen würde, setzte er sich in Richtung schwäbische Heimat ab.[118]

Inzwischen war auch Otto Baier wieder in Miersdorf aufgetaucht. Er hatte sich offenbar der sowjetischen Besatzungsbehörde angeboten, von der er den Auftrag bekam, nach Leuten zu suchen, die ihn und die Geräte in die Sowjetunion begleiten würden.[119] Der bereits erwähnte Ministerialdirigent a.D., Dr. Iring Grailer, schrieb im Sommer 1945, daß über das Schicksal der Ausweichen seit Kriegsende fast nichts bekannt geworden sei. „Nur aus Miersdorf wurde gemeldet, daß von den Russen sämtliche Anlagen, Maschinen, Einrichtungen und technische Unterlagen des Hochspannungsinstituts abtransportiert worden sind.“[120] Allerdings soll „einer mündlichen Mitteilung aus Miersdorf nach an den Gebäuden kein nennenswerter Schaden angerichtet worden sein“.[121]

1.5 Zusammenfassung

Die Vorbereitungen auf den Krieg und seine Führung stärkten nicht nur zunehmend den Einfluß der Technokraten in Staats- und Parteiapparat des Dritten Reiches, sie gaben auch den Physikern die Möglichkeit, die lästige „arische“ Konkurrenz abzuschütteln und ihre Nützlichkeit für das Regime unter Beweis zu stellen.

Das Interesse des Reichspostministers an der Kernphysik weist darauf hin, daß Wissenschaft und Technik zu politischem Gewicht führten, sobald sie sich für die Wehrmacht und folglich den erst erwarteten, später nur mehr erwünschten Gewinn des Krieges als wertvoll erwiesen oder dafür gehalten wurden. Im Buhlen um Einfluß und Hitlers Gunst instrumentalisierte Ohnesorge den wissenschaftlich-technischen Apparat seines Ministeriums entsprechend.

Die Argumentation, die die Reichspost verfolgte, um ihre kernphysikalischen Forschungen zu erklären und bei den entsprechenden Dienststellen Dringlichkeiten zuerkannt zu bekommen, folgt in etwa jener, die auch die Wissenschaftler für das Uranprojekt benutzten. Als der Präsident der RPF, Friedrich Gladenbeck, im Mai 1941 zu einer Besprechung im Wehrwirtschafts- und Rüstungsamt des OKW weilte, wo er sich eine höhere Priorität für die Zyklotronmagnete erhoffte, sprach er sowohl von Versuchen, die man „zur Gewinnung neuer Energiequellen durch Atomzertrümmerung“ durchführen wolle, als auch von

[118]Interview mit Dr. Otto Peter vom 9.8.1995.

[119]A.a.O. Und: Frau Jutta Bartram an den Verfasser vom 10.1.1996.

[120]BAB, DM-3 (MPF), 800, Bl. 28.

[121]A.a.O., 798, Bl. 172.

der „Bedeutung der Atomzertrümmerung für die Herstellung von Bomben mit ungeheurer Sprengwirkung". Ebenso wies er auf die vielen amerikanischen Zyklotrone und die Bedeutung der Kernenergie für den Antrieb von Kfz hin – ein besonders auf die Bedürfnisse des Heeres zugeschnittenes Argument.[122]

Während sich 1942 das Heereswaffenamt aus der Kernphysik zurückzog, verstärkte die Reichspost ihre Anstrengungen eher noch, und zwar unter Hinweis auf die Amerikaner. So heißt es in einem Aktenvermerk vom April 1942:

> In einer vor kurzem stattgehabten Zusammenkunft des Forschungsrates zeigten Vorträge der ersten Wissenschaftler vor Reichministern und hohen militärischen Persönlichkeiten erneut die ganz außerordentliche Kriegswichtigkeit der kernphysikalischen Forschungsarbeiten.[123] Die US-Amerikaner sind uns auf diesem Gebiet offenbar weit voraus und es läßt sich nicht übersehen, welche Überraschungen möglich sind, wenn wir in dieser Richtung im Rückstand bleiben.
> Da die Ergebnisse der Kernforschung auch für die Nachrichtentechnik umwälzende Bedeutung versprechen, hat Min[ister Ohnesorge] entsprechende Arbeiten bei der DRP schon vor langer Zeit aufnehmen lassen. Sie stehen jetzt mit an vorderster Stelle in Deutschland. Es besteht deswegen die Verpflichtung und dringende Notwendigkeit, unsere Arbeiten im allgemeinen Interesse und in dem der DRP mit allen Mitteln voranzutreiben.[124]

Warum Ohnesorge zwei sich in der technischen Ausstattung derart ähnelnde Laboratorien einrichten ließ, die sich dann nicht einmal untereinander austauschten, bleibt in letzter Konsequenz rätselhaft. Die damit verbundenen finanziellen, personellen und materiellen Anstrengungen waren auf jeden Fall beträchtlich und sind bisher zu Unrecht vernachlässigt worden.

Neben der schlechten Aktenlage mag dazu beigetragen haben, daß die Hauptbeteiligten am Uranprojekt wohl zu einiger Herablassung gegenüber den Versuchen der Reichspost neigten. So hat Heisenberg das Verdikt gesprochen: „Dann gab's draußen vor Berlin so ein Laboratorium von der Post, da wurde in der Tat Uran gemacht. (...) Es war nichts Ernsthaftes."[125] Der wahre Kern

[122]Kriegstagebuch des Stabes des Wehrwirtschafts- und Rüstungsamtes des OKW, Eintrag vom 5.5.1941. BAB, Film Nr. 8273. Anderthalb Jahre später verwendete Mentzel eine ähnliche Formulierung, um die Förderungswürdigkeit der Kernphysik zu begründen. In einem Brief an das Stabsamt des Reichsmarschalls vom 8.12.1942 schrieb er, daß die Schaffung einer Wärmekraftmaschine „etwa für den Antrieb eines U-Bootes bei einem Aktionsradius von 40.000 km ein Kg. Uran verbrauchen würde". BAB, RL 3 (RLM), 56, Bl. 112.

[123]Gemeint ist offenbar die Vortragsreihe Ende Februar des Jahres, die vom Heer und dem Reichsforschungsrat parallel zu der Forschungskonferenz zur Kernphysik im Kaiser-Wilhelm-Institut für Physik abgehalten wurde. Vgl. beispielsweise [Wal90], S. 69.

[124]BAB, RPM, R 47.01, 20827, Bl. 127.

[125]DMM, IMS, FR-300, Bl. 561f.

dieser Aussage ist, daß die Verbindungen zwischen RPF und Uranprojekt nur marginal waren: Als einziger Wissenschaftler im Dienste der RPF gehörte der Theoretiker Flügge zum engeren Umfeld des Uranvereins, mit der Miersdorfer Kaskade wurden für die Kaiser-Wilhelm-Institute für Chemie und Hirnforschung Bestrahlungen durchgeführt sowie Isotope hergestellt, und logistisch half man dem Kaiser-Wilhelm-Institut für Chemie aus, indem man Teile der dort projekierten Beschleunigeranlagen zwischenlagerte.

Blickt man hingegen allein auf die Großgeräte, so fällt auf, daß die RPF während der Kriegsjahre immerhin drei Hochspannungsbeschleuniger bauen ließ, von denen zwei auch in Betrieb gingen, und sogar zwei von vier Zyklotronprojekten unterhielt! Wären diese 1943/44 fertiggestellt worden, hätte dies vermutlich eine bedeutende Aufwertung der Position Ohnesorges sowie die Diskreditierung aller am Uranprojekt Beteiligten zur Folge gehabt.

Kapitel 2

Der Wiederaufbau

> Die Versuchung war groß, der Vernunft abzuschwören, um ehrlichen Herzens in der Glaubensgemeinschaft aufgehen zu können. Es waren nicht die Schlechtesten, die diesen Weg wählten, der alles andere war als bequem. Denn verlangt wurde nicht nur Unterordnung, sondern auch eine Selbstverleugnung, die nicht nur eignes Denken, sondern auch eignes Wahrnehmen verbot. Man mußte Wahrheiten über Stalin für Lüge halten, die Justizverbrechen im eignen Land rechtfertigen, sich blind machen und taub stellen und bei jeder Kursänderung glauben, es gehe geradeaus.[1]
>
> Günter de Bruyn

2.1 Startschwierigkeiten

Die ersten Monate nach Kriegsende waren geprägt von der Suche nach Angehörigen, Nahrung, Unterkunft und Arbeit auf deutscher und nach Nationalsozialisten und „Antifaschisten", nach Dokumenten, Geräten oder Kunstschätzen auf alliierter Seite. Eine regelrechte Jagd entspann sich um die Auffindung deutscher Wissenschaftler, Techniker und ihrer Forschungslaboratorien, der Auswertung von Unterlagen und Aussagen sowie dem Abtransport von Ausrüstung bis hin zur Demontage ganzer Institutseinrichtungen. Vor allem die Amerikaner und die Sowjets hatten noch vor Beendigung der Kampfhandlungen Spezialeinheiten gebildet, die Personen, Akten und Apparaturen sicherstellen sollten.

Den Amerikanern kam dabei zugute, daß sich der vorwiegende Teil an Personal, Instituten und Geräten des deutschen Uranprojekts in den zukünftigen

[1] [Bru96], S. 374f.

Zonen der Westalliierten befand: Insbesondere die Kaiser-Wilhelm-Institute für Chemie und Physik waren wegen der zunehmenden Bombardements auf Berlin seit 1943 in Gegenden im Süden Deutschlands verlegt worden.

Die Sowjetunion begann relativ spät - im April 1945 - damit, eigene Physiker und Chemiker in die Suche nach deutschen „Spezialisten“[2] einzubeziehen. Aus genanntem Grund trafen die Sowjets nur noch wenige jener Forscher an, die mit dem Uranprojekt in Verbindung gestanden, aber mehrheitlich nicht zur Führungsgarde gehört hatten, darunter Manfred von Ardenne, Gustav Hertz, Heinz Pose, Nikolaus Riehl, Peter Adolf Thiessen, Nikolai Timofejew-Ressowski sowie Max Volmer. Der Liste seien die Namen von Max Steenbeck, Heinz Barwich, Fritz Bernhard, Hans-Joachim Born, Werner Hartmann, Justus Mühlenpfordt und Gustav Richter hinzugefügt, denen wir in den folgenden Kapiteln wiederbegegnen werden. Sie alle wurden mehr oder weniger höflich in die Sowjetunion „eingeladen“, um mit ihnen „ein Konkurrenzunternehmen zu den sowjetischen Arbeiten an der Produktion von waffenfähigem Uran“ aufzuziehen.[3]

Diese „Vereinnahmung“ führte dazu, daß der Sowjetischen Besatzungszone (SBZ) und jungen DDR ganze Facheliten, darunter die Kernphysiker, auf Jahre abhanden kamen. Dieser Verlust war und blieb bis in die Mitte der 50er Jahre nahezu vollständig. Anders verhielt es sich in den westlichen Zonen und der Bundesrepublik: Zwar wurde hier des öfteren Klage über die in das Ausland (insbesondere die USA) abgewanderten Physikerkollegen erhoben, doch blieben weiterhin genügend Kräfte vorhanden, entflohen dem Stalinismus oder kehrten nach einigen Jahren mit dem Bonus einer ausgezeichneten Ausbildung zurück. Die maßgeblichen Physikerpersönlichkeiten des Uranprojekts konnten somit in den 50er Jahren nicht nur die Entwicklung der Kernforschung in der Bundesrepublik Deutschland entscheidend mitgestalten, sondern standen auch frühzeitig für die Ausbildung einer neuen Generation von Kernphysikern zur Verfügung.

***

Die SBZ und spätere DDR hatte in der Phase ihres Wiederaufbaus mit Problemen zu kämpfen, die teilweise selbstverschuldet, teilweise durch alte Strukturen oder durch äußeren Druck bedingt waren. Auf jeden Fall gab es eine Reihe

[2] Dieser Begriff ist dem Russischen entlehnt und zu einem feststehenden Terminus geworden. Er bezeichnet sowohl Wissenschaftler als auch technisches Personal.

[3] [Alb92], S. 47-57. Was die Anzahl der in die Sowjetunion verbrachten Wissenschaftler, Techniker und Ingenieure betrifft, gehen Albrecht et al. in ihrem Buch von einer Gesamtzahl von etwa 3000 Spezialisten aus. A.a.O., S. 178. Die Zahl wird von Karlsch unterstützt. [Kar93], S. 157.

von Faktoren, die dafür verantwortlich waren, daß die DDR schlechtere Ausgangsbedingungen hatte, wirtschaftlich ähnlich erfolgreich zu sein wie die Bundesrepublik des Wirtschaftswunders. An externen Gründen seien genannt: die unausgewogene Wirtschaftsstruktur der neu geschaffenen territorialen Einheit und der Mangel an bedeutenden Rohstoffvorkommen;[4] die Tatsache, daß viele Institute, Konzernleitungen sowie Wissenschaftler und Fachkräfte im Krieg in den Westen verlegt worden oder vor der Roten Armee geflohen, andere vor dem Abzug der Amerikaner (vor allem aus Thüringen und Sachsen) von diesen mitgenommen worden waren;[5] und die viel empfindlicheren und umfassenderen materiellen und personellen Reparationsleistungen – zahlreiche Betriebe wurden ganz, einige teilweise demontiert, andere erhielten zeitweise den Status einer sowjetischen Aktiengesellschaft (SAG), die zumindest Teile ihrer Produktion in die Sowjetunion liefern mußten, ohne dafür eine Kompensation zu erhalten.[6] Hinzu kam, daß die Sowjetunion der SBZ/DDR untersagte, Hilfen aus dem Marshall-Plan entgegenzunehmen.

Systemimmanente Gründe waren sicherlich: die Repressionspolitik, wie sie von Besatzungsmacht und KPD/SED etwa bei der Entnazifizierung, der Enteignung und der Festigung der Macht betrieben wurde, womit sowohl eine Verunsicherung der Bevölkerung als auch die Einsetzung einer neuen Elite einherging, bei der die politische Loyalität oftmals vor der Sachkompetenz rangierte;[7] die bisweilen unreflektierte Übernahme und unsensible Durchsetzung sowjetischer Methoden und Modelle, was mitunter zu krisenhaften Erscheinungen führte; und die bis zum Mauerbau stattfindende massenhafte Abwanderung in die Bundesrepublik, durch die der DDR bis 1961 ca. 3 Millionen Bürger verlorengingen, darunter viele qualifizierte Fachkräfte.[8]

Unter diesen sehr ungünstigen Umständen und Voraussetzungen vollzog sich im Oktober 1949 die Gründung der Deutschen Demokratischen Republik, die zwar „weit mehr als eine bloße Reaktion auf die vorangegangene Konstituierung der Bundesrepublik war",[9] die aber dennoch unter einem Vorbehalt stand: Stalin hielt sich die Option eines vereinten, aber neutralen Deutschland

[4][Kar93], S. 42f und S. 92. Und: [Fö85], S. 396. Für eine andere Lesart vgl. [Rit95], S. 17.

[5][Har75], S. 158. Und: [Fei91].

[6]Vgl. vor allem [Kar93].

[7]In diesem Zusammenhang spricht Monika Kaiser von einer „partielle(n) Entprofessionalisierung der ostdeutschen Bürokratie in den 1940er/50er Jahren." [Kai93], S. 76.

[8]Zu den Unwägbarkeiten der genannten Zahlen vgl. [Bun85], S. 418f. Vgl. auch [Deu95], Bd. V,3, S. 2359-2405. Die Betonung liegt hierbei auf der Qualität, weniger auf der Quantität, denn angesichts der Versorgungslage in der SBZ/DDR, die durch den Zustrom Deutscher aus den Ostgebieten verschärft wurde, dürfte der SED die Abwanderung in den ersten Jahren sogar gelegen gekommen sein.

[9][Leo90], S. 45.

weiterhin offen, und so blieb der neue Staat für einige Zeit noch ein Faustpfand für Verhandlungen mit dem Westen.

Die SED arbeitete in dieser Zeit intensiv daran, ihre Herrschaft auszuweiten und zu stabilisieren. Schon in den Jahren vor der Staatsgründung war sie unter tätiger Mithilfe der Sowjetischen Militäradministration (SMA) zur stärksten politischen Kraft im Lande geworden. Während mit der „Vereinigung" von KPD und SPD im April 1946 und mit dem Umbau der SED in eine „Partei neuen Typus"[10] die wichtigste Konkurrenzpartei ausgeschaltet werden konnte, wurden die anderen neugegründeten Parteien, CDU und LDP - nicht zuletzt durch die Gründung von NDPD und DBD 1948 -, sowie die Massenorganisationen unter massiver Einflußnahme gleichgeschaltet. Mit dem Instrument des „antifaschistisch-demokratischen Blocks" wurde nicht nur jegliche parlamentarische Opposition unmöglich gemacht, sondern auch die Dominanz der SED in allen politischen Belangen gesichert.[11]

Damit wurden bis etwa 1950 die wesentlichen Voraussetzungen für das spätere Funktionieren der DDR geschaffen. Der Staat verlor dabei viele seiner traditionellen Kompetenzen und diente „der Partei als „Hauptinstrument" für den Aufbau des Sozialismus", wurde also „hauptsächliches Mittel zur Durchsetzung von Parteipolitik".[12] Bereits am 17. Oktober 1949 hatte das Kleine Sekretariat der SED - Vorgänger des Sekretariats des Zentralkomitees - unter Vorsitz von Walter Ulbricht Richtlinien beschloßen, mit denen „ein für die DDR-Diktatur wie für ihr sowjetisches Vorbild typischer Funktionsmechanismus festgeschrieben" wurde:

> Alle politisch oder sachlich bedeutsamen Entscheidungen der Volkskammer, der Regierung sowie der einzelnen Ministerien mußten zunächst im

[10]Das heißt, Umbildung in eine kommunistische Partei Stalinscher Prägung mit einer dem Beispiel der KPdSU folgenden Umstrukturierung, der Durchsetzung des demokratischen Zentralismus', der schon bald durchgesetzten Aufgabe der paritätischen Besetzung von Leitungsfunktionen durch ehemalige Mitglieder aus SPD und KPD sowie die ideologische Kontrolle nebst schubweiser Säuberung der Partei durch die Parteikommissionen.

[11][Web93], S. 14-34. Der Begriff „Partei" kann an dieser Stelle nicht unkommentiert gelassen werden, denn die SED war „zu keinem Zeitpunkt eine Partei im herkömmlichen Sinne eines parlamentarisch-demokratischen Systems, und sie (...) ist ja, wenn man ihre Ursprünge bis auf die Kommunistische Partei 1919 zurückführt, überhaupt im Widerspruch und in Abgrenzung zu den Parteien des parlamentarisch-demokratischen Systems entstanden. Deshalb war die SED in bewußter Abgrenzung zu solchen Parteien als ein politischer Orden mit eigener Weltanschauung, entsprechender Hierarchie, mit Ordensregeln und einer eisernen Disziplin der bedingungslosen Unterwerfung aller Mitglieder unter die von oben nach unten gefaßten Beschlüsse organisiert, jede Fraktionsbildung war verboten und ein Austrittsrecht eines einzelnen Mitgliedes bis zu einem bestimmten Zeitpunkt im Statut der SED überhaupt nicht vorgesehen." [Deu95], Bd. II,1, S. 438.

[12][Kai93], S. 57.

> Politbüro bzw. im Sekretariat eingereicht werden. Dort wurde darüber entschieden, ob die jeweilige Vorlage an das entsprechende Staatsorgan zur Beschlußfassung weitergeleitet werden dürfte, ob sie zurückzustellen oder in einer bestimmten Richtung zu überarbeiten und dann neu vorzulegen war. Die staatlichen Organe durften lediglich den schon beschlossenen Willen der SED-Führung nachvollziehen und weniger bedeutsame Detailfragen regeln. Aber selbst darüber wurde insofern Kontrolle ausgeübt, als beispielsweise die Ministerien sich mit den entsprechenden Fachabteilungen des Zentralkomitees abzustimmen und von allen ihren Beratungsprotokollen oder Beschlüssen ein Exemplar an diese Fachabteilung abzuliefern hatten.[13]

Bei der Durchsetzung solcher Vorgaben half natürlich, daß wichtige Posten im Staatsapparat durch SED-Mitglieder besetzt waren. So gehörten der Regierung (ab 1952 Ministerrat), die Ministerpräsident Otto Grotewohl am 12. Oktober 1949 vor der Provisorischen Volkskammer vorstellte, 3 Stellvertreter und insgesamt 14 Minister an. Darunter befanden sich mit Walter Ulbricht (Stellvertreter des Ministerpräsidenten), Max Fechner (Justiz), Georg Handke (Außenhandel und Materialversorgung), Heinrich Rau (Planung), Fritz Selbmann (Industrie), Dr. Karl Steinhoff (Inneres) und Paul Wandel (Volksbildung) zwar erst 7 SED-Mitglieder, diese allerdings beherrschten bereits die meisten der Schlüsselressorts. Auch war den meisten anderen Ministern ein Staatssekretär beigestellt, der aus der SED kam. Staatspräsident wurde Wilhelm Pieck, SED.[14]

Der Staatsapparat geriet somit schon zu Beginn der DDR weitgehend unter Parteikontrolle. Hingegen verlief die Entwicklung in der Forschungspolitik, insbesondere im Hinblick auf die Akademie der Wissenschaften, zunächst in anderen Bahnen.[15]

2.2 Die Akademie der Wissenschaften

Die Forschung spielte in den Jahren 1945 und 1946 nur eine untergeordnete Rolle, was „nicht nur auf den durch den Krieg hervorgerufenen Zerstörungen und Umwälzungen, sondern auch auf der Tatsache (beruhte), daß die KPD-

[13] A.a.O., S. 78-80. Die staatliche Entscheidungsebene hatte dabei „allein den Zweck, diese Beschlüsse des Politbüros der SED für alle Staatsbürger bindend zu machen, also auch für jene, die nicht Mitglied der SED waren." [Deu95], Bd. II,1, S. 439.

[14] [Bro90], S. 289f.

[15] Die bisher detailreichste Arbeit zur Akademiegeschichte zwischen 1945 und 1970 hat Peter Nötzoldt vorgelegt: [Nö98].

Führung kaum eine Beziehung zur Wissenschaft besaß."[16] Andererseits war das Volksbildungsressort (dem das Gebiet Wissenschaft beigeordnet wurde) eines derjenigen, das die KPD „unbedingt beanspruchte und entsprechend zu besetzen versuchte."[17] Es fehlte allerdings an entsprechenden Fachleuten, nicht zuletzt deshalb, weil „marxistische oder gar marxistisch-leninistische Traditionen im deutschen Wissenschaftsbetrieb kaum existiert hatten".[18] Die Wissenschaftspolitik der SMA und der ihr nachgeordneten deutschen Verwaltungen, „soweit sie überhaupt feststellbar ist (...), versuchte in dieser Zeit zu kanalisieren, vor allem personelle Entscheidungen zu beeinflussen." Die Anstrengungen galten dabei insbesondere der Berliner Universität.[19] Das hatte für die außeruniversitären Forschungseinrichtungen Konsequenzen:

> In den politischen Handlungen, die Wissenschaft und Intelligenzschicht zum Gegenstand hatten, war in der Restituierungsphase eine führende Rolle der Partei weder thematisiert noch durchgesetzt. Dem entsprach der Institutionalisierungsgrad im politisch-administrativen System bzw. in dem mit Wissenschaft befaßten Teilbereich, der unter dem des Wissenschaftssektors lag; diese Asymmetrie verhalf Wissenschaft zunächst zu positionellen Vorteilen. Insgesamt korrespondierte das niedrige Niveau der Ausdifferenzierung von „Wissenschaftspolitik" dem Niveau der Steuerungsmöglichkeiten (und vielleicht auch dem der Steuerungsintentionen).[20]

Für die Preußische Akademie der Wissenschaften, die das Kriegsende lediglich als Torso überlebt hatte, da die meisten ihrer Mitglieder Berlin verlassen hatten, verband sich damit erst einmal die Existenzfrage. Ihre Bemühungen, bei den zuständigen Stellen (darunter auch die westlichen Alliierten) die Zulassung sowie eine finanzielle und materielle Unterstützung zu erwirken, blieben vorerst vergebens. Statt dessen versuchte die SMA, stellvertreten durch den Berliner Magistrat, die Kaiser-Wilhelm-Gesellschaft und ihre Berliner Institute über die Ernennung Robert Havemanns zum vorläufigen Leiter unter ihre Kontrolle zu bringen. Erst nach dem Scheitern dieser Option (Anfang 1946) begann sie sich auf die Akademie zu besinnen.[21] Per Gesetz Nr. 187 wurde

---

[16] [Lan77], S. 3.

[17] Im Berliner Magistrat war Otto Winzer, in der Ende Juli 1945 gegründeten Deutschen Zentralverwaltung für Volksbildung Paul Wandel für den Bereich zuständig. [Nö96], S. 121.

[18] [Fö88], S. 233.

[19] [Nö96], S. 130.

[20] [Fö88], S. 235. In der Tat wurde erst ab 1948 eine Hauptverwaltung Wissenschaft und Technik bei der Deutschen Wirtschaftskommission (DWK) eingerichtet – das spätere Zentralamt für Forschung und Technik. [Bro90], S. 288.

[21] Havemann wurde zwar erst 1948 von den Amerikanern abgesetzt, da sich aber die Verwaltung, die führenden Wissenschaftler und die meisten der Institute in den Westzonen

die Preußische Akademie der Wissenschaften am 1. Juli 1946 als Deutsche Akademie der Wissenschaften zu Berlin (DAW) wiedereröffnet.

Die sowjetische Besatzungsmacht war bei der Wiederbelebung der Akademie weniger an der Gelehrtengesellschaft als vielmehr daran interessiert, nach dem Vorbild der sowjetischen Akademie der Wissenschaften für das (vor allem naturwissenschaftliche) Forschungspotential ihrer Einflußzone einen organisatorischen Überbau zu finden. Daher erfolgte die Expansion der Akademie in den ersten Jahren eher planlos und führte in kurzer Zeit zu einem beträchtlichen Zuwachs: 1947 unterhielt sie bereits 20 Institute – davon 17 im weitesten Sinne naturwissenschaftliche Einrichtungen – bei weiter steigender Tendenz.[22]

In den folgenden Jahren wurde diese Verlagerung hin zu einer Dominanz naturwissenschaftlicher Forschung weiter forciert, was sich in einer ersten Umstrukturierung niederschlug, bei der 1949 die Mitgliederstellen von 60 auf 120 erhöht und statt der bis dahin bestehenden zwei Klassen (für Geistes- bzw. Naturwissenschaften) sechs geschaffen wurden – vier naturwissenschaftliche und zwei geisteswissenschaftliche Klassen.[23] Entsprechend waren etwa zwei Drittel der ordentlichen Akademie-Mitglieder am Ende des Jahrzehnts Naturwissenschaftler, und die Geisteswissenschaftler, die die Akademie seit Kriegsende dominiert hatten, gerieten in Plenum und Präsidium in die Minderheit.

Diese Veränderung war durch die Kulturverordnung vom 31. März angeregt worden, die vorsah, die Akademie zu einem „leistungsfähigen Zentrum für die Forschungsarbeit“ umzugestalten.[24] Der ihr damit zugedachten Aufgabe konnte die alte Gelehrtengesellschaft allerdings nur langsam nachkommen, was kaum verwundert angesichts traditionslastiger Strukturen (und Personen), materiellen Schwierigkeiten und einem Mangel an Wissenschaftlern, der sich durch die anhaltende Abwanderung sowie durch im Vergleich zur Industrie niedrigere Löhne noch verschärfte.

Auch die SED selbst blockierte diese Zielsetzung, da sie gleichzeitig hoffte, daß die Akademie „sich zu *dem* Zentrum wissenschaftlicher Arbeit in den vier Besatzungszonen entwickeln würde“. Während der politische Umbau der Hochschulen und die Einflußnahme auf Lehrkörper und vor allem Studentenschaft schon sehr früh einsetzte, war die SED bezüglich der Akademie bestrebt, durch eine zunächst sehr behutsame, indirekte Lenkung der Gelehrtengesell-

---

befanden, scheiterte der Versuch auf Einflußnahme oder gar Rechtsnachfolge. Vgl. beispielsweise [Sta81], S. 86f, oder [Mü90], S. 58.

[22]Liste der Institute der DAW, Stand 21.7.1947. BBA, AKL, 662.

[23]Es waren dies die Klassen für Mathematik und allgemeine Naturwissenschaften, für medizinische, für landwirtschaftliche sowie für technische Wissenschaften und jeweils eine Klasse für Sprachen, Literatur und Kunst bzw. Gesellschaftswissenschaften. [Har75], S. 173.

[24]Vgl. den auszugsweisen Abdruck in [Har91], S. 488f.

schaft „Einfluß auf das Geistesleben (zu) nehmen, um so dazu beizutragen, daß sich prominente Vertreter der Intelligenz in den westlichen Besatzungszonen den Ideen und Zielen einer sich als antifaschistisch-demokratisch verstehenden Umwälzung östlicher Prägung öffneten."[25] Ziel war dabei natürlich auch, die große Zahl „bürgerlicher" Wissenschaftler nicht zu verprellen.[26]

Diese zwei sich eigentlich ausschließenden Prämissen führten insgesamt zu einem „nur mühsam kaschierte(n) Interessenkonflikt zwischen der gesamtdeutschen und der DDR-bezogenen Struktur der Akademie",[27] der die Entwicklung der Akademie weit über ein Jahrzehnt prägen sollte.[28] In der Folge wies die Forschungspolitik der SED durchaus Züge eines "trial and error"-Verfahrens auf, so daß sich die Neugliederung von 1949 „als überaus instabil" erwies: Mit den Gründungen der Bauakademie (1950) und der Akademie der Landwirtschaften (1951) – in deren Zuge die Klasse für landwirtschaftliche Wissenschaften aufgelöst wurde – ergaben sich für die DAW schon bald neue Rahmenbedingungen. Eine Veränderung des Statuts zog sich jedoch noch bis 1954 hin, als die Klassen für Mathematik und allgemeine Naturwissenschaften sowie für technische Wissenschaften durch die Klasse für Mathematik, Physik und Technik sowie die Klasse für Chemie, Geologie und Biologie ersetzt wurden.[29]

***

Die Suche nach geeignetem Personal blieb für lange Zeit ein großes Problem – besonders auf dem Gebiet der Physik. Die Abwanderung während der letzten Kriegsmonate und die anschließende (zum Teil unfreiwillige) Migration wurden bereits erwähnt. Erfahrene Persönlichkeiten waren demnach rar. Düster sah es aber auch mit dem wissenschaftlichen Nachwuchs aus. Durch die Diskreditierung von Teilen der Physik während des Nationalsozialismus sowie die kriegsbedingte Mobilisierung sämtlicher männlicher Bevölkerungsschichten bis hin zu Jugendlichen fehlte an Hochschulen und Akademieinstituten oftmals der gesamte Mittelbau.[30] Zwar war der Ansturm auf die Universitäten nach Kriegsende groß, doch gab es durch das Kontrollratsgesetz Nr. 25, das von den Alliierten im Frühling 1946 erlassen worden war und neben anderen militärisch relevanten Forschungsrichtungen faktisch bis 1955 jegliche angewandte Kern-

[25][Sch95], S. 1265f.

[26]Vgl. [Wal95], S. 74.

[27]A.a.O., S. 68.

[28][Sch95], S. 1266f.

[29][Wal95], S. 69. 1957 kam als neue Klasse noch die für Bergbau, Hüttenwesen und Montangeologie hinzu.

[30]PMA, AW, DY 30/IV 2/9.04/419, Bl. 87.

physik in Deutschland untersagte,[31] sowie die Abwesenheit fachkompetenter Dozenten lange Zeit nur ein ungenügendes Angebot an Lehrveranstaltungen.

Aus den Westzonen, wo es zunächst eher zu viele Hochschullehrer gab, konnte kaum Abhilfe erwachsen. Die durchaus vorhandenen Versuche, Physiker aus den Westzonen beziehungsweise der Bundesrepublik zu verpflichten, waren selten von Erfolg gekrönt. Neben politischen Vorbehalten dürften dafür in diesen ersten Nachkriegsjahren die schlechteren Lebensbedingungen in der SBZ verantwortlich gewesen sein,[32] zumal die Westalliierten keineswegs daran interessiert waren, qualifiziertes Personal in die sowjetische Zone abwandern zu sehen.

Die ökonomische Lage der wissenschaftlich-technischen Intelligenz in der DDR änderte sich ab 1949 mit dem Erlaß der Kulturverordnung, „die vor allem angesichts der [sich] mit dem Aufkommen des Kalten Krieges verschärfenden Systemauseinandersetzung Vertretern der Spitzenintelligenz materielle Privilegien einräumte". Dazu zählten bevorzugte Zuweisung von Häusern, Ehrenrenten und Urlaubsplätzen sowie der Abschluß von Einzelverträgen.[33] Anfang der 50er Jahre setzte die Regierung der DDR diese Privilegierung von Wissenschaftlern weiter fort. Extra für die DAW wurde eine Verordnung beschlossen, die „die Vergütung der wissenschaftlichen Mitarbeiter" zum Inhalt hatte. Neben einer Gehaltstabelle, welche die Einkommen von der wissenschaftlichen Hilfskraft mit „großer Bedeutung für die Arbeiten der Akademie" (Jahresgehalt: 8.100 DM) bis hin zum Präsidenten (Jahresgehalt: 39.000 DM plus einer steuerfreien Aufwandsentschädigung von 12.000 DM jährlich[34]) festlegte, wurde mit § 2 gleichwohl ein Passus eingebaut, der Ausnahmen von der Regel vorsah: „Mit solchen Mitarbeitern, die an der Deutschen Akademie der Wissenschaften zu Berlin in verantwortlicher Stellung tätig sind und hervorragenden Einfluß auf die Entwicklung der Forschung nehmen, hat die Deutsche Akademie der Wissenschaften zu Berlin Einzelverträge abzuschließen." Unter den Punkten, die solche Verträge festschreiben mußten, nennt die Verordnung beispielsweise die Höhe des Gehaltes, zusätzliche Altersversorgung, die Gewährung der gewünschten Ausbildungsmöglichkeit für die Kinder des Mitarbeiters und die Versorgung mit angemessenem Wohnraum.[35] Damit sollte die Abwanderung gestoppt, die Loyalität erkauft und Kräften aus dem Westen der Wechsel in die DDR schmackhaft gemacht werden.

[31] Zudem sah das Gesetz „eine Zulassungspflicht für jedes einzelne Forschungsinstitut vor..." [Sta81], S. 55. Der Gesetzestext ist abgedruckt in [Mü90], Anhang I.

[32] [Wal90], 234.

[33] [Pro95], S. 49.

[34] Diesen Betrag erhielt jedes ordentliche Akademiemitglied.

[35] GBl Nr. 115 vom 27.9.1951, S. 865-867.

Offenbar in Vorbereitung der Erklärung vom „Aufbau des Sozialismus" auf der 2. Parteikonferenz im Juli 1952 erließ die Regierung eine weitere Verordnung, die eine erneute Erhöhung der Gehälter für Wissenschaftler, Ingenieure und Techniker in der DDR vorsah. Demnach verlangte die weitere Entwicklung und Festigung der DDR „einen neuen Aufstieg unserer Wissenschaft, Technik und Kultur." Die Regierung habe zwar in den letzten Jahren eine Reihe von Maßnahmen zur Verbesserung der materiellen Lage der Intelligenz und zur Entwicklung von Wissenschaft, Technik, Kultur und Kunst durchgeführt, grundlegender Mangel des bestehenden Entlohnungssystems sei jedoch, „daß sich die Bezahlung der Arbeit der Ingenieure und Techniker mit Hochschulbildung und mittlerer Fachschulbildung wenig von der Bezahlung der Arbeit qualifizierter Arbeiter unterscheidet." Die Gleichmacherei [*sic!*] sei daher äußerst nachteilig und füge der Wirtschaft und dem Staat Schaden zu.

Mehr noch als die Verordnung vom September 1951 zeigt dieser Beschluß, welch große Bedeutung den Wissenschaftlern, Technikern, Ingenieuren und ihrem Verbleib in der DDR von Seiten der Regierung beigemessen wurde. Denn hier ging es nicht um einige hundert Mark Unterschied, sondern für besonders hervorragende Spezialisten, „die besondere Verdienste vor dem deutschen Volk auf dem Gebiet der Entwicklung der Wissenschaft und Technik haben, sind im Einzelfall Gehälter bis zu 15 000,– DM pro Monat festzusetzen."[36]

In unserem Zusammenhang sind zwei Personen von Bedeutung, die in den ersten Nachkriegsjahren aus den Westzonen beziehungsweise der Bundesrepublik nach (Ost-)Berlin zurückkehrten: Dr. Georg Otterbein und Michael Graf von der Schulenburg.[37] Otterbein war, wie auch ein Teil seiner Mitarbeiter, bei Kriegsende in die westlichen Besatzungszonen gegangen bzw. gebracht worden. Im Januar 1946 wurde er „beim Oberpostdirektor in der US-Zone in Frankfurt/M. wieder eingestellt." Im April 1947 wechselte er im zur Gruppe Forschung und Entwicklung des Post- und Fernmeldetechnischen Zentralamtes in Bargteheide (Holstein). Anschließend wirkte er an der Gründung der „Fernmelde-Studiengesellschaft der Deutschen Post mbH" mit Sitz in Braunschweig mit, deren Geschäftsführer er werden sollte. „Im Juli 1948 wurde die Fernmelde-Studiengesellschaft (...) jedoch schon wieder aufgelöst, weshalb ich die Liquidation der Gesellschaft übernahm." Am 15. März 1949 wurden sämtliche Dienstgeschäfte in Braunschweig beendet.[38]

Seit dem Sommer 1948 hatte sich Otterbein also Gedanken über seine Zukunft machen müssen. Da er eine solche in der Post möglicherweise nicht mehr sah, führte ein Kontakt zur Gruppe Forschung und Technik in der Deut-

---

[36]GBl Nr. 84 vom 2.7.1952. S. 510-513. Vgl. a. GBl Nr. 89 vom 30.7.1953, S. 897-901.

[37]Zur Verpflichtung von der Schulenburgs siehe weiter unten.

[38]Lebenslauf Otterbeins vom 29.4.1949. BBA, AKL, Personalia 660 (Dr. Otterbein).

schen Wirtschaftskommission dazu, daß er Verhandlungen mit der DAW in Berlin aufnahm. Der Mann, der dabei als Vermittler auftrat, war Dr. Hans Wittbrodt, den Otterbein wahrscheinlich bereits aus der Zeit vor 1945 kannte, denn Wittbrodt hatte auf dem Gebiet der Hochfrequenztechnik bei der Reichspostforschungsanstalt in Kleinmachnow an Problemen der Antennentechnik gearbeitet.[39]

Das führte dazu, daß Otterbein am 26. April 1949 als „wissenschaftlicher Mitarbeiter und Abteilungsleiter in der mathematisch-naturwissenschaftlichen Verwaltungsabteilung für die technischen Wissenschaften" eingestellt wurde. 11 Monate später wurde daraus der wissenschaftliche Referent für die Klasse für technische Wissenschaften, ein Posten, der zunächst mit etwa 1.000 DM und, nach der Neuregelung der „Vergütung der wissenschaftlichen Mitarbeiter" vom September 1951, im Einzelvertrag mit dem Vierfachen dieses Betrages vergütet wurde. Zur Begründung des „Einzelvertragsvorschlages" wurde angeführt: „Aufgrund seiner eigenen mehrjährigen Berufserfahrungen ist er auch der Leiter des Aufbaues eines Akademie-Instituts für Atom- und Kernphysik; die hierzu erforderlichen Erfahrungen hat er in gleicher Eigenschaft als Leiter einer derartigen Forschungsstätte früher erworben."[40]

***

Die weiter oben beschriebene Sondersituation der Akademie verhinderte natürlich nicht, daß die SED versuchte, ihren Einfluß in zunehmendem Maße geltend zu machen. Ihre Vorgehensweise unterschied sich allerdings deutlich von der gegenüber den Hochschulen, war bisweilen schwankend und widersprüchlich und dauerte bis weit in die 60er Jahre an. Zwei der wichtigsten Bereiche, welche die SED in der ersten Hälfte der 50er Jahre zu instrumentalisieren versuchte – die Personal- und die Finanzpolitik –, sollen kurz skizziert

---

[39] Vgl. dazu Ämter, Gruppen und Sachgebiete der RPF und angegliederte Institute. BAB, R 47.05 (RPF), 22996. Und: BAB, DM-3 (MPF), 799, Bl. 146. Über die Vita Wittbrodts ist erstaunlicherweise nur sehr wenig bekannt. Für den betrachteten Zeitraum mögen folgende Angaben genügen: Geboren 1910 in Berlin; Ausbildung zum Diplom-Ingenieur an der TH Berlin-Charlottenburg; 1935-1938 Angestellter bei Telefunken, anschließend bis zum Kriegsende bei der Reichspostforschungsanstalt; Promotion am II. Physikalischen Institut der Berliner Universität bei Robert Rompe (bis 1948); dann Abteilungsleiter bei der DWK und Hauptabteilungsleiter im Zentralamt für Forschung und Technik; ab 1953 wissenschaftlicher Direktor an der DAW, ab 1957 Leiter des wissenschaftlichen Sekretariats der Forschungsgemeinschaft und zwischen 1964 und 1968 Ständiger Stellvertreter des Vorsitzenden der Forschungsgemeinschaft.

[40] Begründung zum Einzelvertragsvorschlag Dr. Otterbein vom 6.11.1951. BBA, AKL, Personalia 660 (Dr. Otterbein).

werden.[41]

Personalpolitik: Wie erwähnt, fehlte es anfangs sowohl an einer wissenschaftspolitischen Konzeption als auch an einem größeren Kreis einflußreicher und kompetenter Persönlichkeiten, die Vorstellungen der Partei hätten erarbeiten und umsetzen können. Bezüglich der Führungspositionen in der Akademie hieß das gleichsam, daß man auf die in Berlin verbliebenen „bürgerlichen" Wissenschaftler zurückgreifen mußte. Lediglich die Stelle des (wissenschaftlichen) Direktors, dem die Verwaltung unterstand, war fast von Beginn an durch einen Parteikader – den Mathematiker Josef Naas – besetzt.

Anfang der 50er Jahre versuchte die SED sowohl auf ZK- als auch auf Staatsebene, die Besetzung von Akademieposten mehr und mehr zu steuern. Zuwahlen neuer Mitglieder oder der Klassensekretare etwa mußten bereits seit 1946 mit der zuständigen staatlichen Ebene abgestimmt werden.[42] Zwar lief dieses Vorgehen nicht auf eine verbindliche Vorgabe der zu wählenden Personen hinaus,[43] doch bedeutete es schon eine gewisse Abstimmung über jene Kandidaten, die von einer der beiden Seiten für inakzeptabel gehalten wurden. In diese Zeit fallen auch die Gründung der ZK-Abteilung Wissenschaft und Hochschulen (Dezember 1952),[44] der Versuch der Stärkung der Parteiorganisation an der Akademie durch einen eigens vom ZK abgestellten Parteiorganisator (1953) und Bemühungen, über parteilich gebundene Sekretare den Einfluß auf die Klassen und das Präsidium zu verbessern.[45]

Eine Maßnahme, die Zuständigkeit von Plenum und Klassen für die Forschungseinrichtungen zu beschneiden oder gar zu ersetzen und damit zu einer direkteren Anleitung der Institute (unter Ausschluß der westdeutschen Akademiemitglieder) zu gelangen, wurde in der Bildung von Sektionen – insbesondere in den Jahren 1951 bis 1955 – gesehen, zu der die Akademie immer

[41]Es soll an dieser Stelle lediglich die Personalpolitik auf der oberen Akademieebene, d.h. in Akademieleitung und den Klassen, behandelt werden. Inwieweit auch auf Institutsebene versucht wurde, durch Parteikader Einfluß zu gewinnen, wird im vorletzten Abschnitt dieses Kapitels am Beispiel des Instituts Miersdorf gefragt werden. Ausführlich behandelt Nötzoldt diesen Aspekt ([Nö98]).

[42][Sch95], S. 1275f.

[43]Beispielsweise erhöhte sich die Zahl der ordentlichen Mitglieder mit Parteibuch zwischen 1951 bis 1955 „nur" von 5 auf 19. A.a.O., S. 1275.

[44]Die Abteilung Wissenschaften des ZK hat anschließend noch zwei Umbenennungen erfahren: ab März 1955 hieß sie Abteilung Wissenschaft und Propaganda und seit Februar 1957 bis zu ihrer Auflösung Abteilung Wissenschaften. Vgl. a.a.O., S. 1264.

[45]A.a.O., S. 1277f. Bei dem Parteiorganisator, Manfred Naumann, handelte es sich um einen jungen Romanisten, der sich bald nach seiner Berufung schon wieder von der Aufgabe befreien ließ.

wieder von staatlichen Stellen aufgefordert wurde.[46] Mit ihnen sollten nicht nur DDR-Wissenschaftler, die keine Mitglieder der Akademie waren, sondern auch Regierungsstellen und Fachleute aus der Wirtschaft an Entscheidungen beteiligt werden.

> Die Sektionen (...) dienten gleichermaßen dem wissenschaftlichen Austausch, der Nachwuchsförderung, der politischen Beaufsichtigung, aber auch der Profilierung bisher kaum an der Akademie vertretener (Teil-)Disziplinen und ihrer Repräsentanten. Allerdings herrschte weitgehende Unklarheit oder sogar Unstimmigkeit über die Aufgaben, Verantwortung und Befugnisse der Sektionen.[47]

Ihre Wirksamkeit blieb daher beschränkt.

Ein bedeutender Durchbruch gelang erst im Mai/Juni 1957 mit der Gründung der Forschungsgemeinschaft der naturwissenschaftlichen, technischen und medizinischen Institute der Deutschen Akademie der Wissenschaften. Damit wurde sowohl das naturwissenschaftliche Forschungspotential „von möglichen Einflußgelüsten der westdeutschen Akademiemitglieder abgeschirmt“, als auch (ab 1958) ein zahlenmäßiges Übergewicht von Parteileuten in den Führungsgremien erlangt.[48]

Es sei allerdings ausdrücklich darauf hingewiesen, daß die Genossen in der Akademie nicht automatisch eine Gewähr dafür boten, daß Anweisungen aus dem Parteiapparat auch befolgt wurden. Denn: „Mit „wissenschaftlichen Spitzenleistungen“, die ja dringend gebraucht und immer wieder gefordert wurden, war in der Regel nur dort zu rechnen, wo permanenter ideologischer Gängelung und Unterordnung unter die Parteidisziplin Widerstand entgegengesetzt wurde, um Freiräume für Kreativität zu schaffen.“[49] Daneben verfolgten zahlreiche der SED-Wissenschaftler ihre eigenen Ambitionen und Vorstellungen und nutzten den Umstand, daß der Parteiapparat bis in die sechziger Jahre auf sie angewiesen blieb, um Veränderungen in der Akademie zu bewirken.

Ebensowenig kann davon ausgegangen werden, daß die „Bürgerlichen“ unter den Akademiemitgliedern automatisch eine oppositionelle Haltung zu den von der Parteibürokratie an sie herangetragenen Forderungen einnahmen. Nicht wenige von ihnen verhielten sich loyal – bisweilen sogar loyaler als mancher Genosse. Agnes Tandler bemerkt dazu treffend, „daß die besondere Beziehung zwischen Staat und Wissenschaftlern nicht allein im Sinne von Zwang und Herrschaft begriffen werden kann.“

[46] Vgl. etwa das Protokoll der Sitzung des Präsidiums der Akademie vom 15.3.1952, TOP 11. BBA, PSP, P 2/3. Und: Rau an Friedrich vom 28.3.1952. BBA, AKL, 605.

[47] [Wal95], S. 69.

[48] [Sch95], S. 1268.

[49] A.a.O., S. 1273.

> Kein starker, allmächtiger Staats- und Parteiapparat zwang der Gruppe der Wissenschaftler und Techniker seine Doktrin auf; die Machtverhältnisse waren nicht so ungleich verteilt. Die nähere Betrachtung der zugänglichen Quellen zeigt vielmehr, daß die gegenseitige Abhängigkeit und Angewiesenheit ein wesentlicher Bestandteil in dieser Beziehung darstellte. Beide Seiten hatten einander Wichtiges zu bieten: Fachwissen und Expertise auf der einen Seite, Geld, Status und Forschungsmöglichkeiten auf der anderen Seite. Dies Bündnis gegenseitiger Interessen veränderte sich entsprechend der jeweiligen historischen Situation, entsprechend den innen- und außenpolitischen Begebenheiten, der Kader- und Intelligenzpolitik, der wirtschaftspolitischen Ausrichtung und der Deutschlandpolitik, um die wichtigsten Faktoren zu nennen.[50]

Daß der Wandel der Akademie zur fast einflußlosen Befehlsempfängerin und Ausführungsgehilfin so lange dauerte, scheint daher nicht zuletzt am Mangel an qualifiziertem und zugleich weniger eigensinnigem Parteipersonal gelegen zu haben. Erst mit den Jahren nahm „durch das Nachwachsen kompetenter, in der SED organisierter Wissenschaftler die Zahl der linientreuen „Genossen Akademiker“ zu“ bei gleichzeitiger Abnahme der „gesamtdeutsche(n) und internationalen(n) Rücksichten“[51] und – so darf hinzugefügt werden – dem natürlichen Abtreten der alten Eliten.

Finanzpolitik: Außer über Personen besaß die SED noch ein anderes wichtiges Instrument, die Planungen der Akademie in den Anfangsjahren zu beeinflussen: die Mittelzuweisung von staatlicher Seite. Dabei unterstand die Akademie in den ersten Jahren nach der Wiedereröffnung der Deutschen (Zentral-)Verwaltung für Volksbildung (DVV) beziehungsweise dem Ministerium für Volksbildung unter Paul Wandel. Anfang 1951 wurde dann in der Parteispitze vereinbart, sie direkt dem Ministerpräsidenten Grotewohl zu unterstellen – offenbar eine Form der Privilegierung, um die Akademie zu politischen Zugeständnissen, insbesondere im Hinblick auf die Durchführung des ersten Fünfjahrplanes (1951-1955), zu bewegen.[52]

Charakteristisch für das Dilemma der Akademie bezüglich ihrer Investitionspläne war zu Beginn der 50er Jahre, daß die Akademiespitze immer wieder der Auffassung war, ihren Aufgaben und den in sie gesetzten Erwartungen mit den zur Verfügung gestellten Mitteln nicht nachkommen zu können. So schrieb der Verwaltungsdirektor, Johannes Maikowski, 1949 bezüglich des In-

[50] [Tan97], S. 12. (Notabene: Bei der hier zitierten Schrift handelt es sich um die eingereichte Fassung der Dissertation von Frau Tandler. Die überarbeitete Buchfassung, die z.Zt. noch aussteht, wird voraussichtlich von dieser dem Autor vorliegenden Fassung abweichen.)

[51] [Sch95], S. 1277.

[52] PMA, AW, DY 30/IV 2/9.04/372, Bl. 1. Die Umsetzung dieser Entscheidung zog sich dann noch bis zum 1. August hin. Vgl. a.a.O., Bl. 36.

vestitionsplanes für das kommende Jahr an Wandel: „Zu meinem Bedauern kann bei Investitionen in Höhe von 4,5 Millionen [DM] in der Akademie niemand die Verantwortung für die Durchführung der der Akademie durch die Kulturverordnung gestellten Aufgaben übernehmen.“[53]

Der Grund für solche in den Folgejahren oft zu findenden Klagen seitens leitender Akademieangestellter waren weniger überhöhte Ansprüche der Akademie – die gab es auch[54] – als vielmehr die ständige Änderung der Kontrollziffern. So fährt Maikowski in seinem Brief fort:

> Bekanntlich war der Akademie für die Investitionen 1950 zunächst ein Betrag von 19 Millionen genannt worden. Die Aufstellung des Investitionsplanes für das Jahr 1949 erfolgte daher mit der Aussicht, im Jahre 1950 ca. 16,5 Millionen investieren zu können. Nachdem dieser Plan als voraussichtlich nicht realisierbar erschien, wurde er unter Kürzung auf das höchst vertretbare Maß an Sparsamkeit mit ca. 9,5 Millionen neu aufgestellt.[55]

Auch die Intervention des Präsidenten der Akademie, Johannes Stroux, erbrachte nur ein (leeres) Versprechen seitens der DVV, sich um weitere Millionen zu bemühen. Letztendlich mußte man sich mit sogar nur 5 Millionen DM begnügen.[56]

Im folgenden Jahr wiederholte sich die Prozedur. Neben dem Ministerium für Volksbildung bekam es die Akademie nun zusätzlich noch mit dem der Staatlichen Plankommission (SPK) unterstehenden Zentralamt für Forschung und Technik (ZFT) zu tun, ohne deren Einvernehmen Investitionsvorhaben, „welche der Erweiterung der Forschungs- und Entwicklungskapazität dienen,“ nicht in den Investitionsplan aufgenommen wurden.[57] Erneut sah es so aus, als würde sich die Akademie mit 5 Millionen DM bescheiden müssen. Allerdings durfte sie hoffen, denn bei der SPK war ein Zusatzplan über 13 Millionen DM beantragt worden, von denen ihr im August 1950 zumindest 3,7 Millionen DM zugesagt wurden.[58]

---

[53]Maikowski an Wandel, vermutlich vom August oder September 1949. BBA, AKL, 542.

[54]Vgl. etwa Nipkow an (u.a.) Maikowski vom 29.6.1951. BBA, AKL, 543.

[55]Maikowski an Wandel, vermutlich vom August oder September 1949. BBA, AKL, 542.

[56]Stroux an Wandel vom 8.9.1949; Antwortschreiben der Planungsabteilung der DVV vom 10.9.1949; und Protokoll einer Besprechung in der DAW am 23.9.1949 vom 26.9.1949. A.a.O.

[57]Vgl. Rau an Wandel vom 6.6.1950. A.a.O. Aufgabe des ZFT unter Leitung von Werner Lange war es, die Planung der Akademie zu begutachten und zu kommentieren, Gelder für Forschungsvorhaben bereitzustellen und die Zulassung für Forschungsthemen und neue Institute zu bewilligen bzw. zu beantragen. Gleichzeitig war es das staatliche Bindeglied zum wissenschaftspolitischen Zweig der Sowjetischen Kontrollkommission (SKK). Vgl. weiter unten.

[58]Pucher (Leiter des Investitionsbüros) an Naas vom 25.8.1950. BBA, AKL, 715.

Am 20. November erfuhr Maikowski, daß der 5-Millionen-Plan auf 4,2 Millionen DM gekürzt worden sei. Mißtrauisch, daß das noch nicht das letzte Wort gewesen sei, bemerkte Maikowski in seinem Aktenvermerk weiter: „Wie schon vor ca. 8 Tagen Herrn Prof. Lange – bat ich Herrn Dr. Wittbrodt um eine umgehende Rücksprache zur endgültigen Festlegung der der Akademie zur Verfügung stehenden Inv.-Mittel, da anderenfalls beim besten Willen die verantwortlichen Mitarbeiter der Akademie keine ordnungsgemäßen Invest-Pläne aufzustellen in der Lage seien.“[59] Drei Tage später konnte er jedoch notieren, ihm sei eröffnet worden, daß die Akademie zusätzliche Investitionsmittel von 8 Millionen DM erhalten würde.[60]

Diese Summe hat die Akademie auch tatsächlich bekommen – sogar direkt vom Ministerrat. Vorher mußten aber noch der Plan dazu erstellt werden und das ZFT zugestimmt haben. Von dort hieß es indessen: „Zu den eingereichten Begründungen [für die Investitionsvorhaben] wurde seitens des Leiters des Zentralamtes für Forschung und Technik, Professor Lange, erklärt, daß diese auch in ihrer erweiterten Fassung nicht genügten.“ Dazu sei zu bemerken, so der Berichterstatter weiter, daß der dem ZFT eingereichte Plan in seiner ganzen formalen Anlage dem Investitionsplan entspräche, der vom Ministerium für Volksbildung bestätigt worden sei. „Durch die seitens des Zentralamtes für Forschung und Technik eingenommene Haltung werden die in dem von der Akademie entwickelten 5-Jahrplan vorgesehenen Ausbauten schon im ersten Jahr, dem Anlaufjahr des 5-Jahrplanes, erheblich behindert und eingeschränkt.“[61] Da es bis zum April dauerte, bis das ZFT den Plan endgültig abgesegnet hatte und dies die Voraussetzung für die Freigabe von Geldern für den Zusatzplan war, stand die erste Million erst am 27. April 1951 bereit. Damit nicht genug: die Akademie wurde für die resultierende schlechte Planerfüllung vom Volksbildungsministerium gerügt und mußte fürchten, im folgenden Jahr weniger Geld zu erhalten.[62]

In dieser Phase bemühte sich die Akademieleitung darum, den Konflikt mit dem ZFT durch Gespräche auf höchster Ebene zu ihren Gunsten zu entscheiden. Im August erreichte sie zunächst, daß die Akademie ab 1952 zum eigenen Planträger erhoben werden sollte.[63] Das änderte jedoch für den Augenblick nichts am gültigen Procedere, und so nahmen die Spannungen weiter zu. Als am 20. Oktober drei Akademiemitarbeiter mit der Spitze des ZFT über Einzelheiten des Investitionsplanes für 1952 verhandelten, wurde ihnen am Ende der

[59] Aktenvermerk Maikowskis vom 20.11.1950. A.a.O.
[60] Aktenvermerk Maikowskis vom 23.11.1950. A.a.O.
[61] Riese an Naas vom 14.3.1951. A.a.O.
[62] A.a.O., passim.
[63] Aktenvermerk von Naas vom 29.8.1951. BBA, AKL, 542.

Besprechung eröffnet, daß die Akadmie statt bisher zugesagter 15 Millionen DM „nur mit 10 Millionen DM rechnen könne.“ Auf den Einwand hin, „daß diese Erklärung im Gegensatz zu der Absprache zwischen Herrn Dir. Naas und Herrn Beyer von der Staatlichen Plankommission stehe, erwiderte Herr Lange, daß die Voraussetzungen der damaligen Unterredung inzwischen hinfällig geworden seien.“[64]

Am übernächsten Tag beschwerte sich der persönliche Referent von Naas, Siegfried Langhans, über diesen Affront bei der ZK-Abteilung Propaganda: „Die Koordinierung, die das Hauptamt für Forschung und Technik in Forschungsfragen vornehmen soll, kann nicht zum Ziel haben, wichtige Forschungsarbeiten der Akademie zu unterbinden.[65] Auch das Präsidium forderte in seiner Sitzung vom 27. Oktober eine Klärung.[66] Einen Monat später, am 28. November, kam es zu einem Schlichtungsgespräch bei Ministerpräsident Grotewohl. Dabei wurde der DAW versichert, daß sie die „höchste wissenschaftliche Institution“ sei, bei der die Schwerpunkte der Grundlagenforschung lägen, und daß alle ihre Institute unangetastet blieben. Im Gegenzug mußte die Akademie zugestehen, „hinsichtlich der Plandisziplin der Zuständigkeit der Staatlichen Plankommission wie jede andere Staatliche Stelle unterstellt (zu sein).“[67]

Der Konflikt schwelte noch weiter, es scheint aber, daß sich die Akademie schließlich in die geforderte Plandisziplin fand. So heißt es im Protokoll der Präsidiumssitzung vom 13. September 1952: „Das Präsidium nimmt Kenntnis von der durch die Staatliche Plankommission verfügten Kürzung der für das Jahr 1953 vorgesehenen Investitionskontrollziffer von 13,0 auf 10,4 Millionen DM und stellt fest, daß durch diese Kürzung die vordringlich durchzuführenden Arbeiten der Akademie nicht gefährdet werden.“[68]

Die ausgewerteten Unterlagen reichen nicht hin, eine konsequente Strategie des ZFT gegenüber der Akademie auszumachen. Die Schwierigkeit bei der Beurteilung der beschriebenen Vorgänge ergibt sich zunächst daraus, daß häufig außerplanmäßige Vorgaben (etwa die Bevorzugung beim Aufbau der Hauptstadt, 1951) kurzfristig berücksichtigt werden mußten, daß die Akademie in ihrer Planerstellung ohne jede Erfahrung war und Fehler machte und daß Planungen durch zahlreiche Neuvorhaben, Eingliederungen anderer Forschungs-

[64] Aktenvermerk über eine Rücksprache bei der Staatlichen Plankommission vom 20.10.1951. A.a.O.

[65] Langhans an Ernst Hoffmann, ZK-Abteilung Propaganda, vom 22.10.1951. A.a.O.

[66] Protokoll der Sitzung des Präsidiums der Akademie vom 27.10.1951, TOP 5. BBA, PSP, P 2/2.

[67] Grotewohl an Rau vom 30.11.1951. BAB, DE-1 (SPK), 11898. Vgl. auch [Nö98], S. 85f.

[68] Protokoll der Sitzung des Präsidiums der Akademie vom 13.9.1952, TOP 3. BBA, PSP, P 2/3.

einrichtungen und Projektierungsänderungen im Aufbau befindlicher Institute immer wieder über den Haufen geworfen wurden.

Neben dem deutlich erkennbaren und letztendlich erfolgreichen Interesse seitens der Partei, die Gelehrtengesellschaft dem von ihr zunächst abgelehnten Planmechanismus zu unterwerfen, haben offenbar auch zahlreiche Partikularinteressen innerhalb der Akademie sowie persönlicher Ehrgeiz, Eitelkeit beziehungsweise Animositäten unter den Beteiligten eine bedeutende Rolle gespielt. Der wissenschaftliche Direktor Naas beispielsweise nahm einen großen Einfluß auf die Planung der Investitionsmittelverteilung der Akademie, und da er Parteimitglied war, legen die Streitigkeiten mit dem ZFT den Schluß nahe, daß er seine eigene Politik verfolgte, anstatt Vorgaben der Plankommission auszuführen. Tatsächlich wurde er Anfang 1953 wegen seiner Eigenmächtigkeit angegriffen und mußte im April des Jahres seinen Posten räumen.[69] Sein Nachfolger wurde mit Hans Wittbrodt aus dem ZFT einer der schärfsten Kritiker der Akademieplanung.[70]

Unter dem Strich bleibt der Eindruck, daß von staatlicher Seite frühzeitig verhindert werden sollte, daß die Akademie autonom Schwerpunkte setzen konnte. Die ständige Änderung der finanziellen Zusagen, die harsche und pingelige Kritik von Seiten des ZFT an den Akademieplänen und dessen massive Eingriffe in die Einzelplanung von Vorhaben zeigen, daß die oben konstatierte Behutsamkeit nicht nur beim Geld aufhörte.

2.3 Institut X – Die Wiederbelebung

Kurz nach der Gründung der DDR kam es – einem Bericht vom März 1952 zufolge – im Ministerium für Planung zu einem bedeutsamen Gespräch:[71]

> Etwa im November 1949 berief Herr Staatssekretär Leuschner Herrn Dr. Wittbrodt, Zentralamt für Forschung und Technik, zu sich und teilte ihm mit, daß auf dem Gebiete der Atomenergie Arbeiten durchgeführt werden könnten und sollten. (...) Herr Dr. Wittbrodt erklärte, daß Arbeiten im Zusammenhang mit der Nutzbarmachung der Atomenergie in der Deutschen Demokratischen Republik allein schon vom Standpunkt der personellen und materiellen Möglichkeiten große Schwierig-

---

[69] Vgl. PMA, AW, DY 30/IV 2/9.04/373, Bl. 97-100. Nötzoldt führt darüber hinaus den schleppenden Ausbau der Machtposition der SED an der Akademie an ([Nö98], S. 99).

[70] Der Vorschlag für Wittbrodt kam von Minister Wandel und scheint in der Akademie auf keinen nennenswerten Widerstand gestoßen zu sein. Protokoll der Sitzung des Präsidiums der Akademie vom 2.4.1953, TOP 3. BBA, PSP, P 2/4. Vgl. auch [Wal95], S. 74.

[71] Die folgende Episode wird im Hinblick auf die kernenergetischen Ambitionen der DDR ebenfalls in [Sta97] diskutiert.

> keiten entgegenstünden, daß aber die Durchführung wissenschaftlicher Arbeiten im Zusammenhang mit radioaktiven Isotopen möglich und wünschenswert wäre.[72]

Wittbrodt bat, die Angelegenheit mit Professor Rompe besprechen zu dürfen, womit Leuschner einverstanden war. Die Reaktion Rompes war, daß er sich während einer Sitzung des Parteivorstandes an Walter Ulbricht wandte. Dieser bestätigte, daß „der Herrn Dr. Wittbrodt gemachten Eröffnung konkrete Tatsachen zugrunde lägen", und merkte an, „daß etwaige Schritte nicht ohne seine Kenntnis und Billigung unternommen werden sollten."

Daraufhin arbeiteten Rompe und Wittbrodt ein Exposé für Leuschner aus, in dem sie anregten, im Rahmen der Akademie in Berlin-Buch eine Hochspannungsanlage zur Herstellung von Isotopen für medizinische Zwecke errichten zu lassen. Außerdem sollte „das ehemalige Institut für Kernphysik der Reichspost in Miersdorf wieder aufgebaut werden, um Voraussetzungen für kernphysikalische Arbeiten zu schaffen." Von Arbeiten zur Ausnutzung der Atomenergie wurde in dem Exposé hingegen abgeraten; statt dessen empfahlen Wittbrodt und Rompe für das Institut in Miersdorf die Bildung eines besonderen Kuratoriums und sprachen sich gegen seine Angliederung an die DAW aus.[73]

Warum die Entscheidung dann doch zugunsten der Akademie ausfiel, geht aus dem Bericht nicht hervor. Es ist aber wahrscheinlich, daß dem Wunsch, über eine „selbständige" Stellung des Instituts die Kontrolle der kernphysikalischen Forschung durch die Partei von Anfang an zu sichern, zwei gewichtige Gründe entgegenstanden: zum einen der Mangel an Fachkräften allgemein und insbesondere außerhalb der Akademie (respektive innerhalb der SED), zum anderen die politische Brisanz einer solchen Variante – vor allem in Hinblick auf die Sowjetische Kontrollkommission.

Ersteres braucht nicht mehr näher erläutert zu werden. Die Rolle und Haltung der sowjetischen Besatzungsmacht ist jedoch nur schwer einzuschätzen, da hierzu kaum Archivalien zur Verfügung stehen. Interessant ist in diesem Zusammenhang die von Ulbricht gegenüber Rompe und dem Akademiedirek-

---

[72]Bericht über das Institut Miersdorf der Deutschen Akademie der Wissenschaften vom 20.3.1952. BAB, DF-4 (MWT), 580. Die große Bedeutung der Isotopenforschung lag darin begründet, daß mit relativ geringem Aufwand zahlreiche Problemkreise etwa in der Biologie, Medizin oder Metallurgie bearbeitet werden konnten.

[73]A.a.O. Der vom Leiter der Hauptabteilung Wissenschaftlich-technische Organisation im ZFT, Dr. Alfred Baumbach, verfaßte „Bericht beruht zum Teil auf Aktenmaterial des Zentralamtes für Forschung und Technik, zum Teil auf Angaben der Herren Dr. Wittbrodt, Dr. Otterbein (und) Prof. Rompe, die von ihnen aus dem Gedächtnis (...) gemacht wurden." Aus diesem Grund sei die Darstellung „vor allen Dingen sinngemäß und nicht immer wörtlich" zu nehmen. Vgl. dazu auch die Version, die Wittbrodt und Rompe 1954 angaben. PMA, AW, DY 30/IV 2/9.04/288, Bl. 10. Das Exposé konnte nicht aufgefunden werden.

tor Naas angeblich gebrauchte Erklärung für die Möglichkeit der Bearbeitung kernphysikalischer Probleme: demnach gäbe es "eine Lockerung in der Anwendung des Kontrollratsgesetzes Nr. 25", da es in „Westdeutschland" immer weniger beachtet werde.[74] Tatsächlich kann von einer Lockerung der Bestimmungen in der Bundesrepublik zu diesem Zeitpunkt nicht die Rede sein,[75] so daß das Argument vordergründig erscheint. Doch selbst wenn zweifellos vorhandene Versuche bundesdeutscher Wissenschaftler, das Kontrollratsgesetz zu unterlaufen oder die jeweilige Besatzungsmacht zu für ihre Arbeit günstigen Auslegungen zu bewegen, der Auslöser für die Initiative Leuschners gewesen sein sollten, wird die Sowjetunion nicht daran interessiert gewesen sein, den westlichen Alliierten Anlaß zu geben, die Auflagen in der Bundesrepublik zu lockern. Wenn also (wenigstens) die Billigung der Sowjetunion für die Aufnahme kernphysikalischer Arbeiten vorausgesetzt werden darf, so mußte doch ganz offensichtlich – als conditio sine qua non – der weitestgehend der Grundlagenwissenschaft verpflichtete Charakter des Instituts betont werden. Dafür bot aber nur die Akademie die entsprechende Gewähr.

Mit der Planung des Instituts wurde schließlich der dafür zuständige Referent beauftragt: Dr. Georg Otterbein. Zehn Jahre, nachdem er das APS übernommen hatte, durfte er noch einmal Planung und Aufbau eines Forschungslabors für Kernphysik – dieses Mal größer und vielseitiger – in Angriff nehmen. Bereits in der ersten Projektierung eines „Forschungsinstituts für Kern- und Atomphysik" vom 30. Mai 1950 sah er 10 Abteilungen vor: eine erste Abteilung für einen Neutronengenerator von 2 MV; eine zweite Abteilung für ein Zyklotron oder einen Linearbeschleuniger; eine dritte Abteilung für ein Betatron; eine vierte für Isotopen-Forschung (Trennverfahren); eine fünfte für Meßmethodik, insbesondere den Bau verschiedener Zählerarten; eine sechste für die Entwicklung geeigneter Ionenquellen; eine siebte Abteilung für Höhen- und kosmische Ultrastrahlung; eine achte für chemische Trennverfahren (Radiochemie); eine neunte für die theoretische Kernphysik; und eine zehnte Abteilung für die technischen Angelegenheiten wie etwa Verwaltung und Bibliothek.[76] Wie bereits von Rompe und Wittbrodt vorgesehen, schlug er als Ort für die Einrichtung eines solchen Instituts das Gelände in Miersdorf vor.

Ein nach diesen ersten Plänen eingerichtetes Institut hätte Neubauten mit einer umbauten Fläche von ca. 2500 m^2 erfordert. Der Stellenplan sah dafür 137 fest Angestellte, 4 Lehrlinge und 37 Nachwuchskräfte vor; an Personalko-

[74] Bericht über das Institut Miersdorf der Deutschen Akademie der Wissenschaften vom 20.3.1952. BAB, DF-4 (MWT), 580.

[75] Vgl. etwa [Sta81], S. 57, [Mü90], S. 52f, und [Eck89a], S. 117f.

[76] Planung eines Forschungsinstituts für Kern- und Atomphysik (Projekt Zeuthen) vom 30.5.1950. BBA, AKL, 29.

sten wären demnach rund 950.000 DM p.a. angefallen, wobei die volle Institutsstärke für 1955 vorgesehen war; die Sachausgaben veranschlagte Otterbein mit (1955) 265.000 p.a. und die notwendigen Investitionen für Reparaturen, Neubau und Einrichtung mit fast 9 Millionen DM bis 1955. Insgesamt hätte das zwischen 1951 und 1955 (1. Fünfjahrplan) zu geschätzten Ausgaben von 12,75 Millionen DM geführt![77]

In ihrer Sitzung am 19. Oktober 1950 hatte die Klasse für Mathematik und allgemeine Naturwissenschaften unter anderem über dieses Projekt zu befinden. Das Protokoll berichtet:

> Die Klasse billigt einstimmig die Errichtung folgender Institute der Akademie:
> a) Institut für anorganische Chemie
> b) Institut für organische Chemie
> c) Institut X (für Atom- und Kernphysik).[78]

Die mysteriös anmutende Benennung des Vorhabens c) ist offenbar darauf zurückzuführen, daß es noch keinen feststehenden Namen für das Institut gab. Von Akademieseite favorisierte man die Bezeichnung „Institut für Korpuskularphysik“, während in den Unterlagen des ZFT meist von einem „Institut für Grundlagenforschung der Atom- und Kernphysik“ die Rede war. Daß man sich schließlich aber für das unverfängliche „Institut Miersdorf“ entschied – und zwar „wegen der Besonderheit der Aufgaben“, wie Naas in einem Brief an das Ministerium des Innern schrieb[79] –, deutet darauf hin, daß man nicht unnötig Aufmerksamkeit auf diese Einrichtung lenken wollte.

Einen Monat später erklärte sich das Plenum der DAW „grundsätzlich mit der Errichtung eines Forschungsinstituts für Kern- und Atom-Physik in Zeuthen einverstanden“, schränkte aber ein, daß sie ihre Zustimmung nur unter der Voraussetzung gab, „daß die erforderlichen Mittel ohne Beeinträchtigung der bestehenden oder im Aufbau befindlichen Institute aus besonderer Quelle gegeben werden.“[80]

Dieser Passus lag darin begründet, daß – wie berichtet – der DAW bis zu jenem Zeitpunkt lediglich Gelder in Höhe von 5 Millionen DM zugesichert worden waren. Von den zusätzlich beantragten Mitteln sollte das Institut Miersdorf etwa 2,3 Millionen DM erhalten (650.000 DM Bau, 1,65 Millionen DM Ausrüstung),

---

[77]A.a.O. Bereits für das Jahr 1951 hätte dieser Plan einen Finanzbedarf von fast 2,6 Millionen DM bedeutet. Die Summen ergeben sich aus den aufgeführten Zahlen.

[78]Protokoll der Sitzung der Klasse für Mathematik und allgemeine Naturwissenschaften vom 19.10.1950, TOP 1. BBA, KMN, P 3/4.

[79]Naas an das MdI vom 18.9.1951. BAB, DF-4 (MWT), 580.

[80]Auszug aus dem Protokoll der Gesamtsitzung vom 16.11.1950. IfH, 20.

eine Investition, die ausdrücklich durch den Leiter des ZFT, Werner Lange, gefordert worden war.[81]

Bereits Mitte Januar wurde jedoch seitens der Akademie beschlossen, das Projekt in Miersdorf für 1951 „auf sich beruhen zu lassen bis auf die notwendigen Arbeiten, die zur ausführlichen Planung für das Jahr 1952 erforderlich sind." Die Investitionsmittel wurden auf 500.000 DM reduziert. Statt dessen sollte die Grundlagenforschung im Sektor der anorganischen Chemie ausgebaut werden, die „günstige Anregungen" für die chemische Industrie der DDR erwarten ließen.[82]

***

Nachdem das Institut von den Gremien der Akademie genehmigt worden war, ging es darum, das ins Auge gefaßte Gelände zu erwerben. Während das Grundstück an der Platanenallee ab dem 1. Januar 1947 an die Fondant herstellende Firma Morch Schokoladen und Konfitüren GmbH verpachtet worden war, hatte die Post von den beiden im Jahre 1941 enteigneten Grundstücken (Lindenallee 14 und 15) nach Kriegsende nur das erste der beiden käuflich erwerben können.[83]

Am 11. Januar 1951 richtete sich der Leiter des ZFT, Werner Lange, an das Ministerium für Post- und Fernmeldewesen: „Es ist beabsichtigt, die von der ehemaligen Forschungsanstalt der Deutschen Reichspost in Miersdorf erstellte Anlage wieder wissenschaftlichen Zwecken zugänglich zu machen. (...) Ich bitte, mir mitzuteilen, ob von seiten des Ministeriums für Post- und Fernmeldewesen Einwände gegen die Übertragung der Grundstücke und Gebäude Miersdorf, Platanenallee und Lindenallee, erhoben werden."[84]

Die Antwort erfolgte einen Monat später und war positiv. Einschränkend wurden aber die oben genannten Umstände bezüglich der Besitzverhältnisse angeführt. „Wenn Sie nach den vorstehenden Ausführungen noch eine Übernahme erwägen sollten, sehen wir Ihrer gefl. Mitteilung entgegen", hieß es abschließend.[85] Bereits am 20. März trafen sich Otterbein und Dr. Werner Kurth von der Vermögensverwaltung der DAW mit drei Herren vom

---

[81]Institut X (Atom- und Kernphysik) in Miersdorf bei Zeuthen (Mark), Investitionsplan 1951 vom 13.10.1950. BBA, AKL, 29. Und: Vermerk von Gummel und Otterbein für Dr. Naas vom 30.11.1950 über eine Besprechung bei der Plankommission. BBA, AKL, 715. Vgl. auch den Aktenvermerk von Dr. Maikowski vom 23.11.1950. A.a.O.

[82]Protokoll der Dienstag-Besprechung (der Referenten) vom 16.1.1951. BBA, AKL, 603.

[83]Aktenvermerk Otterbeins vom 4.4.1951 und Ministerium für Post- und Fernmeldewesen an das ZFT vom 12.2.1951. OAD (Ordner: Alte Grundstücksakten).

[84]Lange an das Ministerium für Post- und Fernmeldewesen vom 11.1.1951. A.a.O.

[85]Kirstein, Ministerium für Post- und Fernmeldewesen, an Lange vom 12.2.1951. A.a.O.

Postministerium zu einer Vorbesprechung, und am 5. April kam es zu einer Ortsbesichtigung.[86]

Bezüglich der Vorstellungen Otterbeins berichtete Kurth am 24. Mai an die Aufbau-Abteilung, daß zunächst auf dem posteigenen Grundstück (Lindenallee 14) gebaut werden solle. Das von der Firma Morch genutzte Grundstück an der Platanenallee hingegen werde erst im ersten Halbjahr 1952 benötigt. Und wann das dazwischen gelegene Grundstück gebraucht würde, könne genauer erst in ein bis zwei Monaten gesagt werden, aber vor 1953 wäre damit nicht zu rechnen.[87] Die Verhandlungen bezüglich dieses Grundstückes führten dann allerdings schon im Oktober 1951 zum Kauf,[88] während die endgültige Übernahme der Grundstücke der Post am 22. April 1952 stattfand.[89]

Während dieser ganzen Zeit fungierte Otterbein als Direktor des Instituts: Er stellte erste Mitarbeiter ein, führte den Schriftverkehr, überwachte die Bauarbeiten und bereitete einige Forschungsthemen vor. Schon sehr früh hatte er Verhandlungen mit dem VEB Transformatoren- und Röntgenwerk in Dresden aufgenommen, um dort eine 2-MV-Kaskadenanlage für das Institut zu bestellen, was am 3. Januar 1951 geschah.[90]

***

Obwohl sich die offizielle Übernahme der Grundstücke der Post hinzog, begannen erste Arbeiten zur „Wiederherstellung von 5 physikalischen Laborräumen, einer Behelfswerkstatt und (dem) Umbau der vorhandenen Hochspannungshalle“ im Anschluß an die Weltfestspiele der Jugend in Berlin im August 1951.[91] Bis zum Ende des Jahres wurden Investitionen in Höhe von etwa 590.000 DM realisiert.[92]

Für das nächste Jahr war geplant, die Arbeiten an der Halle abzuschließen, das von der Firma Morch belegte Haus zu übernehmen und die ehemals darin vorhandenen Arbeits- und Büroräume, das chemische und einige physikalische Laboratorien wieder her- und einzurichten. Mittelfristig sollte ein dreigeschos-

---

[86]Aktenvermerk Otterbeins vom 4.4.1951. A.a.O. Und: Kurth an Nipkow vom 24.5.1951. BBA, AKL, 29.

[87]A.a.O.

[88]Aktenvermerk Kurths vom 17.10.1951. A.a.O.

[89]Übergabe/Übernahmeprotokoll vom 24.4.1952. OAD (Ordner: Grundstücks-Steuern und Versicherungen Morch Wagner).

[90]Die Bestellung selbst konnte nicht aufgefunden werden. Das Datum geht hervor aus dem Zusatz zum Vertrag vom 6.6.1952 zwischen der DAW und dem VEB vom 22.12.1952. BBA, ABL, III/5/102.

[91]Aktenvermerk vom 1.6.1951 betr. Realisierbarkeit der Investitionspläne der Akademie. BBA, AKL, 542.

[92]Planzahlen zum 31.12.1951. BBA, KMPT, 140.

siger Neubau mit Flachdach das posteigene Gelände mit dem an der Platanenallee verbinden, um darin 38 physikalische und 4 chemische Laborräume sowie 24 Arbeitsräume für wissenschaftliches Personal, eine große Werkstatt mit Glasbläserei und vakuumtechnischen Hilfslaboratorium und eine zentrale Stromversorgung unterzubringen.[93]

Nach der drastischen Kürzung der Investitionen für das Institut in Miersdorf im Jahre 1951, unternahm die Akademie in der Planung für 1952 einen erneuten Anlauf, ihre ambitiösen Ausbaupläne zu verwirklichen. So wurden für den Investitionsplan 1952 zunächst 500.000 DM für bauliche Maßnahmen und 800.000 DM für Ausrüstung veranschlagt. Doch im August 1951 wurden diese Summen auf 1,5 Millionen DM respektive 1 Million DM und somit auf insgesamt 2,5 Millionen DM aufgestockt – bei gleichzeitiger Kürzung des gesamten Investitionsplanes von 23,5 auf 15 Millionen DM! Das Institut Miersdorf lag nun bei den beabsichtigten Investitionen an der Spitze aller damaligen Vorhaben.[94]

Der von Naas eigenhändig geänderte Plan wurde einen Monat später vom Präsidium angenommen.[95] Inzwischen änderten sich hinter den Kulissen aber schon wieder die Vorgaben: Der Leiter des ZFT, Lange, billigte bei einer Rücksprache Ende Oktober zwar die neue Plansumme für Miersdorf, abschließend eröffnete er allerdings den verdutzten Akademievertretern, daß sie nur noch mit 10 Millionen DM rechnen könnten.[96]

Wie berichtet, protestierte die Akademie daraufhin gegen das Verhalten des ZFT. Dennoch blieb ihr nichts anderes übrig, als dem Zentralamt im Dezember einen neuen Plan vorzulegen. Um die nötigen Kürzungen zu erreichen, strich man kurzerhand sieben Projekte aus dem ursprünglichen Entwurf.[97] Diese radikale Lösung stieß jedoch beim ZFT auf keinerlei Verständnis. Vielmehr sei es notwendig, „die im Plan z.Zt. enthaltenen Vorhaben auf die Möglichkeit hin zu prüfen, für die nicht berücksichtigten wichtigen Objekte Mittel frei zu machen.[98]

In der sechs Tage später schließlich anberaumten Besprechung, an der Akademiepräsident Walter Friedrich und Direktor Naas auf der einen und Lange, Baumbach und Wittbrodt vom ZFT auf der anderen Seite teilnahmen, einigte

[93]Betriebswirtschaftliches Gutachten zum Investitionsplan 1952 vom 22.9.1951. BBA, ABL, III/5/102.

[94]Investitionsplan 1952 vom 24.8.1951 bzw. (handschriftlich) 5.9.1951. BBA, KMPT, 141.

[95]Protokoll der Sitzung des erweiterten Präsidiums der Akademie am 29.9.1951, TOP 1. BBA, PSP, P 2/2.

[96]Aktenvermerk über die Rücksprache bei der SPK vom 20.10.1951. BBA, AKL, 543.

[97]Aktenvermerk über die Referentenbesprechung am 15.11.1951 vom 16.11.1951. BBA, AKL, 543.

[98]Lange an Friedrich vom 6.2.1952. A.a.O.

man sich unter anderem darauf, daß die Deutsche Akademie der Wissenschaften „die im Plan festgelegten Investitionsvorhaben auf mögliche Kürzungen (überprüft), insbesondere beim Physikalischen Institut in Miersdorf." Die Akademie habe anschließend einen neuen Investitionsplan aufzustellen und „dabei die in dem bestätigten Investitionsplan nicht aufgenommenen Objekte" zu berücksichtigen.[99] Das ZFT hatte sich durchgesetzt.

Die Akademie suchte und fand Mittel – wie gefordert auch in Miersdorf:

> Die Entnahme von DM 517.000,– aus dem Investitionsvorhaben Miersdorf wird dadurch möglich, daß statt des ursprünglich komplett projektierten Neubauflügels nur etwa 40 % zur Ausführung kommen. Zu vertreten ist diese Einschränkung, weil die apparative Ausrüstung des ganzen Objektes mit dem ursprünglich geplanten Baufortschritt nicht in Einklang zu bringen ist. (...) Hinzu kommt, daß die Besetzung des Instituts mit den erforderlichen Fachkräften auch nur in einer Zeitspanne möglich ist, die eine Einschränkung des Bauprogrammes 1952 gestattet. (...) Die evtl. Nachteile der Verteilung des Baues auf 3 Jahre muß in Anbetracht der Vordringlichkeit der durch die Umplanung begünstigten Objekte in Kauf genommen werden.[100]

Doch damit nicht genug: Von den verbliebenen 1,68 Millionen DM wurden im Jahre 1952 weniger als drei Viertel (1.216.000 DM) realisiert.[101]

Otterbein brachte es Ende Mai 1952 noch einmal auf den Punkt: „Es bestehen bei der Deutschen Akademie der Wissenschaften bestimmte Vorstellungen über den endgültigen Ausbau des Instituts Miersdorf."[102] Doch zeichnete sich bereits damals ab, daß nur eine kleine Version des Instituts realisierbar sein würde. Der verzögernden Momente waren viele, und Verwaltungsdirektor Maikowski etwa erklärte die verspätete Ausstellung der Investitionsprojektierung gegenüber der Deutschen Investitionsbank damit, daß Miersdorf das zur Zeit komplizierteste Investitionsvorhaben der Akademie sei, denn „es handelt sich um ein in der DDR erstmalig zu erstellendes Vorhaben, bei dem die Projektierungsarbeit ständig durch die sich entwickelnde Aufgabenstellung der Wissenschaftler beeinflußt wird." Um dann sogleich hinzuzufügen: „In diesem Zusammenhang wird darauf hingewiesen, daß gerade das Objekt Miersdorf von der Staatlichen Plankommission auch als wichtigstes Investitionsvorhaben der

---

[99] Rau an Friedrich vom 28.3.1952, betr. Besprechung vom 14.2.1952. BBA, AKL, 605.

[100] Maikowski an die SPK vom 26.4.1952. BBA, AKL, 543.

[101] Aufstellung der Planungsabteilung vom 10.2.1953. BBA, AKV, 9. Im Widerspruch dazu befindet sich die (undatierte) Zusammenstellung zur finanziellen Erfüllung der Investitionsvorhaben bis 31.12.1952, die lediglich 817.000 DM anführt. BBA, KMPT, 141.

[102] Betriebswirtschaftliches Gutachten zum Investitionsplan 1952 vom 30.5.1952. BBA, AKL, 29.

Akademie ausgewiesen ist."[103]

Dieser Superlativ spiegelt sich hingegen in den Vorplanungen für 1953 schon nicht mehr wider: Otterbein veranschlagte für das dritte Jahr des Aufbaus nur noch 820.000 DM und zwei Monate später gerade einmal 970.000 DM.[104] In der Akademie hatte sich – auch wenn das keiner expressis verbis zugab – offenbar die Einschätzung durchgesetzt, daß das ursprüngliche Ziel, das Institut zur „zentrale(n) Arbeits- und Forschungsstelle der Atom- und Kernphysik" auszubauen, zumindest im laufenden ersten Fünfjahrplan nicht mehr zu realisieren war. Allein die Einstellung geeigneten Personals für die vorgesehenen 140 Stellen, darunter 25 wissenschaftliche Mitarbeiter, war in absehbarer Zeit unmöglich.[105] Otterbein mußte einräumen: „Die Besetzung der Stellen hängt davon ab, daß die notwendigen wissenschaftlichen Hilfskräfte gewonnen werden können, was bei dem Mangel an geeigneten und eingearbeiteten Wissenschaftlern in der DDR längere Zeit in Anspruch nehmen wird und unter Umständen erst durch Heranbildung des Nachwuchses möglich sein wird."[106]

Vor Ort kam es zu weiteren Verzögerungen: Am 1. August 1952 wurde in Miersdorf ein Baustopp „zu Gunsten der von der Regierung geplanten Staatsbauten" verfügt,[107] was die Fertigstellung des wichtigsten Bauvorhabens, der Umbau der Hochspannungshalle, zum 31. Dezember verhinderte.[108] Kurze Zeit später wurde wieder einmal die Kürzung der DAW-Investitionsmittel fällig...[109]

Wie bereits konstatiert, war ein Teil der Probleme mit der Einführung der Planwirtschaft hausgemacht. Nach der Kritik des ZFT an den Finanzplänen der Akademie im allgemeinen und – unter anderem – dem Vorhaben Miersdorf im speziellen führten die Klagen dreier junger Wissenschaftler, die für das Institut vorgesehen waren, im Sommer des Jahres zu erneuter Aufregung. Den „unterzeichneten Genossen", Irene Hauser, Karl Lanius und Karl Friedrich

---

[103] Maikowski an die Deutsche Investitionsbank vom 9.6.1952. BBA, AKL, 543.

[104] Büro der wissenschaftlichen Referenten an Institut Miersdorf vom 7.5.1952. Und: Otterbein an das ZFT vom 7.7.1952. BBA, AKL, 29.

[105] Otterbein an das ZFT vom 7.7.1952. A.a.O. Neben dem Mangel an Fachkräften scheinen auch fehlender Wohnraum und niedrigere als die in Berlin beziehungsweise in der Industrie gezahlten Tarife Probleme bei Neueinstellungen bereitet zu haben. Vgl. etwa PMA, AW, DY 30/IV 2/9.04/419, Bl. 71.

[106] Otterbein an das ZFT vom 7.7.1952. BBA, AKL, 29.

[107] Bauleiter Bernhardt an die Investitions-Abteilung vom 15.12.1952. BBA, ABL, III/3/489.

[108] Die Halle mußte dem neuen Hochspannungsbeschleuniger angepaßt werden, der höher als die im Kriege aufgebaute Anlage sein würde und dessen Lieferung für November vorgesehen war. Investitionsplan 1952, Technisches Projekt und Kostenüberschlag vom 15.5.1952. BBA, AKL, 543.

[109] Vgl. das Protokoll der Sitzung des Präsidiums der Akademie vom 13.9.1952, TOP 3. BBA, PSP, P 2/3.

Alexander, waren bei Aufenthalten im Institut „einige Mißstände aufgefallen, die wir hiermit der Partei zur Kenntnis geben wollen, damit sie (...) schnellstens abgestellt werden können."[110]

Wie die anschließenden Reaktionen zeigen sollten, legten sie den Finger auf einige offene Wunden. So kritisierten sie, daß es kein „ausgearbeitetes wissenschaftliches Arbeitsprogramm (gibt), auf dessen Grundlage der Aufbau des Institutes vorgenommen werden müßte"; daß ein erfahrener Kernphysiker, „der als Direktor des Instituts in Frage käme", fehle und daß das wissenschaftliche Kuratorium für das Institut, dessen Gründung das Präsidium der Akademie bereits ein gutes halbes Jahr zuvor beschlossen hatte, „von der Akademie noch niemals einberufen worden (ist). Ein großer Teil der aufzuzählenden Mängel ergibt sich aus dieser Tatsache."

Zu diesen Mängeln zählten sie, daß die Bauarbeiten des Jahres 1951 „nicht unter Berücksichtigung des Verwendungszweckes durchgeführt worden waren, (so daß) umfangreiche Umbauten notwendig wurden." Auch die Pläne für den Neubau seien offenbar ohne Kontakt mit den Wissenschaftlern und ohne eingehende Kenntnis der örtlichen Verhältnisse am grünen Tisch ausgearbeitet worden. Weiter gehöre zu dem Neubauplan der Ausbau eines auf dem Grundstück gelegenen alten Gebäudes, das z.Zt. an einen privaten Süßwarenfabrikanten verpachtet sei. „Um diese, unserer Meinung nach völlig ungeeigneten Räume für die Erweiterung des Instituts zu gewinnen, will die Akademie für den privatkapitalistischen Unternehmer an anderer Stelle eine neue Fabrik aufbauen."

Die Vorschläge des Trios zur Verbesserung der Situation lauteten:

1. Unverzügliche Einberufung des Kuratoriums zur Ausarbeitung eines wissenschaftlichen Arbeitsplanes;
2. Benennung eines kommissarischen Direktors, der in der Lage sei, unter Anleitung des Kuratoriums den wissenschaftlichen und technischen Aufbau des Instituts anzuleiten und zu kontrollieren;
3. gründliche Überarbeitung der bestehenden Neubaupläne unter Heranziehung eines erfahrenen Architekten und der in Miersdorf tätigen Wissenschaftler;
4. und Durchführung einer Aussprache mit den verantwortlichen Genossen der Akademie.[111]

[110]Kritische Bemerkungen zum Aufbau des „Instituts Miersdorf" der Deutschen Akademie der Wissenschaften vom 12.7.1952. BAB, DF-4 (MWT), 220. Auslöser dieser Eingabe war möglicherweise die 2. Parteikonferenz der SED vom 9. bis 12.7.1952, auf der die Phase vom „Aufbau des Sozialismus" verkündet wurde.

[111]A.a.O.

Die Eingabe gelangte offenbar über Professor Friedrich Möglich in das ZFT, in dessen Unterlagen sie sich fand.[112] Am 30. August 1952 erschien Möglich höchstpersönlich auf der Baustelle, um die Vorwürfe zu überprüfen. In seiner Begleitung befand sich zudem ein Herr „von der staatlichen Kontrolle“ – ein Dr. Berger, „der als persönlicher Referent von Herrn Walter Ulbricht bezeichnet wurde“.[113] Rompe stieß später ebenfalls hinzu.[114]

Nur wenig später wurden die von den drei Genossen aufgestellten Forderungen umgesetzt: Das Kuratorium trat im Oktober erstmals zusammen; ein kommissarischer Direktor wurde im September ernannt; und es wurden die Neubaupläne geändert – vorerst auf die Übernahme und den Umbau der verpachteten Gebäude verzichtet und eine Baukommission einberufen, in der mehrheitlich Wissenschaftler des Instituts saßen.[115]

Auch eine „Aussprache mit den verantwortlichen Genossen“, namentlich zwischen dem Ulbricht-Referenten Berger und Direktor Naas, fand statt. Wie Naas Ende Oktober an Berger berichtete, setzte er schließlich eine vierköpfige Kommission ein, bestehend aus Dr. von der Schulenburg, Dr. Otterbein, Wilhelm Nipkow (Leiter der Aufbau-Abteilung) und – als Vorsitzender – Rompe, die am 25. September zusammenkam und für die erste Kuratoriumssitzung am 15. Oktober einen Bericht über die derzeitige Lage in Miersdorf geben sollte.[116] Von dieser Besprechung erhielt Berger eine Kopie,[117] und auch das Präsidium der Akademie, das sich mit der Thematik auf seiner Sitzung am selben Tag befaßte, nahm „zustimmend von den Maßnahmen Kenntnis, die zur Klärung der gegen das Institut Miersdorf erhobenen Vorwürfe eingeleitet worden sind.“[118]

---

[112]Möglich war zu dieser Zeit Direktor des Instituts für Festkörperforschung der Deutschen Akademie der Wissenschaften und Direktor des Instituts für theoretische Physik an der Humboldt-Universität. Vgl. auch [Hof97b].

[113]Aktennotizen des Bauleiters Bernhardt vom 30.8.1952 und 1.9.1952. BBA, AKL, 29. Laut Bernhardt soll Berger – offenbar Dr. Wolfgang Berger, ein langjähriger Vertrauter Ulbrichts – auch als Mitglied der Zentralen Kommission für Staatliche Kontrolle (ZKSK) bezeichnet worden sein, deren Aufgabe die Bekämpfung von Wirtschaftsdelikten und die Kontrolle der Plandurchführung war ([Bun85], S. 53).

[114]Erst zwei Tage zuvor hatten sich Vertreter der Sowjetischen Kontrollkommission ebenfalls vor Ort für den Fortgang der Bautätigkeit interessiert. Aktennotizen des Bauleiters Bernhardt vom 30.8.1952 und 1.9.1952. BBA, AKL, 29.

[115]Vgl. etwa den Investitionsplan 1952, Technisches Teil-Vorprojekt (Institut Miersdorf) vom 5.8.1952 (BBA, ABL, III/4/442). Vgl. ebenfalls die Protokolle der Baukommission in BBA, AKL, 29.

[116]Naas an Berger vom 25.10.1952. BBA, VA, 12836. Und: Protokoll der Besprechung am 25.9.1952 in Miersdorf vom 26.9.1952. BBA, AKL, 29.

[117]Zumindest legt das die Empfangsbescheinigung des Sekretariats Ulbricht vom 2.10.1952 nahe. BBA, AKL, 29.

[118]Protokoll der Sitzung des Präsidiums der Akademie vom 2.10.1952, TOP 6c. BBA, PSP, P 2/3.

Allerdings, berichtete Naas an Berger, sei ihm von der Kommission kein Bericht vorgelegt worden, weil Rompe ihre Tätigkeit nicht habe zustandekommen lassen. Seine eigenen Informationen, so Naas weiter, „haben gezeigt, daß die (...) geübte Kritik im großen ganzen unsachgemäß war.“[119] Wenn sich das auch nicht mit den unverzüglich erfüllten Forderungen der drei jungen Physiker deckt: auf jeden Fall war Leben in das Institut Miersdorf gekommen. Und es änderte sich wieder einmal der Plan: Die Entscheidung, die von der Firma Morch gepachteten Gelände und Gebäude nicht vor dem regulären Auslaufen des Vertrages zum 30. Mai 1956[120] zu übernehmen, setzte etwa 510.000 DM frei; ein Neubau unter Verwendung eines unbebauten Teiles des verpachteten Geländes schien nun sinnvoller als die kostenintensive Räumung des Gebäudes, die die DAW hätte zahlen müssen.[121]

Weitere 100.000 DM wurden ebenfalls eingespart – allerdings unfreiwillig, denn bezüglich des Hochspannungsgenerators, dessen Lieferung eigentlich für den Herbst geplant war, kam es ebenfalls zu Verzögerungen, weil die Anlage „aus Exportgründen (...) auf 4 Monate in der Produktion zurückgestellt (wurde).“[122] Daß es auch mit dem Bezug zahlreicher kleinerer Posten für die Ausstattung des Instituts Schwierigkeiten gab, sei ebenfalls vermerkt.[123]

Folglich endete das Jahr 1952 für die Befürworter des Instituts in der Akademie mit einem erneuten Fiasko: Formell an ihren hohen Ambitionen bezüglich des Ausbaus des Instituts festhaltend, gelang es ihnen wieder einmal nicht, auch nur annähernd jene mehr als 2 Millionen DM p.a. zu realisieren, die laut Otterbeins ursprünglicher Planung eigentlich vonnöten gewesen wären. Entsprechend wurden die Erwartungen für 1953 nun sehr tief gehängt: Lediglich 670.000 DM wurden Ende Oktober noch für Miersdorf eingeplant.[124] Das führ-

---

[119]Naas an Berger vom 25.10.1952. BBA, VA, 12836. Warum Naas den tatsächlich vorhandenen Bericht unterschlug, ist unbekannt. Er erhielt ihn zwar erst am 8.11. (Otterbein an Naas. BBA, AKL, 29), hatte aber laut Protokoll an der 1. Sitzung des Kuratoriums (am 20.10.) teilgenommen und folglich Kenntnis von seiner Existenz, als der Brief aufgesetzt wurde.

[120]Kündigungsschreiben Dr. Maikowskis an die Firma Morch vom 22.9.1952. OAD (Ordner: Grundstücks-Steuern und Versicherungen Morch Wagner).

[121]Die Summe war in der Projektierung – Investitionen für 1953 vom 19.5.1952 für Umsetzung der Firma, Herrichtung des Gebäudes und apparative Anschaffungen vorgesehen. BBA, AKL, 602. Bzgl. des Neubaus vgl. auch den Aktenvermerk vom 19.9.1952. BBA, AKL, 29.

[122]Mitteilung der Aufbau-Abteilung an das Investbüro vom 25.9.1952. BBA, ABL, III/5/102.

[123]Schreiben Erdmanns vom 6.10.1952. A.a.O.

[124]Aufstellung vom 29.10.1952. BAB, DF-4 (MWT), 222.

te dazu, daß bis zum Ende des 1. Fünfjahrplans schließlich nur etwa 50 % der einst beabsichtigten Ausgaben getätigt wurden.

2.4 Das Institut nimmt seine Arbeit auf

Die durch Otterbein ausgeübte Leitung des Instituts konnte natürlich kein Dauerzustand bleiben, und der Handlungsbedarf stieg, je mehr das Institut Gestalt annahm. Anfang Dezember 1951 schrieb Otterbein an Akademiedirektor Naas, daß es nunmehr nötig sei, die wissenschaftliche Leitung des Instituts zu bestimmen. Allerdings, so konstatierte er, sei in der DDR kein ausgesprochener Fachwissenschaftler vorhanden, den man mit dieser Aufgabe betrauen könne, so daß er die Bildung eines wissenschaftlichen Kuratoriums vorschlug. Diesem sollten der Präsident der Akademie, Walter Friedrich, die Professoren Seeliger, Rompe und Möglich sowie er selbst angehören.[125] Am 8. Dezember gab das Präsidum diesem Antrag seine Zustimmung.[126]

Die Konstituierung dieses hochkarätig besetzten Gremiums ließ jedoch auf sich warten. Erst nach dem Wirbel um die Vorwürfe des Sommers 1952 kam es am 25. September zu einer vorbereitenden Sitzung in Miersdorf, an der von den oben genannten Herren Friedrich, Rompe und Otterbein nebst Wilhelm Nipkow, Leiter der Aufbau-Abteilung der Akademie, Naas und Dr. Michael von der Schulenburg teilnahmen. Im Protokoll der Sitzung heißt es:

> Um eine sofortige Leitung des Instituts zu schaffen, wurde (...) Herr Dr. v.d. Schulenburg von dem Direktor zum kommissarischen Institutsleiter – dies ist ein Provisorium bis zur Entscheidung des Präsidiums – ernannt; Herr v.d. Schulenburg wird seine Funktion in enger Zusammenarbeit mit Herrn Dr. Otterbein und dem Kuratorium durchführen.[127]

Wer war dieser neue Mann und woher kam er? Michael Graf von der Schulenburg entstammte einem alten, weitverzweigten Adelsgeschlecht. Geboren wurde er am 18. März 1903 in Sankt Petersburg. Nach der Oktoberrevolution mußte er die Schule verlassen und sich in wechselnden Anstellungen durchschlagen. Unterstützt von deutschen Verwandten kam er 1925 nach Deutschland, wo er 1931 das Abitur nachholte. Anschließend begann er mit dem Studium der Physik an der FWU in Berlin. Seine erste Anstellung erhielt er 1936 bei

[125]Otterbein an Naas vom 5.12.1951. BBA, AKL, 29.

[126]Protokoll der Sitzung des Präsidiums der Akademie vom 8.12.1951, TOP 2. BBA, PSP, P 2/2.

[127]Protokoll der Besprechung in Miersdorf am 25.9.1952 vom 26.9.1952. BBA, AKL, 29. Der Ernennung stimmte das Präsidium in seiner Sitzung vom 2.10.1952, TOP 6, zu. BBA, PSP, P 2/3.

Dr. Michael von der Schulenburg (1903-1958) kam 1952 aus München in die DDR und wurde im Herbst zum kommissarischen Leiter des Instituts Miersdorf ernannt (bis 1956).

Professor Hans Gerdien im Forschungslaboratorium I von Siemens. 1940 ging er an die Sternwarte Babelsberg, wo er seine Doktorarbeit zu einem spektroskopischen Thema anfertigte, für die er im Sommer an der FWU promoviert wurde. Da ihm 1943 der Einzug in die Wehrmacht drohte, wechselte er im September zum Röhrenlaboratorium der Technischen Hochschule zu Dr. Max Knoll. Wegen der schweren Bombenangriffe auf Berlin, von der die TH stark betroffen war, wurde das Labor wenig später nach Bad Liebenstein in Thüringen verlagert. Von dort brachten die Amerikaner von der Schulenburg schließlich - gemeinsam mit zahlreichen anderen Wissenschaftlern - ins fränkische Heidenheim.

Im Jahr 1947 holte Professor Knoll ihn nach München an die dortige Universität. In dem von Knoll gegründeten Institut für Elektromedizin und Elektronentechnik wurde von der Schulenburg wissenschaftlicher Assistent und wenig später auch inoffizieller Leiter, da Knoll in die USA ging.[128] Jedoch kam es bald schon zu beruflichen Spannungen: 1950 drohte die Kürzung seiner Stelle durch das zuständige Ministerium, was zunächst noch abgewendet werden konnte. Es kam aber nur noch zu mehrmonatigen Vertragsverlängerungen; die letzte beantragte der neue Institutsleiter, Professor Walter Rollwagen, im Mai 1951; sie wurde vom Bayerischen Staatsministerium für Unterricht und Kultus

[128]MPG, Abt. III, Rep. 50, 1816, Bl. 1-3.

noch bis Ende Oktober 1951 genehmigt.[129]

Hinter seinem Rücken schrieb seine Frau daraufhin einen Brief an Max von Laue in Berlin, bei dem er die Prüfungen zum Doktorexamen absolviert hatte, und fragte, ob er von einer Arbeitsmöglichkeit für ihren Mann wisse und wohin er sich eventuell wenden könnte. Im Brief erwähnte sie auch, daß Professor Möglich ihrem Mann „verschiedentlich gute Angebote gemacht (habe), aber wir sind mit Ostberlin natürlich vorsichtig." Von Laue konnte nur zusagen, die Angelegenheit im Auge zu behalten,[130] und so scheinen die erwähnten Vorbehalte gegenüber Ostberlin in den Folgemonaten an Bedeutung verloren zu haben. Die wirtschaftlich schwierige Lage der Familie dürfte dabei ebenso eine Rolle gespielt haben wie der Einfluß Robert Rompes, der von der Schulenburg offenbar schon aus gemeinsamen Kindertagen in St. Petersburg kannte.[131] Jedenfalls trug von der Schulenburg Ende 1951 auf seine Anregung hin im physikalischen Kolloquium der Humboldt-Universität über seine Arbeiten zu diskreten Energieverlusten mittelschneller Elektronen vor.[132] Im Anschluß an seinen Vortrag habe er sich brieflich für die Einladung bedankt und „die Absicht zu erkennen gegeben, nach Berlin überzusiedeln, falls ihm ein geeignetes Angebot gemacht wird."[133] Rompe stellte darauf einen Antrag auf eine Anstellung von der Schulenburgs bei der Akademie.[134]

Warum sich die Angelegenheit verzögerte, ist nicht bekannt. Um sie zu beschleunigen, schrieb Büchner, ein Intimus von Rompe und zu der Zeit Abteilungsleiter im Staatssekretariat für Hochschulwesen, drei Monate später an Naas, daß man „größtes Interesse" habe, von der Schulenburg „mit einem Lehrauftrag an der Humboldt-Universität Berlin zu betrauen. (...) Im Interesse der Ausbildung unserer Studierenden an der Humboldt-Universität Berlin würden wir eine solche Einstellung sehr begrüßen..."[135]

Die Verhandlungen „wegen seiner Mitarbeit im Miersdorfer Institut" wurden Anfang Mai aufgenommen,[136] und Mitte Mai weilte von der Schulenburg zu Vertragsverhandlungen in Berlin. Dabei wurde ihm eine Anstellung mündlich zugesichert.[137] Otterbein beantragte anschließend bei Naas, „im Präsidium einen Beschluß herbeizuführen, der die Anstellung des Herrn Dr. von der Schu-

[129] LMU, UAM E II Ass. Bez.

[130] MPG, Abt. III, Rep. 50, 1816, Bl. 1 und Bl. 5.

[131] Prof. Dr. Gustav Richter im Interview vom 14.11.1994.

[132] Rompe an Professor Otto Meißer vom 24.12.1957. BBA, AKL, 30.

[133] BSU, AP 54695/92, Bl. 8.

[134] PMA, DY 30/IV 2/4/122, Bl. 62.

[135] Büchner an Naas vom 3.4.1952. BBA, AKL, Personalia Nr. 662.

[136] Protokoll der Sitzung des Präsidiums der Akademie vom 28.4.1952, TOP 8. BBA, PSP, P 2/3.

[137] Von der Schulenburg an Maikowski vom 5.6.1952. BBA, AKL, Personalia Nr. 662.

lenburg (...) bezweckt."[138] Als von der Schulenburg sich nach gut drei Wochen des Wartens bei Maikowski und im Staatssekretariat für Hochschulwesen beklagte, daß ihm die Akademie nicht antworte, schaltete sich sogar Kurt Hager, Leiter der ZK-Abteilung Propaganda, in die Angelegenheit ein und bemängelte: „Es hat den Anschein, als ob die Verhandlungen mit Dr. v.d. Schulenburg nicht mit dem genügenden Nachdruck betrieben werden." Er forderte Naas auf, genaue Mitteilung über den Stand der Berufungsverhandlung zu machen und aufzuklären, warum sich die Angelegenheit so lange hinziehe.[139]

Zu dem Zeitpunkt war die Sache allerdings bereits entschieden. Am 23. Juni war ein Telegramm nach München abgegangen, in dem es knapp hieß: „Vertrag per 1.7. genehmigt." Und zwei Tage später wurde von der Schulenburg gemeldet, daß man auch ein Haus für ihn und seine Familie in Eichwalde (am Stadtrand von Berlin) gefunden habe.[140] Von der Schulenburg betrieb nun umgehend seine Übersiedlung: Er wolle dann „spätestens am 15.7. in Berlin (sein), da ich das größte Interesse habe, mit meinen Arbeiten so bald wie möglich zu beginnen."[141] Auf diesen Termin lautet dann auch der Einzelvertrag, der mit von der Schulenburg abgeschlossen wurde und der ihm ein Gehalt von monatlich 1.700 DM plus einer steuerfreien Aufwandsentschädigung von monatlich 200 DM zusicherte.[142]

Während das Akademiepräsidium von der Schulenburg – obwohl der kein Kernphysiker war – von Anfang an in Miersdorf eingesetzt sehen wollte, beabsichtigte Rompe, ihn als Abteilungsleiter an sein Institut für Strahlungsquellen zu holen.[143] In der Tat trat von der Schulenburg seine Arbeit zunächst im Rompeschen Institut an.[144] Doch unter dem Druck der Untersuchung, die durch Alexander, Lanius und Hauser ausgelöst worden war, blieb schließlich gar keine andere Wahl, als von der Schulenburg am 25. September provisorisch in die Leitung des Institutes in Miersdorf einzusetzen, ein Provisorium, das fast vier Jahre Bestand haben sollte.

---

[138]Otterbein an Naas vom 13.5.1952. BBA, AKL, 30.

[139]Von der Schulenburg an Maikowski vom 5.6.1952. BBA, AKL, Personalia Nr. 662. Und: Hager an Naas vom 9.7.1952. VA, 12836.

[140]Telegramme Maikowskis an von der Schulenburg vom 23.6. bzw. 25.6.1952. BBA, AKL, Personalia Nr. 662.

[141]Von der Schulenburg an Maikowski, eingegangen am 27.6.1952. A.a.O.

[142]Einzelvertrag vom 15.7.1952. A.a.O. Nach der Verordnung über die Vergütung der wissenschaftlichen Mitarbeiter der DAW entsprach das der Gehaltstufe für (u.a.) „Direktoren sonstiger Institute" (d.h. mit mäßiger Bedeutung) beziehungsweise „Leiter bedeutender Institutsabteilungen". GBl Nr. 115 vom 27.9.1951, S. 867.

[143]BBA, PSP, P 2/3. Und: PMA, DY 30/IV 2/4/122, Bl. 62. Vgl. auch BSU, AP 54695/92, Bl. 8.

[144](Instituts-) Jahresbericht 1952 vom 14.1.1953. IfH, 20.

Neben der Klärung der Leitungsfrage wurde in der Sitzung vom 25. September ebenfalls vereinbart, daß das Kuratorium seine erste Sitzung am 15. Oktober abhalten sollte – sie fand schließlich am 20. Oktober statt. Von den vier Wochen zuvor zusammengekommenen Herren nahm Nipkow an der Besprechung nicht teil, dafür war Möglich anwesend. Als einer der ersten Punkte trug Otterbein noch einmal die Planungen vor, wie sie der Klasse und dem Plenum bei ihrem Beschluß zur Gründung des Instituts im Herbst 1950 vorgelegen hatten. Entsprechend der inzwischen veränderten Situation wurde daraufhin festgestellt, „daß es sich um eine umfassende Planung handelt und daß es z.Zt. nur möglich ist, aus dieser Planung die mit den vorhandenen Arbeitskräften realisierbaren Aufgaben herauszunehmen und in Angriff zu nehmen.“ Diese Aufgaben sollten umfassen:

1. Entwicklung und Bau von Zählrohren und Zähleinrichtungen;
2. Untersuchung der kosmischen Strahlung mit Hilfe von Photoplatten;
3. Arbeiten auf dem Feld der Massenspektroskopie;
4. Experimente auf dem Gebiet der Elektronenstreuung sehr langsamer bis sehr schneller Elektronen;
5. vorbereitende Arbeiten für die radiochemische Abteilung;
6. Entwicklung des Ionenrohres für den Generator;
7. und Vorarbeiten für einen "Pile".

Bis auf den letzten Punkt ist in dieser Aufzählung nichts außergewöhnlich – der Vorschlag Möglichs nach einem "Pile" (d.h. einen Kernreaktor!) ist hingegen an Brisanz kaum zu überbieten. Friedrich berichtete gar von Gesprächen mit dem politischen Berater der SKK, Botschafter Wladimir Semjonow, über die Thematik. Es sei notwendig, einen Antrag auszuarbeiten und diesen über das Präsidium an Semjonow zu leiten.[145] Der Vorgang bleibt mysteriös: Von dem Vorschlag ist weder in einer der folgenden Sitzungen des Kuratoriums noch sonst irgendwo bis 1954 je wieder die Rede.[146]

Die zweite und letzte Beratung des Jahres 1952 fand einen Monat später am 20. November statt. Teilnehmer waren Möglich, Rompe, von der Schulenburg, Otterbein und Professor Hans Stamm vom VEB Transformatoren- und Röntgenwerk Dresden. Zentrales Thema der Besprechung war der Status der 2-MV-

[145]Protokoll über die erste Sitzung des wissenschaftlichen Kuratoriums für das Institut Miersdorf am 20.10.1952. BBA, AKL, 29.

[146]Auslöser der Überlegungen war wahrscheinlich das Bekanntwerden der bundesdeutschen Bemühungen in dieser Zeit, bei den Verhandlungen zum EVG-Vertrag die Zusage zu einem Forschungsreaktor zu erhalten. Vgl. die in Kapitel 3 erwähnte Rede Heisenbergs vor dem Fachausschuß für Kernphysik und kosmische Strahlung vom 1.10.1952.

Kaskadenanlage. Anders als die oben angeführte Priorität des Exportes nannte Stamm technische Gründe, die zur Verzögerung bei der Lieferung geführt hätten: Die Welligkeit der Anlage, d.h. um die Endspannung schwankende Spannungswerte, lägen bei Vollast zu hoch. Um diese zu senken, sei es nötig, die Kondensatoren zu vergrößern. Bei befriedigendem Ausgang der Prüfung wäre die Anlage im April oder Mai lieferfertig.[147]

***

Im Volkswirtschaftsplan 1951 waren als Sollstärke für das Institut bis 1955 insgesamt 174 Vollzeitkräfte vorgesehen, davon 34 für das Jahr 1952. Die ersten Angestellten waren – angesichts der Bauarbeiten verständlich – Handwerker.[148] Als erster Wissenschaftler wurde zum 15. November 1951 der Diplom-Physiker Manfred Wagner eingestellt.[149] Am 1. Februar 1952 folgte der ebenfalls diplomierte Physiker Siegfried Göring. Zu diesem Zeitpunkt stand bereits fest, daß drei Rompe-Schüler aus dem II. Physikalischen Institut der Humboldt-Universität im Laufe des Jahres 1952 nach Miersdorf wechseln sollten: der Aspirant (i.e. Doktorand) Karl Friedrich Alexander sowie die an ihren Diplomen arbeitenden Studenten Karl Lanius und Irene Hauser.[150]

Bis Ende September war der Personalstamm auf 27 Mitarbeiter angewachsen. Darunter waren vier Wissenschaftler: Dr. von der Schulenburg, Alexander – der jedoch aufgrund seiner Aspirantur zunächst nicht Angestellter der Akademie war – und die beiden genannten Diplom-Physiker. „Dazu laufen die Anträge zur Einstellung der Herren Dr. Baier als wissenschaftlicher Mitarbeiter und Dipl.Phys. Lanius als wissenschaftliche Hilfskraft bzw. Aspirant."[151] Beide wurden im Laufe des Novembers eingestellt. Die Anstellung von Irene Hauser verzögerte sich hingegen aus Krankheitsgründen und fand erst im folgenden Frühjahr statt.[152]

Mit diesen Kräften wurden bis Ende des Jahres drei der ursprünglich zehn projektierten und jetzt noch verbliebenen sechs Abteilungen gebildet: Die Abteilung Kosmische Strahlung wurde mit Karl Lanius und Irene Hauser besetzt; der aus der Sowjetunion zurückgekehrte Otto Baier, der schon im Kriege in

[147] Protokoll über die zweite Sitzung des wissenschaftlichen Kuratoriums für das Institut Miersdorf vom 20.11.1952. BBA, AKL, 29.

[148] Vgl. den Systematischen Stellenplan vom 21.4.1952. BBA, KMPT, 141.

[149] Protokoll der Sitzung der Klasse für Mathematik und allgemeine Naturwissenschaften vom 13.12.1951. BBA, KMN, P 3/4.

[150] Kritische Bemerkungen zum Aufbau des „Instituts Miersdorf" vom 12.7.1952. BAB, DF-4 (MWT), 220.

[151] Protokoll der Besprechung am 25.9.1952 in Miersdorf vom 26.9.1952. BBA, AKL, 29.

[152] (Instituts-) Jahresbericht 1952 vom 14.1.1953. IfH, 20. Und: Bitte um beschleunigte Einstellung von Irene Hauser vom 20.2.1953. BBA, AKL, 30.

Miersdorf gearbeitet hatte, bekam die Abteilung für Beschleunigungsanlagen und Siegfried Göring zugeteilt; und die Technische Abteilung mit Konstruktionsbüro, Werkstatt, Labor für elektronische Geräte, Glasbläserei und Bibliothek nahm ihre Arbeit auf. Für 1953 war darüber hinaus geplant, die Abteilungen Korpuskularphysik und Radiochemie zu schaffen.[153] Die Einrichtung einer umfassenden Verwaltung unterblieb zunächst; verwaltungstechnische Angelegenheiten wurden bis Mitte der 50er Jahre vom Akademie-Komplex in Berlin-Adlershof aus geregelt.

Angesichts der oben beschriebenen Umstände kann es nicht verwundern, daß die Forschungstätigkeit des Instituts Ende 1952 über bescheidene Anfänge nicht hinausgediehen war. Von fünf Forschungsaufträgen war einer abgebrochen worden, und zwar die Entwicklung von Zählrohren, die man an das Institut für Biophysik und Biochemie in Berlin-Buch abgetreten hatte.[154] Ein zweiter Auftrag zur Herstellung von schwerem Wasser, das man für die Ionenquelle des Generators benötigen würde, da von der SKK keine Erlaubnis dieser von den Alliierten verbotenen Entwicklungsarbeit vorlag.[155] So waren 1952 lediglich die Forschungsaufträge zur Höhenstrahlung und zur Entwicklung einer Ionenquelle beziehungsweise eines Massenspektrographen ernsthaft in Angriff genommen worden, wobei die meiste Zeit auf die Anschaffung und das Studium von Literatur sowie organisatorische Arbeiten wie die Einrichtung der Laborräume verwendet worden war.[156]

Da Frau Hauser erst 1953 in das Institut eintrat und Alexander nur zeitweise dort arbeitete und aufgrund seiner Aspirantur keinen Akademievertrag besaß, verfügte das Institut am Ende des Jahres zwar über 31 Angestellte, aber nur über 5 hauptamtliche Wissenschaftler. Der Plan hatte ein Verhältnis von 34 zu 11 vorgesehen. In den beiden nächsten Jahren verbesserte sich der Quotient nicht wesentlich: Ende 1953 waren von 54 Beschäftigten 10 Wissenschaftler (18,5 %), Ende 1954 waren es 14 von 71 (19,7 %).[157] In den anderen Instituten des physikalischen Sektors der Akademie lag der Anteil der wissenschaftlichen an der Gesamtheit der Angestellten im selben Zeitraum hingegen zwischen 22 % und 26 %.[158] Entsprechend klagte von der Schulenburg darüber, daß es

[153]Planung des Institutes der D.A.d.W. in Miersdorf bei Berlin (vermutlich) von Anfang 1953. BBA, AKL, 29.

[154](Instituts-) Jahresbericht 1952 vom 14.1.1953. IfH, 20.

[155]Schweres Wasser eignet sich auch als Moderatorsubstanz für Natururanreaktoren, worauf das Verbot der Alliierten vor allem abzielte.

[156](Instituts-) Jahresbericht 1952 vom 14.1.1953. IfH, 20.

[157]Vgl. Anhang A. Die Jahresberichte 1953-54 des Instituts (IfH, 21) nennen abweichende Zahlen: 9/59 (1953) und 13/87 (1954). Der Grund dafür ist nicht ersichtlich, könnte aber an unterschiedlichen Stichtagen liegen.

[158]Statistisches Material über die Entwicklung der Forschungsgemeinschaft in der DAW

schwierig sei, geeignete Physiker zu verpflichten.[159]

Trotz dieser personellen Beschränkung herrschte im Institut Raummangel, da die Bauarbeiten am Laborneubau nicht wie geplant vorankamen. So verfügte lediglich die Abteilung für kosmische Strahlung über ausreichend Laborräume. Das Labor für elektronische Geräte, die Glasbläserei und die Elektronische Werkstatt mußten hingegen provisorisch in der Villa untergebracht werden.[160] Aus diesem Grunde konnten mehrere wissenschaftliche Kräfte nicht eingestellt werden oder aber ihre Arbeit nicht voll in Angriff nehmen. Verzögerungen ergaben sich auch aus Lieferschwierigkeiten.

Von den insgesamt neun für das Jahr 1953 vorgesehenen Forschungsthemen konnte eines, der Aufbau einer Hochvakuum-Verdampfungsanlage, abgeschlossen werden; der Bau eines Betaspektrometers kam hingegen wegen der „Republikflucht“ des beauftragten Wissenschaftlers über vorbereitende theoretische und konstruktive Arbeiten nicht hinaus, und die Entwicklung von Nachweisgeräten für Neutronen mußte aufgrund des Raummangels auf das folgende Jahr verschoben werden. Die anderen Aufgaben betrafen: die Entwicklung von Ionenquellen und Targets für die Kaskade; erste Ballonaufstiege zur Untersuchung der kosmischen Strahlung, die allerdings die angestrebte Höhe von mehr als 25 Kilometern nicht erreichten; die Entwicklung einer Versuchsanlage zur Gewinnung von schwerem Wasser; theoretische und konstruktive Vorarbeiten für den Bau eines Massenspektrometers; und die Untersuchung der Wechselwirkung von Elektronen mittlerer Geschwindigkeit etwa bei der Streuung an dünnen Folien sowie eine Elektronenbeugungsapparatur. Bis auf die Arbeiten der Abteilung Kosmische Strahlung kamen diese Forschungsaufträge aber kaum über vorbereitende Maßnahmen hinaus, was sich auch im Etat des Instituts niederschlug, in dem die Personalkosten mit fast 312.000 DM drei Fünftel einnahmen, die für die Forschung aufgewandten Mittel hingegen nicht einmal ein Sechstel erreichten.[161]

Im Februar des folgenden Jahres konnte das neue Laborgebäude endlich bezogen werden, und eine weitere Abteilung wurde eingerichtet: Mit der Rückkehr von Detlof Lyons an das Institut im Mai des Jahres war die theoretische Physik wieder in Miersdorf vertreten.[162] Von den nun vier wissenschaftlichen Ab-

von 1960, Sign. III/100/81. In: BBA, AKL, 372.

[159](Instituts-) Jahresbericht 1953 vom 17.2.1954. IfH, 21.

[160]Vgl. a. die Abbildung am Anfang des Buches.

[161](Instituts-) Jahresbericht 1953 vom 17.2.1954. IfH, 21.

[162]Von der Schulenburg an Wittbrodt vom 7.4.1954. BBA, AKL, 30. Lyons war nach dem Krieg an der Berliner Universität wissenschaftlicher Assistent geworden, eine Stelle, die ihm Rompe vermittelt hatte. Zwischen 1948 und 1950 konnte er aufgrund einer Nervenerkrankung nicht arbeiten. Wiederum auf Betreiben Rompes wurde er Anfang 1951 erneut an der Humboldt-Universität angestellt, wo er bis zu seinem Wechsel nach Miersdorf blieb. HUB,

teilungen – Beschleunigungsanlagen, Korpuskularstrahlung, Kosmische Strahlung und Theorie – sollten 15 Themen in Angriff genommen werden. Eines blieb wegen der erwähnten Republikflucht abgebrochen, drei andere mußten vorerst unterbleiben, da zu ihrer Durchführung die noch nicht in Betrieb genommene Kaskade Voraussetzung gewesen wäre beziehungsweise für die projektierte Abteilung für Radiochemie kein geeigneter Wissenschaftler gefunden werden konnte. Von den verbleibenden Themen stammten sechs aus den im Vorjahr bearbeiteten Aufgaben. Hinzugekommen waren noch: die Thermodiffusion in flüssigen Lösungen – eine Fortsetzung des Dissertationsvorhabens von Karl Friedrich Alexander; der Bau eines Geschwindigkeitsanalysators für Ionenströme; die Entwicklung und der Aufbau von Nebelkammern zum Zwecke der Untersuchung von Vorgängen in der kosmischen Strahlung; Untersuchungen über die Anreicherung stabiler Isotope; und – im dritten Anlauf – die Entwicklung spezieller Meß- und Nachweisgeräte für Teilchenstrahlen.[163]

Diese Aufzählungen machen deutlich, wie sehr das Institut in seinen ersten Jahren an Verzögerungen bei Materiallieferungen und der Bautätigkeit sowie den Schwierigkeiten bei der Einstellung von Fachpersonal krankte. Dabei verhinderten besonders die Probleme bei der Aufstellung der Kaskade, daß man sich in Miersdorf wirklich kernphysikalischen Aufgabenstellungen zuwenden konnte. Mit ihrer Inbetriebnahme war eigentlich für 1953 gerechnet worden. Nach anfänglicher Verzögerung erfolgte die Auslieferung der Bauelemente zwar im August und September des Jahres, allerdings konnte mit der Montage nicht begonnen werden, da sich die Fertigstellung der Halle hinzog. Statt im Frühherbst 1953 konnte sie die Kaskade erst im Spätsommer des folgenden Jahres aufnehmen.

Eine langsame Projektierung und anschließende Engpässe in der Materialbeschaffung führten ebenfalls dazu, daß sich der Bau des Maschinenhauses für Transformator und Einspeisungsanlage bis Ende Mai 1955 hinzog. „Inzwischen stand ungenutzt die fertig montierte Anlage ab September 1954 in einer ungeheizten und nicht ausgetrockneten Halle, da der Einbau einer erforderlichen besonderen Heizungs- und Klimaanlage für die Halle durch äußerst lange Liefertermine (...) sich verzögert hat.“ Folglich konnte der Meßbetrieb erst Ende Juli des Jahres 1955 aufgenommen werden.[164]

Allerdings ist fraglich, ob eine rechtzeitige Inbetriebnahme der Kaskade wirklich eine entscheidende Änderung der Situation gebracht hätte, da nicht davon ausgegangen werden kann, daß die gewünschten Arbeiten auf dem Gebiet der Kernphysik auch wirklich sämtlich hätten durchgeführt werden können. Die

---

PA L 383, Bd. 2, passim.

[163](Instituts-) Jahresbericht 1954 vom 31.1.1955. IfH, 21.

[164]Von der Schulenburg an die Aufbauleitung der DAW vom 5.1.1956. BBA, AKL, 29.

Institution, die nach der Staatsgründung der DDR die mögliche Genehmigung der vom Verbot betroffenen Forschungsthemen verfügen konnte, war die Sowjetische Kontrollkommission (SKK) beziehungsweise – ab dem 29. Mai 1953 – der Hohe Kommissar der UdSSR in Deutschland, Nachfolger der Sowjetischen Militäradministration (SMA).

Wie weit die Kontroll- und Eingriffsmöglichkeiten der SKK auf dem Gebiet der Forschungspolitik nach 1949 wirklich reichten, soll und kann hier nicht beschrieben werden.[165] In unserem Zusammenhang liegt ihre Bedeutung vor allem in der Überwachung der Einhaltung des Kontrollratsgesetzes Nr. 25. Die Handhabung dieses Gesetzes nach Gründung der DDR ist allerdings eher obskur. Offiziell verlautete: „Mit der Bildung der Regierung der Deutschen Demokratischen Republik sind die Aufsichtsrechte und Pflichten der ehemaligen SMAD, die sich aus dem Kontrollratsgesetz Nr. 25 herleiten, auf die Regierung bzw. im demokratischen Sektor Berlins auf den Magistrat von Groß-Berlin übergegangen."[166] Die Unterlagen des ZFT bieten hingegen ein differenziertes Bild:

> Die Genehmigung von Themen bzw. von Instituten ist von der HA Wissenschaft und Technik mit der Kontrollstelle der SKK abzustimmen und kann dann offiziell bekanntgegeben werden. Es ist von deutscher Seite noch zu klären, ob eine Bestätigung durch die Leitung der Hauptabteilung oder durch den Minister vorgenommen werden soll.[167]
> Die Arbeitspläne der Institute sowie ihre [die] Bestätigung aller wissenschaftlichen Institutionen sei durch uns vorzunehmen, wobei es jedoch unsere Aufgabe sei, die SKK laufend zu informieren.[168]

Demnach konnte das ZFT bei der Vorbereitung von Zulassungen und der Genehmigung von Arbeiten, die von dem Gesetz betroffen waren, als eine Art Filter zwischen Akademie und SKK fungieren. Allein entscheiden durfte es hingegen nicht.

Die Berichterstattung des ZFT an die SKK reichte von – kommentierten – Planungsunterlagen der Akademie und Protokollen von Sitzungen (beispielsweise der Sektion für Physik) über Begründungen einzelner Vorhaben (insbesondere

---

[165]Einsichten in die Entscheidungsabläufe würden erst die Akten der SKK selbst liefern, die sich in Moskau befinden sollen. Zur Rolle der SKK allgemein vgl. [Deu95], Bd. II,1, S. 431-433.

[166]Das Hauptamt für Technik und Wissenschaft des Magistrats an die Direktion der DAW vom 13.9.1950. BBA, AKL, 605.

[167]Man entschied sich offenbar für die zweite Variante, da kurzzeitig eine Koordinierungs- und Kontrollstelle für Unterricht, Wissenschaft und Kunst unter Paul Wandel gebildet wurde. Sie hat der Nachwelt allerdings keine nennenswerten Aktenbestände hinterlassen.

[168]Niederschrift zur Besprechung bei der SKK am 26.11.1949 vom 1.12.1949. BAB, DF-4 (MWT), 117.

Buch und Miersdorf) sowie Zusammenstellungen vorgesehener oder geleisteter Arbeiten der einzelnen Institute bis hin zu dem Beschluß des Ministerrates vom Mai 1951, der Akademie 8 Millionen DM zu genehmigen.[169] Neben einem umfangreichen Schriftverkehr fanden regelmäßig Sitzungen zwischen dem Leiter des ZFT, Werner Lange, und dem Leiter der zuständigen Kontrollabteilung für wissenschaftlich-technische Tätigkeit der SKK statt. Aufgrund von Lücken in der Überlieferung können Inhalte und Verlauf dieser Besprechungen nicht abschließend beurteilt werden, ein Vorgang vom September 1951 liefert jedoch einen Hinweis, wie einzelne Themen behandelt wurden:

> Vom Z.F.T. war bei Herrn Postnikow wegen der Verfassung von Artikeln über Kern-Physik im technischen Zentralblatt angefragt worden. Herr P. teilt mit, daß der Inhalt dieses Artikels das Kontrollratsgesetz Nr. 25 berührt, und es bei den heutigen politischen Verhältnissen nicht zweckmäßig sei, über dieses Problem Veröffentlichungen vorzunehmen. Ein besonderer formeller Antrag auf Zulassung der Veröffentlichung sei also bei der S.K.K. nicht erwünscht.[170]

Je weiter der Aufbau des Instituts Miersdorf voranschritt, „dessen Arbeiten (...) so weitgehend dem Kontrollratsgestzt Nr. 25 unterliegen wie bei keinem anderen Institut“,[171] desto häufiger war es Thema der Unterrichtung der SKK durch das ZFT. Inwieweit dies in den Jahren 1950 und 1951 stattgefunden hat, war nicht zu rekonstruieren – lediglich ein Hinweis auf Beantragung der Genehmigung im März 1951 ließ sich finden.[172] Auf jeden Fall wurde die SKK mit Beginn des Jahres 1952 über jeden neuen Schritt der Planungen der Akademie und ihrer Umsetzung in die Praxis informiert.

Etwa zur selben Zeit dürften auch die vom Kontrollratsgesetz berührten Forschungsthemen für 1952 Gegenstand einer Besprechung zwischen ZFT und SKK gewesen sein: Während die Entwicklung von Ionenquellen und Targets für die bereits bestellte Kaskadengeneratoranlage sowie der Bau geeigneter Meßgeräte für Neutronen offenbar nicht beanstandet wurden – ihre Genehmigung durch die Koordinierungs- und Kontrollstelle für Unterricht, Wissenschaft und Kunst erfolgte am 2. August 1952 –, gab es für die Arbeit an einer Versuchsanlage zur Gewinnung von schwerem Wasser von sowjetischer Seite kein Placet.[173]

---

[169]Vgl. BBA, AKL, 221, respektive BAB, DF-4 (MWT), 120, passim.

[170]Protokoll der Besprechung bei Herrn Postnikow am 1.9.1951 vom 5.9.1951. BAB, DF-4 (MWT), 117.

[171]Bericht über das Institut Miersdorf der Deutschen Akademie der Wissenschaften vom 20.3.1952. BAB, DF-4 (MWT), 580.

[172]Hausmitteilung von Bauer an Lange vom 4.3.1954. A.a.O.

[173]Betreff: Themen Kontrollratsgesetz 25 vom 17.3.1952. BAB, DF-4 (MWT), 219. Schrei-

Die immer noch nicht erfolgte Zulassung des Instituts durch die SKK wurde im Sommer des Jahres erneut eingeleitet. Um die notwendige besondere Genehmigung zu erhalten, sei bei Herrn Minister Wandel als Leiter der Koordinierungs- und Kontrollstelle für Wissenschaft, Unterricht und Kunst ein entsprechender Antrag zu stellen. Ihm „sind die dem Zentralamt eingereichten Vorprojektierungsunterlagen in deutscher Sprache und in russischer Sprache beizufügen."[174]

Bis Anfang November hatte Otterbein ein ganzes Bündel von Unterlagen über das Institut zusammengetragen, die er mit Datum vom 3. November an Naas schickte, damit sie ins Russische übersetzt werden könnten.[175] Die Reaktion der SKK ist nicht bekannt, aber die vorgesehene Größe und Ausstattung des Projektes scheint nicht ihre Zustimmung gefunden zu haben. Denn trotz der umfangreichen Unterrichtung vom November äußerte die Abteilung für Wirtschaftsfragen der SKK am 6. Dezember 1952 den Wunsch, einen aktuellen Bericht über den derzeitigen Stand des Instituts zu erhalten.

Die Angelegenheit ging dennoch nicht voran. Die Sektion für Physik der Akademie sah sich im Juli des folgenden Jahres bemüßigt, erneut einen Antrag auf „Genehmigung der Einrichtung des Instituts Miersdorf" zu stellen.[176] Zuvor hatte der neue Direktor der Akademie, Wittbrodt, Unterlagen an das ZFT geschickt, damit Minister Wandel einen neuen Vorstoß bei der SKK unternehmen könne. Lange ließ sich sogleich eine Stellungnahme zur Planung des Instituts anfertigen, um vielleicht mit einigen neuen Argumenten in die nächste Besprechung mit der SKK[177] gehen zu können. Die Stellungnahme zielte denn auch zum einen darauf ab, den rein wissenschaftlichen Charakter der begonnenen beziehungsweise in Aussicht genommenen Arbeiten zu betonen. Zum anderen wies sie auf die bekannt gewordenen Pläne für ein europäisches Kernforschungslaboratorium in Genf – unter Beteiligung der Bundesrepublik – und auf die im Vergleich zu den dort projektierten Großanlagen bescheidenen Absichten in Miersdorf hin.[178]

---

ben der Finanzabteilung an das Institut Miersdorf vom 7.8.1952. BBA, AKL, 30. Und: Jahresbericht 1952 des Sektors Physik und Mathematik der DAW, undatiert. BBA, KMPT, 141. Interessanterweise wurde 1953 in Berlin-Adlershof (im Institut für Kristallphysik) an einer Wasserstoffverflüssigungsanlage gearbeitet, mit der auch Versuche zur Gewinnung von schwerem Wasser durchgeführt werden sollten. Aufgrund dieser Anlage wurde die in Miersdorf vorgesehene Elektrolyseanlage zurückgestellt. Protokoll der vierten Sitzung des Kuratoriums Miersdorf am 26.3.1953. BBA, AKL, 29.

[174]Lange an Naas vom 15.8.1952. BAB, DF-4 (MWT), 220. Zu diesem Procedere hatte die SKK selbst aufgefordert. Vgl. Lange an Wandel vom selben Tag. A.a.O.

[175]Otterbein an Naas vom 3.11.1952. BBA, AKL, 29.

[176]Protokoll der 3. Sitzung der Sektion für Physik vom 17.7.1953. BBA, AKL, 221.

[177]Obwohl diese inzwischen durch das Amt des Hohen Kommissars umfunktioniert worden war, heißt es auf dem Dokument: „Unterlagen für die nächste Besprechung mit SKK".

[178]Stellungnahme zur Planung des Instituts der DAdW in Miersdorf bei Berlin vom

Die Bemühungen blieben wieder vergeblich. Das letzte Schriftstück zu der Angelegenheit datiert vom 4. März 1954:

> Von der Deutschen Akademie der Wissenschaften wurden wir wiederholt an die Erledigung des bereits seit März 1951 beim ZFT vorliegenden Antrages auf Registrierung des Instituts (...) Miersdorf erinnert. Dieses Institut soll bekanntlich Arbeiten durchführen, die auf Grund des Kontrollratsgesetzes Nr. 25 einer besonderen Genehmigung bedürfen. Eine Registrierung ist von dem Vorliegen dieser Genehmigung abhängig."[179]

Es gibt jedoch keine Anzeichen dafür, daß das Institut in Miersdorf bis zur Freigabe der Kernforschung jemals von sowjetischer Seite genehmigt wurde.

***

Diese Tatsache liefert also neben den organisatorisch-technischen Behinderungen bei der Profilierung des Instituts eine Erklärung dafür, warum bis 1956 kaum kernphysikalische Probleme bearbeitet wurden. Eine Feststellung in der erwähnten Stellungnahme zur Planung des Instituts in Miersdorf beschreibt die Situation treffend:

> In der DDR sind im Einvernehmen mit der SKK bisher nur vereinzelt Untersuchungen auf dem Gebiet der Korpuskularphysik angestellt worden. Insbesondere handelt es sich um die Registrierung von Elementarteilchen der durchdringenden Höhenstrahlung mit Hilfe von Kernemulsionsplatten oder mit Zählrohren oder mit Hilfe der Nebelkammer.[180]

Dieser Befund rechtfertigt unabhängig von der späteren Entwicklung, der Abteilung von Karl Lanius und Irene Hauser besondere Aufmerksamkeit zu schenken. In ihren Diplomarbeiten hatten sich die beiden jungen Physiker ausgiebig mit den Eigenschaften von Kernemulsionen beschäftigt, die die Firma AGFA Wolfen in Zusammenarbeit mit dem II. Physikalischen Institut der Humboldt-Universtität entwickelt hatte. Motivation dafür war nicht nur, daß die kosmische Strahlung vom Verbot der Kernphysik verschont war. Auch die außerordentlich erfolgreiche Arbeit von Cecil Powell in Bristol (England) sprach dafür. Powell und seine Mitarbeiter hatten die Kernemulsionsplatte während der Kriegsjahre zu einer leistungsfähigen Nachweismethode für kosmische Strahlung entwickelt und 1947 das Pi-Meson (π) entdeckt. Dafür war Powell 1950 der Nobelpreis für Physik verliehen worden.

29.7.1953. BAB, DF-4 (MWT), 580.

[179]Hausmitteilung von Bauer an Lange vom 4.3.1954. A.a.O.

[180]Stellungnahme zur Planung des Instituts der DAdW in Miersdorf bei Berlin vom 29.7.1953. BAB, DF-4 (MWT), 580. Die (bescheidene) Hochschulforschung auf diesem Teilgebiet der Kernphysik war weitgehend an Lehrstuhlinhaber gebunden. 1955 waren dies Professor Alfred Eckardt in Jena (Betatron), Professor Wilhelm Messerschmidt in Halle (Ionisationskammern) sowie Professor Paul Kunze in Rostock (Nebelkammern und Zählrohre).

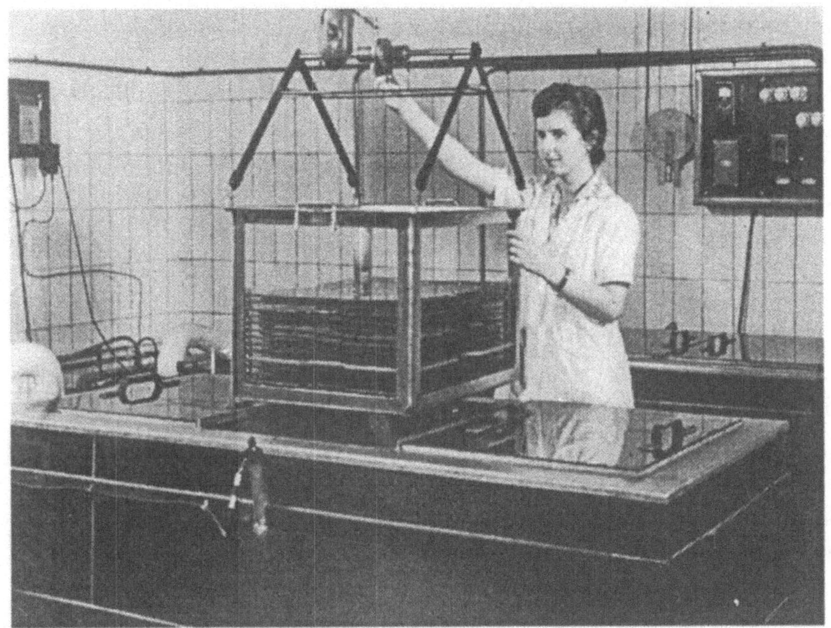

In den 50er Jahren war die Kernemulsion neben der Nebelkammer die wichtigste Nachweismethode für hochenergetische Teilchen in der sich gerade herausbildenden Elementarteilchenphysik. Auf Anregung des englischen Nobelpreisträgers Cecil Frank Powell wurde im Miersdorfer Institut ab 1956 eine Entwicklungsanlage für Emulsionspakete eingerichtet.

Da die bei der Höhenstrahlung auftretenden hohen Teilchenenergien weitere aufsehenerregende Entdeckungen versprachen (und auch erbrachten), war die Kernemulsion neben der Nebelkammer bis zum Aufkommen der Blasenkammern das bevorzugte Instrument für den Einstieg in das, was wir heute Hochenergiephysik nennen. Ihr Vorteil lag vor allem darin, daß sie auch für Länder ohne große Geldmittel für diese Art Grundlagenforschung bestens geeignet war, weil der zu betreibende apparative Aufwand relativ gering ausfiel. Allerdings war der Import von Emulsionen der englischen Firma Ilford, mit denen Powell arbeitete, kostspielig, so daß dies Anreiz genug war, eigene Entwicklungen zu verfolgen.[181]

Wie berichtet, begann Lanius bereits Ende 1952 mit ersten Ballonaufstiegen. Die Methode war zwar wenig erfolgreich, insbesondere waren die erreichten

[181]Gleiches galt im übrigen auch für die Mikroskope, mit denen die Spuren vermessen wurden – wer es sich leisten konnte, bestellte einfach in Italien. In der DDR lag es angesichts der vorhandenen Film- und Optikindustrie hingegen nahe, sich mit entsprechenden Aufträgen an diese zu wenden.

Flughöhen und die Exponierungszeiten zu gering, doch zumindest forschte und publizierte man – die ersten Veröffentlichungen des Instituts stammen von Lanius. Natürlich war der entscheidende Vorteil in diesen Jahren, daß Lanius und Hauser die Photoemulsion als funktionierendes Nachweisverfahren aus der Diplomarbeit mitbrachten. Da man in der Bundesrepublik an denselben Themen arbeitete und darüber hinaus über einen hohen Berg – die Zugspitze – verfügte, auf dem man die Platten exponieren konnte, lag eine frühe Aufnahme innerdeutscher Beziehungen auf der Hand, zumal diese damals noch keinen nennenswerten Beeinträchtigungen ausgesetzt waren. In seinen Bestrebungen zur Anbahnung der entsprechenden Kontakte wurde Lanius wahrscheinlich durch Rompe oder Möglich unterstützt, die beide auch nach dem Kriege noch über zahlreiche Verbindungen im In- und Ausland verfügten.

Im Frühling 1954 kam es zu einem wissenschaftlichen Austausch mit Professor Erwin Schopper in Hechingen und Doktor Karl-Heinz Höcker in Stuttgart, die Lanius vom 21. April bis 3. Mai besuchte. Dabei einigte man sich, verschiedene Messungen auf der Zugspitze gemeinsam durchzuführen. Höcker erklärte sich bereit, die dafür nötigen elektronenempfindlichen Emulsionen aus England zu besorgen, und erschien schon kurz darauf zu einem Gegenbesuch in Miersdorf.[182] Offenbar im Sommer führte Lanius dann tatsächlich Experimente mit Ilford- und AGFA-Platten auf der Zugspitze durch.[183] Höcker wiederum kam Ende September zu Beratungen und zum Halten einer Spezialvorlesung über ein kernphysikalisches Thema noch einmal für etwa zwei Wochen nach Miersdorf – dann verliert sich die Spur dieser Zusammenarbeit wieder.[184]

Etwa zur selben Zeit verstärkten sich die Kontakte zu Physikern in Osteuropa, zunächst nach Warschau zu Marian Danysz und nach Prag. So führte Irene Hauser die Messungen, die Grundlage ihrer Dissertation waren, in der Hohen Tatra durch.[185] Ein großer Erfolg der Bemühungen von Lanius war es, als sich im Februar 1955 zehn Physiker zur ersten Konferenz über Physik hoher Energien der sozialistischen Länder in Dresden trafen. Dieses Treffen bildete den Ausgangspunkt von acht weiteren, jährlich abgehaltenen Konferenzen, die schnell an Bedeutung gewannen.[186]

Was Siegfried Buchhaupt für die Bundesrepublik Deutschland konstatiert hat,

---

[182]Bericht von Lanius über seine Reise nach Stuttgart und Hechingen am 21.4.-3.5.1954 vom 12.5.1954. Und: Von der Schulenburg an Otterbein vom 17.5.1954. BBA, AKL, 30.

[183]Bericht von Lanius über seine Reise nach Stuttgart und Hechingen am 21.4.-3.5.1954 vom 12.5.1954. A.a.O. Und: Jahrbuch der DAW von 1954, Berlin 1956, S. 123.

[184]Von der Schulenburg an Verwaltungsdirektor Walter Freund vom 20.8.1954. BBA, AKV, 41.

[185]Prof. Dr. Karl Lanius im Interview vom 12.11.1996.

[186]Prof. Dr. Karl Lanius im Interview vom 15.11.1994. Und: Persönliche Mitteilung desselben vom 25.4.1995.

gilt somit auch für die DDR, nämlich daß die durch Geheimhaltung nicht beschränkte Hochenergiephysik eine Vorreiterrolle in der Wiederaufnahme internationaler Beziehungen unter Kernphysikern vor 1955 übernahm und somit dazu beitrug, „eine als krisenhaft angesehen Lage der Kernphysik nach dem 2. Weltkrieg zu überwinden.“[187]

***

Es kann davon ausgegangen werden, daß die Kernphysik von der SED in ihrer Bedeutung hoch genug eingeschätzt wurde, daß ihre Besetzung mit „zuverlässigen“ Kräften nicht lange dem Zufall überlassen werden würde. Die Anfänge einer bewußten Lenkung der Kaderpolitik auf diesem Gebiet vor 1955 sind jedoch schwer zu datieren. Erste Hinweise auf parteipolitische Aktivitäten in diese Richtung finden sich kurz vor der 2. Parteikonferenz, als man die „Führung des ideologischen Kampfes in der Akademie“ vorbereitete. Neben der Errichtung neuer Arbeitsstellen und Sektionen seien Genossen in den bestehenden Instituten anzustellen.[188] Es ist nicht bekannt, wie der „ideologische Kampf“ aussehen sollte, da er aufgrund der Ereignisse vom Juni 1953 offenbar in den Anfängen stecken blieb. Allerdings gibt es Hinweise, daß in diesem Zeitraum tatsächlich verstärkt Genossen an die Akademie geholt wurden.[189]

Zunächst einmal mußten aber die Parteikader in Eigenregie handeln. Daß aus dem II. Physikalischen Institut der Humboldt-Universität drei junge, ambitionierte Genossen an das neu entstehende Institut Miersdorf kamen, wurde bereits berichtet – sicherlich ein gutes Beispiel für die Personalpolitik Rompes, nicht zwangsläufig schon für die der Partei. In ihren kritischen Bemerkungen vom Sommer 1952 wiesen sie denn auch darauf hin, daß „von der Existenz der Parteiorganisation der Akademie in Miersdorf überhaupt noch nichts zu merken (war)“. Und sie monierten: „Eine kadermäßige Auswahl der Mitarbeiter scheint es *selbst für dieses* Institut nicht zu geben.“[190] Es spricht somit einiges für die Beschreibung Karl Friedrich Alexanders, daß es sich bei den Wissenschaftlern, die anfangs in diesem Institut zusammenkamen, um ein Sammelsurium der wenigen Leute handelte, die Anfang der 50er Jahre auf diesem Gebiet ausgebildet waren.[191]

---

187 [Buc95], S. 28.

188 PMA, AW, DY 30/IV 2/9.04/377, Bl. 2. Vgl. auch Arbeitsplan zur Reorganisation der DAW, Abschrift vom 26.2.1953, Punkt 5 e): „Heranziehung eines größeren Kreises junger, forschrittlicher Wissenschaftler“. BBA, VA, 12921.

189 Bemerkungen zur zweitägigen Hochschulkonferenz am 31.10. und 1.11.1953 in Leipzig vom 27.10.1953. BBA, VA, 12903.

190 Kritische Bemerkungen zum Aufbau des „Instituts Miersdorf“ der DAW vom 12.7.1952. BAB, DF-4 (MWT), 220. Hervorhebung vom Verfasser.

191 Prof. Dr. Karl Friedrich Alexander in einem nicht als Interview deklarierten Gespräch

In einer Einschätzung aus dem November des Jahres heißt es daher zusammenfassend über das Institut: „Keine Grundorganisation der Partei. Institut befindet sich etwa seit 1 1/2 Jahren im Aufbau.“ Allerdings, die Voraussetzungen für eine Änderung dieser Situation wurden als gut eingeschätzt: „Leiter des Instituts ist Graf von der Schulenburg, der im letzten 1/2 Jahr aus München kam. (Empfohlen von Rompe und Möglich.) Gen. Lanius teilt mit, daß er sehr gute Verbindung mit von der Schulenburg hat.“[192] Auch in späteren Einschätzungen wird die Rolle von der Schulenburgs aus parteipolitischer Sicht generell als sehr „progressiv“ (d.h. kooperativ) dargestellt. Junge Absolventen, die wahrscheinlich durch Lehrveranstaltungen Alexanders, durch persönliche Kontakte oder eben zunehmend auch durch gezielte Lenkung auf das Institut aufmerksam wurden, hatten es daher leicht, in Miersdorf unterzukommen – auch wenn sie ein Parteibuch besaßen. Das war keineswegs überall so.[193]

Die Personalstatistik im Anhang A bestätigt diese Aussage: der Anteil der SED-Mitglieder an den Wissenschaftlern betrug in den 50er Jahren stets über 40 % – ein einmaliger Spitzenwert in den naturwissenschaftlichen Instituten der Akademie. Weitere Möglichkeiten der kaderpolitischen Lenkung ergaben sich, als die Klasse für Mathematik und allgemeine Naturwissenschaften beschloß, Diplomanden an ihren Instituten zuzulassen.[194] In einem Bericht der Parteiorganisation der DAW an das ZK aus dem Frühjahr 1954 heißt es daher auch: „Alle staatlichen Stellen – besonders aber das Staatssekretariat für Hochschulwesen und die Berufslenkungskommissionen der Universitäten – müssen stärker als bisher die Kaderabteilung der Akademie bei der Suche nach fortschrittlichen wissenschaftlichen Kadern unterstützen. Dabei ist besonders darauf zu achten, daß fortschrittliche Absolventen der Hochschulen in die Institute kommen, damit die Parteiorganisationen der Institute verstärkt werden können.“[195]

Während allgemein die Situation in allen Einrichtungen der Akademie als äußerst schlecht eingeschätzt wurde, fand der Berichterstatter, Manfred Naumann, zum Miersdorfer Institut lobende Worte: „Das Institut bildet viele Diplomkandidaten aus, von denen die meisten Genossen sind.[196] Die Stellung der

---

am 15.6.1995.

[192]PMA, AW, DY 30/IV 2/9.04/380, Bl. 9.

[193]Interviews mit Prof. Dr. Karl Friedrich Alexander vom 18.12.1995 und Prof. Dr. Karl Lanius vom 24.4.1995.

[194]Protokoll der Sitzung der Klasse für Mathematik und allgemeine Naturwissenschaften vom 28.1.1954, TOP 8. BBA, KMN, P 3/4.

[195]PMA, AW, DY 30/IV 2/9.04/373, Bl. 101-141, hier Bl. 126. Diese Aufforderung zeigte offenbar die gewünschte Wirkung. Vgl. PMA, AW, DY 30/IV 2/9.04/383, Bl. 172f.

[196]Der (Instituts-) Jahresbericht 1954 (vom 31.1.1955; IfH, 21) verzeichnet die Ausbildung von 9 Diplomkandidaten. Wie viele davon der SED angehörten, konnte nicht rekonstruiert

Parteiorganisation im Institut ist stark und die Zusammenarbeit mit Schulenburg gut" – so gut, daß er „sich in prinzipiellen Fragen von den Genossen beraten (läßt)."[197]

Etwa zur selben Zeit entstand noch ein anderer Bericht über die (politische) Lage an der Deutschen Akademie der Wissenschaften, der sich im 2. Teil unter anderem mit dem Einfluß der Partei an einigen als wichtig erachteten Instituten auseinandersetzt. Darin wird konstatiert, daß die Parteiorganisationen am Institut für Strahlungsquellen und am Institut Miersdorf „eine führende Rolle" spielten, während sie in den anderen Instituten „so gut wie gar keinen Einfluß (haben)". Von den in einer Aufstellung erwähnten sieben Parteiorganisationen in den Akademie-Instituten hatte das Institut Miersdorf demnach den prozentual größten Anteil von SED-Mitgliedern an Mitarbeitern, nämlich 23,7 % (14 von 59).[198]

Die hier bruchstückhaft rekonstruierte Entwicklung, die zunehmend zu einer gezielten Strategie wurde, erhält eine letzte Bestätigung durch eine Aktennotiz über eine vertrauliche Aussprache zwischen Walter Zöllner – seinerzeit Mitarbeiter in der ZK-Abteilung Wissenschaft und Hochschulen –, Rompe, Wittbrodt und Lanius, in der Fragen der Kernphysik in der DDR beraten wurden. Darin wird noch einmal betont, daß die Haltung von der Schulenburgs „äußerst fortschrittlich" sei und daß die „führende Rolle der Partei in diesem Institut verwirklicht (ist)." In Miersdorf würden sieben Genossen Diplom-Physiker arbeiten, die alle „fachlich und gesellschaftlich hochqualifiziert (sind)".[199] Außerdem seien noch einige zwar parteilose, aber als fortschrittlich einzustufende Kräfte dort tätig.

> In einem Jahr werden weitere 7 Genossen und Parteilose ihre Diplomprüfungen ablegen. Auch bei ihnen handelt es sich um ausgewählte Personen.
> Einschließlich einiger junger Physiker an den Universitäten stehen damit 20 fachlich und gesellschaftlich hochqualifizierte junge Physiker zur Verfügung, denen bereits größere kernphysikalische Aufgaben übertragen werden können.

Unter „Organisatorische Maßnahmen" folgerten die Anwesenden sodann für das Institut Miersdorf:

> Auf Grund der Zugehörigkeit zur Akademie können streng vertrauliche Aufträge nicht nach dort vergeben werden. Wohl arbeiten dort zum

werden.

[197] PMA, AW, DY 30/IV 2/9.04/373, Bl. 101-141, hier Bl. 113 und Bl. 139.

[198] A.a.O., Bl. 86 und Bl. 91-94.

[199] PMA, AW, DY 30/IV 2/9.04/288, Bl. 11.

> größten Teil Genossen, so daß dieses Institut gewissermaßen einen „halbvertraulichen“ Charakter besitzt. Dieser Zustand wird sich im Laufe der Zeit bessern. Es erscheint unnötig, hier im gegenwärtigen Moment besondere organisatorische Maßnahmen durchzuführen. Dies würde nur die Aufmerksamkeit auf die Tatsache lenken, daß der kernphysikalischen Forschung bei uns besondere Beachtung geschenkt wird. Außerdem würde es zu Auseinandersetzungen im Präsidium der Akademie führen, die unbedingt zu vermeiden sind. Der Charakter des Institutes in Miersdorf kann erhalten bleiben. Eine größere Erweiterung ist jedoch nicht zweckmäßig.[200]

Das Potential des Instituts schien in der Tat vielversprechend: Als Zöllner eine erste Liste der fachlich und gesellschaftlich qualifizierten Genossen mit kernphysikalischen Kenntnissen aufsetzte, die er offenbar für geeignet hielt, besonders vertrauliche Aufgaben zu übernehmen, nannte er unter 9 Kandidaten allein fünf aus Miersdorf: Alexander, Lanius, Hauser, Baier und Christian Keck.[201]

2.5 Zusammenfassung

Die Anfänge des Miersdorfer Instituts in der DDR enthalten manche Merkwürdigkeit. Schien Ende 1949 tatsächlich eine Lockerung des alliierten Verbotes für die angewandte Kernphysik in der DDR möglich, wie es der zweieinhalb Jahre später entstandene Bericht Baumbachs über die Initiative Leuschners und die anschließend von Ulbricht gemachten Äußerungen nahelegt? Zweifel sind angebracht. Unklar bleiben vor allem die genauen Umstände und Randbedingungen ihrer Überlegungen: War es die Gründung der DDR, die Zündung der ersten sowjetischen Atombombe im August (eventuell verbunden mit der Hoffnung auf baldige Rückkehr der Atomspezialisten aus der Sowjetunion) oder gar eine „Anregung“ der SKK, die das politische Interesse an einem Forschungsreaktor geweckt hatten? Welche Bedeutung hatte zu diesem Zeitpunkt bereits die Energiefrage – immerhin war die Stromversorgung eines der frühen (und dauerhaften) Sorgenkinder der SED-Führung? Und gab es vielleicht Erwartungen bezüglich eines baldigen Zugriffs auf die für die Sowjetunion ausgebeuteten Uranvorkommen der SAG Wismut?[202]

---

[200] PMA, AW, DY 30/IV 2/9.04/288, Bl. 13. Wir werden im nächsten Kapitel noch einmal auf diese Aussprache zurückkommen.

[201] Die weiteren Namen auf der Liste sind: Wittbrodt, Rompe, Zöllner selbst und Robert Havemann. PMA, AW, DY 30/IV 2/9.04/288, Bl. 152.

[202] Das würde nicht zuletzt das Interesse der DDR an einer eigenen Schwerwasserproduktion erklären.

Eine Antwort auf diese Fragen ist angesichts der Quellenlage unmöglich. Sowohl ein Alleingang der SED-Führung ohne sowjetisches Einverständnis als auch ein entsprechender Vorschlag seitens der Besatzungsmacht sind schwer vorstellbar. Ganz zu schweigen von der verblüffenden Naivität, die der Bericht Baumbachs Ulbricht und Leuschner unterstellt, denen eigentlich hätte klar sein müssen, daß die DDR weder die finanziellen, industriellen oder personellen Voraussetzungen für den Bau eines Reaktors besaß. Und schließlich irritiert noch die vermeintliche Rechtfertigung, in der Bundesrepublik würde eine immer laxere Handhabung des Kontrollratsgesetzes Nr. 25 zu beobachten sein. Sie überzeugt nicht, auch wenn die Parteiführung einzelne Vorgänge in den Westzonen so interpretiert haben mag. Vielmehr verstärken diese Ungereimtheiten den Verdacht, daß aktuelle Entwicklungen in den Bericht vom März 1952 eingeflossen sind. Da dieser Bericht an die SKK ging, mag die Intention ein politischer Fingerzeig gegenüber der sowjetischen Besatzungsmacht gewesen sein, liefen doch in Westeuropa zu dieser Zeit die Verhandlungen zum EVG-Vertrag, und auch das CERN-Provisorium nahm zunehmend Gestalt an.

Als sicher kann jedoch gelten, daß zahlreiche Wissenschaftler ein Interesse an kernphysikalischer, insbesondere an Isotopenforschung hatten. Alles andere wäre auch verwunderlich, denn die Kernphysik war damals nicht nur politisch (weil militärisch) bedeutsam, sondern überhaupt eines der dynamischsten und für verschiedene Disziplinen vielversprechendes Fachgebiet. Mit zunehmender Konsolidierung von Staat und Wirtschaft konnte auf eine Arbeit an der sich rasant entwickelnden Kernphysik in keinem Industriestaat verzichtet werden. Daß die alliierte Wissenschaftskontrolle erst 1955 fallen würde, war damals nicht abzusehen, so daß im Westen wie im Osten Deutschlands das Interesse in Wissenschaft und Politik wuchs, für die Zeit nach dem Verbot vorbereitet zu sein.

Welche Melange auch immer den Anstoß gegeben haben mag: bemerkenswert ist, daß entgegen den Empfehlungen Rompes und Wittbrodts der (seitens der SED noch nicht dominierten) Deutschen Akademie der Wissenschaften erlaubt wurde, zwei kernphysikalische Institute (eines im Institut für Medizin und Biologie in Berlin-Buch und eines in Miersdorf) zu planen und zu errichten. Die vorgetragenen Fakten legen die Schlußfolgerung nahe, daß dies geschah, weil es noch zu früh war, eine eigene Organisation auf dem Gebiet der Kernforschung an der Akademie vorbei aufzubauen: Erstens, weil dies politisch unmöglich war; die Sowjets dürften kaum daran interessiert gewesen sein, den Westalliierten Anlaß zu geben, gegen die kerntechnische „Aufrüstung“ der DDR zu protestieren und im Gegenzug ihrerseits die Restriktionen zu lockern, da das Potential des westdeutschen Staates als sehr viel größer eingeschätzt werden mußte als das der DDR; auch deutet die weitere Entwicklung darauf hin, daß selbst gegenüber den Sowjets der grundlagenwissenschaftliche Charakter der eigenen Ambitionen betont werden mußte. Zweitens fehlte es an ausgebildeten Wissenschaftlern, die (wenn es sie gab) in der Akademie zu suchen waren, und vor allem an eigenen Kadern, die man von Parteiseite hätte einsetzen können. Da die Option, zu einem späteren Zeitpunkt eigene Strukturen für die Kernforschung zu errichten, unbenommen blieb, verlegte man sich darauf, mit dem Institut in Miersdorf erste Vorbereitungen für die Zukunft zu treffen, Erfahrungen zu sammeln und Nachwuchskräfte auszubilden.

Auch wurde mit dem Referenten der technischen Klasse der Akademie, Dr. Georg Otterbein, jener Mann mit der Projektierung der Institute beauftragt, der bereits im Krieg das Miersdorfer Institut geleitet hatte. Nach Zustimmung durch die zuständige Klasse und das Plenum der Akademie im Herbst 1950 begann somit im Laufe des Jahres 1951 die Phase des Wiederaufbaus und Ausbaus des Instituts Miersdorf, in der man drei Etappen unterscheiden kann: In den Jahren 1950-52 gab es von seiten der Akademie ambitionierte Pläne für ein zentrales Institut für Kernphysik in der DDR. Diese wurden offenbar von der SED – vertreten durch das ZFT – geteilt. Diese Ambitionen wurden jedoch vor allem durch materielle und personelle Schwierigkeiten gedämpft, eventuell auch durch andere Interessengruppen (etwa die Chemiker). Während 1952 verlangsamte sich der Aufbau merklich, es kam zu einer zeitlichen Streckung des Vorhabens. Obwohl man der SKK immer wieder über das Institut Miersdorf berichtete, erfolgte von dort offensichtlich kein Zeichen der Billigung. Zwischen 1953 und 1955 kam es daher schließlich zu einer Normalisierung und zur endgültigen Herausbildung einer kleinen Lösung, so daß in der Arbeit des Instituts das Methodische sowie besatzungspolitisch unkritische Forschungsprojekte überwogen. Bis zur offiziellen Freigabe der Kernphysik 1955 wurden folglich keine nennenswerten kernphysikalischen Arbeiten in Miersdorf durchgeführt.[203]

Bedeutsam wurde daher insbesondere der Aspekt der fachlichen Qualifizierung von jungen SED-Kadern, die zunehmend gezielt nach Miersdorf vermittelt wurden, um auf spätere Aufgaben vorbereitet zu werden. Die Wahl des kommissarischen Leiters durch die Akademieleitung fiel dabei trotz seiner fehlenden Fachkenntnisse aus Sicht der Partei ungemein günstig aus, da er sich – anders als viele seiner Kollegen – der Aufnahme von jungen Nachwuchswissenschaftlern mit SED-Parteibuch nicht verschloß.

Vieles deutet also darauf hin, daß 1952 einen Wendepunkt darstellt. Je mehr sich die Freigabe der Kernphysik hinauszögerte, desto mehr verlor das an-

[203]Die SKK erlaubte zwar Vorarbeiten für einen Kaskadengenerator, doch welche Forschungen hätten durchgeführt werden können, wenn der Beschleuniger bereits 1953 in Betrieb gegangen wäre, bleibt fraglich.

fangs mit einer hohen Priorität ausgestattete neue Institut in Miersdorf an Bedeutung, und sein Etat wurde zum Spielball von finanziellen Umschichtungen im Haushalt der Akademie.[204] Denkbar ist, daß in diesem Jahr eine Vorentscheidung in dem Sinne fiel, ein zukünftiges Engagement in der Kernforschung außerhalb der Akademie stattfinden zu lassen. Daß zu diesem Zeitpunkt – wie auch in der Bundesrepublik Deutschland – über eine kernenergetische Perspektive nachgedacht wurde, zeigt unter anderem eine Aussage der drei jungen Schüler Rompes, die in ihren kritischen Bemerkungen zum Aufbau des Instituts Miersdorf von den Erwartungen schrieben, auch in der DDR werde in absehbarer Zeit die Energiegewinnung aus Kernprozessen Bedeutung gewinnen.[205] Und Ulbricht äußerte Ende November 1952 auf einem Empfang führender Wissenschaftler der Akademie bei Staatspräsident Pieck zu Fragen der Energieerzeugung:

> Die Akademie kann z.B. daran bedeutend mitarbeiten, zu erforschen, welche Möglichkeiten es gibt, die Naturkräfte für die Energieerzeugung auszunutzen. Es gibt bereits Pläne und wissenschaftliche Arbeiten auf diesem Gebiet. (...) Wenn alle Kräfte der Wissenschaft gemeinsam arbeiten, werden wir wahrscheinlich noch zu besseren Resultaten kommen, als es die bisherigen Forschungsergebnisse zeigen.[206]

In dieses Bild würde auch die "Pile"-Episode vom Oktober 1952 passen. Dieser Vorschlag scheint sehr schnell an vorerst unüberwindbare Grenzen gestoßen zu sein. Nicht nur darf vermutet werden, daß die politische Führung der Sowjetunion mit der von Möglich referierten Haltung Semjonows nicht übereinstimmte, sondern daß – wie dargelegt – auch in der SED-Führung kein Interesse mehr bestand, ein solches Projekt an der Akademie durchgeführt zu sehen.

Fast zwei Jahre lang findet sich dann kein weiter Hinweis mehr auf ähnliche Vorstöße. Erst das Gespräch, zu dem Zöllner im Juli 1954 einlud – und zwar nur eine Woche, nachdem die Prawda über das erste zivile Kernkraftwerk der Sowjetunion berichtet hatte – verweist eindeutig auf nunmehr sich konkretisierende Überlegungen und die Vorbereitung von Maßnahmen zur baldigen Aufnahme von Arbeiten auf dem Gebiet der Kernforschung.

---

[204] Ähnliche Abstriche gab es beispielsweise in Berlin-Buch nicht. Vgl. die Investitionsaufgliederung zum 1. Fünfjahrplan von Ende 1957. BBA, AKL, 366.

[205] Kritische Bemerkungen zum Aufbau des „Instituts Miersdorf" vom 12.7.1952. BAB, DF-4 (MWT), 220.

[206] PMA, AW, DY 30/IV 2/9.04/369, Bl. 41.

Kapitel 3

Die Freigabe der Kernforschung

> Atomenergie ist also das Zauberwort, das uns das Tor zum Morgen öffnet, das Tor zu einem Paradies.[1]
>
> Rolf Dörge

3.1 Kernforschung und Kalter Krieg

Im August 1949 hatte die Sowjetunion – viel schneller als von den Amerikanern erwartet – mit der Zündung einer ersten Fissionsbombe und vier Jahre später mit der ersten Wasserstoffbombe die jeweiligen amerikanischen Entwicklungen nachvollzogen. Auch Großbritannien (erste Zündung einer Atombombe 1952) hatte seine Ambitionen auf diesem Gebiet deutlich gemacht, während Frankreich mit Planungen für den Bau von eigenen Kernwaffen begann.[2] Ende 1953 kam es daher zum Umschwung in der bisherigen Atompolitik der USA:

> Auf außenpolitischer Ebene mußte den USA daran gelegen sein, die Verbündeten stärker an sich zu binden und auch die neutralen Nationen der Dritten Welt durch positive politische Schritte zu beeindrucken, da sich ihre Aufrüstungspolitik zunehmender Kritik ausgesetzt sah, die zudem von der Propaganda der UdSSR geschickt verstärkt wurde. In diesem Zusammenhang wurde die Idee geboren, die friedliche Anwendung der Kernenergie als »Gegengift« (antidot) zur Enthüllung der Fakten über die atomare Rüstung zu benutzen.

Ausgangspunkt dieser neuen Linie war eine Rede, die der amerikanische Präsident Dwight Eisenhower am 8. Dezember 1953 vor dem Plenum der Vereinten Nationen hielt. Der Hauptpunkt des unter der Bezeichnung "Atoms for Peace" bekannt gewordenen Eisenhower-Programms sah die Einrichtung einer Internationalen Atomenergiebehörde bei den Vereinten Nationen vor.[3] Des

---

[1] [Dö58], S. 453.
[2] [Mü90], S. 4.
[3] [Wei94a], S. 44f.

weiteren bot der amerikanische Präsident den „für eine friedliche Nutzbarmachung der Atomenergie in Betracht kommenden Völkern freier Nationen“ eine Zusammenarbeit auf diesem Gebiet an. Damit wollten die USA nicht zuletzt verhindern, daß immer mehr Länder zu Atommächten aufstiegen.[4]

Die Sowjetunion reagierte darauf mit dem Gegenvorschlag, wonach sich Staaten, die Nuklearwaffen besäßen, verpflichten sollten, diese nicht einzusetzen, was für die USA angesichts ihrer Verteidigungsdoktrin der massiven Vergeltung (“massive retaliation”) jedoch inakzeptabel war.[5] In einer Note vom 27. April benannte der sowjetische Außenminister Wjatscheslaw Molotow gegenüber seinem amerikanischen Amtskollegen John Foster Dulles eine weitere Schwachstelle der amerikanischen Initiative: daß nämlich die friedliche Anwendung der Atomenergie für die weitere Produktion atomarer Waffen genutzt werden könne.[6]

Die USA versuchten daraufhin, propagandistisch wieder Boden gutzumachen, indem der Kongreß den “Atomic Energy Act” novellierte und damit für die Zusammenarbeit mit „anderen Nationen“ öffnete. Es folgte „die »Partnership for Peace«-Rede des amerikanischen Außenministers vor der Vollversammlung der Vereinten Nationen am 23. September 1954.“ Die Rede von Dulles mündete in den Vorschlag, im kommenden Jahr eine große internationale Konferenz zur friedlichen Nutzung der Atomenergie unter der Ägide der Vereinten Nationen ausrichten zu lassen.[7]

Die Sowjetunion unternahm nun verschiedene Schritte, um ihrerseits ihr Interesse an der friedlichen Anwendung der Kernenergie zu demonstrieren. Mitte Januar 1955 unterbreitete sie ein Angebot „Über Hilfeleistungen für andere Länder bei der Schaffung wissenschaftlich-technischer Zentren der Kernphysik“, das Unterstützung in Form von Lieferung und Montage von Forschungsreaktoren und Teilchenbeschleunigern vorsah. Darüber hinaus berief sie eine Konferenz ein, die vom 1. bis 5. Juli, und damit noch vor der Genfer Konferenz, in Moskau stattfand. Allerdings war die Tagung nur ein halber Erfolg, da etwa die Amerikaner und Briten ihr mit der Begründung fortblieben, daß sie angesichts der erst zwei Wochen zuvor erhaltenen Einladung sowie den Vorbereitungen für die Genfer Konferenz nicht nach Moskau reisen könnten. Auch aus der Bundesrepublik gab es aus Gründen der außenpolitischen Zurückhaltung keine Teilnehmer.[8]

---

[4] [Mü90], S. 4f.

[5] [Hol94], S. 349. Und: [Wei94a], S. 45.

[6] [Hol94], S. 349f.

[7] [Wei94a], S. 46f.

[8] [Mü90], S. 8.

Aus der DDR reisten hingegen drei Wissenschaftler zu der Konferenz. Es waren dies: Heinz Barwich, ein im April des Jahres aus der Sowjetunion zurückgekehrter Spezialist, der zu diesem Zeitpunkt bereits am Aufbau des Zentralinstituts für Kernphysik (ZfK) in Rossendorf bei Dresden mitwirkte, dessen Direktor er später wurde; Wilhelm Macke, Professor für theoretische Physik an der Technischen Hochschule Dresden; und, als SED-Mitglied, Eberhard Leibnitz, Professor für chemische Technologie an der Universität Leipzig und der Hochschule für Chemie Leuna-Merseburg.[9]

Offensichtlich versuchten die sowjetischen Veranstalter den Eindruck zu vermeiden, daß die Moskauer Tagung als Konkurrenzveranstaltung zur bevorstehenden Genfer Konferenz verstanden werde, indem sie bei den behandelten Themen der Vorträge deutlich machten, daß eine Ergänzung angestrebt wurde.[10] Einer der interessantesten Programmpunkte war die Vorführung eines etwa 20-minütigen Farbfilms über das erste sowjetische Kernkraftwerk zur Erzeugung von Elektroenergie – ein 5-MW-Versuchsreaktor in der Nähe von Woronesch – und seine Besichtigung am 6. Juli.

Eberhard Leibnitz zeigte sich sowohl vom Stand der Entwicklung in der Sowjetunion als auch von der demonstrierten Offenheit sichtlich beeindruckt und hielt den Hinweis für besonders wichtig, „daß praktisch alle im Laufe der letzten 10 Jahre erzielten Ergebnisse auf dem Gebiet der Kernphysik ebenso lückenlos vorgetragen und in den Besichtigungen erläutert und gezeigt wurden wie noch offene Fragen und zur Zeit bestehende spezifische Forschungsprobleme.“ Es könne keinem Zweifel unterliegen, so Leibnitz überschwenglich, daß die Sowjetunion in Fragen der experimentellen und theoretischen Kernphysik in Kürze die führende Rolle in der Kerntechnik einnehmen werde.[11]

Tatsächlich überrascht weniger die für sowjetische Verhältnisse ungewöhnliche Offenheit, mit der jüngste Forschungsergebnisse in Moskau und einen Monat später in Genf vorgetragen wurden – immerhin ging es darum, auf mögliche Interessenten für zukünftige Kooperationen auf dem Gebiet der Kernforschung auszustrahlen. Vielmehr zeigten sich die internationalen Experten durch die bisher weitgehend unbekannt gebliebenen Leistungen sowjetischer Wissenschaftler und Ingenieure beeindruckt, die mit dem traditionellen Vorurteil der technischen Rückständigkeit der Sowjets aufräumten. Die sowjetischen

---

[9]Protokolle der Sitzungen des Präsidiums der Akademie vom 18.6. und 28.6.1955, jeweils TOP 7. BBA, PSP, 2/7.

[10]Bericht von Heinz Barwich über die Tagung der Akademie der Wissenschaften der UdSSR über die friedliche Anwendung der Atomenergie in Moskau vom 12.9.1955. BBA, RB, 1.

[11]Bericht von Eberhard Leibnitz über die Tagung der Akademie der Wissenschaften der UdSSR über die friedliche Anwendung der Atomenergie in Moskau vom 26.7.1955. A.a.O.

Forscher meldeten sich nach fast zwanzig Jahren internationaler Isolation demonstrativ zurück.[12]

Einen Monat später, vom 8. bis 20. August 1955, fand die erste „Internationale Konferenz über die friedliche Anwendung der Atomenergie“ im Palais des Nations in Genf statt. An ihr nahmen etwa 2000 Wissenschaftler und Fachleute aus 72 Nationen und von verschiedenen internationalen Organisationen teil.

> Hinzu kam eine wissenschaftliche Ausstellung im Konferenzgebäude, an der sich die USA, Großbritannien, die Sowjetunion, Belgien, Kanada, Frankreich und die skandinavischen Länder beteiligten. Die Amerikaner stellten in einer Baracke im Park eigens einen Forschungsreaktor vom Schwimmbad-Typ auf und nahmen ihn in Betrieb...[13]

Während die Bundesrepublik als Mitglied der UNESCO eine fünfköpfige Regierungsdelegation benennen und zahlreiche Berater und Beobachter entsenden konnte, war die DDR lediglich durch zwei inoffizielle Teilnehmer vertreten.[14]

Die SED-Parteispitze ließ sich allerdings durch die sowjetischen Wissenschaftler Dmitrij Blochinzew und Wassili Jemeljanow unterrichten, die die sowjetische Delegation in Genf angeführt hatten und nach einem Aufenthalt in Großbritannien (Harwell) in die DDR weitergereist waren. Nachdem sie sich durch Besuche etwa in Buch und Miersdorf über den Stand der Kernphysik in der DDR informiert hatten, fand am 31. August eine Veranstaltung der Akademie in der Technischen Hochschule Dresden statt, bei der mehrere namenhafte Funktionäre, darunter Willi Stoph als Stellvertreter des Vorsitzenden des Ministerrates, anwesend waren. Blochinzew hielt ein Referat, und anschließend wurde der Dokumentarfilm über das 5-MW-Kernkraftwerk in Woronesch gezeigt. Zwei Tage später sollten Blochinzew und Jemeljanow im Politbüro „Bericht erstatten über bestimmte Ergebnisse der Genfer Konferenz, die für die Deutsche Demokratische Republik wichtig sind, und über ihre Eindrücke bei der Besichtigung unserer Institute und bei der Besprechung mit unseren Spezialisten.“[15]

Die Genfer Konferenz erregte breites Aufsehen, denn erst „jetzt konnten Fachleute aus aller Welt und auch die Öffentlichkeit sich ein Bild davon machen, was in den führenden Ländern bereits erreicht wurde und was an künftigen Entwicklungen zu erwarten war.“[16] Dabei gab es manche Überraschung, so

---

[12][Hol94], S. 352f.

[13][Mü90], S. 1f.

[14]Laut Neues Deutschland (ND) vom 18.9.1955 nahm Professor Wilhelm Macke „als Vertreter“ der DDR an der Konferenz teil. Nach Mitteilung von Prof. Dr. Karl Lanius vom 28.7.1997 war die zweite Person Heinz Barwich.

[15]ND vom 1.9.1955, S. 1. Und: PMA, NLU, NY 4182/978, Bl. 18-20. Vgl. auch (Arbeits-) Protokoll der Politbürositzung vom 27.9.1955, TOP 4. PMA, PB, DY 30/J IV 2/2A/449.

[16][Mü90], S. 2.

etwa die Tatsache, daß die Sowjetunion derzeit über das größte Synchrozyklotron verfüge.[17] Nicht zuletzt diese zahlreichen *Ent*deckungen bewirkten, daß dem Thema fortan eine enorme Aufmerksamkeit gewidmet wurde.

Dieses Bild war allerdings in der öffentlichen Darstellung stark verzerrt. Die in der einsetzenden Euphorie übertriebenen Visionen, die nicht nur von Journalisten oder Politikern, sondern durchaus auch von Wissenschaftlern verbreitet wurden, basierten zum einen auf dem damals für eine Art Gesetzmäßigkeit gehaltenen Zusammenhang zwischen Wirtschaftswachstum und Energieerzeugung. Allgemein rechnete man mit einem linear, möglicherweise sogar exponentiell steigenden Bedarf an Strom, dem bald schon die Erschöpfung der fossilen Rohstoffquellen gegenüberstehen würde. Folglich erschien die Kernenergie nicht bloß als eine weitere technische Revolution, sondern als *die* Schlüsseltechnologie für die Wohlfahrt der Menschheit von morgen.

Mehr noch: in jener frühen Phase galt es als sicher, daß den ersten Kraftwerken schon bald die Brüter und schließlich die Fusionsreaktoren folgen würden:

> Es ging nicht um normale Stromproduktion wie bisher, sondern um Sicherung einer fast kostenlosen Energieerzeugung für alle Zeiten, unabhängig von Rohstoff- und Standortproblemen. Die leichte Transportierbarkeit der Spaltstoffe und ihre Regenerationsfähigkeit mittels des Brutprozesses versprach die Ungerechtigkeit in der Verteilung der natürlichen Energieressourcen über die Welt zu korrigieren...[18]

Solche Vorstellungen verbanden sich mit Allmachtsphantasien wie etwa der Aufklärung und Überwindung sämtlicher Krankheiten oder der Vervollkommnung von Tier- und Pflanzenwelt nach den Bedürfnissen des Menschen.[19] Sie fanden sich in Ost und West gleichermaßen.[20]

Wenn Joachim Radkau allerdings konstatiert, daß die Kernenergie „eine geradezu religiöse Qualität (bekam)“,[21] so gilt dies in besonderem Maße für die Ostblockstaaten. Hier verband sich die weltweit verbreitete Euphorie mit der Ideologie und wurde ausgiebig für die Propaganda gebraucht. Die Kernphysik wurde dabei zum entscheidenden Hilfsmittel für den Sieg des Sozialismus erhoben: „Jedes Zeitalter bekommt seine Prägung durch die Technik, die sich die

[17][Are55], S. 508.

[18][Rad83], S. 79f.

[19][Dö58], S. 458.

[20]Es sei an dieser Stelle ausdrücklich darauf hingewiesen, daß es auch vorsichtige, warnende Stimmen gab. So schrieb etwa Werner Kliefoth: „Es bleibt dabei, die Entwicklung der Atomenergie, auch der friedlichen, ist ein Wagnis, ein Abenteuer mit großen Risiken belastet. Aller Optimismus – mag er aus Opportunismus oder Weltfremdheit resultieren – ist gefährlich, weil er das Bedrohliche nicht sieht.“ [Kli55], S. 444. Für die DDR führt Joachim Kahlert eine Arbeit Steenbecks an. Vgl. [Kah88], S. 29.

[21][Rad83], S. 93.

Menschen nutzbar machen. So wie das Zeitalter der Dampfkraft dem Kapitalismus gehörte, so gehört das Atomzeitalter dem Sozialismus. (...) Die Welt von morgen kann nur unsere Welt sein, die Welt des Sozialismus."[22]

Die Polemik des Kalten Krieges verlief demnach nicht allein auf dem Gebiet des Wettrüstens, sondern wurde in Wort *und* Tat auf alle Gebiete ausgedehnt, die vermeintlich versprachen, die Überlegenheit des einen Systems über das andere zu beweisen.[23] Wenn im Westen auch die ideologische Verbrämung weniger ausgeprägt war, wähnte man sich dort doch genauso in einer Konkurrenzsituation. Nur so ist zu verstehen, warum der erste künstliche Erdsatellit, der sowjetische „Sputnik", im Osten wie ein entscheidender Sieg gefeiert wurde, während er in den USA enorme Anstrengungen auslöste, das verlorengegangene Terrain auf dem Sektor der Raumfahrt wieder wettzumachen. Ähnlich verhielt es sich mit dem Anspruch, den ersten Reaktor mit rein ziviler Nutzung gebaut zu haben.[24] Es gilt allerdings zu relativieren: Der Ost-West-Konflikt wurde gleichsam von Rivalitäten zwischen den westlichen Industrienationen überlagert, da es beim Wettrennen um die friedliche Nutzung der Kernenergie „angeblich um Sein oder Nichtsein der Industriestaaten ging".[25]

Zunächst galt es jedoch – zumindest in den drei Westzonen –, die vertrauten Institutionen neu zu gründen. Die sich darin ausdrückende Kontinuität basierte nicht nur auf dem Personal, sondern auch auf dem Wunsch, an Traditionen anknüpfen zu können, die der Nationalsozialismus lediglich unterbrochen hatte. So erfuhren die Kaiser-Wilhelm-Gesellschaft als Max-Planck-Gesellschaft (MPG) oder etwa die Notgemeinschaft der deutschen Wissenschaft als Deutsche Forschungsgemeinschaft ihre Renaissance.

Anders als in der auf die Zentralisierung zusteuernden SBZ/DDR waren für den institutionellen Wiederaufbau der Wissenschaft in der Bundesrepublik die förderalen Strukturen und die Tradition der Selbstverwaltung konstitutiv:

---

[22][Dö58], S. 459. Vgl. auch das ND vom 14.8.1955, S. 1, sowie: [Hey59], S. 98, und [Sel56], S. 5f.

[23]So betonte etwa der bereits zitierte Dörge mit unverhohlenem Stolz, daß die pro Kopf der Bevölkerung erzeugte Elektroenergie in der DDR bereits über der in der Bundesrepublik liege. [Dö58], S. 451.

[24]Der Sputnik I startete am 4. Oktober 1957. Das erste Kernkraftwerk, das ausschließlich für die Stromerzeugung gebaut wurde, war nach östlicher Lesart der erwähnte, graphitmoderierte und mit angereichertem Uran betriebene Reaktor in Woronesch (Obninsk). Er stand unter der Leitung von Dmitrij Blochinzew, wurde am 9. Mai 1954 erstmals kritisch und lieferte am 27. Juni 5 MW elektrischer Leistung. Die Prawda berichtete am 1. Juli von dem Kraftwerk. [Hol94], S. 347f. Von „westlichen" Autoren wird hingegen eher das Kernkraftwerk in Shippingport (Pennsylvania, 2.12.1957) mit seinen 60 MWe favorisiert. Vgl. etwa [Wei94a], S. 49, und [Mü90], S. 402.

[25][Rad83], S. 160.

> Die Konflikte über die Gestaltung der westdeutschen Forschungsorganisation verliefen in den ersten Jahren ihres Wiederaufbaus somit an der Grenzlinie zwischen einer weitgehend dezentralen Forschungslandschaft, die durch die Besatzungszonen und den staatlichen Aufbau von den Ländern her unterstützt wurde, und der von einigen Naturwissenschaftlern angestrebten Reform der Forschungslandschaft zugunsten zentraler Planung nach dem Muster anglo-amerikanischer Organisationsformen. Wenn der Tradition vor der Reform der Vorzug gegeben wurde, so zeigt sich darin einmal mehr das heftig verfochtene Ideal wissenschaftlicher Autonomie und Selbstverwaltung.[26]

Wie im vorherigen Kapitel bereits angedeutet, bedeutete die Gesetzgebung der westlichen Alliierten Anfang der 50er Jahre eher eine Konkretisierung und Verschärfung der bestehenden Forschungsverbote auf dem Gebiet der Kernphysik als deren Liberalisierung.[27] Mit der zunehmenden Integration beziehungsweise Aufnahme in internationale und westeuropäische Institutionen sowie der Unterzeichnung von Verträgen wie dem über die Beziehungen zwischen der Bundesrepublik Deutschland und den drei Mächten (Deutschlandvertrag) und dem Vertrag zur Europäischen Verteidigungsgemeinschaft (EVG-Vertrag) verbanden sich in der Bundesrepublik jedoch berechtigte Hoffnungen, schon bald auf dem Gebiet der Kernforschung tätig werden zu können.[28] Dementsprechend nahmen die Aktivitäten in diese Richtung seit 1952 zu.

Solange die Ratifizierung und damit eine offizielle Erlaubnis jedoch nicht vorlagen, schien es geraten, daß erste Vorplanungen nicht von staatlichen Stellen betrieben wurden. Hier kam es der Bundesrepublik zugute, daß diese Aufgabe an die Selbstverwaltungsorganisationen der deutschen Wissenschaft wie etwa die Senatskommission für Atomphysik der DFG delegiert werden konnten.[29] Die mit den genannten Verträgen verbundenen Hoffnungen stellten sich allerdings als verfrüht heraus, und ihre Ratifizierung scheiterte schließlich im Sommer 1954 an der französischen Nationalversammlung. Mit den Pariser Verträgen war dann allerdings schnell Ersatz geschaffen; sie traten am 5. Mai 1955 in Kraft.

Aufgrund der föderalen Struktur der Bundesrepublik gab es bei der Bundesregierung kein eigenes Forschungs- oder Kultusministerium, da diese Angelegenheiten Sache der Bundesländer war. Für Aufgaben, die sich für den Bund

[26][Eck89b], S. 23. Selbst wenn die Kernphysik der „Kristallisationskern“ der vom Bund dominierten Forschungsförderung sowie der bundesdeutschen Großforschung werden sollte ([Tri95], S. 116), heißt das nicht, daß diese beiden Prinzipien in der Entwicklung der Kernforschung suspendiert worden wären.

[27][Sta81], S. 57, und [Mü90], S. 50-53.

[28][Sta81], S. 157, und [Mü90], S. 87.

[29][Sta81], S. 155-158. Vgl. auch [Eck89b], S. 26.

ergaben, war daher das Wirtschaftsministerium zuständig.[30] Mit der nun erfolgten Freigabe der Kernforschung erschien Bundeskanzler Adenauer diese Unterstellung aber nicht mehr zweckmäßig, nicht zuletzt, da sich die Atomforschung im Bundeswirtschaftsministerium „ständig gegen die rivalisierenden Bedürfnisse sämtlicher Wirtschaftszweige der Bundesrepublik zu behaupten" hatte.[31] Am 6. Oktober 1955 beschloß die Bundesregierung daher, ein Bundesministerium für Atomfragen zu schaffen. Dies „war eher überraschend, denn bei allen zentralistischen Tendenzen in anderen Ländern gab es doch in keinem westlichen Land ein eigenes Ministerium für die Kernenergie..."[32]

Zum ersten Minister wurde Franz-Josef Strauß berufen, doch blieb er nur ein Jahr im Amt, bevor er in das Verteidigungsministerium wechselte. Sein Nachfolger wurde im Oktober 1956 Siegfried Balke, der stärker als Strauß an einer kerntechnischen Eigenständigkeit der Bundesrepublik interessiert war, allerdings nicht das ausgeprägte Durchsetzungsvermögen seines Vorgängers besaß. Unter ihm blieb das Ministerium bis zu seiner Aufwertung in ein Wissenschaftsministerium (Ende 1962) ein kleines und wenig einflußreiches Ressort.[33]

Am 21. Dezember beschloß die Bundesregierung schließlich noch die Bildung der Deutschen Atomkommission, ein Beratungsorgan des Ministeriums unter dem Vorsitz des Ministers, das sich aus führenden Persönlichkeiten der Wissenschaft und Wirtschaft zusammensetzte.[34] Ihr waren fünf Kommissionen – für Kernenergierecht, Forschung und Nachwuchs, technisch-wirtschaftliche Fragen bei Reaktoren, Strahlenschutz sowie wirtschaftliche, finanzielle und soziale Probleme – und diesen wiederum mehrere Arbeitskreise unterstellt.[35] Nach Einschätzung von Wolfgang Müller war der Einfluß der Deutschen Atomkommission „zumindest in den Anfangsjahren sehr groß", was nicht zuletzt daran lag, daß in ihr nahezu alle versammelt waren, „die auf den einschlägigen Gebieten Rang und Namen besaßen. Ihnen standen auf staatlicher Seite verhältnismäßig wenige Beamte gegenüber, die meist nur über sehr geringe eigene Erfahrungen im Bereich der Kernenergie verfügten." Im Laufe der Jahre ließ ihre Bedeutung aber zusehends nach, auch wenn sie erst im Oktober 1971 zu ihrer letzten Sitzung zusammentrat.[36]

[30] Historischer Grund war, daß die Forschungskontrolle auf alliierter wie deutscher Seite bei den Wirtschaftsbehörden gelegen hatte. [Sta81], S. 144.

[31] A.a.O., S. 167.

[32] [Mü90], S. 152.

[33] [Rad83], S. 141f.

[34] [Mü90], S. 163.

[35] [Rad83], S. 145.

[36] [Mü90], S. 167-181.

Neben der zentralstaatlichen Institutionalisierung im Bereich der Kernforschung interessiert insbesondere noch der Aufbau von wissenschaftlichen Institutionen und das Engagement in Hinsicht auf die Entwicklung von Leistungsreaktoren. Dazu mag an dieser Stelle genügen, die wichtigsten Ergebnisse kurz zu referieren. Bezüglich der Förderung der Grundlagenforschung führte die Atomeuphorie zu einer Reihe von Gründungen neuer Institute, die in Größe sowie materieller, finanzieller und personeller Ausstattung neue Dimensionen erreichten. Ihre Vorbilder waren die Nationallaboratorien in den USA, für deren Charakterisierung sich später der Begriff der "Big Science" durchsetzte. Auch in Deutschland waren während des Krieges Strukturen von „Großforschung“ entstanden, doch hatten die alliierten Verbote hier eine Kontinuität verhindert.[37]

Als erste bundesdeutsche Großforschungseinrichtungen entstanden Mitte der 50er Jahre die Kernforschungsanlagen in Karlsruhe und Jülich, die Gesellschaft für Kernenergieverwertung in Schiffbau und Schiffahrt in Geesthacht bei Hamburg, das Deutsche Elektronen-Synchrotron (DESY) in Hamburg sowie das Hahn-Meitner-Institut für Kernforschung in Berlin. „Die Vielzahl der Einrichtungen spiegelt teils persönliche Rivalitäten in der »Scientific Community«, teils die Konkurrenz der Bundesländer um die Ansiedlung dieser neuen Hochtechnologie wider.“[38] Dem Kernforschungszentrum Karlsruhe kam dabei eine besondere Bedeutung zu, da hier ein eigener deutscher Reaktor entwickelt werden sollte. Die Inbetriebnahme des ersten Reaktors auf deutschem Boden blieb allerdings Heinz Maier-Leibnitz von der TH München vorbehalten. Der aufgrund der ovalen Form seiner Hülle „Atomei“ genannte Forschungsreaktor, den er im Auftrag des Freistaates Bayern komplett aus den USA bezog, wurde in Garching bei München in nur wenigen Monaten aufgebaut und am 31. Oktober 1957 erstmals kritisch.[39]

Während also die Forschungseinrichtungen von staatlicher Seite finanziert wurden, galt die Entwicklung von Leistungskraftwerken als Aufgabe der Industrie. Ein erstes Atomprogramm, das bis 1957 formuliert wurde, sah im wesentlichen fünf Reaktorprojekte verschiedener Baulinien vor, „von denen bis 1965 jede zum Bau eines Leistungsreaktors von 100 MW führen sollte. Daneben existierten noch wenig konkretisierte Pläne für kleine Versuchsreaktoren von 10-20 MW und als <Zukunftsmusik> ein 1000 MW Leistungsreaktor.“[40] Dieses Programm scheiterte schon bald an (vor allem) der Kostenfrage, was dazu

[37] [Tri95], S. 115f.

[38] A.a.O., S. 117.

[39] [Eck89b], S. 74, und [Mü90], S. 253f.

[40] [Eck89b], S. 27. Vgl. dazu die einschränkenden Bemerkungen Wolfgang Müllers. [Mü90], S. 377-379.

führte, daß sich die Industrie zunehmend aus der Reaktorentwicklung zurückzog, die Forschungsfinanzierung durch den Bund weiter an Bedeutung gewann und an Leistungskraftwerken schließlich amerikanische Leichtwasserreaktoren übernommen wurden, „um diese im Lauf der Zeit einzudeutschen.“[41]

3.2 Die Anfänge in der DDR

Soweit möglich wurde die bundesdeutsche Entwicklung der Physik im allgemeinen und der Kernphysik im besonderen im Apparat des Zentralkomitees der SED aufmerksam und argwöhnisch verfolgt. So fand sich in den Akten der ZK-Abteilung Wissenschaften die Mitschrift einer Rede Heisenbergs, die er am 1. Oktober 1952 auf der öffentlichen Sitzung des Fachausschusses für Kernphysik und kosmische Strahlung gehalten und in der er ganz offen über den CERN und über die Hoffnungen im Zusammenhang mit dem EVG-Vertrag gesprochen hatte. Im ZK war besonders vermerkt worden, daß die Bundesrepublik bereits mit den westlichen Alliierten übereingekommen war, daß sie einen „Uranbrenner“ von 6000 kW erhalten könne.[42]

Mit den zunehmenden und immer offeneren Bestrebungen bundesdeutscher Wissenschaftler, möglichst bald schon an der Kernforschung partizipieren zu können, begann auch in der DDR eine vorsichtige und zunächst noch im engen Kreis einiger weniger Genossen stattfindende Diskussion über Voraussetzungen, Erwartungen und Perspektiven dieser Thematik in der DDR. Es war sicher kein Zufall, daß mit Walter Zöllner etwa Anfang 1954 ein theoretischer Kernphysiker Mitarbeiter der ZK-Abteilung Wissenschaft und Hochschulen wurde, so daß sich seit dieser Zeit die an die Parteispitze gerichteten Vorlagen und Einschätzungen zur Situation dieser Fachrichtung mehrten.[43]

Bereits die Gründung des Instituts in Miersdorf sowie der Abteilungen Physik und Angewandte Isotopenforschung in Buch hatten gezeigt, welche große Bedeutung Wissenschaftler an der Akademie der Kernphysik zumaßen. Im Herbst 1953 nahmen Akademie-Direktor Wittbrodt, Verwaltungsdirektor Freund und der kurzzeitige Parteiorganisator an der Akademie, Manfred Naumann, eine Stellungnahme zur bevorstehenden Hochschulkonferenz in Leipzig zum Anlaß, auf den besonderen Mangel hinzuweisen, „daß in unserem Lande die Ergebnisse der Kernphysik und die Anwendung von Isotopen (...) unterblieb, was praktisch bedeutet, daß wir in dieser entscheidendenden Frage in jeder Weise

[41][Eck89b], S. 27f, [Rad83], S. 90f, und [Rad95], S. 61.

[42]PMA, AW, DY 30/IV 2/9.04/288, Bl. 1-7.

[43]Eine erste Vorlage, die das Zeichen Zöllners trägt, datiert vom 23.3.1954. PMA, AW, DY 30/IV 2/9.04/419, Bl. 46-49.

den Anschluß (...) auf diesem Gebiet international absolut verloren [haben], ja mehr noch, selbst Westdeutschland hier viel weiter ist."[44]

In einem etwa ein Jahr später erstellten, streng vertraulichem Memorandum zu Fragen der Isotopen- und Kernphysik gab Zöllner eine besonders düstere Zustandsbeschreibung, die in den Sätzen gipfelte: „Es gibt – mit Ausnahme der Deutschen Demokratischen Republik – kein wissenschaftlich und technisch hoch entwickeltes Land, in dem nicht mit radioaktiven Isotopen gearbeitet wird. Auch in Westdeutschland stehen radioaktive Isotope zur Verfügung. Mit der Errichtung eines Atommeilers wurde bei München begonnen." Unter den vorgeschlagenen Maßnahmen ist der Hinweis auf die im Bau befindlichen Hochspannungsanlagen in Buch und Miersdorf hervorzuheben. Mit ihnen könnten, so Zöllner, ganz geringe Mengen von Isotopen erzeugt werden. „Ihre Fertigstellung war längst vorgesehen. Nach der neuesten Information ist jedoch noch mindestens ein halbes Jahr hierzu notwendig. Diese Anlagen sind beschleunigt fertigzustellen." Da eine genügende Versorgung mit radioaktiven Isotopen nur durch den Bau eines Kernreaktors geschehen könne, schloß er mit der Empfehlung, daß diese Möglichkeit geprüft werden sollte.[45]

Es darf vermutet werden, daß die Dringlichkeit der Angelegenheit in der Parteispitze durchaus geteilt wurde, doch wie das vorstehende Kapitel gezeigt hat, waren dem Politbüro von seiten der Sowjetunion die Hände gebunden. Allerdings stand nunmehr die Rückführung der Spezialisten für Kernphysik aus der Sowjetunion bevor, was eine Änderung der Haltung der KPdSU andeutete. Diese Entwicklung und wahrscheinlich auch die Verkündigung der Inbetriebnahme des ersten sowjetischen Kernkraftwerkes in Obninsk veranlaßten Zöllner, am 7. Juli 1954 Rompe, Wittbrodt und Lanius zu einer vertraulichen Aussprache zu Fragen der Kernphysik in der DDR zu sich zu bitten. Das dazu angefertigte Schriftstück, aus dem in anderem Zusammenhang bereits zitiert wurde, ist der erste Hinweis auf strategische Überlegungen in der DDR, was jetzt oder doch spätestens nach Wegfall der Restriktionen getan werden könnte und sollte.

Demnach bezeichneten die Beteiligten den Stand der kernphysikalischen Forschung in der DDR als unbedeutend. Es sei jedoch eine Ausgangsbasis vorhanden, die bereits jetzt die Inangriffnahme größerer Projekte gestatte. Nach einer kurzen Bestandsaufnahme der vorhandenen Einrichtungen, ihrer Leiter und der wesentlichen Arbeiten wurden die Möglichkeiten der Erweiterung der kernphysikalischen Forschung erörtert: „Unter Ausnutzung aller wissenschaftlich-technischen Möglichkeiten in der DDR ist es bei bestimmten Hilfeleistungen

---

[44]Bemerkungen zur zweitägigen Hochschulkonferenz am 31.10. und 1.11.1953 in Leipzig vom 27.10.1953. BBA, VA, 12903. In der Tat konnten Isotope in der Bundesrepublik zu diesem Zeitpunkt bereits aus England bezogen werden. [Eck89a], S. 122.

[45]PMA, AW, DY 30/IV 2/9.04/288, Bl. 16-19.

durch die Sowjet-Union bereits jetzt möglich, mit dem Bau eines Atommeilers [i.e. eines Forschungsreaktors] zu beginnen und den Bau bis spätestens 1960 zu beenden." Von der Sowjetunion erhofften sich die Diskutanden folgende Hilfsleistungen:

1. Die Lieferung von gereinigtem Uran; damit verbanden sie die Hoffnung, „Westdeutschland mit der Inbetriebnahme eines Atommeilers zu überholen";
2. die vorzeitige Rückkehr des noch in der Sowjetunion befindlichen Spezialisten Heinz Barwich, der von Rompe und Wittbrodt als die fachlich geeignete, vertrauenswürdige Person angesehen wurde, nach seiner Rückkehr die wissenschaftliche Leitung des Projektes zu übernehmen; und
3. die Entsendung eines Wissenschaftlers beziehungsweise die Übergabe von Konstruktionsunterlagen.

Anschließend wurden organisatorische Maßnahmen erörtert, darunter die Gründung eines Instituts für Technische Kernphysik, „das direkt mit der Planung und dem Aufbau des Atommeilers beauftragt wird." Dieses Institut könne dem Ministerium des Innern (MdI) unterstellt werden, was allerdings eine Assoziation mit der Kasernierten Volkspolizei und damit „einer Forschung für Kriegszwecke" nach sich ziehen würde. Günstiger erscheine daher, es direkt dem Ministerpräsidenten zu unterstellen. Auch wurden mögliche Standorte diskutiert und schließlich die Bildung einer Fachkommission für Kernphysik empfohlen, deren Aufgaben sein sollten: a) die „sofortige Einleitung der wissenschaftlichen Vorarbeiten für den Bau eines Atommeilers" sowie die „Festlegung von Problemen, die von den verschiedenen wissenschaftlichen Institutionen in der DDR zu lösen sind"; und b) die „Ausarbeitung der sofort notwendigen organisatorischen Maßnahmen für den Aufbau des Institutes" für Technische Kernphysik. Als Angehörige der Kommission wurden folgende Parteimitglieder in die engere Wahl genommen: Bernhard Kockel (Professor für theoretische Kernphysik an der Universität Leipzig), Robert Rompe, Werner Lange, Karl Friedrich Alexander, Karl Lanius, Erwin Kerber (Staatssekretär bei der SPK) sowie Walter Zöllner.[46]

Vergleicht man die in diesem Gespräch angedachten Maßnahmen mit den Ausarbeitungen der ZK-Abteilung Wissenschaft und Propaganda zur Organisation der Kernphysik im Jahre 1955, so wird deutlich, daß hier bereits wesentliche Grundlagen für die späteren Vorlagen und deren Realisierung gelegt worden sind.

***

[46]PMA, AW, DY 30/IV 2/9.04/288, Bl. 8-14.

Wie in der Bundesrepublik war man in der DDR im wesentlichen auf Unterstützung von außen angewiesen, die nur von der Sowjetunion kommen konnte. Am 17. Januar 1955 faßte die sowjetische Regierung einen Beschluß, von dem *Neues Deutschland* einen Tag später unter dem Titel „Sowjetunion erweist der DDR und anderen volksdemokratischen Ländern Hilfe bei der Schaffung von Atomforschungszentren“ berichtete.[47] Damit begann für die DDR der Einstieg in das Atomzeitalter.

Fünf Tage vorher, am 13. Januar, hatte Zöllner vermutlich in Kenntnis der bevorstehenden sowjetischen Initiative den Entwurf für eine Vorlage an das Politbüro zu Maßnahmen auf dem Gebiet der Kernphysik erstellt.[48] Darin sah er unter anderem folgende Politbürobeschlüsse vor:

> 1. Zur Sicherung des wissenschaftlich-technischen Fortschritts und des damit verbundenen großen volkswirtschaftlichen Nutzens ist die Forschung auf kernphysikalischem Gebiet (...) zu intensivieren. Es sind wissenschaftliche Vorbereitungen für die Errichtung eines Atommeilers zu treffen.
> 2. Zur Lösung der sich daraus ergebenden Aufgaben wird beim Ministerium des Innern eine Kommission für kernphysikalische Forschung gebildet. Diese Kommission ist für die wissenschaftlichen und organisatorischen Maßnahmen auf dem Gebiet der Kernphysik verantwortlich.

Der Kommission sollten die Genossen Rompe, Lange, Wittbrodt, Lanius und der Verfasser selbst angehören. Es sei zu prüfen, ob die Kommission durch aus der Sowjetunion zurückkehrende Wissenschaftler erweitert werden könne.[49]

Es sollte jedoch noch eine ganze Weile dauern, bis sich das Politbüro des Themas tatsächlich in einer seiner Sitzungen annahm. Die Tatsache, daß sich erst für die Sitzung vom 27. September eine erneute Vorlage findet, weist darauf hin, daß die Beratung der Angelegenheit und erste praktische Schritte vorerst noch im Bereich des ZK-Apparates und des Ministeriums des Innern (MdI) stattfanden. Die bedeutsamen Entwicklungen, die sich in der Zwischenzeit ereigneten, blieben somit ohne offizielle Bestätigung durch das höchste Parteigremium.

Die Akademie reagierte hingegen sofort auf die sowjetische Ankündigung und gründete per Präsidiumsbeschluß vom 22. Januar 1955 eine Kommission für kernphysikalische Forschung.[50] Mehr noch: Am 25. Januar schickte das Präsi-

[47] [Hol94], S. 355. Und: ND vom 18.1.1955, S. 1.

[48] Beachte auch die einen Tag zuvor erfolgte Gründung der Abteilung für Technik beim Ministerium des Innern (vgl. weiter unten).

[49] PMA, AW, DY 30/IV 2/9.04/288, Bl. 22-25.

[50] Ihr gehörten schließlich Robert Rompe, Max Volmer, Walter Friedrich, Heinrich Bertsch, Gustav Hertz, Karl Lohmann, Hans Wittbrodt, Gustav Richter, Georg Otterbein, Bertram Winde und Karl-Heinz Krebs als Sekretär an. BBA, AKL, 347.

dium eine Erklärung an den ADN, in der es den Beschluß der Regierung der UdSSR begrüßte, beim Aufbau eines Forschungszentrums für Kernphysik in der DDR wissenschaftliche und technische Hilfe leisten zu wollen. Gleichzeitig bot man der eigenen Regierung die volle Unterstützung bei der Durchführung aller zu treffenden Maßnahmen an.[51] Daraufhin folgten zwar im ND noch einige Beiträge zum Thema Kernforschung, doch verschwand es in den Frühlingsmonaten wieder aus der öffentlichen Berichterstattung.[52]

Der Grund dafür waren offensichtlich die Vorbereitungen für das „Abkommen über die Hilfeleistung der Union der Sozialistischen Sowjetrepubliken an die Deutsche Demokratische Republik bei der Entwicklung der Forschungen auf dem Gebiete der Physik des Atomkerns und der Nutzung der Atomkernenergie für die Bedürfnisse der Volkswirtschaft“, welches am 28. April 1955 in Moskau unterzeichnet wurde.[53] Es sah die Projektierung und Lieferung eines Forschungsreaktors von 2 MW und eines Zyklotrons für Alphateilchen mit einer Energie von 25 MeV vor, einschließlich der „technisch-wissenschaftlichen Hilfeleistung beim Aufbau, bei der Montage, der Justierung und Inbetriebnahme des Reaktors und Zyklotrons sowie Übergabe wissenschaftlicher Informationen und technischer Unterlagen, ebenfalls auch durch Ausbildung deutscher Fachleute auf dem Gebiete der Kernphysik.“ Als Liefertermine wurden das erste Halbjahr 1956 für die Reaktorausrüstung und das zweite Halbjahr 1956 für das Zyklotron ins Auge gefaßt. Die Kosten, die auf etwa 30 Millionen Rubel geschätzt wurden, sollten durch Warenleistungen des deutschen Vertragspartners abgegolten werden.[54]

Mit dem Abschluß des Abkommens waren die technischen Voraussetzungen für eine Aufnahme der Kernforschung in der DDR gesichert. Knapp drei Wochen zuvor hatte die Sowjetunion zudem begonnen, Personal für dieses Vorhaben bereitzustellen: Die Atomspezialisten.

***

Die Tatsache, daß das sowjetische Atombombenprojekt bis 1953 zum Erfolg geführt hatte, ermöglichte die Rückkehr der Mehrzahl der Physiker, Chemiker und Ingenieure, die vorwiegend im Sommer 1945 in die Sowjetunion gegangen

[51] Erklärung der Akademie zum Beschluß der Regierung der UdSSR über den Aufbau eines kernphysikalischen Forschungszentrums. BBA, AKL, 89. Und: ND vom 26.1.1955, S. 2.

[52] Neben der Durchsicht des ND von 1955 gründet sich diese Einschätzung auf Zusammenstellungen von entsprechenden Artikeln der Tagespresse in den Mitteilungsblättern der DAW.

[53] Ähnliche Abkommen wurden ebenfalls mit Bulgarien, China, der ČSR, Polen, Rumänien und Ungarn abgeschlossen. Vgl. ND vom 9.8.1955, S. 1.

[54] Abkommen vom 28.4.1955. BAB, DF-1 (AKK), 878. Vgl. a. [Rei99], S. 145-147.

oder verbracht und dort mit kerntechnischen Aufgaben betraut worden waren. 1955 hatten sie ihre „Abkühlungsphase“ beendet,[55] einer Rückkehr nach Deutschland und Österreich stand nichts mehr im Wege.[56] Als erster kehrte im September 1954 der Nobelpreisträger Gustav Hertz zurück und blieb in der DDR. Bereits zwei Monate später wurde er außerhalb der turnusmäßigen Zuwahlen in die Akademie aufgenommen und wenig später zum Direktor des physikalischen Instituts der Universität Leipzig ernannt.

Die SED-Führung wünschte natürlich, die heimkehrenden Spezialisten im Lande zu halten, worin sie von der Sowjetunion unterstützt wurde, die selbst am Verbleib bestimmter Wissenschaftler in der DDR interessiert war, „da sie an wichtigen Forschungsaufträgen gearbeitet haben“.[57] So berichtet Heinz Barwich, daß jeder das Recht hatte, die Hälfte seines Einkommens in die DDR zu transferieren, wobei ihnen für jeden alten Rubel zwei DM eingetauscht worden seien. Das Geld verlor allerdings seinen Wert für diejenigen, die sich mit dem Gedanken trugen, in die Bundesrepublik zu gehen. Lediglich den Österreichern war es gestattet, ihre Rubel in Schilling umzutauschen.[58]

Trotz dieser bereits in der Sowjetunion begonnenen Privilegierung, die sich nach der Rückkehr in die DDR fortsetzen sollte, entschloß sich ein beträchtlicher Anteil der Atomspezialisten, in die Bundesrepublik weiterzureisen.[59] Angesichts der Aussicht, in der Bundesrepublik ohne große Schwierigkeiten eine Beschäftigung zu finden, muß die Zahl derer, die dennoch blieben, als Erfolg für die Bemühungen der DDR-Behörden gewertet werden – so unterschiedlich die Motive der Wissenschaftler auch gewesen sein mögen.

Da man aus den Erfahrungen gelernt hatte, die mit den Rückkehrern in den Jahren zuvor gemacht worden waren, erwies man sich staatlicherseits im Frühling 1955 als gut vorbereitet: „Das aufregendste Ereignis unmittelbar vor

---

[55] D.h., sie hatten sich seit einigen Jahren nicht mehr mit aktuellen Fragen beschäftigt, die mit dem Bau von Atombomben in Zusammenhang standen.

[56] Wie Briefe an Hans Wittbrodt zeigen, deutete sich das ab Sommer 1954 an. BBA, VA, 13003/2. Beachte auch den zeitlichen Zusammenhang zur Diskussion zwischen Zöllner, Wittbrodt, Rompe und Lanius.

[57] Darunter befanden sich Heinz Barwich, Justus Mühlenpfordt, Hans-Joachim Born und Nikolaus Riehl. Bericht über die zurückkehrenden SU-Spezialisten vom 31.12.1954, offenbar vom MfS angefertigt. PMA, BUl, DY 30/J IV 2/202/56. (Notabene: Zwischen Juli 1953 und November 1955 „bestand die Staatssicherheit (...) nicht als selbständiges Ministerium, sondern als Staatssekretariat mit relativer Eigenständigkeit innerhalb des Ministeriums des Innern.“ [Deu95], Bd. VIII, S. 8. In diesem Buch wurde auf eine entsprechende Kennzeichnung verzichtet.)

[58] [Bar67], S. 167f.

[59] Quantitative Analysen hierzu fehlen. Burghard Ciesla schätzt einen Anteil von 20 bis 25 % *aller* Spezialisten. [Cie93], S. 29. Der Prozentsatz bei den *Kernphysikern* dürfte aber höher gelegen haben.

der Abfahrt war der Besuch von zwei ostdeutschen Beamten. Sie wollten jeden der Heimfahrer persönlich kennenlernen, seine Wünsche bezüglich Wohnung und beruflicher Interessen hören, um nach Möglichkeit in Deutschland Vorbereitungen zu treffen."[60]

Aufgrund der erhaltenen Angaben wurden Listen erstellt, in denen neben Angaben zur Person sowie Familienangehörigen die frühere Behausung und deren jetziger Zustand sowie sein Wunsch nach Einsatzmöglichkeit aufgeführt wurden. In der letzten Spalte wurden schließlich die Maßnahmen eingetragen, die zur raschen Eingliederung der Heimkehrer unternommen werden sollten. Sie reichten bis zu „Beschaffung von Arbeit u. Unterstützung bei der Räumung seines Hauses von den Pächtern".[61] Als die „Entlassung" zunehmend näher rückte, richtete Ulbricht schließlich im Januar einen Brief an den Außerordentlichen und Bevollmächtigten Botschafter in Moskau, Rudolf Appelt, und bat das Ministerium für Auswärtige Angelegenheiten der Regierung der UdSSR um Mitteilung der Termine des voraussichtlichen Eintreffens der Spezialisten.[62]

Am 4. April 1955 war es für die meisten Kernphysiker, ihre Mitarbeiter und Angehörigen soweit: Sie trafen in Frankfurt/Oder ein.[63] Am 16. April wurde ihnen in der Technischen Hochschule Dresden ein Empfang bereitet, an der zahlreiche hohe Akademie- und Staatsfunktionäre teilnahmen, darunter auch Walter Ulbricht.[64]

In der Umgebung Ulbrichts wurde jenen Spezialisten besonderes Augenmerk zuteil, welche in der Sowjetunion Erfahrungen gesammelt hatten, die, wie etwa bei Nikolaus Riehl, „für den Aufbau von Forschungszentren auf dem Gebiet der Kernphysik sehr bedeutsam" waren.[65] Sie sollten deshalb auf jeden Fall gehalten werden. Bei Riehl wurde allerdings befürchtet, daß er sich in den We-

[60][Bar67], S. 179. Diese beiden Herren, so Barwich, seien aber nicht von der Botschaft der DDR, sondern vom MfS gewesen – eine wahrscheinlich richtige Einschätzung, wie die Akten zeigen, die sich in den Beständen Büro und Nachlaß Ulbricht finden ließen. Vgl. PMA, BUl, DY 30/J IV 2/202/56 bzw. DY 30/J IV 2/202/325, sowie NLU, NY 4182/978. Tatsächlich wurde für die „Betreuung" der Spezialisten aus Flugzeugindustrie und Kernphysik Ende 1955 sogar eine eigene Abteilung im MfS gebildet. Vgl. [HHA97], S. 28.

[61]Liste der deutschen Spezialisten, Arbeiter und ihrer Familien, die von der Arbeit in der UdSSR entbunden werden und in die Heimat zurückkehren wollen (vermutlich von Ende 1954). PMA, BUl, DY 30/J IV 2/202/325.

[62]PMA, NLU, NY 4182/934, Bl. 131.

[63]An diesem Tag waren unter anderem Heinz Barwich und Nikolaus Riehl unter den Heimkehrern, während von Ardenne mit seinem „Kollektiv" bereits am 23.3. eingetroffen war ([Ard86], S. 255) und Gustav Richter noch bis in den Mai warten mußte (Interview mit Prof. Dr. Gustav Richter vom 15.2.1995).

[64]Protokoll der Sitzung des Präsidiums der Akademie vom 14.4.1955, TOP 2. BBA, PSP, P 2/7.

[65]PMA, NLU, NY 4182/978, Bl. 3.

sten absetzen könnte, woraus er schon in der Sowjetunion keinen Hehl gemacht hatte. Alle Versuche, ihn umzustimmen, blieben erfolglos: „Unter Verzicht auf verlockende Angebote und unter Aufgabe beträchtlicher materieller Werte (...) zog ich Anfang Juni 1955 mit meiner Familie nach dem Westen.“[66]

Es ist offensichtlich den Bemühungen von Gustav Hertz zuzuschreiben, daß die erste Abwanderungswelle nicht größer ausfiel.[67] Jene, die blieben, erhielten interessante und lukrative Angebote, die bisweilen noch über die ursprünglich vorgesehene Verwendung hinausgingen und wohl auch über dem lagen, was ihnen in der Bundesrepublik geboten worden wäre.[68]

Barwich etwa hatte ein Ordinariat für theoretische Physik an der Universität Halle bekommen sollen. Nachdem aber das Hilfsabkommen über die Lieferung eines Forschungsreaktors und eines Zyklotrons abgeschlossen worden war, wurde schon bald seine Wahl zum Leiter des zukünftigen Zentralinstituts für Kernphysik (ZfK) Rossendorf ins Auge gefaßt. Für eine Übergangszeit erhielt er wie auch einige andere Spezialisten – darunter Fritz Bernhard, Hans-Joachim Born, Gustav Richter und Max Volmer – einen Vertrag als wissenschaftlicher Berater bei der DAW. Die Gehälter wurden vom Sekretariat des ZK auf seiner Sitzung vom 13. Juli 1955 festgelegt: Danach bekam Barwich monatlich 8.000 DM. Das maximal bewilligte Gehalt (für Max Volmer) betrug 15.000 DM pro Monat.[69] Im November beschäftigte sich das Sekretariat des ZK noch einmal mit Barwich und beschloß seine Berufung zum Leiter des ZfK Rossendorf,[70] das er am 1. Januar 1956, als das Institut seine Arbeit aufnahm, übernahm.

***

Bereits im Frühling und im Sommer 1955 wurden also wichtige Weichen dafür gestellt, auch in der DDR die Grundlagen für eine intensive Arbeit auf dem Gebiet der Kernforschung zu schaffen. Der Aufbau einer Verwaltung und des

---

[66] [Rie88], S. 77f.

[67] PMA, NLU, NY 4182/978, Bl. 6.

[68] Anfang Februar überlegten Fritz Hilbert vom Staatssekretariat für Hochschulwesen sowie Hans Wittbrodt gemeinsam, wo die zurückkehrenden Spezialisten am besten angestellt werden könnten. Die Unterlagen, die sie dazu anfertigten, weisen darauf hin, daß ursprünglich viel geringere Gehälter eingeplant waren, als später – vermutlich angesichts der zahlreichen Abwanderungen in die Bundesrepublik – ausgehandelt wurden. Auch wurden schließlich auf Anregung einiger Spezialisten Institute gegründet, die Anfang des Jahres so offenbar nicht vorgesehen worden waren. Vgl. [Rei99], S. 127.

[69] (Arbeits-) Protokoll der Sekretariatssitzung vom 13.7.1955, TOP 3. PMA, SK, DY 30/J IV 2/3A/477. Vgl. auch Protokoll der Sitzung des Präsidiums der Akademie vom 14.4.1955, TOP 2, und vom 7.6.1955, TOP 5. BBA, PSP, P 2/7.

[70] (Arbeits-) Protokoll der Sekretariatssitzung vom 17.11.1955, TOP 3. PMA, SK, DY 30/J IV 2/3A/495.

kernphysikalischen Instituts in der Nähe Dresdens unterlagen ohnehin der Geheimhaltung. Selbst die Moskauer Tagung wurde in der Tagespresse nur sehr dürftig behandelt, und erst die Genfer Konferenz bot Anlaß, die Kernenergie ausführlich zu behandeln.

Auch das Politbüro, so will es scheinen, wurde erst durch die Atomkonferenz auf die Kernforschung aufmerksam, denn es dauerte bis zum 27. September, bis das Thema in den Sitzungsprotokollen des Politbüros erstmals auftaucht. Vermutlich waren aber vielmehr außenpolitische Gründe und die Haltung der Sowjetunion dafür verantwortlich. So erkannte die UdSSR die Souveränität der DDR zwar bereits im März 1954 an, ihre Erklärung vom 14. Januar 1955 zur deutschen Frage deutete jedoch an, daß man in Moskau gewillt war, diese Karte noch weiter zu spielen. Es bedurfte daher erst des Abschlusses des Warschauer Vertrages (Mai), des Scheiterns der Genfer Gipfelkonferenz der vier Großmächte (Juli) und des Besuches von Bundeskanzler Adenauer in Moskau (September), dem die Aufnahme der diplomatischen Beziehungen zwischen der Bundesrepublik und der Sowjetunion folgte, bevor der DDR am 20. September die volle Souveränität bestätigt, das Amt des Hohen Kommissars abgeschafft und ein Beistandspakt mit der Sowjetunion geschlossen wurden. Nun durfte das Politbüro auf den Plan treten. Es bleibt allerdings das Erstaunen darüber, was alles ohne (offizielle) Absegnung des Politbüros passieren konnte![71]

Unter dem Eindruck der Konferenzen in Moskau und Genf legte die Abteilung Wissenschaft und Propaganda einen Entwurf vor, der den inzwischen erfolgten Veränderungen Rechnung trug. Dabei stand an erster Stelle die populärwissenschaftliche Verbreitung der Möglichkeiten der friedlichen Anwendung der Atomenergie – die Bevölkerung, die wie im Westen vor allem die apokalyptischen Folgen der Kernwaffen mit der Kernphysik verband, mußte für die zivile Nutzung der Kernkräfte eingenommen werden. Der zweite Punkt betraf die wissenschaftliche Auswertung der Konferenzergebnisse.

Als nächstes ging es wie schon im Entwurf vom Januar um die Schaffung eines beratenden Organs („Zentrale Kommission für kernphysikalische Fragen"), das im Verantwortungsbereich des Stellvertreters des Vorsitzenden des Ministerrates, Willi Stoph, zu bilden sei. Ähnlich wie im Januar sollten vor allem zuverlässige Parteikader in ihr vertreten sein: Ernst Wolf (Leiter des Amtes für Technik), Robert Rompe, Fritz Selbmann (Minister für Schwerindustrie), Gerhard Harig (Staatssekretär für Hochschulwesen), Hans Wittbrodt, Karl Lanius, je ein Vertreter der ZK-Abteilungen Technik sowie Wissenschaft und Propa-

[71] Es liegt nahe, daß die strenge Geheimhaltung eine Beratung im Politbüro bis dahin verhinderte, zumal nicht nur die Aktivitäten auf dem Gebiet der Kernforschung, sondern ebenso der Aufbau der Nationalen Volksarmee (NVA) noch nicht bekannt werden sollten. Zu untersuchen wäre in diesem Zusammenhang vor allem die Rolle der sowjetischen Seite.

ganda, Karl Rambusch als Stellvertreter Wolfs (und Sekretär der Kommission) sowie, als einziger „parteiloser Kommunist", Heinz Barwich.

Das Zentrum der kernphysikalischen Forschung in der DDR sollte das Institut werden, dessen Aufbau die Sowjetunion im Abkommen aus dem April zugesichert hatte. Ebenfalls vorgesehen wurde eine Kommission für „wissenschaftliche Aufgabenstellung und Koordinierung der kernphysikalischen Arbeiten in den Bereichen der Deutschen Akademie der Wissenschaften, dem Staatssekretariat für Hochschulwesen und der Industrie" sowie eine Geräte-Kommission beim Amt für Technik. Des weiteren sollte eine Fakultät für Kernphysik, Kernchemie und Kerntechnik an der TH Dresden „zur Sicherung eines ausreichenden Kadernachwuchses" gegründet werden. Als Dekan wurde Professor Wilhelm Macke vorgeschlagen, der im Jahr zuvor – nach einem längeren Aufenthalt in Brasilien – in die DDR gekommen war.

Der Entwurf schließt mit der Aufzählung von sonstigen „Einrichtungen für kernphysikalische Forschungsarbeiten und Ausbildungszwecke" in der DDR im Bereich von Akademie, Staatssekretariat für Hochschulwesen und Ministerium für Schwerindustrie sowie Empfehlungen, welche Bitten an die Regierung der Sowjetunion zu richten seien. In unserem Zusammenhang ist dabei von Bedeutung, daß für die Institute in Miersdorf und Buch unisono vorgeschlagen wurde, die Beschleunigungsanlagen fertigzustellen, Neuinvestitionen aber nur in beschränktem Umfange vorzunehmen.[72]

Eine „entsprechend der Diskussion im Politbüro" überarbeitete Version[73] wurde zwei Wochen später auf der Sitzung am 11. Oktober behandelt. An erster Stelle der zu treffenden Maßnahmen stand nun das beratende Gremium, das dieses Mal als „Regierungskommission" tituliert wurde. Zu den sieben oben genannten Genossen waren noch die Namen von Stoph und den ZK-Sekretären Ziller und Hager hinzugefügt. Zu den Beratungen seien weiterhin die Diplom-Physiker Zöllner (ZK-Abteilung Wissenschaft und Propaganda) und Ernst Freund (ZK-Abteilung Technik) einzuladen. Heinz Barwich wurde hingegen nicht mehr genannt.

Dafür tauchte sein Name unter dem nächsten Punkt auf, der sich mit dem im Aufbau befindlichen Zentralinstitut für Kernphysik (ZfK) beschäftigte, als dessen Leiter er bestätigt wurde. Weiterhin wurde spezifiziert: „Sämtliche Arbeiten des Zentralinstitutes sind so zu planen, daß der Reaktor und das Zyklotron mit den dazu gehörigen Anlagen im Dezember 1956 in Betrieb genommen werden können." Eine Anlage legte die Zieldaten für die einzelnen Bauvor-

[72]PMA, AW, DY 30/IV 2/9.04/288, Bl. 67-74.

[73](Arbeits-) Protokoll der Politbürositzung vom 27.9.1955, TOP 4. PMA, PB, DY 30/J IV 2/2A/449.

haben fest. Der Passus zu Miersdorf lautete nun: Der Ausbau des Institutes sei beschleunigt abzuschließen, „so daß spätestens bis 1.3.1956 unter voller Ausnutzung der vorhandenen Kapazität mit der planmäßigen Ausbildung von Kernphysikern begonnen werden kann.“[74]

Im Sitzungsprotokoll heißt es dazu:

1. Die Vorlage über Maßnahmen auf dem Gebiet der Kernphysik und ihrer Anwendungsgebiete wird bestätigt. Die Genossen Stoph, Hager und Zeiler werden mit der Schlußredaktion beauftragt. (Anlage Nr. 1)
2. Das Dokument ist als Grundlage für einen Regierungsbeschluß zu betrachten.

Die genannte Anlage Nr. 1, die auf den 2. November 1955 datiert, umfaßt insgesamt 11 Seiten. Darin ist die Regierungskommission zum „Wissenschaftlichen Rat beim Ministerrat der Deutschen Demokratischen Republik für die friedliche Anwendung der Atomenergie“ mutiert. Seine Mitglieder, 22 an der Zahl, sind nun nicht mehr allein Parteikader, sondern vor allem aus der Sowjetunion zurückgekehrte Wissenschaftler. Unter Punkt II wurde die Bildung eines Amtes für Kernforschung und Kerntechnik (AKK) verfügt, das für „die Koordinierung und Kontrolle der auf dem Gebiet der Kernforschung und Kerntechnik durchzuführenden Arbeiten“ zuständig sein sollte. Punkt IV betraf das Zentralinstitut für Kernphysik in Rossendorf bei Dresden und Punkt VIII die Bildung der Fakultät für Kerntechnik an der TH Dresden, die bis zum 30. November 1955 zu gründen sei.[75]

Diesen für die nächsten Jahren maßgeblichen Institutionen für Kernforschung und -technik in der DDR, die am 10. November 1955 mit dem „Beschluß über Maßnahmen zur Anwendung der Atomenergie für friedliche Zwecke“ des Ministerrat auch staatlicherseits ins Leben gerufen wurden, sowie dem ersten Atomkraftwerk (AKW) der DDR wollen wir uns nun nacheinander kurz widmen, lassen sich an diesen Strukturen doch andeutungsweise die Vorbilder, auf die zurückgegriffen wurde, die Funktion, die sie erfüllen sollten, die Ambitionen der Beteiligten sowie die Grundlagen für Wohl und Wehe der frühen Entwicklung von Kernphysik, Kernforschung und Kernenergetik in der DDR aufzeigen.[76] Wie in Kapitel 4 deutlich werden wird, blieben die Entscheidungen dieses Herbstes schließlich nicht ohne einschneidende Wirkung auf das weitere Schicksal des Miersdorfer Instituts.

---

[74](Arbeits-) Protokoll der Politbürositzung vom 11.10.1955. PMA, PB, DY 30/J IV 2/2A/451.

[75]A.a.O.

[76]Vgl. a. die Dissertation zur Geschichte der Kernenergiewirtschaft der DDR von Mike Reichert ([Rei99]), Kapitel II und III.

3.3 Aufbau der Kernforschung in der DDR

Die Idee für den **Wissenschaftlichen Rat für die friedliche Anwendung der Atomenergie** (im folgenden kurz Wissenschaftlicher Rat genannt) war im Kern bereits im ersten Vorlagenentwurf Zöllners vom Januar 1955 angelegt, als er zu prüfen vorschlug, ob die bei Innenminister Stoph vorgesehene Kommission „durch aus der Sowjetunion zurückkehrende Wissenschaftler erweitert werden kann."[77] In den Beratungen des Politbüros von Ende September und Anfang Oktober bestand der Gedanke einer die Regierung beratenden Kommission zwar fort, doch war die vorherrschende Konzeption zu diesem Zeitpunkt ein kleines, mit verläßlichen SED-Mitgliedern besetztes Gremium mit enger Anbindung an den (zukünftigen) Verteidigungsminister Stoph. Lediglich der Vorschlag einer Kommission zur Koordinierung der kernphysikalischen Arbeiten in den Bereichen der DAW, der Hochschulen sowie der Industrie unter Leitung Rompes und mit Beteiligung einiger weniger namhafter Wissenschaftler, der sich in der Septembervorlage findet, deutet auf weitergehende Überlegungen hin.[78]

Wahrscheinlich entschloß sich das Politbüro erst in der Sitzung am 11. Oktober oder in den Tagen danach zur Bildung zweier Gremien: zum einen des Wissenschaftlichen Rates, zum anderen einer Parteikommission im ZK. Letztere hatte die Aufgabe, politisch wichtige Fragen der jeweiligen Tagesordnung des Wissenschaftlichen Rates vorzuberaten. Zu Mitgliedern dieser „Parteikommission des Politbüros für Kernforschung und Kerntechnik", die im Ministerratsbeschluß natürlich keine Erwähnung fand, wurden ernannt: Willi Stoph, Gerhart Ziller, Kurt Hager, Fritz Selbmann, Walter Zöllner sowie Fritz Zeiler als Sekretär.[79]

In den Wissenschaftlichen Rat hingegen wurden die maßgeblichen Kernphysiker und -chemiker sowie einige Vertreter aus Staats- und Parteiapparat berufen. Waren ursprünglich der Chemiker Max Volmer als Vorsitzender des Rates und der Physiker Robert Rompe als sein Stellvertreter vorgesehen,[80] so wurde vor seiner Konstituierung am 9. Dezember 1955 Gustav Hertz anstelle von Volmer auf den Posten des Vorsitzenden berufen.[81] Als Sekretär fungierte

[77]PMA, AW, DY 30/IV 2/9.04/288, Bl. 22-25.

[78]A.a.O., Bl. 69f.

[79](Reinschriften-) Protokoll der Politbürositzung vom 11.10.1955, TOP 3. PMA, PB, DY 30/J IV 2/2/445 (Anlage Nr. 1 vom 2.11.1955).

[80]Plan der Maßnahmen auf dem Gebiet der Kernphysik und ihrer Anwendungsgebiete. BAB, DF-1 (AKK), 878.

[81]Zu diesem Zeitpunkt war Volmer schon zum neuen Präsidenten der Akademie gewählt worden (am 8.12.1955). Für Hertz sprach zweifellos, daß er Atomphysiker war, eine lange Erfahrung auf dem Gebiet besaß und als Nobelpreisträger die höchste internationale Reputation aller Ratsmitglieder hatte. Da Hertz keineswegs als „fortschrittlicher" Wissenschaftler

Karl Rambusch, der Leiter des neu gegründeten Amtes für Kernforschung und Kerntechnik (AKK). Die Angaben über die erste personelle Zusammensetzung differieren leicht: So sah die Vorlage des Politbüros an den Ministerrat 22, der Ministerratsbeschluß 21 und eine in den Akten der Akademie gefundene Liste lediglich 20 Mitglieder vor.[82] Bis 1960 wuchs die Zahl der Mitglieder auf 30 an.[83]

Vornehmliche Aufgaben des Wissenschaftlichen Rates waren die Beratung des Ministerrates in allen grundlegenden Fragen der friedlichen Anwendung der Atomenergie, die Stellungnahme zur Gesamtplanung und die Beratung des Ministerrates und der zuständigen staatlichen Organe bei der Vorbereitung und Durchführung von wichtigen Projekten und der Schaffung neuer wissenschaftlicher Einrichtungen. „Des weiteren nimmt er Einfluß auf die Heranbildung wissenschaftlicher Kader (...), berät Gesetzes- und Verordnungsentwürfe (...) und begutachtet die Entwürfe zu Grundsatzabkommen über die internationale Zusammenarbeit."[84] Im Laufe der Jahre wurden mehrere Kommissionen, darunter je eine für Kernenergie und Kernphysik, und von diesen wiederum Unterkommissionen gegründet, um Detailfragen im kleineren Fachkreis beraten zu können.

Da es noch keine aussagefähige Arbeit zu Rolle und Einfluß des Wissenschaftlichen Rates gibt, ist seine Bedeutung im Machtgefüge der DDR schwer einzuschätzen. Er war auf jeden Fall ein erster Versuch im Rahmen der „Bündnispolitik" der Partei, sich durch ein beim Ministerrat angesiedeltes Beratungsorgan der fachlichen Expertise, aber auch der stärkeren Bindung der so nötig gebrauchten Wissenschaftler an die DDR zu versichern. Es darf vermutet werden, daß der Wissenschaftliche Rat eine gewisse Vorbildfunktion für den anderthalb Jahre später ins Leben gerufenen Forschungsrat hatte. Der Bedeutung entsprechend, die die Kernforschung damals genoß, blieb der Wissenschaftliche Rat selbständig, bis er nach dem Mauerbau (als eine besondere Rücksichtnahme auf die „bürgerlichen" Wissenschaftler nicht mehr nötig schien) und im Zuge der Krise der Kernenergie rasch an Bedeutung verlor.

An dieser Entwicklung war der politische Vorbehalt der Parteiführung nicht ganz unschuldig, da der Wissenschaftliche Rat zunehmend Entscheidungen

---

galt, war selbstverständlich, daß der Stellvertreter ein SED-Mann zu sein hatte.

[82]Unabhängig, welcher der Listen man folgt: acht der Herren waren Parteimitglieder. Vgl. die entsprechenden Listen in PMA, PB, DY 30/J IV 2/2/445, BAB, DF-1 (AKK), 856, und BBA, AKL, 347. Zu den Mitgliedern gehörten u.a. Manfred von Ardenne, Heinz Barwich, Hans-Joachim Born, Walter Friedrich, Kurt Hager, Gustav Hertz, Wilhelm Macke, Karl Rambusch, Robert Rompe, Fritz Selbmann, Max Volmer und Gerhart Ziller.

[83]Vgl. [Win61], S. 7.

[84]A.a.O., S. 7f.

des Partei- und Staatsapparates nachvollzog, von denen er oft genug erst mit großer Verspätung erfuhr.[85] Das wurde durch die Reaktion einiger der Mitglieder des Rates verschärft, die – wie das Beispiel Barwichs exemplarisch zeigt – zunehmend ihren Einfluß über direkte Kontakte zu den Spitzenfunktionären auszuüben versuchten. Ende 1962 wurde die Unterstellung des Wissenschaftlichen Rates unter den Ministerrat schließlich aufgehoben, und im September des folgenden Jahres erfolgte seine Eingliederung als Fachgruppe in den Forschungsrat.[86]

Der Wissenschaftliche Rat war nicht das einzige Gremium, das sich mit Fragen der Kernphysik beschäftigen sollte. Von der Kommission für kernphysikalische Forschung bei der Akademie war bereits die Rede. Zusätzlich wurde beim Amt für Kernforschung und Kerntechnik noch ein Wissenschaftlich-Technischer Rat gebildet, der das Amt in Fragen der Planung und Koordinierung der Forschungs- und Entwicklungsaufgaben beraten sollte. Da seine personelle Besetzung wie seine Aufgabenstellung denen des Wissenschaftlichen Rates sehr glichen,[87] wurde er bereits Ende 1956 „de facto" aufgelöst, auch wenn es bis 1959 noch zu Sitzungen kam.[88]

***

Etwa seit dem Frühjahr 1955 hatte eine Initiativgruppe von circa einem halben Dutzend Personen unter der Leitung des Physikers Karl Rambusch Vorbereitungen für eine staatliche Behörde für Fragen der Kernforschung und Kerntechnik getroffen. Die zunächst als Verwaltung für Energiebedarf (intern: Verwaltung VIII) und später als Hauptverwaltung für Kernforschung und Kerntechnik bezeichnete Einrichtung war dem damaligen Innenminister Willi Stoph unterstellt und organisatorisch der Abteilung für Technik unter Staatssekretär Ernst Wolf angegliedert.[89] Als Stoph im Juli des Jahres Stellvertretender Ministerpräsident wurde, um sich der Gründung der Nationalen Volksarmee zu widmen, wechselte auch Rambusch mit seiner Gruppe in den militärischen

[85]Vgl. [Sta97].

[86]Vorlage für die 22. Tagung des Wissenschaftlichen Rates am 16.9.1963, TOP 1, und Protokoll der Tagung. IfH, 382.

[87]Vgl. den Ministerratsbeschluß in BAB, DF-1 (AKK), 856.

[88]PMA, AuW, DY 30/IV 2/2.029/160, Bl. 74.

[89]Interview mit Prof. Dr. Bertram Winde vom 12.2.1996. Winde, der aus dem von Rompe geleiteten Institut für Strahlungsquellen kam, trat zum 1.11.1955 als Abteilungsleiter in das Amt für Kernforschung und Kerntechnik (AKK) ein und wurde im Laufe des Jahres 1956 Stellvertreter Rambuschs. Nachdem dieser Anfang 1961 als Nachfolger Max Steenbecks zum Wissenschaftlich-Technischen Büro für Reaktorbau (WTBR) gewechselt war, avancierte Winde erst zum kommissarischen, kurz vor dessen Abwicklung dann zum Leiter des AKK.

Apparat.[90] Laut den Ausführungen von Bertram Winde war der Hauptgrund für diese organisatorische Gliederung die Geheimhaltung. Winde nennt aber auch den Vorteil der kurzen Wege – sowohl zum Ministerrat als auch in Fragen der Materialbeschaffung.[91]

Mit dem Ministerratsbeschluß vom November wurde die Hauptverwaltung zum **Amt für Kernforschung und Kerntechnik**, verblieb aber vorerst im Bereich des Ministeriums für Nationale Verteidigung. Dieser Umstand scheint sich jedoch zunehmend als hinderlich für die personelle Aufstockung des AKK erwiesen zu haben, denn von 111 für das Amt bewilligten Planstellen waren im Juli 1956 gerade einmal 42 besetzt, weshalb Rambusch denn auch über Kadermangel klagte.[92] In der SED-Führung scheint man zu dieser Zeit über die Umbildung des Amtes in ein Atomministerium nach dem Vorbild der Bundesrepublik nachgedacht zu haben, wie ein Brief Selbmanns, der damals Minister für Schwerindustrie war, an Ulbricht zeigt. Darin schrieb Selbmann:

> Von der Schaffung eines Atom-Ministeriums rate ich dringend ab. In der ganzen Welt hat nur Westdeutschland ein Atom-Ministerium und dort hat das ausschließlich koalitionspolitische Gründe. Amerika hat nur eine Atomenergie-Kommission, ebenfalls England und Frankreich; die Sowjet-Union hat nur eine Hauptverwaltung für Atomfragen. Ich fürchte, wir würden uns etwas übernehmen, wenn ausgerechnet wir ein Atom-Ministerium gründen...

Statt dessen plädierte er dafür, das AKK zu stärken, indem man es direkt dem Ministerrat unterstelle und auf seine Sollstärke aufstocke.

> Die Hauptursache sehe ich darin, daß das Amt zu stark gekoppelt ist mit der Verteidigungsorganisation. Dadurch wird verhindert, daß Kräfte aus der Industrie an dieses Amt herangezogen werden und eine richtige Anleitung erfolgt. Diese Bindung an die Verteidigungsorganisation hat auch in jeder anderen Beziehung heute schon erhebliche Nachteile, obwohl sie in der ersten Etappe vielleicht richtig gewesen sein mag. Bei allen namhaften Wissenschaftlern auf dem Gebiet der Kernphysik besteht tief eingewurzelte Abneigung zu allen Beziehungen zu militärischen Stellen.[93]

Wenig später setzte sich die Einschätzung Selbmanns durch: Am 4. Oktober 1956 beschloß der Ministerrat, sich das AKK als selbständiges zentrales

[90] Gleiches gilt für den Flugzeugbau. Nachfolger Stophs als Minister des Innern wurde Karl Maron.

[91] So wurde das ZfK durch die Bauunion Süd der Volksarmee errichtet. Interview mit Prof. Dr. Bertram Winde vom 12.2.1996.

[92] Halbjahresbericht des AKK vom 17.7.1956. BAB, DF-1 (AKK), 43.

[93] Selbmann an Ulbricht vom 15.8.1956. BAB, DF-1 (AKK), 860.

staatliches Organ zu unterstellen und die Verantwortung für alle Fragen der Kernforschung und Kerntechnik von Stoph auf Selbmann zu übertragen.[94]

***

„Um eine rasche Erhöhung des wissenschaftlichen und volkswirtschaftlichen Niveaus zu erreichen, kommt der schnellen Entwicklung der Kernphysik und ihrer Anwendungsgebiete außerordentliche Bedeutung zu“, hieß es zur Bedeutung der Kernphysik in der Vorlage des Politbüros an den Ministerrat. Wie auch in der Bundesrepublik fühlte man deutlich den zehnjährigen Rückstand auf diesem Gebiet, und wie dort bedurfte es der Hilfe von außen, um Voraussetzungen für die eigenständige Kernforschung zu schaffen.

Als das Politbüro den Aufbau des **Zentralinstituts für Kernphysik (ZfK)** beschloß, stand sein zukünftiger Standort im Wald bei Rossendorf, wenige Kilometer östlich von Dresden, bereits fest.[95] Auch hatten seit dem Frühling einige junge Physiker an der Projektierung der einzelnen Abteilungen des Instituts gearbeitet, das vorerst den Tarnnamen „Schule Arnsdorf“ trug.

Zusammengestellt hatte diese Gruppe Robert Rompe, wobei er vor allem auf junge Wissenschaftler aus dem Institut Miersdorf zurückgegriffen hatte: Der erste von Rompe hinzugezogene Physiker war offenbar Lanius (ab Mai 1955), es folgten Karl Friedrich Alexander (Juni) sowie Christian Keck und Jürgen Wolf (Juli). Komplettiert wurde die Gruppe durch Helmut Abel (Berlin-Buch) und wenig später auch Heinz Barwich.[96]

Nach den von dieser Gruppe ausgearbeiteten Plänen wurde das ZfK Rossendorf im wesentlichen errichtet.[97] Dabei wurde bereits die Möglichkeit einer späte-

[94]Fischbach (Büro des Präsidiums des Ministerrates) an Rambusch vom 2.11.1956. BAB, DF-1 (AKK), 856. Interessanterweise wurde Selbmann zur selben Zeit auch der Vertreter der Belange der DAW in der Regierung, worauf die Akademiespitze bei einem Gespräch mit Ministerpräsident Grotewohl gedrungen hatte. PMA, AW, DY 30/IV 2/9.04/370, Bl. 6f.

[95]Neben dem ZfK wurden noch weitere Kernforschungseinrichtungen in Sachsen angesiedelt, etwa das Institut für angewandte Physik der Reinststoffe (unter Ernst Rexer) in Dresden oder die Institute für angewandte Radioaktivität (unter Carl Friedrich Weiss) und physikalische Stofftrennung (unter Justus Mühlenpfordt) in Leipzig. Die sachlichen Gründe für die Standortwahl waren offensichtlich die Nähe der Technischen Hochschule in Dresden, einiger kernphysikalischer Gruppen an der Karl-Marx-Universität in Leipzig sowie das industrielle Potential der Region. So wurde die Produktion kernphysikalischer Geräte u.a. bei den VEB Vakutronik, Transformatoren- und Röntgenwerk sowie Laborbau (sämtlich in Dresden) aufgenommen. Vgl. [Ram60].

[96]Weitere Zuarbeiten von Miersdorfer Mitarbeitern wurden durch Hermann Meier und Ludwig Wieczorek erbracht. Rompe an Generalmajor Menzel, Abteilung Finanzen im MdI, vom 30.6.1955, und Barwich an Rambusch vom 22.9.1955. FZR, 0/200.

[97]Interview mit Prof. Dr. Karl Friedrich Alexander vom 18.12.1995.

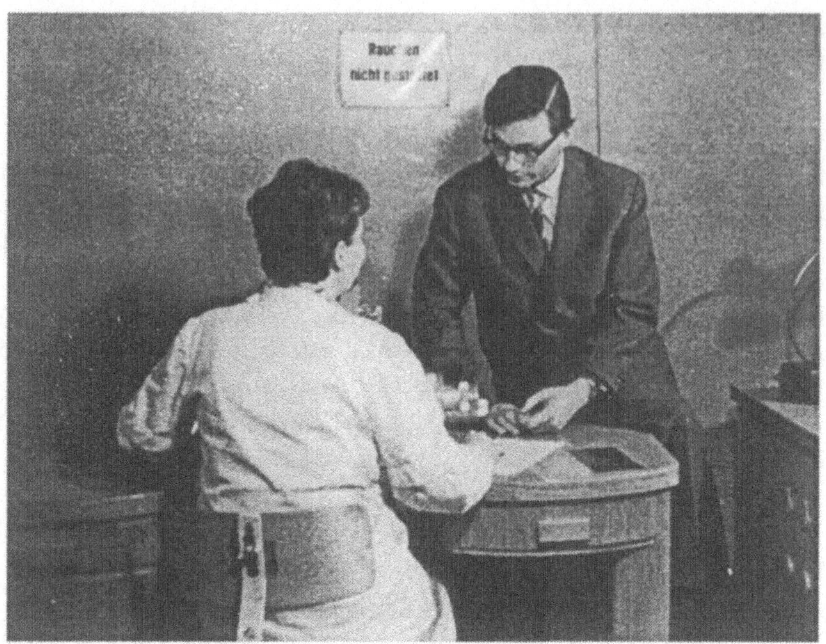

Daß Karl Lanius (geb. 1927) – hier im Gespräch mit einer Laborantin – bereits 1955 zu den vielversprechenden Parteikadern auf dem Gebiet der Kern- und Elementarteilchenphysik gezählt wurde, zeigt seine Einbeziehung in die Diskussion um den Aufbau der Kernforschung in der DDR im allgemeinen und des Zentralinstituts für Kernphysik in Rossendorf im speziellen.

ren, eigenständigen Reaktorentwicklung angedacht[98] und in einer Besprechung im ZK am 1. August entschieden, bautechnisch eine spätere Aufnahme solcher Arbeiten vorzusehen.[99] Auf den Namen „Zentralinstitut für Kernphysik" einigten sich Rompe, Barwich, Lanius und Rambusch am 13. September.[100]

Laut Abkommen mit der Sowjetunion waren die Projektierungsarbeiten (Vorentwurf) bis zum 1. September 1955 abzuschließen und hatte die Lieferung der Ausrüstung für den Reaktor und die für das Zyklotron 1956 zu erfolgen. Daraus wurde jedoch nichts. So berichtete Barwich im Juli 1956, daß weder die sofort benötigten Teile bisher eingetroffen seien, noch ein Terminplan über die zu erwartenden Lieferungen erhalten werden konnte.[101] In einem Brief an

[98] A.a.O. Und: Aktenvermerk von Rompe und Barwich vom 24.6.1955. BAB, DF-1 (AKK), 860.

[99] Dazu ist es dann aber nie gekommen. Aktennotiz Barwichs über eine Besprechung im ZK am 1.8.1955 vom 2.8.1955. FZR, 0/200.

[100] Protokoll über die Tagung des Kleinen Beirates am 13.9.1955 vom 14.9.1955. FZR, 0/200.

[101] Bericht über die Leistungen des sowj. Vertragspartners ... vom 9.7.1956. BAB, DF-1

Grotewohl und Stoph führte Rambusch im August weiter aus:

> Erst im April 1956 war es möglich, einen Überblick über das gesamte Vorhaben zu erhalten. Da bis zu diesem Zeitpunkt keine Lieferung von Reaktorteilen (...) erfolgt war, mußte angenommen werden, daß der Vertrag nicht erfüllt wird. Auf Grund dieser Tatsache wurde (...) in einem Brief vom 2.5.1956 des Stellvertreters des Vorsitzenden des Ministerrats, Genossen Stoph, (...) vorgeschlagen, daß erneut Verhandlungen in Moskau durchzuführen sind, die die Lieferbedingungen und Liefertermine für die Ausrüstungsgegenstände festlegen sollten. Diese Verhandlungen kamen trotz mehrmaligen Ersuchens erst am 30.7. dieses Jahres zustande.

Das Ergebnis der Verhandlungen war, daß die nötigen Lieferungen zumindest bis Ende des Jahres erwartet werden durften. Damit konnten aber die im Politbüro und Ministerrat beschlossenen Endtermine nicht eingehalten werden.[102]

Das Politbüro reagierte am 12. September, indem es den entsprechenden Punkt aus dem Beschluß vom 2. November 1955 nach den Vorschlägen Rambuschs abänderte: Nunmehr sollten der Reaktor am 30. April 1957 und das Zyklotron am 30. Juni 1957 in Betrieb genommen werden.[103] Zweifellos wurde von DDR-Seite fieberhaft an der Einhaltung der Termine gearbeitet, nicht zuletzt, weil man sich im Wettlauf mit dem Atomei in Garching sah. Doch auch die neuen Daten stellten sich als zu ambitioniert heraus. Die Verzögerungstaktik der sowjetischen Dienststellen läßt vermuten, daß man sich mit dem Angebot, sieben „befreundete" Länder gleichzeitig mit kernphysikalischen Großanlagen zu beliefern, wirtschaftlich übernommen hatte.[104]

So war der Forschungsreaktor in Rossendorf nur der zweite funktionierende Kernreaktor auf deutschem Boden. Seine offizielle Inbetriebnahme fand am 16. Dezember statt. Das Zyklotron wurde ein Jahr später im August 1958 eingeweiht. Das ZfK wuchs schnell auf eine beachtliche Größe an. Ende 1956 umfaßte es bereits 193 Mitarbeiter, darunter 69 Wissenschaftler und Ingenieure,[105] und zog viele Kernphysiker aus anderen Institutionen ab. Aus Miersdorf etwa entschied sich Alexander, nach Dresden zu gehen – nicht zuletzt, weil sich die Inbetriebnahme des Kaskadengenerators, dessenwegen er nach Miersdorf gegangen war, auf unabsehbare Zeit verzögerte. Er wurde später Leiter der Abteilung für Reaktortechnik und Neutronenphysik.[106]

(AKK), 878.

[102]Rambusch über Stoph an Grotewohl vom 13.8.1956. BAB, DF-1 (AKK), 43.

[103]Beschlußvorschlag vom 4.9.1956. (Arbeits-) Protokoll der Politbürositzung vom 12.9.1956, TOP 5. PMA, PB, DY 30/J IV 2/2A/518.

[104]Diese Einschätzung äußerte auch Prof. Dr. Bertram Winde im Interview vom 12.2.1996.

[105]PMA, NLG, NY 4090/560, Bl. 122.

[106]Interview mit Prof. Dr. Karl Friedrich Alexander vom 18.12.1995.

Auch Lanius sollte ursprünglich nach Rossendorf wechseln und die Zyklotronabteilung übernehmen. Doch mit der Rückkehr der Spezialisten gingen die Führungsposten in der Kernforschung an die erfahrenen Wissenschaftler, so daß die meisten der jungen Nachwuchskräfte vorerst in das zweite Glied zurücktreten mußten. Abteilungsleiter für das Zyklotron wurde schließlich der Österreicher Josef Schintlmeister. Für die Rolle des zweiten Mannes hinter Schintlmeister war Lanius aber nicht zu haben, und so war es Christian Keck, der 1956 aus Miersdorf nach Rossendorf wechselte. Andere, wie etwa Irene Hauser, folgten in späteren Jahren nach.

***

Entsprechend der großen Bedeutung, die die Parteispitze der Kernforschung beimaß, widmete sie der Kaderpolitik viel Aufmerksamkeit. Ihren Bemühungen kam dabei entgegen, daß die Kaderlenkung angesichts der zahlreichen erst neu entstehenden Einrichtungen einfacher war als bei bereits bestehenden Strukturen. Für das ZfK etwa wurde schon im Spätsommer 1955 vorgesehen, „die besten Physik-Absolventen in der nächsten Zeit zu gemeinsamen Aussprachen“ einzuladen.[107] Und in der Septembervorlage für das Politbüro heißt es: „In Anbetracht der zukünftigen Bedeutung dieser Kader für unsere Volkswirtschaft ist in gesellschaftlicher und fachlicher Hinsicht ein strenger Maßstab anzulegen.“[108]

Allerdings litt die Physik der DDR allgemein immer noch unter einem Mangel an Fachkräften. In einer Einschätzung der Kadersituation auf dem Gebiet der Physik in der DDR, die aus der Feder Zöllners stammt und am 3. Oktober 1955 von Hager an die Genossen des Politbüros gegeben wurde, heißt es einleitend, daß die Zahl der Physiker im Lande zur Zeit noch zu klein sei, „um eine den Bedürfnissen unserer Industrie entsprechende Ausschöpfung der (...) gebotenen Möglichkeiten zu gewährleisten.“ So besitze die DDR nur annähernd 400 Physiker. Nötig wären aber mindestens 1.500 Physiker, vor allem in der Industrie. Die Folge davon sei ein Rückstand auf zahlreichen Produktionsgebieten.

Zwar würde es relativ einfach sein, die Physiker zu finden, die für den Betrieb des Rossendorfer Kernreaktors und des Zyklotrons sowie für die sich um diese Anlagen gruppierenden Institute erforderlich sind. „Um aber die Breitenwirkung (...) sicherzustellen, werden große Anstrengungen (...) hinsichtlich der Ausbildung von Fachleuten (...) gemacht werden müssen.“ Es sei daher erforderlich, die Kernphysik in entsprechendem Verhältnis zu anderen Gebieten der

[107] Protokoll über die Tagung des Kleinen Beirates am 13.9.1955, TOP 9. FZR, 0/200.
[108] PMA, AW, DY 30/IV 2/9.04/288, Bl. 72.

Physik zu fördern.[109]

Abhilfe sollte hier vor allem die Gründung der **Fakultät für Kernphysik und Kerntechnik** an der TH Dresden schaffen, die sowohl geographisch und fachlich als auch politisch die günstigsten Voraussetzungen bot. Für den Lehrbetrieb, den die Fakultät am 1. Februar 1956 aufnahm, wurden einige der namhaftesten Wissenschaftler gewonnen, die die DDR zu bieten hatte: Heinz Barwich, Hans-Joachim Born, Werner Hartmann, Werner Lange, Wilhelm Macke, Josef Schintlmeister und auch Manfred von Ardenne.

Wenn von diesen Lehrkräften auch nur einer Genosse war (nämlich Werner Lange), gelang es mit der Schaffung einer eigenen Fakultät dennoch, diese aus dem „bürgerlichen“ Universitätsleben herauszuhalten.[110] Den SED-Mitgliedern wurde die Aufgabe gestellt, sie „zu einer sozialistischen Fakultät zu entwickeln.“[111] Das Profil der gewünschten Studenten umriß Bertram Winde auf der 3. Parteikonferenz so: „Unsere ganze Partei muß helfen, daß die besten und fähigsten jungen Menschen für die Kernphysik und ihre Anwendung begeistert werden. Sie muß vor allem helfen, daß wir fachlich, politisch und charakterlich hochqualifizierte Wissenschaftler und Techniker für diese Pionierarbeit gewinnen.“[112] Eine Bestandsaufnahme vom Spätsommer 1957 erbrachte denn auch, daß von 19 Assistenten der drei Institute der Fakultät 16 Genossen waren. Bei den Studenten kam man immerhin auf 76 von 254.

Dennoch wurde der Zustand der Parteikader auf dem Gebiet der Kerntechnik und Kernphysik in der DDR „in Anbetracht der großen Aufgaben“, die hier bevorstünden, als insgesamt unbefriedigend betrachtet. Lediglich im VEB Vakutronik und im ZfK fand man eine ähnlich gute Situation wie an der kerntechnischen Fakultät in Dresden vor. In den Akademieinstituten (für angewandte Radioaktivität sowie für physikalische Stofftrennung, beide in Leipzig) und an den Fakultäten für Physik der Universitäten in Jena und Leipzig sowie dem Institut für Experimentalphysik in Rostock waren die Parteikader im Mittelbau hingegen „zahlenmäßig schwach vertreten.“ An den genannten Universitäten gab es sogar Assistenten, wie es hieß, „die als politisch höchst unzuverlässige Elemente bezeichnet werden.“ Um Abhilfe zu schaffen, wurden die Parteileitungen beauftragt, „sich einen genauen Überblick über die zweifelhaften oder feindlichen Studenten (zu verschaffen), um sie von den Studenten zu isolieren und zu gegebener Zeit exmatrikulieren zu lassen.“[113]

[109] PMA, AW, DY 30/IV 2/9.04/419, Bl. 85-89.

[110] Interview mit Prof. Dr. Karl Friedrich Alexander vom 18.12.1995.

[111] PMA, AW, DY 30/IV 2/9.04/419, Bl. 97f.

[112] [Soz56], Bd. I, S. 384.

[113] (Arbeits-) Protokoll der Sekretariatssitzung vom 2.10.1957, TOP 5. PMA, SK, DY 30/J IV 2/3A/584.

***

Daß die Erwartungen an den Segensreichtum der Kernenergie in der DDR besonders hoch waren und sich als sehr zählebig erweisen sollten, erklärt sich zu einem Teil aus der schwierigen energiewirtschaftlichen Situation der fünfziger Jahre: Außer über größere Braunkohlevorräte verfügte die DDR über keine nennenswerten anderen fossilen Brennstoffe.[114] Hinzu kam, daß es im ersten Fünfjahrplan (1951-55) trotz überdurchschnittlich hoher Investitionen nicht gelang, die steigende Nachfrage nach Elektroenergie zu befriedigen. So war es kaum verwunderlich, „daß die Steigerung der Kohle- und Energieproduktion (...) auch in der zweiten Hälfte der fünfziger Jahre als vorrangige Aufgabe angesehen wurde.“

Insbesondere sollte die Braunkohlenutzung weiter ausgeweitet werden.[115] Allerdings errechnete man bald, daß der Energiebedarf vom Jahre 1970 ab nicht mehr voll auf der Basis der Braunkohle der DDR gedeckt werden könne. Nach ersten Schätzungen würde sich zu diesem Zeitpunkt ein Defizit von voraussichtlich etwa 20 Milliarden kWh - entsprechend einer Kraftwerkskapazität von circa 3.000 MW - einstellen.[116] Wenn man dann noch bedenkt, daß ein Transport der Braunkohle über größere Entfernungen aufgrund ihres niedrigen Heizwertes nicht wirtschaftlich ist, was vor allem die Versorgung des Nordens der DDR mit Elektroenergie unrentabel machte, kann man mit Burghard Weiss nur feststellen: „Wenn es ein Land der industriellen Welt gab, in dem der Einsatz der Kernenergie ökonomisch sinnvoll war, dann war es die DDR!“[117]

Bereits auf der konstituierenden Sitzung des Wissenschaftlichen Rates am 9. Dezember 1955 schlug Robert Rompe die Bildung einer Kommission vor, „die bis zum 20. März 1956 einen Arbeitsbericht über die Fragen der Erzeugung von Energie in Atomkraftwerken vorlegen sollte.“[118] Bereits Ende Januar wandten sich die Leiter der drei Arbeitsgruppen, in die die Kommission unterteilt wor-

[114]So betrug der Anteil der Braunkohle an der Produktion von Primärenergieträgern 1950 fast 93 %. [Kah88], S. 26.

[115]A.a.O., S. 25f.

[116]PMA, AuW, DY 30/IV 2/2.029/43, Bl. 227-231.

[117][Wei97], S. 313.

[118][Rei96], S. 308. Diese Forderung findet sich bereits in der Vorlage zur Bestätigung durch das Politbüro vom 3.10.1955. (Arbeits-) Protokoll der Politbürositzung vom 11.10.1955. PMA, PB, DY 30/J IV 2/2A/451. (Vgl. auch: (Reinschriften-) Protokoll der Politbürositzung vom 11.10.1955, TOP 3 (Anlage 1). PMA, PB, DY 30/J IV 2/2/445.) Offenbar wirkten die Konferenzen des Sommers in Moskau und Genf hier katalytisch, denn bis zum Juli scheint die Frage der Energiegewinnung noch nicht derart imminent gewesen zu sein, wie sie es dann schnell wurde – Ambitionen von Wissenschaftlern und SED-Führung dürften sich hier gegenseitig stark beflügelt haben. Vgl. auch [Rei99], S. 176.

den war, an die Sowjetunion und baten um Hilfestellung beim Aufbau der Kernenergetik in der DDR.[119] Dem folgte im Februar ein Schreiben Walter Ulbrichts, in dem er Nikita Chruschtschow um Hilfe beim Aufbau eines Atomkraftwerkes von 50 MW bat.[120] Am 13. März teilte Chruschtschow mit: „Die sowjetischen Organisationen sind bereit, für die DDR das technische Projekt eines Kraftwerkes mit Atomreaktor auszuarbeiten sowie technische Konsultationen beim Bau, bei der Montage und bei der Einrichtung des Atomkraftwerkes zu gewähren."[121] Wenig später bestätigte dann der Bericht der Kommission „Elektroenergie aus Kernkraft" des Wissenschaftlichen Rates, daß sich für die DDR die Notwendigkeit der Stromerzeugung aus Kernkraft ab etwa 1967 ergebe.[122] Aufgrund dieser Einschätzung und der Antwort Chruschtschows gab Ulbricht auf der Ende März stattfindenden 3. Parteikonferenz bekannt, daß die DDR im zweiten Fünfjahrplan mit dem Bau eines Kernkraftwerkes beginnen werde.[123]

Im Juni begab sich eine Delegation unter Leitung von Fritz Selbmann zu Konsultationen nach Moskau, von denen der Wissenschaftliche Rat einen Monat später unterrichtet wurde. Nachdem er erwartungsgemäß eine positive Empfehlung ausgesprochen hatte,[124] beschloß der Ministerrat – durch den Abschluß eines Regierungsabkommen zwischen der DDR und der UdSSR vom 17. Juli vor vollendete Tatsachen gestellt – schließlich am 20. Juli 1956, daß im Verlaufe des zweiten Fünfjahrplanes der Bau eines Kraftwerks von 50-100 MW elektrischer Leistung in Angriff genommen werden soll.[125]

Ende September reiste eine Delegation unter Rambusch zu weiteren Verhandlungen nach Moskau. Bei den Gesprächen wurde Einigung darüber erzielt, daß man einen 70-MW-Reaktor errichten würde – entsprechend den Erfahrungen der Sowjetunion beim Bau eines 210-MW-Kernkraftwerkes in Woronesch. Allerdings wunderten sich die sowjetischen Gesprächspartner, daß die Deutschen nur einen Standort vorschlugen, was keine Auswahl zuließ.[126] Daraufhin wurden zwei weitere Standorte in die nähere Wahl genommen.[127] Die Entscheidung

---

[119][Rei96], S. 308f.

[120]Ulbricht an Chruschtschow vom 11.2.1956. PMA, BUl, DY 30/J IV 2/202/28.

[121]Chruschtschow an Ulbricht vom 13.3.1956. A.a.O.

[122]Zusammenfassender Bericht der Kommission „Elektroenergie aus Kernkraft" des Wissenschaftlichen Rates. BAB, DE-1 (SPK), 48837.

[123][Soz56], Bd. I, S. 97.

[124]Hertz und Rambusch an den Ministerrat vom 9.7.1956. BAB, DF-1 (AKK), 79. Der Beschlußentwurf für den Wissenschaftlichen Rat war bereits im Juni bei Selbmann formuliert worden. Vgl. Selbmann an Rambusch vom 27.6.1956. A.a.O.

[125][Rei96], S. 319f, und [Ham96], S. 41.

[126]Bericht über die Verhandlungen über den Bau eines Atomkraftwerkes am 26.9.-5.10.1956, undatiert. BAB, DF-1 (AKK), 43.

[127]Bericht über den Stand der Arbeiten am Atomkraftwerk I vom 13.10.1956. BAB, DF-1

fiel schließlich für den Großen Stechlin zwischen Rheinsberg und Fürstenberg und wurde im Januar 1957 durch russische Berater gefällt, wobei es Hinweise auf Einwände gibt, da das Gebiet unter Naturschutz stand.[128] Hier begann man im April mit den Arbeiten zum ersten Kernkraftwerk auf deutschem Boden.[129]
Sinn und Zweck des **AKW Rheinsberg** sollte laut Selbmann weniger die Erzeugung von Strom, als vielmehr das Sammeln von Betriebserfahrungen und die Ausbildung von Kadern für den Bau und die Bedienung von Kernkraftwerken sein.[130] Allerdings hoffte man, dann sehr schnell weitere Reaktoren bauen zu können. Aufgrund der obengenannten Prognosen erwartete Selbmann 1956, „daß schon im Jahre 1965 sicher und rationell arbeitende Atomkraftwerke in der Republik in Betrieb sein (...) müssen“, während das erste Atomkraftwerk „mindestens schon im Jahre 1961“ in Betrieb genommen werden müsse.[131]

3.4 Gemeinschaftsinstitute in West und Ost

Der Krieg hatte Europa geschwächt - Besiegte *und* Sieger. Die verbleibenden Großmächte waren, politisch, militärisch und wissenschaftlich, seit seinem Ende unbestreitbar die USA und, unter enormen Anstrengungen, die Sowjetunion. Als einziges weiteres Land leistete sich nur noch Großbritannien ein ambitioniertes Forschungsprogramm auf dem Gebiet der durch ihre militärische Relevanz so bedeutungsvollen Kernphysik. Vor dem Hintergrund der wirt- und wissenschaftlichen Vormachtstellung der USA wuchs bei Politikern und Wissenschaftlern allmählich die Erkenntnis, daß nur gemeinsame Anstrengungen mehrerer Länder ein wirksames Gegengewicht Europas zu den USA schaffen konnten.
Die USA dominierten in vielerlei Hinsicht, unter anderem waren sie Europa im Beschleunigerbau weit voraus: 1952 nahmen sie einen „Cosmotron“ genannten 3-GeV-Beschleuniger, 1954 ein 6,2-GeV-„Bevatron“ in Betrieb.

> Diesen amerikanischen Großbeschleunigern hatten die verarmten Länder im Nachkriegs-Europa nichts Gleichartiges entgegenzusetzen. So bot es sich an, eine solche Maschine als gemeinsames europäisches Projekt zu planen, zu konstruieren, zu betreiben und zu bezahlen.[132]

(AKK), 859.
[128] Rambusch an Selbmann vom 22.2.1957. A.a.O. Ausführlicher beschreibt Reichert die Standortsuche ([Rei99], S. 182-185).
[129] [Ram60], S. 936.
[130] [Soz56], Bd. I, S. 249.
[131] [Sel56], S. 14.
[132] [Mü90], S. 89f.

Bis es soweit war, mußten die zu beteiligenden Staaten allerdings erst von den Vorteilen eines solchen Projektes überzeugt werden.

Erste Anregungen in diese Richtung ergaben sich Ende 1949. Hier ist vor allem die im Dezember in Lausanne stattfindende Europäische Kulturkonferenz hervorzuheben. Auf ihr wurde eine Botschaft des französischen Nobelpreisträgers für Physik, Louis de Broglie, verlesen, der das Zusammengehen der europäischen Länder empfahl.[133] Der Vorschlag wurde dann auf der fünften Generalkonferenz der UNESCO wiederholt, die im Juni 1950 in Florenz stattfand. Vielleicht fiel er nun auf besonders fruchtbaren Boden, weil die Anregung ausgerechnet von einem amerikanischen Physiker kam: Isidor Rabi, ebenfalls Nobelpreisträger für Physik, brachte eine Resolution ein, die den Generaldirektor der UNESCO bat, die Bildung und Organisation regionaler Forschungszentren und -laboratorien zu unterstützen, um die internationale Zusammenarbeit von Wissenschaftlern auf Feldern zu verbessern, in denen die Anstrengungen eines einzelnen Landes aus der Region dazu nicht ausreiche. Sie wurde am 7. Juni 1950 einstimmig angenommen.[134]

Dieser Vorgang hat Rabi den Nimbus der Vaterschaft für den Conseil beziehungsweise Centre Européen pour la Recherche Nucléaire (CERN) eingebracht. Doch welches Interesse konnten die Vereinigten Staaten an einem (west-)europäischen Forschungslabor haben? Den USA ging es vor allem darum, den (west-)europäischen Aufbau auch auf wissenschaftlichem Gebiet zu unterstützen, Initiativen zu kanalisieren und damit eine Atlantische Organisation zu schaffen. Der Kalte Krieg befand sich auf seinem Höhepunkt und CERN konnte da keine Ausnahme bilden. Rabis Vorschlag, der einer offiziellen, staatlichen Stellungnahme gleichkam, wurde folglich so verstanden, daß die Vereinigten Staaten ihre Sicherheitsbeschränkungen lockerten und Europa ermutigen wollten, in dieses Forschungsfeld zu investieren.[135]

Das Placet der Amerikaner vom Juni 1950 brachte den Protagonisten eines europäischen Gemeinschaftslabors für Kernphysik genug Impetus, um weitere vorbereitende Maßnahmen zu treffen. Auch erste Gelder wurden von einigen interessierten Regierungen bereitgestellt. Ebenfalls kristallisierte sich bald heraus, daß die Kernphysik das am besten geeignete Forschungsgebiet für eine solche Organisation sein würde. Allerdings bestand zu diesem Zeitpunkt noch keineswegs eine eindeutige Konzeption eines europäischen Instituts, dessen Ziel der Bau großer Beschleunigeranlagen nach dem Vorbild der Maschinen in Amerika sein sollte.[136]

---

[133] Vgl. [Kow61], Anhang I.

[134] [Her87], S. 83.

[135] A.a.O., S. 538f.

[136] In der Vorgeschichte des CERN gab es ebenso Vorschläge für Beschleuniger wie Kern-

Die Einzelheiten der weiteren Entwicklung können hier ausgespart werden. Es sei lediglich vermerkt, daß die Bundesrepublik Deutschland neben acht anderen Staaten - Belgien, Frankreich, Großbritannien, Griechenland, Italien, die Niederlande, Schweden und Jugoslawien - zu den Gründungsmitgliedern des CERN gehörte. Die entsprechende Konvention wurde am 1. Juli 1953 unterzeichnet. Die Schweiz, Dänemark und Norwegen kamen bis Ende des Jahres hinzu, die Ratifikation wurde im Februar 1955 abgeschlossen.[137]

Warum aber blieben die osteuropäischen Länder außen vor? Die Frage ist nicht gar so trivial, wie sie angesichts der damaligen politischen Lage scheinen mag. Da Polen und Ungarn 1951 bereits Mitglieder der UNESCO waren, wurden auch sie auf der Pariser Konferenz im Dezember zur Teilnahme an der Zusammenkunft eingeladen, die zum CERN-Provisorium führte.[138] Sollten diese beiden Länder Ambitionen zu einer Mitarbeit gehabt haben, so wurden sie wahrscheinlich durch die Sowjetunion unterbunden. Denn in ihren Augen galt das geplante Institut als eine atlantische Organisation - inspiriert durch die Amerikaner.[139] Der Vorwurf ist nicht gänzlich von der Hand zu weisen, denn die Initiatoren dachten in der Tat in erster Linie an Westeuropa als Träger des CERN. Andererseits unterstützte der Osten durch seine Abstinenz tatkräftig den westeuropäischen Charakter der Organisation, da er sich damit um jegliche Chance der Einflußnahme brachte.

Der CERN begann schon sehr bald, auf Länder auszustrahlen, die sich nicht an der Gründung beteiligt hatten, so daß im Februar 1955 das Problem der Zulassung neuer Mitglieder erneut auf der Tagesordnung stand, nachdem mehrere Staaten angefragt hatten, wie ihr Antrag auf Mitgliedschaft vom Rat des CERN aufgenommen werden würde. Ihnen wurde geantwortet, daß es in der derzeitigen Phase der Errichtung des CERN noch zu früh sei, solche Beitrittsgesuche zu prüfen.[140] Der Generaldirektor wurde allerdings autorisiert, geeignete Wissenschaftler aus Nichtmitgliedsstaaten als Mitarbeiter am CERN zu akzeptieren.[141] Ob unter den Interessenten auch osteuropäische Staaten waren, ist nicht bekannt, auf jeden Fall aber bot dieser Entschluß eine willkommene Argumentationshilfe für den sowjetischen Gegenentwurf eines östlichen Gemeinschaftsinstituts.

---

reaktoren, aber von Reaktoren zu sprechen, bedeutete, direkt auf militärische Potentiale anzuspielen, was sich nicht als mehrheitsfähig erwies. A.a.O., S. 87-89.

[137]Vgl. [Kow61], Anhang IV, S. 11f.

[138]Vgl. [Her87], S. 141.

[139]A.a.O., S. 336.

[140]Vgl. das Memorandum by the President vom 16.2.1955. CAG, A 103, CERN/129.

[141]Procedure over Applications for Membership, am 24.2.1955 vom Rat angenommen. A.a.O., CERN/129 Rev.

An Großgeräten wurde neben einem Synchro-Zyklotron mit einer Energie von 600 MeV ein Protonen-Synchrotron in Angriff genommen, das schließlich Energien von 28 GeV liefern sollte. Dabei kam die starke Fokussierung zur Anwendung, ein Prinzip, das 1952 von amerikanischen Physikern vorgeschlagen worden war. Die Entscheidung, diese neue Idee dem großen Beschleuniger für CERN zugrunde zu legen, ist bedeutsam: Hätte man vorher eine Maschine gebaut, die kaum mehr als vergleichbare amerikanische Beschleuniger oder das in Dubna errichtete Synchrophasotron erbracht hätte, führte die starke Fokussierung zu einer Maschine, die CERN für fast ein Jahrzehnt zum führenden Hochenergiephysiklaboratorium Europas werden ließ. Das hatte nicht nur Bedeutung für den Wettlauf der konkurrierenden Länder beziehungsweise Bündnisse – USA, Westeuropa und sozialistische Staatenwelt –, sondern sollte sich auch positiv auf das Interesse, ja, den Zwang zur Zusammenarbeit innerhalb ganz Europas auswirken.

***

Die Reaktion des Ostens auf den CERN – sieht man von den obligaten propagandistischen Scharmützeln ab – ließ bis zum Herbst 1955 auf sich warten. Dann, nach der Genfer Konferenz, verspürte die Sowjetunion plötzlich Handlungsbedarf, und wenig später kam es zu einer östlichen Gegengründung:

> Im Frühjahr 1956 versammelten sich im Konferenzsaal des Präsidiums der Akademie der Wissenschaften der UdSSR die bevollmächtigten Vertreter der Regierung Albaniens, Bulgariens, [Chinas,] der Deutschen Demokratischen Republik, der Koreanischen Volksdemokratischen Republik, der Mongolei, Polens, Rumäniens, der UdSSR[, Ungarns] und der ČSR. Sie nahmen am *26. März* den Beschluß über die *Gründung des Vereinigten Instituts für Kernforschung in Dubna* bei Moskau an.[142]

Daß es sich bei diesem Institut im wesentlichen um eine Nachahmung des CERN handelte, ist unbestreitbar und wurde im Westen auch so verstanden.[143] Im Osten hingegen war diese Sicht – zumindest offiziell – nicht verbreitet. Vielmehr betonte man wie im Westen die Notwendigkeit der „Vereinigung der Anstrengungen von Wissenschaftlern vieler Länder", um die hohen finanziellen und personellen Anforderungen der modernen Kernphysik zu meistern.[144]

142[Bir60], S. 13. (Hervorhebungen im Original.) Während die Auslassung der Volksrepublik China im Original auf die schwerwiegenden Differenzen zwischen den KP Chinas und der Sowjetunion im Erscheinungsjahr der deutschsprachigen Übersetzung zurückzuführen sein könnte, bleibt rätselhaft, welchem Fehler Ungarn zum Opfer gefallen ist.

143Vgl. etwa Visit to Moscow, Vorlage zum 6. Treffen des Ratsausschußes vom 30.5.1956. CAG, A 103, CERN/18C.

144Vgl. etwa [Hä57], S. 753, und [Bir60], S. 13.

Diese Argumentation ist keineswegs falsch – sie verschweigt lediglich einen Teil der Wahrheit.

So fällt an der Gründung des VIK vor allem das vorgelegte Tempo auf: Eine entsprechende Anfrage der Sowjetunion ging erst Mitte Januar 1956 bei Ulbricht ein. Darin bat das Zentralkomitee der KPdSU, „die Frage der Zweckmäßigkeit eines (...) Östlichen Instituts für Kernforschung zu erörtern", da während der Genfer Konferenz bei einigen Wissenschaftlern der volksdemokratischen Länder die Frage aufgetaucht sei, „ob es vielleicht zweckmäßig sei, daß die Länder der Volksdemokratie dem Europäischen Laboratorium für Atomenergie [CERN] beitreten."

Da der CERN aber unter USA-Kontrolle stehe und seine Organisatoren beschlossen hätten, bis Anfang 1957 keine weiteren Staaten mehr aufzunehmen, „sollten die Länder der Volksdemokratie, die Volksrepublik China, die Koreanische Volksdemokratische Republik, die Mongolische Volksrepublik und die UdSSR ihr eigenes Östliches Zentrum für Kernforschung organisieren, das mit den allermodernsten Geräten und Apparaten für die Atomkernforschung ausgerüstet ist." Die freundlich gehaltene Formulierung täuscht kaum darüber hinweg, wie wichtig es der Sowjetunion war, denn, so die Anfrage weiter: Sollten es die sozialistischen Länder für zweckmäßig erachten, das neue Institut in der Sowjetunion zu errichten, so sei das Zentralkomitee der KPdSU bereit, „diesem neuen Institut das bereits (...) bestehende Institut für Kernprobleme mit einem großen Zyklotron, welches Protonen mit einer Energie von 580 Millionen Elektronenvolt erzeugt, sowie den im selben Bezirk fertiggestellten Ringbeschleuniger mit einer Protonenenergie von 10 Milliarden Elektronenvolt einzuverleiben." Während das Europäische Laboratorium erst aufgebaut werde und seine Beschleuniger erst in einigen Jahren betriebsfertig sein würden, könne das Östliche Institut mit diesen beiden größten Beschleunigern der Welt „den Wissenschaftlern unserer Länder sofort gute Bedingungen für eine produktive Arbeit bieten."[145]

Daß die Sowjetunion bereit war, ihre prestigeträchtigsten Beschleunigerprojekte in das zu gründende Gemeinschaftsinstitut einzubringen, wurde in der sozialistischen Staatenwelt als beispielhafte Selbstlosigkeit gefeiert. Nichts verweist allerdings deutlicher darauf, daß die Teilnahme der Sowjetunion an der Genfer Atomkonferenz nicht nur ein einziger beeindruckender Erfolg gewesen war, sondern die östliche Führungsmacht auch gehörig in Zugzwang gebracht hatte. Viel länger konnte sie den Wunsch östlicher Länder nach Beteiligung an Forschungsapparaturen, leistungsfähiger als mit den eigenen bescheidenen Mitteln errichtet werden konnten, nicht ignorieren. Um ihren Machtanspruch auch

[145]Aktennotiz vom 23.1.1956. PMA, BUl, DY 30/J IV 2/202/21.

in der Elementarteilchenphysik zu erhalten, sah sie sich gezwungen, mächtige Gewichte in die Waagschale zu werfen.[146]

Ulbricht antwortete Chruschtschow am 26. Januar: „Wir begrüßen den Vorschlag betreffend eines östlichen Zentrums für Kernforschung und sind mit Ihren Vorschlägen einverstanden.“[147] Eine Woche später trafen die Delegationen in Moskau ein. Neben Gustav Hertz, Robert Rompe, Heinz Barwich und Karl Rambusch vom Wissenschaftlichen Rat sowie dem nachträglich benannten Delegationsleiter, Staatssekretär Ernst Wolf vom Amt für Technik im Ministerium für Nationale Verteidigung,[148] wurde die DDR noch durch Alfred Eckardt (Jena), Werner Hartmann (VEB Vakutronik), Kornelius Weiß (Leipzig) und Karl Lanius (Institut Miersdorf) vertreten.[149] In seiner Ansprache vom 22. März dankte Gustav Hertz zunächst für die Einladung zu „dieser wichtigen Konferenz“ und begrüßte die Vorschläge der sowjetischen Delegation zur Ausgestaltung des Ost-Instituts, um dann darum zu bitten, die „Herstellung einer engen Verbindung zwischen den bereits bestehenden Laboratorien auf dem Gebiete der hochenergetischen Kernprozesse in den kosmischen Strahlen und dem projektierten Institut zu prüfen.“ Anschließend führte er den möglichen wissenschaftlichen Beitrag der DDR zum Institut aus, darunter die Entwicklung und industrielle Herstellung von Kernemulsionen, das Entwickeln von Emulsionspaketen, die Lieferung spezieller Mikroskope der Zeiss-Werke zum Auswerten von Emulsionen und die industrielle Herstellung von Kristallen und Photomultipliern für Szintillationszähler.[150]

In derselben Rede stimmte Hertz auch dem der DDR zugedachten finanziellen Beitrag von 8 % der Kosten zu. Dazu kam es jedoch kurioserweise nicht, denn „die chinesische Delegation (war) mit dem für sie vorgesehenen Anteil von 10 % nicht einverstanden und beantragte, ihren Anteil auf 20 % zu erhöhen.“ Dem wurde stattgegeben, was dazu führte, „daß der endgültige für uns festgesetzte Beteiligungsbetrag auf 6,75 % festgelegt wurde.“[151] Für das Jahr 1957 bedeutete das einen Beitrag von 824,8 Tausend Rubel und für den ersten Fünfjahrplan

---

[146]Gleichzeitig soll natürlich nicht unterschlagen werden, daß die Mitarbeit der östlichen Staaten auch handfeste finanzielle und personelle Vorteile versprach.

[147]Ulbricht an Chruschtschow vom 26.1.1956. PMA, BUl, DY 30/J IV 2/202/28.

[148](Reinschriften-) Protokoll der Politbürositzung vom 7.2.1956, TOP 2, und vom 13.3.1956, TOP 18. PMA, PB, DY 30/J IV 2/2/460 bzw. 463.

[149]Beratung über die Frage der Organisierung des Ost-Institutes für Kernforschung, Vorläufiges Verzeichnis der Delegationen der Beratung. BAB, DF-1 (AKK), 43.

[150]Beratung über die Frage der Organisierung des Ost-Instituts für Kernforschung am 22.3.1956, Rede des Mitglieds der Delegation der Deutschen Demokratischen Republik, Gen. [*sic!*] G. Hertz. BAB, DF-1 (AKK), 43.

[151]Kurze Notiz über die Moskauer Verhandlungen zur Gründung des Vereinigten Instituts für Kernforschung vom 28.3.1956, verfaßt von Ernst Wolf. PMA, BUl, DY 30/J IV 2/202/28.

des Instituts (1956-60) insgesamt 4,601 Mio. Rubel.[152]

Die Konferenz dauerte insgesamt neun Tage, während der auch die Gelegenheit bestand, wissenschaftliche Einrichtungen des Gastgeberlandes zu besichtigen, darunter die beiden in Dubna bereits vorhandenen Laboratorien (für Kernprobleme und Elektrophysik), die den Kern des neuen Instituts bilden würden. Erst in der vierten Sitzung am 26. März wurde eine Namensänderung vorgeschlagen, die in einer Zusammenkunft der Delegationsleiter beschlossen wurde: Statt Ost-Institut, von dem bis dahin immer die Rede war, kam es zur Benennung „Vereinigtes Institut für Kernforschung".[153] Erster Direktor des Instituts wurde Dmitrij Blochinzew, seine ersten für zwei Jahre gewählten Stellvertreter waren Marian Danysz (Polen) und Vaclav Votruba (Tschechoslowakei).[154]

Von deutscher Seite wurden auf der Sitzung des Wissenschaftlichen Rates vom 18.4.1956 Hertz, Barwich und Rambusch für die Delegierung in den Gelehrtenrat des VIK vorgeschlagen. Diese an den Ministerrat gerichtete Empfehlung passierte am 7.5.1956 das Sekretariat des ZK.[155] Wie in Genf waren die beiden wichtigsten Forschungsapparaturen ein Synchrozyklotron (von 680 MeV) und das 1957 fertiggestellte Synchrophasotron (mit 10 GeV). Die Zahl der Angestellten betrug einer Schätzung aus dem Mai 1956 zufolge bereits etwa 2.000, was aber angesichts des bereits betriebenen Beschleunigers und dem schon damals festzustellenden Hang zu ausufernder Administration nicht verwundern kann.[156]

Der entscheidende Unterschied zum CERN war allerdings die Dominanz eines Landes: der Sowjetunion. Die UdSSR zahlte fast die Hälfte des Budgets – beim CERN war und ist der Beitrag eines Landes auf maximal 25 % begrenzt – und besetzte sämtliche wichtige Posten mit eigenen Leuten, was nichts anderes heißt, als daß das VIK unter einem Demokratiedefizit litt.[157] Auch der als Vorteil und große Geste gepriesene Umstand, daß sie zwei bereits arbeitende Institute in das Gemeinschaftsunternehmen einbrachte, war nur bedingt ein

---

[152]BAB, DF-1 (AKK), 57. Und: Bericht über die bisherige Tätigkeit des VIK, eingereicht zur Dienstbesprechung des MWT am 30.10.1968. DF-4 (MWT), 22483.

[153]Beratung über die Frage der Organisierung des Ost-Institutes für Kernforschung, Protokoll der Sitzung der Leiter der Delegationen vom 26.3.1956, 18.00 Uhr. BAB, DF-1 (AKK), 43. Für China, Nordkorea und Mongolien war das Institut natürlich nicht „östlich". Vgl. [Hol94], S. 354.

[154]Tatsächlich blieben Danysz und Votruba drei Jahre im Amt. Blochinzew fungierte bis 1965 als Direktor, anschließend übernahm diesen Posten für 24 Jahre Nikolai Bogoljubow.

[155](Arbeits-) Protokoll der Sekretariatssitzung vom 7.5.1956, TOP 26. PMA, SK, DY 30/J IV 2/3A/513.

[156]Visit to Moscow, Vorlage zum 6. Treffen des Ratsausschußes (31.5.1956) vom 30.5.1956. CAG, A 103, CERN/18C. Und: The Joint Institute of Nuclear Studies, DUBNO, and Russian Progress in Magnetrons and Klystrons, vermutlich von Ende 1958. CAG, F 407.

[157]Vgl. [Wei91], S. 269, und [Hä57], S. 761.

Vorteil: Das VIK lag nicht nur in der Sowjetunion, es war auch in großen Teilen von Sowjets allein aufgebaut worden – eine pyschologisch ungünstige Ausgangslage.

***

Mit den internationalen Konferenzen von 1955, dem wissenschaftlichen Austausch und der Offenlegung zahlreicher bisher geheimgehaltener Ergebnisse und Erfahrungen der Kernforschungsprogramme in West und Ost ergab sich die Möglichkeit, die internationalen Wissenschaftsbeziehungen auf eine neue Stufe zu stellen. Erste informelle Kontakte wurden von Physikern verschiedener Länder geknüpft und etliche Teilnehmer (etwa Wladimir Weksler)[158] statteten dem Gelände, auf dem CERN entstand, einen Besuch ab.

Das Jahr 1956 sah weitere internationale Hochenergiephysik-Konferenzen, etwa im Mai in Moskau. An ihr nahmen drei Vertreter des CERN teil, darunter Generaldirektor Cornelis Bakker. Als Zeichen der neuen Offenheit organisierte die sowjetische Akademie der Wissenschaften einen Besuch des zwei Monate zuvor gegründeten Vereinigten Instituts für Kernforschung.[159] Einen Monat später kamen zahlreiche sowjetische Physiker zum CERN-Symposion über Hochenergiebeschleuniger und Pionphysik.[160]

Das Diskussionspapier des ZK der KPdSU zur Gründung eines Gemeinschaftsinstituts der sozialistischen Staaten vom Januar 1956 hatte bereits angedeutet, daß man sich die Option einer Zusammenarbeit mit dem CERN, etwa durch Austausch von Wissenschaftlern, für spätere Zeit vorbehielt.[161] Ende 1957 war es offenbar soweit: Das VIK hatte seine Arbeit aufgenommen, das riesige Synchrophasotron mit seinen bis dato unerreichten 10 GeV war erfolgreich getestet und erste Pläne für einen Beschleuniger für Energien von etwa 50-60 GeV waren auf- und vorgestellt worden. Auch auf anderem Gebiet hatte die Sowjetunion Erfolge aufzuweisen – verwiesen sei hier noch einmal auf den erfolgreichen Start des ersten künstlichen Erdsatelliten, des „Sputnik I“, im Oktober des Jahres. Nach den überschwenglichen Verlautbarungen jener Zeit gehörte die Zukunft dem Sozialismus.

Die Zusammenarbeit zwischen dem VIK und dem CERN wurde offenbar von dem Polen und Vizedirektor des VIK, Marian Danysz, angeregt. Bei einem Besuch des CERN schlug er einen Austausch von Physikern und Beschleunigerexperten vor. Im Ratsausschuß des CERN war man sich einig, daß die wis-

158 [Hol94], S. 354.

159 Visit to Moscow, Vorlage zum 6. Treffen des Ratsausschußes (31.5.1956) vom 30.5.1956. CAG, A 103, CERN/18C.

160 [Loc75], S. 2.

161 Aktennotiz vom 23.1.1956. PMA, BUl, DY 30/J IV 2/202/21.

senschaftlichen Gründe sehr dafür sprachen. Hingegen sollten die politischen Implikationen eingehender überdacht werden.[162]

Die Angelegenheit scheint dann eingeschlafen zu sein, bis ein Brief Bogoljubows vom 4. Februar 1959 die Frage des Austausches neuerlich aufwarf. Wieder wurde die Sache im Ratsausschuß diskutiert. Die schriftliche Zustimmung der einzelnen Länder zog sich allerdings noch bis Ende 1959 hin.[163] Bemerkenswert ist die deutsche Stellungnahme, die im November vom Bundesministerium für Atomkernenergie und Wasserwirtschaft erfolgte. Demnach bestanden von Seiten der Bundesrepublik in fachlicher Hinsicht keine Bedenken gegen den vorgesehenen Austausch.

> In politischer Hinsicht könnten sich jedoch daraus gewisse Schwierigkeiten ergeben, daß in Dubna auch Wissenschaftler der sowjetischbesetzten Zone Deutschlands maßgeblich mitarbeiten, die vielfach zugleich sowjetzonale Regierungsstellen einnehmen. Es ist erfahrungsgemäß nicht ausgeschlossen, daß Dubna auch solche Vertreter zu CERN entsendet, da die Sowjetzone immer wieder versucht, auch über die Herstellung sogenannter technischer Kontakte der offiziellen völkerrechtlichen Anerkennung näher zu kommen. Es ist das Bestreben der Bundesregierung, derartigen Versuchen entgegenzuwirken. (...) Es ist daher ein dringendes Anliegen, daß dieser besonderen Situation auch innerhalb von CERN Rechnung getragen wird.[164]

Der Vorbehalt wurde zunächst zur Kenntnis genommen.

Nachdem somit Anfang 1960 der Weg für einen ersten Austausch frei war, schlug Blochinzew vor, jeweils drei Mitarbeiter für die Dauer von sechs Monaten auszutauschen. Die ersten drei Physiker aus Dubna, zwei Theoretiker und ein Experimentalphysiker, trafen am 15. Juli in Genf ein, um für den Rest des Jahres zu bleiben. Der Gegenbesuch fand ab Februar 1961 statt, wobei sich die drei delegierten Wissenschaftler zwischen drei und acht Monate im VIK aufhielten. Interessant ist die zweite aus Dubna entsandte Gruppe (Herbst 1961), denn entgegen den oben angeführten Vorbehalten der bundesdeutschen Regierung kam ein Physiker aus der DDR für ein halbes Jahr nach Genf: Walter Zöllner.[165]

---

[162]Auszug aus den Minutes of the Thirteenth Meeting of the Committee of Council vom 14.11.1957. CAG, E 171.

[163][Loc75], S. 3f.

[164]Dr. Kriele an Bakker vom 12.11.1959. CAG, G 152, B1-0-3.

[165]Nach Aussage von Prof. Lanius hatte Zöllner die Arbeit im ZK der SED zunehmend satt und sich daher bemüht, in die Forschung entlassen zu werden, was etwa im Sommer 1956 geschah. Nach kurzem Zwischenaufenthalt in Miersdorf wurde er Anfang 1957 als einer der ersten DDR-Physiker nach Dubna delegiert, wo er offenbar bis zu seiner CERN-Delegierung blieb. Nach seiner Rückkehr in die DDR arbeitete er an der Humboldt-Universität. Zöllner

Wie von den westeuropäischen Rückkehrern aus Dubna berichtet, war der Austausch für die Theoretiker meist wertvoller, was angesichts der Tradition und dem hohen Niveau der sowjetischen theoretischen Physik nicht verwundert. Die Experimentalphysiker hingegen litten etwas unter den technischen Bedingungen und den Schwierigkeiten der Beschaffung von Material und Geräten. Zudem vermittelten sie den Eindruck, daß die sowjetische Hochenergiephysik möglicherweise durch den Mangel an Verbindungen zu anderen Laboratorien gelitten haben könnte.[166]

3.5 Zusammenfassung

Während für die Bundesrepublik das „nukleare Tauwetter" bereits mit der Paraphierung des EVG-Vertrages (Mai 1952) einzusetzen schien, mußte sich die DDR weiter in Geduld üben. Wie das vorherige Kapitel gezeigt hat, war die Sowjetunion ganz offensichtlich nicht Willens, bereits zu diesem frühen Zeitpunkt ihr kerntechnisches Monopol im Ostblock zu teilen. In der Tat konnte sie zuwarten, denn so sehr die bundesdeutschen Wissenschaftler auch Pläne schmiedeten: ihnen blieben bis zur endgültigen (und schließlich gescheiterten) Bestätigung des Vertragswerkes die Hände gebunden. Lediglich auf dem Gebiet der Hochenergiephysik konnten konkrete Schritte unternommen werden, etwa, um die Beteiligung am CERN zu sichern und in Bonn mit dem Bau eines 500-MeV-Synchrotrons zu beginnen.[167] Erst die Initiative Eisenhowers (Dezember 1953) zwang die sowjetische Führung zu Überlegungen, wie sie auf die neue Situation reagieren wollte.

Paradoxerweise ermöglichten die erstarrten Fronten des Kalten Krieges eine Dynamik, die – ausgelöst durch die Instrumentalisierung der zivilen Kernforschung als politische Waffe durch die USA – zu einem „nuklearen Wettbewerb" auch im Werben um Kooperationspartner auf dem Gebiet der friedlichen Nutzung der Atomenergie führte. Davon wollten und sollten die beiden deutschen Staaten profitieren. Die Möglichkeit dazu erhielten sie 1955 mit der Rückübertragung (fast) sämtlicher souveräner Rechte durch die jeweiligen Besatzungsmächte. Obwohl dies für die DDR faktisch später (September 1955) als für die Bundesrepublik Deutschland (Mai 1955) geschah und die – zumindest gedankliche – Vorbereitung für den Einstieg in die Kernforschung in der

starb Ende 1969.

[166]Undatierter Bericht über den Austausch von Wissenschaftlern zwischen Ost und West, vermutlich von 1962. CAG, G 152.

[167]Das wird in einer Information Zöllners an Ulbricht (vermutlich aus dem Sommer 1954) reflektiert. Vgl. PMA, NLU, NY 4182/934, Bl. 125f.

Bundesrepublik weiter fortgeschritten war, begann die DDR doch als erste mit praktischen Schritten: Aufgrund des Hilfsangebotes der Sowjetunion von Mitte Januar wurde bereits Ende April in aller Heimlichkeit ein Regierungsabkommen über die Lieferung eines Forschungsreaktors abgeschlossen, das Zentralinstitut für Kernphysik in Rossendorf bei Dresden seitdem geplant und ab dem Frühjahr eine Verwaltung für Kernforschung und Kerntechnik aufgebaut.

Die weitere Entwicklung von Kernphysik und Kernforschung in den beiden deutschen Staaten weist zweifellos Parallelen auf. In beiden Teilen Deutschlands hatten Wissenschaftler frühzeitig auf den Beginn von kernphysikalischen Forschungen gedrängt und erlangten in der Frühphase ihrer Institutionalisierung ein hohes Maß an Einfluß.[168] Zudem führte der verspätete Eintritt in das nukleare Zeitalter beiderseits der Elbe zu einer Rückstands- bzw. Aufholrhetorik, gepaart mit einer (allerdings weltweit) übertriebenen Atomeuphorie, großen Ambitionen bezüglich einer selbständigen Reaktorentwicklung und der Hoffnung auf einen baldigen Übergang zum Bau von Leistungskraftwerken. Die ersten zwei Reaktoren auf deutschem Boden waren Importe, und es fällt auf, daß die Kernforschungsinstitute als Großforschungseinrichtungen und – wenn auch aus unterschiedlichen Beweggründen – im wesentlichen an der Max-Planck-Gesellschaft und der ihr in mancher Hinsicht nachempfundenen Akademie vorbei etabliert wurden.[169]

Als schwerwiegender erscheinen hingegen die Unterschiede: So waren die Voraussetzungen für die Aufnahme der Kernforschung in mancherlei Hinsicht unterschiedlich. In der Bundesrepublik stand mehr Personal zur Verfügung, darunter zahlreiche namhafte Wissenschaftler, die bereits im Kriege maßgeblich am deutschen Uranprojekt beteiligt gewesen waren. Im Hinblick auf das verfügbare materielle und finanzielle Potential ist die Schieflage ebenfalls offensichtlich: Die DDR war ein kleines Land, für das der (staatlich dirigierte) Aufbau einer eigenen Kernenergiewirtschaft eine weitaus größere Anstrengung bedeutete als für die Bundesrepublik. Hinzu kam die unterschiedliche energiewirtschaftliche Ausgangsbasis, insofern die Stromerzeugung mittels Kernenergie für die Bundesrepublik weniger dringend erschien als in der DDR.[170] Und

---

[168] Vgl. [Rad83], S. 39 und S. 48.

[169] In der Bundesrepublik hatte sich Heisenberg sehr dafür eingesetzt, daß sein Max-Planck-Institut für Physik den Zuschlag für den ersten deutschen Reaktor bekommen sollte. Als Adenauer sich allerdings für Karlsruhe als Standort entschied, zog Heisenberg sich aus der Kernforschung in die Hochenergie-, Astro- und Plasmaphysik zurück. [Mü90], S. 129-140. Auch in der Akademie scheint es anfangs höhere Partizipationserwartungen gegeben zu haben, da man im Juli 1955, als noch alles in der Schwebe zu sein schien, empfahl, „zu gegebener Zeit eine besondere Sektion für Kernforschung zu bilden.“ Protokoll der Sitzung des Präsidiums der Akademie vom 26.7.1955, TOP 7. BBA, PSP, P 2/8.

[170] Das erlaubte es dem Großteil der bundesdeutschen Energiewirtschaft, „bis in die späten

schließlich bedingten die föderale Struktur, die größere Wirtschaftskraft der Bundesrepublik und ein unterschiedliches Verhältnis zu den Schutzmächten anders als in der DDR, daß eine eigene Reaktorentwicklung begonnen sowie an mehreren Orten Forschungsreaktoren errichtet wurden.

Des weiteren orientierten sich die bundesdeutschen Wissenschaftler an westlichen Entwicklungen, die eine große Variabilität aufwiesen und es somit ermöglichten, bei Reaktorkonzepten oder zu kaufender Ausrüstung eine Auswahl zu treffen. Für die DDR hingegen gab es letztendlich nur einen einzigen und zudem recht schwierigen Partner in diesem Bereich: die Sowjetunion. Das hatte Konsequenzen, besonders in Fragen des Vertragsrechts, der Gewährleistung und der Liefertreue.[171] Exemplarisch hierfür ist der Aufbau des Garchinger „Atomeis" auf der einen und des Rossendorfer Forschungsreaktors auf der anderen Seite: Obwohl die DDR die vertragliche Grundlage bereits 10 Monate vor Maier-Leibnitz unterschrieb, gelang es nicht, den Dresdener Reaktor vor dem Konkurrenzobjekt bei München fertigzustellen.[172]

Unterschiedlich waren aber auch die Organisationsformen: Weder kann der Wissenschaftliche Rat mit der Deutschen Atomkommission, noch kann das Amt für Kernforschung und Kerntechnik ohne weiteres mit dem Bundesministerium für Atomfragen gleichgesetzt werden. In ihrer Stellung war das Verhältnis nämlich umgekehrt: War der Wissenschaftliche Rat ein Beratungsgremium, das direkt der Regierung unterstand, beriet die Atomkommission lediglich das Ministerium; hingegen war das AKK vor allem eine technische und weniger eine politische Behörde – was sich auch in der personell geringeren Besetzung und den jeweiligen Leitern ausdrückt – und zudem noch einem Minister (erst Stoph, dann Selbmann) untergeordnet. Mit dem AKK folgte man in der DDR also nicht dem bundesdeutschen, sondern eher dem sowjetischen Vorbild.

Anders verhält es sich wiederum mit ihrer Wirkung: So war die Atomkommission insgesamt vermutlich einflußreicher als der Wissenschaftliche Rat, der neben fachlicher Beratung vor allem eine bündnispolitische Funktion erfüllen sollte, während umgekehrt die politische Bedeutung der Kernenergie in der DDR höher rangierte als in der Bundesrepublik, weil sich gemäß parteipolitischer Auffassung angeblich an der „friedlichen Nutzung der Atomenergie" die Überlegenheit des Sozialismus erweisen mußte.[173]

---

sechziger Jahre gegenüber der Kerntechnik in einer zögernden Position (zu verharren), denn an weniger riskanten Energieträgern bestand kein Mangel." [Rad95], S. 69.

[171] Vgl. insbesondere [Rei99], Kapitel III.

[172] Das bilaterale Forschungsreaktorabkommen zwischen den USA und der Bundesrepublik Deutschland, das Maier-Leibnitz den Kauf eines *kommerziellen* amerikanischen Reaktors erst gestattete, wurde am 13. Februar 1956 unterzeichnet. Der Garchinger Forschungsreaktor wurde am 31. Oktober, der Rossendorfer am 16. Dezember 1957 in Betrieb genommen.

[173] Diese Überbetonung der Kernenergie manifestierte sich allerdings nicht in einer Auf-

Besonders katalytisch sollte sich bei alledem die An- beziehungsweise Abwesenheit von Pluralismus auswirken. In der DDR wie in der Bundesrepublik entwickelte sich die Kernenergie angesichts einer Interessenkoalition von Wissenschaft und Staat. Doch in der Bundesrepublik gab es daneben noch die Belange der Länder zu berücksichtigen, die ihre wissenschaftspolitische Hoheit nur widerstrebend und vor allem angesichts der Kostenfrage an den Bund abtraten, und auch die Industrie konnte keineswegs zentral angewiesen werden, welchen Part sie in der Kernenergieentwicklung zu spielen hatte. Schließlich noch war die Öffentlichkeit kein von der Bundesregierung beherrschtes Medium. Die Diskussion in der DDR hingegen fand höchstens in internen Zirkeln statt und stand immer unter dem Primat der Staatspartei, vertreten durch die Parteikommission. Joachim Radkau hat dazu treffend bemerkt: „Nirgends erkennt man drastischer als an dem Schicksal der Kerntechnik, was der öffentliche, freie und kritische Diskurs für die Entwicklung neuer Technologien bedeutet und wie der Mangel an einem solchen Diskurs sich in technischen Funktionsmängeln niederschlägt."[174]

Die Rolle des Instituts Miersdorf in dieser Phase scheint vordergründig eine sehr unbedeutende gewesen zu sein. Tatsächlich hatte es aber bereits eine ihm zugedachte Aufgabe bestens erfüllt: Es stellte eine Handvoll junger, „fortschrittlicher" Physiker für Planung und Aufbau des Zentralinstituts für Kernphysik zur Verfügung.[175] Und da es neben der kernphysikalischen Abteilung in Buch die einzige bereits bestehende kernphysikalische Einrichtung in der DDR war, sollte dieser Aspekt auch für die folgenden Jahre von großer Bedeutung bleiben. Die wohl wichtigsten Veränderungen für das Institut in dieser Zeit waren dreierlei: a) Die Aufhebung der Restriktionen des alliierten Kontrollratsgesetzes Nr. 25, die es dem Institut endlich ermöglichte, sich auf dem Gebiet der (niederenergetischen) Kernphysik zu betätigen und zu profilieren; b) die Verstärkung der Belegschaft durch einige Spezialisten, von denen einer bald neuer Direktor, ein zweiter einer seiner beiden Stellvertreter werden sollte; und c) die Gründung des VIK Dubna, die besonders für die Abteilung von Karl Lanius von großer Bedeutung war und die Arbeit seiner Gruppe in den folgenden Jahren auf eine qualitativ neue Stufe heben sollte.

Warum aber wurde das Institut nicht dem Amt für Kernforschung und Kern-

---

wertung des AKK. Vielmehr führte seine Bildung dazu, daß es in der DDR mit dem AKK, der Akademie und dem Zentralamt für Forschung und Technik für einige Zeit drei staatliche Stellen gab, die mit sich teilweise überschneidenden forschungspolitischen Aufgaben betraut waren.

[174][Rad90], S. 31.

[175]Daß diesen jungen Physikern bereits derart viel Verantwortung zugebilligt wurde, zeigt darüber hinaus die Bedeutung, die seitens der Partei der Kaderauswahl beigemessen wurde, und den Mangel an erfahrenen Wissenschaftlern mit SED-Mitgliedschaft.

technik unterstellt, was durchaus konsequent und folgerichtig gewesen wäre? Statt dessen führte sein Verbleib in der Akademie zu den angedeuteten Kompetenzüberschneidungen, die schließlich in der Doppelunterstellung des Instituts unter AKK und Akademie kulminierten, zu Reibungsverlusten bei der Koordinierung von Forschungsvorhaben und zur Zersplitterung von Kräften und Mitteln führten. Es hat denn in der Folgezeit auch des öfteren Überlegungen dahingehend gegeben, etwa die Laniussche Gruppe nach Rossendorf umzusetzen. Obwohl es dafür keinerlei schriftliche Belege gibt, kann die Antwort eigentlich nur lauten, daß hier ganz offensichtlich ein politischer Preis gezahlt wurde, und zwar in Form einer kleinen Kompensation dafür, daß die Akademie an der Kernforschung nicht ihrem Anspruch und Auftrag als „höchstes wissenschaftliches Organ der DDR“ gemäß beteiligt wurde.[176] Zumal dieser modus vivendi nicht nur Nachteile hatte, bestand doch bei einigen der Spezialisten eine tiefe Abneigung, in der von Geheimniskrämerei und militärischer Kontrolle geprägten Atmosphäre der AKK-Institute und -Betriebe zu arbeiten. Das Institut Miersdorf bot daher Leuten wie Gustav Richter und Fritz Bernhard eine Ausweichmöglichkeit und der SED die Gelegenheit, sie durch Direktoriumsposten an die DDR zu binden.[177] Mittelfristig sollte sich dieser Geburtsfehler jedoch als nachteilig erweisen...

---

[176]Zu diesem Preis gehörten neben dem Miersdorfer Institut noch die Einrichtung in Berlin-Buch sowie die Institute für physikalische Stofftrennung und angewandte Radioaktivität in Leipzig.

[177]Auch Animositäten unter den Spezialisten konnten somit durch räumliche Trennung entschärft werden.

Kapitel 4

Die Ära Richter

> Obgleich mit dem Jahre 1955 die DDR (unter Berücksichtigung der Westflucht der aus der Sowjetunion zurückkehrenden Wissenschaftler) nicht über einsatzfähige Kernphysiker von so internationalem Ruf wie Janossy und Szalay verfügte, tat man alles, um eine Konzentration der verbliebenen, einigermaßen guten Führungskräfte zu vermeiden. (...) Beispielsweise wurde das Zyklotron nicht an das dafür geeignete Institut in Miersdorf angeschlossen, sondern an das neugegründete ZfK, das über keinen einzigen eingearbeiteten Mitarbeiter verfügte. Um aber am Zyklotron nicht zu gute Kader zu haben, wurden die guten Spezialisten Richter und Bernhard nach Miersdorf versetzt.[1]
>
> Heinz Barwich

4.1 Der neue Direktor

„Die wissenschaftliche Arbeit im Institut, insbesondere ihre Ausrichtung auf kernphysikalische Probleme, wurde durch verschiedene Faktoren ungünstig beeinflußt“, schrieb von der Schulenburg im Februar 1956. Als die wichtigsten nannte er die technischen Mängel des Kaskadengenerators, die eine Inbetriebnahme unmöglich gemacht hätten; das Fehlen der „notwendigsten Geräte und Einrichtungen zur Durchführung kernphysikalischer Messungen“ wie Photomultiplier, Szintillationszähler oder radioaktive Isotope; und die ungenügende Versorgung des Institutes mit Rohmaterialien und Halbfabrikaten für die Herstellung von Versuchsapparaturen. Häufig waren Lieferschwierigkeiten der Industrie oder die qualitativ ungenügende Ausführung von Aufträgen der Grund.

[1] Einige Schlußfolgerungen aus der Ungarn-Reise des AKK vom 22. Juni bis 1. Juli 1959 vom 8.7.1959. ZfK, 907.

Diese Situation verhinderte nicht nur die Aufnahme von vier (von achtzehn) Forschungsthemen, sondern machte es insgesamt unmöglich, „experimentelle Forschungen auf dem Gebiete der Kernphysik in Angriff zu nehmen." Es sei zu hoffen, so sein kaum kaschierter Hilferuf, „daß in Anbetracht der Bedeutung, die die Kernphysik in der DDR gewinnt, die (...) genannten Schwierigkeiten im kommenden Jahr beseitigt werden können."[2]

In der Tat profitierte das Institut bezüglich seiner materiellen Ausstattung kaum von den institutionellen Veränderungen des Jahres 1955. Da die Aktivitäten vom Frühling und Sommer akademiefremden Strukturen gegolten hatten und der Ministerratsbeschluß erst im November verfügte, daß der Ausbau von Miersdorf beschleunigt abzuschließen sei, zog sich die Errichtung des Maschinenhauses bis Ende Mai hin, und die Aufstockung des alten Laborgebäudes konnte ebenfalls nicht termingerecht – weder zum 3. noch zum 4. Quartal – beendet werden. Lediglich in personeller Hinsicht ergaben sich Lichtblicke: von der Schulenburg konnte mehrere Neuzugänge verbuchen, unter denen mit Leo Senzky ein mit der Herstellung kernphysikalischer Geräte vertrauter Ingenieur und mit Gustav Richter und Fritz Bernhard zwei erfahrene Physiker waren – sämtlich Heimkehrer aus der Sowjetunion. Insbesondere durch das Hinzukommen letzterer, so von der Schulenburg, „konnte die wissenschaftliche Arbeit auf einigen Gebieten wesentlich verbessert und intensiviert werden."[3]

Allerdings stellte sich nun die Frage der Institutsleitung neu. Bei dem vorläufigen Behelf, der Bildung eines wissenschaftlichen Beirats, „der zur Zeit aus Dr. v. d. Schulenburg, Dr. Richter, Dipl.-Ing. Bernhard, Dipl.-Phys. Lanius und dem jeweils Vorsitzenden [der] BGL besteht", konnte es nicht bleiben.[4] Von der Schulenburgs Verdienste um den Aufbau des Instituts wurden zwar allgemein anerkannt, dennoch war er als kommissarischer Institutsleiter von Anfang an ein Direktor auf Abruf gewesen bis zu dem Tag, an dem ein renommierter Kernphysiker in das Institut kommen würde. Dies war nun eingetreten.

Der Mann, der prädestiniert schien, die Institutsleitung zu übernehmen, war Gustav Richter. Am 10. März 1911 in Yokohama (Japan) als Sohn eines Hamburgers und einer Japanerin geboren, war er früh zur Vollwaise geworden. Im Alter von 15 Jahren kam er nach Deutschland auf die Schule, wo er 1931 das Abitur erwarb. Anschließend begann er mit dem Studium an der TH Berlin-Charlottenburg. Diplomarbeit und Dissertation fertigte er bei Professor Richard Becker an, dem er zwischen 1937 und 1939 auch als wissenschaftlicher

---

[2] (Instituts-) Jahresbericht 1955 vom 9.2.1956. IfH, 21.

[3] A.a.O.

[4] Aufgabe dieses Gremiums war es, die „Themen für die wissenschaftliche Arbeit auszuarbeiten, ihre Durchführung zu überwachen und zu koordinieren" sowie Maßnahmen bezüglich der Organisation des Instituts „gemeinsam" zu treffen. A.a.O.

Mitarbeiter an der Universität Göttingen assistierte. Im März 1939 wechselte er in das Forschungslabor II der Siemenswerke zu Gustav Hertz. Dort war er neben Werner Schütze zunächst mit der Entwicklung des ersten deutschen Zyklotrons beschäftigt, bis ihm diese Arbeit aus Gründen der Geheimhaltung untersagt wurde.

Nicht lange nach der Kapitulation Deutschlands fragte Hertz ihn, ob er mit in die Sowjetunion kommen wolle. Eine Wahl blieb ihm wie auch weiteren Mitarbeitern von Hertz allerdings nicht.[5] Mitte Juni fand der Abflug nach Moskau statt. Ende August erfolgte dann die Reise ans Schwarze Meer, wo zwei Institute für sie vorbereitet worden waren. Dort trafen sie am 1. September ein. Richter blieb allerdings nicht sehr lange, sondern kehrte nach Moskau zurück, wo er mit Professor Volmer zusammenarbeitete und sich in den folgenden Jahren vor allem mit Möglichkeiten der Gewinnung von schwerem Wasser beschäftigte.[6]

Bei seiner Ankunft in Leipzig Mitte Mai 1955 stand für ihn bereits fest: Er würde im Osten bleiben.[7] Zudem hatten Richter und Volmer noch in der Sowjetunion verabredet, in einem eigenen kleinen Labor zusammenarbeiten zu wollen.[8] Doch beide wurden viel zu sehr für andere Aufgaben gebraucht, sollten auch stärker an die DDR gebunden werden, und so stellte die DAW sie rückwirkend zum 1. Juni respektive 1. April zunächst als wissenschaftliche Berater an.[9] Mit dem Vertrag war für Richter eine Vorentscheidung in Bezug auf seine künftige Arbeitsstelle gefallen, wurde er doch explizit für das Institut in Miersdorf eingestellt.[10]

Zu den üblichen Anreizen, sein Verbleiben in der DDR zu sichern, gehörten ein hohes Gehalt und zahlreiche Sondervergünstigungen, etwa bezüglich Urlaub, Rente oder der Ausbildung der Kinder, sowie die Beschaffung eines Hauses. Zudem wurde Richter entsprechend der ihm beigemessenen Bedeutung am 26. Juli 1955 in die Sektion für Physik der DAW gewählt und Ende des Jahres folgte seine Berufung in den Wissenschaftlich-technischen Rat beim AKK. Mitte 1956 wurde darüber hinaus seine Ernennung zum Professor betrieben,

[5] [Alb92], S. 54.

[6] Vgl. a.a.O., S. 68-71.

[7] Vor allem die Nachricht, daß Adenauer Hans Globke, den Kommentator der Nürnberger Rassengesetze, zu seinem Staatssekretär ernannt hatte, gab den Ausschlag. Interview mit Prof. Dr. Gustav Richter vom 15.2.1995.

[8] PMA, NLU, NY 4182/978, Bl. 36.

[9] Protokoll der Sitzung des Präsidiums der Akademie vom 7.6.1955, TOP 5. BBA, PSP, P 2/7. Und: Hausmitteilung Freunds vom 1.7.1955. BBA, PA Prof. Gustav Richter.

[10] Sämtliche Angaben, so nicht anders vermerkt, aus den Interviews mit Prof. Dr. Gustav Richter vom 14.11.1994, vom 15.2. und 3.4.1995 sowie aus dem Personalbogen vom 30.6.1955 (BBA, PA Prof. Gustav Richter).

zu der Hertz und Volmer die nötigen Gutachten beitrugen: Die von der Klasse „wärmstens“ befürwortete Ernennung fand am 1. November 1956 statt.[11] 1958 schließlich erfolgte die Aufnahme Richters in den Wissenschaftlichen Rat,[12] in dem er ab 1960 die Leitung der Kommission für Kernphysik leitete.

Am 15. September 1955 hatte die Klasse für Mathematik, Physik und Technik beschlossen, Gustav Hertz als Berater für das Institut Miersdorf einzusetzen.[13] Gemeinsam mit Rompe ging Hertz nun daran, die Leitungsfrage vor Ort neu zu regeln. Richter reagierte jedoch zurückhaltend, und erst im folgenden Frühjahr gab er dem Drängen nach und signalisierte seine Bereitschaft, das Institut zu übernehmen.

Am 15. Mai fand im Gästehaus der Akademie in Zeuthen ein Gespräch zwischen Hertz, Rompe und den betroffenen Richter, Bernhard und von der Schulenburg statt. Nach einer einleitenden Würdigung der Verdienste von der Schulenburgs wies Rompe darauf hin, daß „das Institut nunmehr in eine neue Phase der Arbeit trete und daß deshalb auch die Form der Leitung des Instituts neu geregelt werden müsse.“ Nach einer Diskussion verschiedener Vorschläge einigte man sich darauf, daß das Institut durch ein Direktorium geleitet werden solle, „dem die Herren Dr. Bernhard, Dr. Richter und Dr. v.d. Schulenburg angehören. Vorsitzender des Direktoriums ist Herr Dr. Richter.“[14]

Trotz der nominellen Gleichstellung zwischen den beiden stellvertretenden Direktoren war Bernhard eindeutig der zweite Mann hinter Richter. Er vertrat Richter, wenn dieser abwesend war, und war verantwortlich für sämtliche Großforschungsanlagen, die das Institut entwickelte oder aufstellen ließ. Bernhard, der 1939 bei Professor Hans Geiger die Diplomprüfung abgelegt hatte, war von 1938-1942 Assistent von Professor Wilhelm Westphal gewesen und hatte die letzten Kriegsjahre bei von Ardenne Erfahrungen im Bau von kernphysikalischen Anlagen, insbesondere des Zyklotrons, gesammelt. Seine Promotion, die er Anfang 1956 bei Rompe absolvierte, holte er in kürzester Zeit nach.[15]

Die Struktur des Instituts trug der neuen Konstellation direkt Rechnung, denn für jeden der beiden stellvertretenden Direktoren wurde eine Abteilung eingerichtet: Bernhard übernahm die Leitung der Vorhaben für die Beschleunigungs- und Isotopentrennanlagen, und von der Schulenburg war für die Kernphysik zuständig. Daneben existierten noch vier Arbeitsgruppen, namentlich für Kosmische Strahlung (Karl Lanius), Theoretische Physik (Detlof Lyons), Radio-

[11]Protokoll der Klassensitzung vom 18.10.1956, TOP 4. BBA, KMPT, P 3/9/1.

[12]Aktennotiz vom 14.10.1958. IfH, 362.

[13]Protokoll der Klassensitzung vom 15.9.1955, TOP 3. BBA, KMPT, P 3/9.

[14]Protokoll der Sitzung des Präsidiums der Akademie vom 24.5.1956, TOP 5. BBA, PSP, P2/9.

[15]Lebenslauf Dr. Fritz Bernhard vom Mai 1956. BBA, AKL, 30.

und Isotopenchemie (Rolf Dreyer) und Kernphysikalische Meßgeräte (Leo Senzky).[16]

Über von der Schulenburg wird berichtet, daß er seine Rückstufung ohne Murren hinnahm.[17] Zum einen wird er eingesehen haben, daß Richter fachlich kompetenter war. Andererseits kam er in die angenehme Lage, daß sein Gehalt stieg: Da Bernhard mit Bezügen in das Institut gekommen war, die über denen des kommissarischen Leiters gelegen hatten, berieten Otterbein, Friedrich, Wittbrodt und Rompe bereits im Juni 1955 „über eine vernünftige Relation der Gehälter von Dr. von der Schulenburg und Herrn Dipl.-Phys. Bernhard".[18] Am Ende erhielt von der Schulenburg immerhin 3.600 DM.

Das Institut Miersdorf galt 1956 als „bestehende Einrichtung, die während des 2. Fünfjahrplanes mit jährlich steigendem Haushalt ihren endgültigen Umfang erreichen" soll.[19] Gleich dieses erste Jahr sah daher neben deutlich erhöhten Finanzmitteln den stärksten Anstieg an Mitarbeitern, den das Institut seit seiner Gründung erfahren hatte: von 95 Angestellten Ende 1955 auf 125 ein Jahr später. Allerdings wirkte sich dies kaum auf die Anzahl der Wissenschaftler aus – die Kaderstatistik verzeichnete lediglich 19 gegenüber 18 ein Jahr zuvor.[20] Das zukünftige Arbeitsfeld nahm dennoch allmählich Gestalt an: die Anzahl der Themen verringerte sich von 18 auf 16 und konzentrierte sich zunehmend auf den Ausbau der gerätetechnischen Basis des Instituts.

Besonders Bernhard legte mit seiner Abteilung ein hohes Tempo vor. Seine Gruppe ging eine Selbstverpflichtung ein, die die vorzeitige Fertigstellung einer elektromagnetischen Isotopentrennanlage zum Ziel hatte. Sie wurde trotz vieler Material- und Beschaffungsschwierigkeiten in weniger als anderthalb Jahren fertiggestellt. Bernhard war es auch, der 1956 sieben der elf Veröffentlichungen des Institutes beisteuerte und am Institut für Gerätebau eine kleinere Serie von Massenspektrometern initiierte, die auf der Leipziger Frühjahrsmesse vorgestellt werden sollten.[21]

Neben dem Kaskadengenerator war seit 1953 die Entwicklung eines Van-de-Graaff ins Auge gefaßt worden. Auf der Sitzung vom 26. März 1953 hatte das Kuratorium beschloßen, Baier von seinen Verwaltungsgeschäften zu befreien

---

[16]Jahrbuch der DAW von 1956, Berlin 1957, S. 187f.

[17]Interview mit Prof. Dr. Karl Lanius vom 15.11.1994.

[18]Aktenvermerk von Otterbein vom 13.6.1955. BBA, AKL, 29. Und: Protokoll der Sitzung des Präsidiums der Akademie vom 7.6.1955, TOP 10. BBA, PSP, P 2/7.

[19]Kurze Zusammenfassung der wichtigsten Daten des Planvorschlages für den 2. Fünfjahrplan 1956-60, undatiert. BBA, AKL, 610.

[20]Das lag nicht zuletzt am Weggang von vier Physikern zu anderen Instituten wie etwa dem ZfK in Rossendorf. Richter an Rompe vom 13.3.1957. BBA, AKL, 29.

[21](Instituts-) Jahresberichte 1955 vom 9.2.1956 und 1956 vom 30.1.1957. IfH, 21.

Für den elektromagnetischen Isotopentrenner, den Fritz Bernhard und seine Abteilung zwischen 1955 und 1957 aufbauten, wurde Bernhard 1958 mit dem Nationalpreis geehrt.

und ihm als Auftrag die Entwicklung und Aufstellung einer Hochvoltanlage einschließlich der Entladungsröhren zu übertragen.[22] Die Entwicklung durch den VEB Transformatoren- und Röntgenwerk begann Anfang 1954,[23] während Baier im Frühjahr 1955 die Konstruktionsarbeiten seitens des Instituts aufnahm. In Zusammenarbeit mit der Hochschule Ilmenau wollte er zunächst zu Testzwecken eine 2-MV-Anlage entwickeln, um die gesammelten Erfahrungen anschließend für den Bau eines 4-5-MV-Drucktankgenerators zu verwenden. Im September waren die wesentlichen Bauelemente zum größten Teil fertig-

[22]Protokoll der Kuratoriumssitzung vom 26.3.1953. BBA, AKL, 29.

[23]Oberingenieur Brey an Otto Baier vom 1.4.1954. A.a.O.

gestellt, so daß er mit dem Aufbau in Ilmenau beginnen konnte.[24] In einem Vertrag einigten sich die beteiligten Institute im Oktober 1956 darauf, daß der 2-MV-Generator in Ilmenau verbleiben und Miersdorf das leistungsfähigere Nachfolgemodell erhalten sollte.[25] „Bei Erreichung der projektierten Daten wird der Generator nicht nur für die Forschung, sondern auch für industrielle Zwecke nutzbringend eingesetzt werden können", schätzte Richter.[26]

Für die angestrebten spektroskopischen Arbeiten wurde mit dem Bau eines β-Spektrometers und zweier Szintillationszähler für γ-Strahlen begonnen. Des weiteren wurden mehrere Zählrohre verschiedener Art hergestellt, eine zweite Nebelkammer in Angriff genommen[27] und im HF-Labor zahlreiche elektronische Geräte konstruiert. Die Vorbereitungen für die Kaskade – Ionenrohr und Ionenquellen – wurden weitergeführt, und endlich stand auch ein Mitarbeiter zur Verfügung, der gemeinsam mit seiner Frau die Einrichtung des radiochemischen Labors übernehmen konnte, nachdem er am Max-Planck-Institut für Chemie in Mainz seine Ausbildung vervollständigt hatte. Die theoretische Arbeitsgruppe unter Lyons war inzwischen auf drei Physiker angewachsen, die sich in dieser Zeit vornehmlich mit Fragen der Neutronendiffusion und des Schalenmodells beschäftigten. Richter, Bernhard und von der Schulenburg hielten Vorlesungen an der Humboldt-Universität, und neben drei Doktoranden bestanden drei Diplomanden ihre Abschlußprüfungen, fünf weitere beendeten den experimentellen Teil ihrer Arbeiten[28] – ein deutliches Zeichen dafür, daß die im Ministerratsbeschluß vom November 1955 geforderte Ausbildung von jungen Kernphysikern in Miersdorf schon angelaufen war.

Bedeutende Fortschritte ergaben sich ebenfalls für die Arbeitsgruppe Kosmische Strahlung. Lanius hatte seine Verbindungen nicht nur in die Bundesrepublik ausgebaut, sondern auch Kontakte zu den osteuropäischen Staaten gesucht. Das führte, wie berichtet, im Februar 1955 zur ersten Konferenz über Physik hoher Energien der sozialistischen Länder in Dresden. Neben der Gründung des VIK Dubna im Folgejahr wurde die Zusammenarbeit mit den Hochenergiephysik-Gruppen in Polen, der Tschechoslowakei und Ungarn nicht zuletzt durch den Vorschlag des Engländers Powell vertieft, in der Po-Ebene in etwa 30 Kilometer Höhe exponierte Emulsionen gemeinsam in Ost und West

---

[24](Instituts-) Jahresbericht 1955 vom 9.2.1956. IfH, 21.

[25]Protokoll der Absprache vom 17.10.1956. BBA, AKL, 29.

[26](Instituts-) Jahresbericht 1956 vom 30.1.1957. IfH, 21.

[27]War die von Ludwig Meyer von der Universität Leipzig in das Institut mitgebrachte erste Nebelkammer ursprünglich für die Untersuchung kosmischer Strahlung vorgesehen gewesen, wurde sie inzwischen für Untersuchungen in der Abteilung Kernphysik verwandt. Vgl. Jahrbuch der DAW von 1956, Berlin 1956, S. 187.

[28](Instituts-) Jahresbericht 1956 vom 30.1.1957. IfH, 21.

auszuwerten.[29] Darüber hinaus hatte Powell angeregt, daß die sozialistischen Länder zwei größere Entwicklungsanlagen für Kernspuremulsionen errichten sollten, davon eine in Moskau und eine in Miersdorf. Mit dem Aufbau wurde im IV. Quartal des Jahres begonnen.[30]

Während Anstrengungen, von der AGFA eine neue, hochempfindliche Emulsion zu erhalten, zunächst nur wenig fruchteten, gelang auf dem Gebiet der optischen Auswertegeräte ein weiterer Erfolg. Bereits 1953 hatten Lanius und Hauser angeregt, daß der VEB Carl Zeiss ein Spezialmikroskop für die Ausmessung von Kernemulsionsspuren für das Miersdorfer Institut entwickle.[31] Zunächst wurde versucht, ob der Umbau eines vorhandenen Mikroskops ausreichend sei, doch erwies sich dieses Vorgehen als zu aufwendig. Etwa Ende 1954 gelang es Lanius dann, den belgischen Professor Max Cosyns, „eine(n) der besten Spezialisten auf diesem Gebiet", dafür zu gewinnen, Zeiss bei der Entwicklung eines neuen Mikroskops zu beraten. Dazu reiste Cosyns 1955 zweimal in die DDR.[32] Lanius bemängelte jedoch, daß „bei dem bisherigen Tempo der Arbeit das Gerät (nicht) vor Ende 1957 verkäuflich" sei, obwohl es verspreche, wesentlich besser zu werden als das verfügbare italienische Modell.[33]

Weiterhin fiel in dieses Jahr 1956 die Übernahme des Gebäudes, das bis dahin von der Firma Morch genutzt worden war und ab 1957 als Verwaltungsgebäude zur Verfügung stand. Die Beendigung der Aufstockung des alten Laborgebäudes wurde ebenfalls abgeschlossen, was 14 neue Laborräume ergab, von denen einige für den Einbau der Emulsionsentwicklungsanlage eingerichtet wurden. Nach all diesen Veränderungen faßte Richter die Perspektiven des Institutes wie folgt zusammen:

> Nachdem bisher aus zeitbedingten Gründen im Institut zum großen Teil nicht spezifisch kernphysikalische Probleme behandelt wurden, werden in Zukunft letztere den Hauptgegenstand bilden. Dabei werden die zu behandelnden Probleme im wesentlichen durch die Möglichkeiten der 2-MV-Kaskadenanlage und des später hinzukommenden 4-MV-Van-de-

[29]Kernphysikalische Arbeiten in der DAW, Stand vom 7.5.1956. BBA, AKL, 347.

[30]Die Wahl fiel auf Miersdorf, weil die DDR neben der Sowjetunion das einzige Land sei, „in dem eine langjährige Erfahrung in der Entwicklung von Kernemulsionen vorhanden ist." Von der Schulenburg an die Abteilung Planung der DAW vom 14.8.1956. BBA, AKL, 348.

[31]Perspektivplan für die Arbeit im Höhenstrahl-Laboratorium Institut Miersdorf, vermutlich von Ende 1955. A.a.O.

[32]Der erste Aufenthalt vom 28.2. bis zum 4.3.1955 ist nicht gesichert. Protokoll der Sitzung des Präsidiums der Akademie vom 1.2.1955, TOP 2. BBA, PSP, 2/7. Und: Von der Schulenburg an Otterbein vom 8.11.1955. BBA, AKL, 30.

[33]Perspektivplan für die Arbeit im Höhenstrahl-Laboratorium Institut Miersdorf, vermutlich von Ende 1955. BBA, AKL, 348. Im August 1956 erwartete von der Schulenburg dann doch die Ausstellung des Mikroskops zur Frühjahrsmesse 1957. Von der Schulenburg an die Abteilung Planung der DAW vom 14.8.1956. A.a.O.

> Graaff-Generators sowie durch die des elektromagnetischen Isotopentrenners gegeben sein.[34]

Folgerichtig wurde nun auch darüber nachgedacht, den provisorischen Institutsnamen zu ersetzen. Von Richter wurde die Bezeichnung „Institut für kernphysikalische Probleme" favorisiert, „um anzudeuten, daß wir nur einen kleinen Teil der großen Kernphysik bearbeiten können." Im März des Jahres erfuhr er jedoch, daß dieser Vorschlag beim Plenum der Akademie auf Ablehnung gestoßen war. Als neue Varianten nannte er daher „Institut für Kernphysik" oder „Kernphysikalisches Institut".[35] Einen Monat später faßte das Präsidium der DAW den Beschluß, das Institut Miersdorf auf Vorschlag der Klasse für Mathematik, Physik und Technik in „Kernphysikalisches Institut der DAdW zu Berlin" umzubenennen.

Mit diesem Beschluß kam die Akademie der Eingemeindung von Miersdorf in das benachbarte Zeuthen nur wenige Wochen zuvor. Das im folgenden auch als Zeuthener Institut bezeichnete Objekt erhielt seine letzten Konturen, als der Vorstand der Forschungsgemeinschaft Anfang 1958 auf Antrag des AKK entschied, für das Kernphysikalische Institut in Abgrenzung zu den anderen kernphysikalischen Forschungseinrichtungen in der DDR den Aufgabenkreis „Kernphysik bei niedrigen Energien sowie die Physik höchstenergetischer Prozesse" festzulegen.[36]

4.2 Die Forschungsgemeinschaft

Weder die strukturellen Veränderungen von 1949 und 1954, die zum Ziel gehabt hatten, sowohl die Anleitung der Institute zu straffen als auch die Akademie selbst besser lenkbar zu machen, noch der Versuch, per Politbürobeschluß vom 12. März 1955 die weitere „Entwicklung und Verbesserung der Arbeit der Deutschen Akademie der Wissenschaften zu Berlin" vorzuschreiben, brachten den von der Partei gewünschten Erfolg.[37] Schnell wurde ihr klar, daß die der Akademie gestellten Aufgaben, „die Wissenschaft in der DDR so zu entwickeln, daß sie das internationale Niveau der Wissenschaft erreicht, dabei gleichzeitig den Stand der westdeutschen Wissenschaft überflügelt und dadurch in höchstmöglichem Maße zur raschen ökonomischen Entwicklung unserer Republik beiträgt", mit den vorhandenen Strukturen nicht zu erfüllen waren.[38]

---

[34](Instituts-) Jahresbericht 1956 vom 30.1.1957. IfH, 21.
[35]Richter an Rompe vom 13.3.1957. BBA, AKL, 29.
[36]Wittbrodt an Otterbein vom 11.2.1958. A.a.O.
[37]Vgl. [Lan77], S. 68.
[38]PMA, AW, DY 30/IV 2/9.04/16, Bl. 2.

Die ungeeigneten Strukturen der Akademie waren aber nur ein Aspekt. Hintergrund für die nun einsetzenden Überlegungen zur erneuten Umorganisierung der Akademie war das weiter angewachsene Ungleichgewicht zwischen den naturwissenschaftlich-technischen auf der einen und den gesellschaftswissenschaftlichen Einrichtungen auf der anderen Seite. Da diesem naturwissenschaftlichen Potential eine entscheidende Rolle im wirtschaftlichen Aufholprozeß beigemessen wurde, mußten – unter Erhaltung der loyalen Mitarbeit der „bürgerlichen" Wissenschaftler – grundsätzlich neue Wege der Forschungsanleitung gefunden werden. Das dabei in Parteikreisen oft angeführte Argument, den Einfluß westdeutscher Akademiemitglieder auf die Forschungsinstitute der DDR auszuschalten, erscheint allerdings sehr viel vordergründiger, als das nicht artikulierte Argument, den Einfluß der „bürgerlichen" Gelehrtengesellschaft grundsätzlich zu mindern.[39]

Obwohl seit den Empfehlungen des Ministerrates „eine Verbesserung in der Arbeit des Präsidiums und der Klassen erzielt werden konnte," schrieb Wittbrodt im November 1955 an Hager, „darf nicht übersehen werden, daß das neue Statut in der Anleitung der Forschungsunternehmen keine wesentlichen Änderungen des bereits früher üblichen Verfahrens mit sich brachte." Weder die Klassen noch die Sekretare – mit Ausnahme des Genossen Rompe – seien zu einer wirklichen wissenschaftlich-organisatorischen Anleitung der Institute fähig. Vor allem aber, so Wittbrodt weiter, fehle es an einer systematischen wissenschaftlichen Verbindung zwischen der Leitung der Akademie und den Fachministerien. Dieses Problem werde selbst die Berufung eines Akademie-Mitgliedes auf den (geplanten) Posten des Generalsekretärs nicht lösen können. Er schlug vor, die Leitung drei gewählten Vizepräsidenten zu übertragen, denen die Klassen und ihre Ausschüsse als beratende Organe dienen sollten.[40]

Die Diskussion um eine erneute Umgestaltung der DAW setzte sich im Laufe des Jahres 1956 im zunehmenden Maße fort. Allerdings bestanden Vorbehalte der Art, daß ein radikaler Umbau der Akademie die „bürgerlichen" Wissenschaftler verprellen könnte.[41] Am 16. August beschloß der Ministerrat Maßnahmen, die eine „Neuordnung auf dem gesamten Gebiet der Forschung und Entwicklung" zum Ziel hatten und einen Rat für Forschung und Technik

[39]Denn daß die westdeutschen Mitglieder in der Arbeit der Akademie „effektiv (...) weder tätig noch wirksam" seien, meinte das ZFT schon in einer Stellungnahme zur Akademiefrage vom 10.1.1955. PMA, AW, DY 30/IV 2/9.04/375, Bl. 64. Es soll nicht ausgeschlossen werden, daß diese Frage in der damaligen Wahrnehmung des Parteiapparates durchaus eine ernstzunehmende Rolle spielte. Faktisch lief es aber tatsächlich darauf hinaus, die naturwissenschaftlichen Einrichtungen der Akademie dem Einfluß von Plenum und Präsidium zu entziehen und unter Partei- und Staatskontrolle zu bekommen. Vgl. weiter unten.

[40]Wittbrodt an Hager vom 17.11.1955. BBA, AKL, 665.

[41]Vgl. PMA, AW, DY 30/IV 2/9.04/372, Bl. 128.

(den späteren Forschungsrat) vorsahen. Damit bahne sich eine Entwicklung in der DDR an, die sowohl in der Sowjetunion und in den „Volksdemokratien" bereits durchgeführt worden sei: „Mit der Schaffung dieses Rates wird klar unterschieden werden zwischen der Akademie als höchste wissenschaftliche Institution und dem Rat als höchste staatliche Autorität für das gesamte Gebiet der Naturwissenschaften und der Technik."[42]

Doch der Blick wurde auch in die Bundesrepublik gerichtet, und so zielte einer der zahlreichen Vorschläge Wittbrodts aus dieser Zeit darauf ab, eine Leibniz-Gesellschaft nach Vorbild der bundesdeutschen Max-Planck-Gesellschaft für die naturwissenschaftlich-technischen Einrichtungen der DAW zu schaffen.[43] Von diesem Gedanken bis zur Forschungsgemeinschaft war es nicht mehr weit.[44] Entscheidend war, daß eine solche Zusammenfassung der naturwissenschaftlichen Institute von namhaften Akademie-Mitgliedern unterstützt wurde.[45] So berichtete Verwaltungsdirektor Freund Anfang 1957 über ein Gespräch mit Peter Adolf Thiessen, in dem dieser sich in seinem und im Namen des neuen Präsidenten der DAW, Volmer, zu den beabsichtigten Veränderungen ganz im Sinne der von den Parteileuten diskutierten Umformung äußerte.[46]

Diese Pläne riefen jedoch bei den Gesellschaftswissenschaftlern Befürchtungen hervor, bei einer Abtrennung des naturwissenschaftlichen Potentials von der Akademie marginalisiert zu werden. In diesem Zusammenhang gab Heinrich Bertsch, Sekretar der Klasse für Chemie, Geologie und Biologie, auf einer Strukturdiskussion der Parteigruppe des Präsidiums vom 1. Februar 1957 zu bedenken, daß die Akademie eine hochwichtige gesamtdeutsche Aufgabe habe, so daß man unter diesem Aspekt die DAW von der Rolle als vollziehendes Organ der Regierung der DDR auf dem Gebiet der Wissenschaft befreien und die volkswirtschaftlich wichtigen naturwissenschaftlichen Institute herausrücken müßte. „Aber eigentlich senkt man dadurch das Niveau der Bedeutung der Institute – man muß also unter dem Dach der Akademie bleiben."[47]

Bis Mitte März erarbeitete eine Kommission unter Thiessen einen Entwurf über die Bildung und Tätigkeit der Forschungsgemeinschaft.[48] Zwei Wochen später beschäftigte sich zunächst das Sekretariat des ZK mit dem Thema. Dem Politbüro wurde vorgeschlagen zu beschließen:

---

[42]Ausführungen Wittbrodts vom 25.9.1956. BBA, AKL, 452.
[43]PMA, AW, DY 30/IV 2/9.04/412, Bl. 25-29.
[44]A.a.O., Bl. 30-33 und Bl. 38-42.
[45][Nö97], S. 136f.
[46]PMA, AW, DY 30/IV 2/9.04/412, Bl. 51f. Thiessen, Direktor des Instituts für physikalische Chemie, wurde wenig später Vorsitzender des Forschungsrates.
[47]PMA, AW, DY 30/IV 2/9.04/412, Bl. 53.
[48]Der Entwurf datiert vom 13.3.1957. BBA, AKL, 365.

> Um eine bessere Planung und Kontrolle der Verwendung der vom Staat aufgewendeten Mittel für die naturwissenschaftlich-technische Forschung der Deutschen Akademie der Wissenschaften zu gewährleisten und das Präsidium der DAW von der mit der Leitung dieser Institute verbundenen zeitraubenden Arbeit zu entlasten und diese Leitung gleichzeitig zu verbessern, werden die naturwissenschaftlichen und technischen Forschungsinstitute der DAW zu einer Forschungsgemeinschaft (...) zusammengefaßt.

Die Forschungsgemeinschaft sei von einem Vorstand aus etwa fünf Akademie-Mitgliedern zu leiten. Zusätzlich wurde die Wahl eines Kuratoriums vorgesehen, in das neben Mitgliedern der DAW Vertreter der Industrieministerien und von Instituten und Forschungseinrichtungen der Betriebe zu berufen seien, „um eine engere Verbindung von Forschung und Praxis zu erreichen." Kurt Hager und Fritz Selbmann wurden beauftragt, in Zusammenarbeit mit den satzungsmäßigen Organen der DAW die festgelegten Maßnahmen durchzuführen. Zum Sekretär der Forschungsgemeinschaft sollte Wittbrodt bestellt werden. An die Stelle eines wissenschaftlichen Direktors trat nunmehr mit dem Chemiker Günther Rienäcker ein Generalsekretär.[49]

Am 2. April nahm das Politbüro Kenntnis vom Beschluß des Sekretariats.[50] Die ZK-Abteilung Wissenschaften hatte aber bei der Ausarbeitung der Vorlage die Akademie-Genossen übergangen, denn als der Mitarbeiter der Abteilung, Rudolf Model, die Genossen Morgenstern, Rompe, Bertsch, Wittbrodt, Dewey und Freund von der Akademie am 12. April mit dem Inhalt des Beschlusses bekannt machte, monierten diese, daß die Vorlage nicht mit ihnen abgestimmt worden sei und daß in ihnen „kein Genosse Gesellschaftswissenschaftler enthalten ist, obwohl die Gesellschafts- und Geisteswissenschaften in der verbleibenden Akademie die dominierende Rolle spielen werden".[51] Die Folge war, daß man zumindest als Stellvertreter des künftigen Generalsekretärs einen Gesellschaftswissenschaftler vorsah. Ein geeigneter Kandidat war allerdings bis Ende des Jahres noch nicht gefunden.[52]

Am 16. Mai faßte das Plenum in seiner Sitzung den Beschluß über die Bildung und Tätigkeit der Forschungsgemeinschaft der naturwissenschaftlichen, technischen und medizinischen Institute der Deutschen Akademie der Wissenschaften, den der für Akademieangelegenheiten zuständige Stellvertreter des

[49](Arbeits-) Protokoll der Sekretariatssitzung vom 29.3.1957, TOP 20. PMA, SK, DY 30/J IV 2/3A/559.

[50](Arbeits-) Protokoll der Politbürositzung vom 2.4.1957, TOP 16. PMA, PB, DY 30/J IV 2/2A/558.

[51]PMA, AW, DY 30/IV 2/9.04/412, Bl. 65f.

[52]PMA, AW, DY 30/IV 2/9.04/372, Bl. 136.

Ministerpräsidenten, Fritz Selbmann, vier Tage später bestätigte.[53] Darin heißt es zur Begründung:

> Die bisher geübte Verteilung der naturwissenschaftlichen, technischen und medizinischen Institute auf einzelne Klassen stand der Verwirklichung dieser Aufgabe der Akademie [– nämlich fruchtbare Anregungen für eine breite Entwicklung und für die Erschließung neuer praktischer Möglichkeiten zu gewähren –] oft ernsthaft im Wege. Im besonderen erwuchs aus ihr den Klassen eine schwere Belastung an Verwaltungsarbeiten. Außerdem war ein wirksames Zusammenschalten von Instituten verschiedener Klassen zu gemeinsamer Arbeit kaum zu erreichen. Gemeinschaftsarbeiten sind aber in der Regel unentbehrlich für die erfolgreiche Lösung von wissenschaftlich und volkswirtschaftlich notwendigen Arbeiten, vor allem bei Schwerpunktarbeiten großer Aktualität.

Um eine „gerechte Berücksichtigung der Bedürfnisse von Forschung, Technik und Volkswirtschaft" zu gewährleisten, wurden in das leitende Gremium der Forschungsgemeinschaft, das Kuratorium, „Wissenschaftler gemeinsam mit Vertretern der Regierung der Deutschen Demokratischen Republik" berufen, was durch Selbmann mit Einverständnis des Akademiepräsidiums erfolgte. Von den dreißig Mitgliedern waren sechzehn Akademiemitglieder, neun kamen aus dem Staatsapparat und fünf waren Wissenschaftler aus Akademieinstituten. Das Kuratorium wählte auf seiner konstituierenden Sitzung am 24. Juni den Vorstand und den Vorstandsvorsitzenden: Vorstandsmitglieder wurden Robert Rompe, Kurt Schröder, Erich Thilo, Hans Gummel, Hermann Neels und Hermann Klare,[54] Vorsitzender wurde der 18 Tage zuvor bereits zum vierten Vizepräsidenten der Akademie gewählte Hans Frühauf.[55] Mit dieser Konstellation schien die gewünschte Einflußnahme durch Staat (im Kuratorium) und Partei (in Kuratorium und Vorstand) gesichert, was Selbmann in einem Schreiben an Hager vom 16. Mai 1957 auch als Ziel formuliert hatte.[56] Wenn der Eindruck nicht täuscht, so wurden sämtliche Vorlagen des Kuratoriums in der

[53] PMA, AW, DY 30/IV 2/9.04/412, Bl. 72. Der Beschluß, aus dem im folgenden zitiert wird, ist abgedruckt in: Mitteilungsblatt der DAW, 6/7/8 (1957), S. 133-136.

[54] Dieser Name steht nicht im Beschluß, findet sich aber im ersten Tätigkeitsbericht der Forschungsgemeinschaft, Berlin 1959, S. 9.

[55] Dem war eine Besprechung Frühaufs und Wittbrodts bei Selbmann vorausgegangen, auf der Frühauf sich bereit erklärte, sowohl den Vorsitz des Vorstandes als auch des Kuratoriums zu übernehmen. Aktenvermerk über die Besprechung beim Stellvertreter des Vorsitzenden des Ministerrates, Herrn Fritz Selbmann, am 4.6.1957. BBA, AKL, 365. Zum Leiter des wissenschaftlichen Sekretariats wurde verabredungsgemäß Hans Wittbrodt bestimmt. Das Verzeichnis der Einrichtungen der Forschungsgemeinschaft umfaßte insgesamt 39 Institute.

[56] PMA, AW, DY 30/IV 2/9.04/417, Bl. 1f. Mit Frühauf, Gummel, Neels und Rompe hatten Genossen auch die Mehrheit im Vorstand.

ZK-Abteilung Wissenschaften vorab kontrolliert und besonders Personalentscheidungen befürwortet oder abgelehnt.[58]

Die SED-Führung ging an dieser Stelle aber noch einen Schritt weiter und gründete mit dem Forschungsrat ein (neben dem Wissenschaftlichen Rat) weiteres beratendes Gremium, das der Akademie übergeordnet wurde und die ihr eingeräumte Sonderstellung als wichtigste und höchste wissenschaftliche Institution einschränkte. Erster Vorsitzender des Forschungsrates wurde Peter Adolf Thiessen, einstmals Spartenleiter für Chemie im Reichsforschungsrat und danach über elf Jahre in der Sowjetunion. Im Beschluß heißt es:

> Der Forschungsrat hat die Aufgabe, die Perspektive der naturwissenschaftlichen und technischen Forschung und der Entwicklung der neuen Technik, soweit sie auf wissenschaftlicher Forschung beruht, aufzustellen, die Aufgaben der in der Republik vorhandenen Forschungskapazitäten in Übereinstimmung mit den ökonomischen Erfordernissen und den Planaufgaben zu bringen und die grundsätzlichen Maßnahmen zur Einführung der neuen Technik zu lenken und zu koordinieren.[59]

Die „Intelligenzpolitik" der SED schwankte in dieser Zeit zwischen den Polen Zurückhaltung und fortgesetzter Indoktrination. Zwar gab sie die Privilegierung der „bürgerlichen" Wissenschaftler nie auf, doch wenn die Abwanderung nach Phasen der Ideologisierung zunahm, folgten schnell Signale des Wohlwollens. Dabei unterschied sie in ihrer Einflußnahme wohlweislich zwischen den Hochschulen mit ihrer Bedeutung für die Erziehung der nächsten Generation (vor allem) „sozialistischer Kader" – hier war die ideologische Auseinandersetzung unvermindert scharf, was sich entsprechend in den Abwanderungszahlen niederschlug –, und dem wirtschaftlich bedeutenden Forschungspotential der Akademie. Letztere war daher, zumindest bis 1961, eher das Feld eines gedämpften und ritualisierten subtilen Klassenkampfes, „in dessen Verlauf die „Bürgerlichen" eher integriert oder ignoriert als bekämpft oder vertrieben wurden."[60] Die in den Jahren nach 1955 geschaffenen Beratungsgremien waren Bestandteil dieser – oftmals inkonsequenten, bisweilen seltsam rat- und hilflos und dann wieder aktionistisch erscheinenden – Strategie, die den Wissenschaftlern das Gefühl vermitteln sollte, gebraucht zu werden, eine staatstragende Rolle einzunehmen und Einfluß ausüben zu können.

Langfristiges Ziel der Parteispitze blieb allerdings die Ersetzung der alten

---

[58]Vgl. PMA, AW, DY 30/IV 2/9.04/417.

[59]Beschluß über Maßnahmen zur Verbesserung der Arbeit auf dem Gebiete der naturwissenschaftlich-technischen Forschung und Entwicklung und der Einführung der neuen Technik vom 6.6.1957. Etwa in BBA, AKL, 452. Vgl. zur Rolle des Forschungsrates und vor allem Thiessens [Tan97], passim.

[60][Wal95], S. 74.

wissenschaftlich-technischen Elite durch junge, in der DDR sozialisierte Nachwuchskräfte. Auf dem Weg zu diesem Ziel schien dem ZK-Apparat der Ausbau der parteiorganisatorischen Basis offenbar vielversprechender, als die oftmals schwierigen Allianzen mit den älteren SED-Wissenschaftlern. Nachdem die Leitungsgremien der Forschungsgemeinschaft – zumindest nominell – im wesentlichen durch SED-Kader kontrolliert wurden, versuchte die Partei daher 1958 mit der Wahl des Akademiepräsidenten weiter an Boden zu gewinnen. Hauptgrund für die vorgezogene Neuwahl waren gesundheitliche Probleme Volmers, der eigentlich schon 1957 hatte zurücktreten wollen. Selbmann hoffte jedoch, noch etwa ein bis anderthalb Jahre Zeit zu gewinnen, „bis die Amtszeit des Genossen Hartke abgelaufen ist, dann schlägt er vor, daß Hartke neuer Akademiepräsident werden könnte.“[61]

Die Wahl von Werner Hartke fand schließlich am 23. Oktober 1958 statt. Einen Monat zuvor hatte Volmer in einem Schreiben an Grotewohl signalisiert, daß die überwiegende Mehrzahl der Stimmen auf Hartke entfallen würde.[62] Tatsächlich ging sie dann aber doch denkbar knapp aus, und Hartke erhielt nur 36 von 69 abgegebenen Stimmen – ein Beinahe-Debakel für die Partei. Umso emsiger ging der neue Präsident anschließend daran, seinen und den Einfluß der Partei an der Akademie zu stärken, was sich unter anderem im endgültigen Aufbau der Akademieparteileitung (APL) manifestierte.[63] Der Umstand, daß nun sowohl die Gelehrtengesellschaft mitsamt den gesellschaftswissenschaftlichen Einrichtungen als auch die Forschungsgemeinschaft von Parteikadern angeführt wurden, führte jedoch nicht zwingend zu einer gleichgerichteten Politik innerhalb der verschiedenen Struktureinheiten. Insbesondere führte Hartkes Anspruch, der Forschungsgemeinschaft übergeordnet zu sein, zu Konflikten mit dem Vorsitzenden der Forschungsgemeinschaft, Hans Frühauf.[64]

Eines der größten Probleme innerhalb der Forschungsgemeinschaft blieben weiterhin die Anleitung und Kontrolle der Institute mit der Zielsetzung, die Überführung wissenschaftlicher Ergebnisse in die Produktion zu verbessern. Nachdem man die Klassen erfolgreich von dieser Aufgabe entbunden hatte, mußten erst neue Strukturen gebildet werden, womit der Vorstand Ende 1957

[61]PMA, AW, DY 30/IV 2/9.04/372, Bl. 135. Hartke schien aus mehreren Gründen ein idealer Kandidat: Er gehörte der SED an und hatte als Rektor der Humboldt-Universität die Hochschulpolitik der Partei in vorbildlicher Weise umgesetzt; als ehemaliges Mitglied der NSdAP konnte seine Wahl ein versöhnliches Zeichen setzen; und (wichtig als Ausgleich zur Gründung der Forschungsgemeinschaft) er war Geisteswissenschaftler.

[62]PMA, AW, DY 30/IV 2/9.04/370, Bl. 11.

[63]Erst Ende 1952 war vorgeschlagen worden, an der Akademie eine eigene Parteiorganisation zu gründen (vgl. PMA, AW, DY 30/IV 2/9.04/380, Bl. 1f). Sie kam aber nicht recht von der Stelle – bis zur Wahl Hartkes. Vgl. [Nö97], S. 135 und S. 138.

[64]Vgl. PMA, AW, DY 30/IV 2/9.04/370, Bl. 54-57.

begann, indem jedes Mitglied für einige Institute verantwortlich gemacht wurde: „Es wird ein Plan ausgearbeitet für die systematische Prüfung aller Institute im Jahre 1958 hinsichtlich ihrer wissenschaftlichen Thematik, der Produktivität und der Kaderlage." Es komme nun darauf an, dieses neugeschaffene Instrument richtig zu handhaben.[65] Für die physikalischen Institute fiel diese Verantwortung auf Robert Rompe.[66]

Am 2. Dezember 1959 faßte der Vorstand dann einen „Beschluß über Maßnahmen zur besseren Organisierung der Arbeit des Vorstandes der Forschungsgemeinschaft", der es den Mitgliedern des Vorstandes ermöglichte, „im Rahmen des wissenschaftlichen Sektors, den sie im Vorstand vertreten, eine Kommission (zu) bilden." Aufgabe solcher Kommissionen sollten „Maßnahmen von grundsätzlicher Bedeutung für die a) langfristige Entwicklung der Institute und Einrichtungen des Sektors, b) Planung der wissenschaftlichen Thematik, c) Bildung, Übernahme, strukturelle Änderung oder Auflösung von Instituten und Einrichtungen des Sektors, d) Organisation der wissenschaftlichen Arbeit im Sektor" sein. Die erste dieser Vorstandskommissionen, die gegründet wurde, war die Kommission für Investitionsfragen (Februar 1960). Im Oktober 1961 wurden – in Vorwegnahme von Forderungen des 14. Plenums der Partei – weitere Kommissionen gebildet, darunter die Kommission für Physik, Mathematik, Technik, Astronomie und Geophysik unter Vorsitz von Rompe.[67]

Folgt man den Materialien, die die ZK-Abteilung Wissenschaften in diesen Jahren für Aussprachen Kurt Hagers mit der Führungsspitze der Akademie ausgearbeitet hat, dann wurde die Situation in der Forschungsgemeinschaft 1959 sehr positiv eingeschätzt.[68] Überhaupt ist die Phase bis 1961 eine verhältnismäßig ruhige, da sich die mit der wirtschaftlichen und politischen Krise ab 1960 wieder einsetzende große Geschäftigkeit zunächst vor allem im Staatsapparat auswirkte.[69]

Diese Krise und die zu ihrer Beendigung errichtete Mauer führten dazu, die

[65]PMA, AW, DY 30/IV 2/9.04/372, Bl. 145.

[66]Tätigkeitsbericht der Forschungsgemeinschaft von 1957/58, Berlin 1959, S. 33.

[67]Jahrbuch der DAW von 1961, Berlin 1962, S. 273-275. Weiterhin berufen wurden die Professoren Paul Görlich, Kurt Schröder und Max Steenbeck, der seinerzeit Vizepräsident der Akademie und Leiter der Gruppe Grundlagenforschung im Forschungsrat war. Komplettiert wurde die Kommission durch den Sekretär – dem jeweiligen Referenten des Wissenschaftlichen Sekretariats, zu dieser Zeit Horst Fischer –, den Wissenschaftlichen Sekretär, Hans Wittbrodt, und einen Vertreter des Büros des Vorstandes. Im folgenden wird die auch in Dokumenten der Forschungsgemeinschaft häufig gebrauchte kürzere Bezeichnung „Kommission für Physik, Mathematik und Technik" Verwendung finden. Jahrbuch der DAW von 1962, Berlin 1963, S. 10.

[68]Vgl. PMA, AW, DY 30/IV 2/9.04/370, Bl. 40f.

[69]Vgl. [Nö98], S. 166.

expansive Phase der Akademie mit stetig steigenden Etats zu beenden und die vorhandenen Forschungseinrichtungen einer eingehenden Analyse auf ihre Bedeutung für die Volkswirtschaft zu unterziehen, die Frage der führenden Rolle der Partei an den Instituten wieder stärker in den Vordergrund zu rücken und sich von der Bundesrepublik abzunabeln – sowohl was die Abhängigkeit von Importen anbetraf („Störfreimachung“) als auch bezüglich der gesamtdeutschen Konzeption der Akademie. Letzteres bedeutete im Umkehrschluß, daß man sich noch mehr den „sozialistischen Bruderländern“ zuwenden wollte und mußte.

Bezüglich der nun gebotenen Sparsamkeit gab Kurt Hager dem erweiterten DAW-Präsidium in einer Aussprache zu verstehen:

> Die DAW sollte nicht mehr Mittel fordern, sondern versuchen, die vorhandenen wirkungsvoller auszunutzen. Die Bildung neuer Institute sollte unter dem Gesichtspunkt betrachtet werden, daß sie den Erfordernissen der DDR in der nächsten Zeit stärker entsprechen. Hierzu fehlt aber offensichtlich eine umfassende Konzeption.

Daß dies einer Aufkündigung der „Bündnispolitik“ mit den „bürgerlichen Wissenschaftlern“ gleichkam, mag die Forderung Frühaufs verdeutlichen, den Drohungen führender Wissenschaftler nicht länger nachzugeben.[70]

***

Die Strategie, über materielle Privilegierung und die Erfüllung von Sonderwünschen die Wissenschaftler dazu zu verpflichten, ihre Arbeit in den Dienst der wirtschaftlichen Entwicklung zu stellen, wurde empfindlich durch die anhaltende Abwanderung von Fachkräften in die Bundesrepublik gestört. Zwar waren spektakuläre Fälle in den Naturwissenschaften relativ selten und die Akademie weniger als die Universitäten betroffen, doch kann das nicht über den beträchtlichen Verlust an kreativen Nachwuchskräften hinwegtäuschen, der hingenommen werden mußte – zumal jeder Fortgang einer Fachkraft auch eine Absage an die Wissenschafts- und Wirtschaftspolitik der SED bedeutete.

Die DAW fing erst 1955 an, die Flucht von Mitarbeitern für die zuständige ZK-Abteilung zu dokumentieren.[71] Jetzt, da sich das Regime und auch die Wirtschaft der DDR stabilisiert hatten, interessierten sich der ZK-Apparat und – auf staatlicher Ebene – das Ministerium des Innern mehr und mehr für die

[70] PMA, AW, DY 30/IV 2/9.04/370, Bl. 99f und Bl. 103.

[71] Vermutlich war das Interesse an dieser Problematik vorher aus zumindest zwei Gründen geringer: Zum einen, weil oppositionelle, regimekritische oder historisch belastete Personen die DDR verließen, zum anderen, weil die Fluchtbewegung die Versorgungskrise entschärfte, die nicht zuletzt durch den Zustrom der Bevölkerung aus den Ostgebieten des Deutschen Reiches hervorgerufen worden war.

Zahlen und Motive der „Flüchtlinge". Von nun an wurden Briefe von Republikflüchtigen und Äußerungen von Wissenschaftlern, wissenschaftlich-technischem Personal oder Studenten, die auf Unzufriedenheit mit den Verhältnissen hindeuteten, in der Abteilung Wissenschaft und Hochschulen des ZK systematisch gesammelt und ausgewertet.[72] Zu den ergriffenen und eher kontraproduktiven Maßnahmen gehörten die zunehmende Kriminalisierung der „Republikflucht", die verstärkte Überwachung und Absperrung der Grenzen, die Einschränkung von Westreisen, eine Zunahme der Bespitzelung und das Führen von „Einzelaussprachen" mit Personen, deren Abwanderungswunsch der Partei bekannt geworden war. Bezüglich der Reisen von Wissenschaftlern zu Kongressen wurde die Genehmigung strengeren Kriterien unterworfen und wo möglich die Delegationsbildung durchgesetzt, die eine Überwachung und Einflußnahme durch Parteikader erlaubte.

Als Ende 1957 mit Hans-Joachim Born einer der bekanntesten Heimkehrer aus der Sowjetunion eine Berufung der Technischen Hochschule München annahm und nicht mehr in die DDR zurückkehrte, wurde dies nicht nur Thema einer Sitzung des Vorstandes der Forschungsgemeinschaft, sondern führte auch zur Veröffentlichung eines Antwortschreibens im Mitteilungsblatt der Akademie, in dem ihm – als Vertragsbruch paraphrasiert – Verrat und schwerer Schaden des Aufbaus der DDR vorgeworfen wurden. Eigentlicher Adressat waren aber die Mitarbeiter der Akademie, die möglicherweise ähnliche Gedanken hegten.[73] All das und die mit dem V. Parteitag (1958) einsetzende Verschärfung des ideologischen Kurses führten aber eher zu steigenden Abwanderungszahlen.[74]

Die Tendenz setzte sich fort: Nachdem 1959 die Zahlen rückläufig waren und lediglich 128 Mitarbeiter der DAW, darunter 24 Wissenschaftler, flohen, waren es 1960 immerhin 192, davon 38 Wissenschaftler.[75] Im Sommer 1961 entschloß sich die Parteiführung zum Mauerbau, der am 13. August begann, und dem weiteren Ausbau der „innerdeutschen Grenze" zur todbringenden Trennungslinie zwischen den beiden deutschen Teilstaaten. Erst diese radikale Lösung beendete die einem Höhepunkt zueilende Anzahl der Republikfluchten.[76] Mögen die Zahlen angesichts des inzwischen aufgebauten Potentials auch als gering erscheinen, so wurde der Verlust doch hoch veranschlagt: Selbst in einem Doku-

---

[72]Vgl. dazu die Unterlagen in PMA, AW, DY 30/IV 2/9.04/669, passim. Vgl. für das Hochschulwesen auch die Dokumentation in [Con94].

[73]Vgl. *Mitteilungsblatt der DAW*, 3 (1957) 11/12, S. 315f.

[74]Vgl. PMA, AW, DY 30/IV 2/9.04/370, Bl. 52.

[75]PMA, AW, DY 30/IV 2/9.04/384, Bl. 251.

[76]Bis zum 13. August flohen noch einmal 221 Mitarbeiter der Forschungsgemeinschaft, darunter 53 Wissenschaftler, während es in der verbleibenden Zeit des Jahres immerhin noch 56 Mitarbeiter (13 Wissenschaftler) waren. Republikfluchten aus der Forschungsgemeinschaft der Deutschen Akademie der Wissenschaften, 1957-1965, undatiert. BBA, VA, 5684.

ment aus dem Jahre 1967 heißt es noch, daß die „Verluste an Wissenschaftlern und Ingenieuren, die wir in der Zeit der offenen Grenze erlitten haben," erst 1970 ausgeglichen werden könnten.[77]

Die totale Absperrung der Grenzen nach Westen bedeutete aber auch für viele Monate einen empfindlichen Einschnitt in die Möglichkeit zu Reisen in das westliche Ausland und vor allem in die Bundesrepublik: „Reisen nach Westdeutschland und westl. Ausland werden eingestellt", hieß es kurz und knapp im Bericht zur Lage seit dem 13. August anläßlich der Leitungssitzung der BPO Akademie-Zentrale zwei Tage später.[78] Dem folgte am 4. September die Sperrung der Valutamittel.[79] An diesem Tag erreichte Akademiepräsident Hartke ein Schreiben aus dem Sekretariat des Ministerrates, in dem er über einen Beschluß vom 22. August 1961 informiert wurde, der die „Reisen von Wissenschaftlern nach Westdeutschland und in das kapitalistische Ausland" betraf.

Gemäß diesem Beschluß war zu sichern, „daß bis zum Abschluß eines Friedensvertrages angesichts der Bedrohung und Belästigung der Bürger der Deutschen Demokratischen Republik durch westdeutsche Revanchisten und Militaristen Wissenschaftler der DDR nicht Gastvorlesungen in Westdeutschland halten, an keinen wissenschaftlichen Tagungen in Westdeutschland teilnehmen und keine Dienst- und Berufsreisen nach Westdeutschland unternehmen." Für Reisen in das kapitalistische Ausland wurden lediglich „Tagungen, deren Thematik von großer wissenschaftlicher Bedeutung sind" sowie „Tagungen, die im Hinblick auf die internationale Stellung der DDR besucht werden sollten", als Ausnahmen zugelassen, wobei nur solche Wissenschaftler fahren könnten, „die die Gewähr dafür geben, daß sie die Belange der DDR allseitig vertreten." Anträge seien an das Ministerium für Auswärtige Angelegenheiten zu richten.[80]

Wie drastisch dieser Einschnitt war, wird an folgenden Zahlen deutlich: 1960 hatte die Reisetätigkeit von Akademieangehörigen in das westliche Ausland mit über 1.200 Reisen (davon 815 allein in die Bundesrepublik) einen Höhepunkt erreicht. Extrapoliert man die Zahl der Reisen, die bis zu jenem 13. August durchgeführt worden waren, ergibt sich für 1961 ein ähnlich hoher Wert: in den siebeneinhalb Monaten bis zum Mauerbau fanden insgesamt 755 Reisen

[77] Vorschläge zum Brief der SED vom 25. November 1967 zu Hauptfragen der ökonomischen und wissenschaftlich-technischen Zusammenarbeit mit der UdSSR. PMA, BUl, DY 30/J IV 2/202/21.

[78] Protokoll der Leitungssitzung der BPO Akademie-Zentrale vom 15.8.1961, TOP 1. LAB, GOA, Protokolle der ZPL, IV/7/104/007.

[79] Valutaplan 1961, handschriftlicher Vermerk. BBA, AA, 2903.

[80] Mit Rundschreiben vom 14.9.1961 unterrichtete Generalsekretär Rienäcker die Institutsleiter der DAW vom Inhalt des Beschlusses. BBA, AKL, 403. Die Direktoren der Institute im Bereich der Forschungsgemeinschaft wurden von Klare auf der Direktorenkonferenz am 18.10.1961 in Kenntnis gesetzt.

statt, davon 541 in die Bundesrepublik. Da die Forschungsgemeinschaft an diesen Reisen etwa einen Anteil von 80-90 % hatte, trafen die Maßnahmen sie besonders schwer.[81] Nach dem 13. August fanden 1961 keine Reisen mehr in die Bundesrepublik statt, in das westliche Ausland lediglich neun.[82]

4.3 Das Kernphysikalische Institut

Die vielversprechenden Fortschritte des Jahres 1956 hielten nicht lange vor. Die Bautätigkeit blieb zum wiederholten Male hinter den Planungen und Notwendigkeiten zurück. Durch den kurzfristig beschlossenen Einbau der Emulsionsentwicklungsanlage fehlten der niederenergetischen Kernphysik Laborräume, die durch die für 1957 vorgesehene Weiterführung des Laboranbaus in Richtung Platanenallee eingerichtet werden sollten. Projektierung und Baubeginn zogen sich aber bis Januar 1959 hin. Davon war besonders die radiochemische Abteilung betroffen, die die ganze Zeit über als Provisorium arbeiten und verschiedene Arbeiten aufgrund von nicht einhaltbaren Strahlenschutzbestimmungen unterlassen mußte.[83] So war das Auffälligste an dieser Abteilung die Personalsituation: Im Juni 1958 verschwand das Ehepaar, das im Labor arbeitete, in die Bundesrepublik.[84] Nachfolgerin wurde im Oktober die aus Buch wechselnde Ursula Drehmann - mehr als 13 Jahre, nachdem sie zuletzt im Institut gewesen war.[85]

Sehr bedrückend verlief die Entwicklung der so wichtigen Großanlagen, dem 2-MV-Kaskadengenerator und dem 4-MV-Van-de-Graaff. Der 2-MV-Kaskadengenerator war - wie erwähnt - bereits 1951 in Dresden bestellt worden. Mit ihm sollten vor allem einige radioaktive Isotope hergestellt werden, da die DDR diese aufgrund des alliierten Verbotes nicht einführen durfte. Wie ebenfalls schon dargelegt, scheiterte die Inbetriebnahme bis Mitte 1955 vor allem an baulichen Problemen. Dadurch waren die Teile, aber auch die fertig montierte Anlage viele Monate lang in unbeheizten Räumen gelagert wor-

[81] Vgl. die Angaben in der Information für Gen. Hager aus der Abteilung Wissenschaften vom 14.11.1963 (PMA, AW, DY 30/IV A2/9.04/311) sowie die Statistik der DAW-Auslandsabteilung: Reisen nach Westdeutschland im Jahre 1961 vom 24.3.1962 (BBA, AA, 1934/1). Die Prozentzahl ergibt sich aus dem Anteil der Reisen der Forschungsgemeinschaft an allen Reisen der Akademie in die Bundesrepublik in den Jahren 1960 und 1961. Innerhalb der Forschungsgemeinschaft traf es besonders die Sektoren Physik, Chemie und Medizin.

[82] Statistischer Überblick 1961, Anlage 2, vom 6.3.1962. BBA, AA, 1934/1.

[83] (Instituts-) Jahresbericht 1959 vom 22.1.1960. IfH, 22.

[84] Vgl. den Bericht vom 3.7.1958. BBA, VA, 1531.

[85] Bewerbung Frl. Drehmanns vom 17.6.1958, Schreiben Richters an Frühauf vom 26.6.1958 und Einstellungsanweisung vom 1.10.1958. BBA, Personalakte Dr. Ursula Drehmann, Bl. 68-71 und Bl. 79.

den. Das führte beim Test Ende Juli 1955 zu schweren Mängeln, so daß „die Verbrauchereinheit demontiert und der Meß- und Steuerteiler nach Dresden zwecks Reparatur gebracht (wurden)".[86]

Es dauerte über zwei Jahre, bis der Beschleuniger zum zweiten Mal prüffertig montiert war. Die Klimaanlage arbeitete zwar nun zufriedenstellend, doch zog sich die Anlieferung der in der Bundesrepublik bestellten Widerstände bis in das Frühjahr 1957 hin. Bei der neuerlich versuchten Abnahmeprüfung im Sommer kam es wieder zu Beschädigungen wichtiger Teile, woraufhin die gesamte Anlage auf Wunsch der Herstellerfirma demontiert und nach Dresden zur Generaldurchsicht gebracht wurde. Die Zusage, den Generator im April des nächsten Jahres wieder aufzubauen, war schon Ende des Jahres nicht mehr realistisch.[87]

Tatsächlich zogen sich die Reparaturen noch bis zum November hin, und erst im Sommer 1959 konnte die Kaskade endlich vom Institut übernommen werden. Nicht genug, daß acht Jahre seit der Bestellung und sechs Jahre seit der ersten beabsichtigten Inbetriebnahme vergangen waren, konnte der Generator nur bis maximal 1,5 MV betrieben werden, „um Sicherheit vor harten Überschlägen zu haben, die für die Isolation der Kondensatoren und Isolier-Transformatoren (...) als gefahrvoll angesehen werden."[88] 1960 wurde schließlich ein stabiler Betrieb erreicht, und 1961 konnten die ersten Bestrahlungen mit Protonen vorgenommen werden.

Man kann die Probleme beim Aufbau des Kaskadengenerators in Zeuthen nur als Fiasko bezeichnen. Obwohl das VEB Transformatoren- und Röntgenwerk bereits seit den Kriegsjahren über Erfahrungen im Bau von Hochspannungsbeschleunigern verfügte, vermochte es nicht, vor 1958 auch nur eine Kaskade, einen Van-de-Graaff oder ein Betatron betriebsbereit auszuliefern.[89] Drei Jahre vorher verfügte ihrerseits die Bundesrepublik Deutschland bereits über 15 Beschleunigeranlagen, was im Vergleich zu Großbritannien (38) und den USA (142) lediglich eine kleine Zahl bedeutete, ganz abgesehen von den maximal erreichbaren Energien.[90]

Der Van-de-Graaff-Generator, der von Otto Baier in Ilmenau in seinem elektrostatischen Teil fertig entwickelt worden war, wurde im März 1958 erwar-

[86]Von der Schulenburg an die Aufbauleitung der DAW vom 5.1.1956. BBA, AKL, 29.

[87](Instituts-) Jahresberichte 1956 vom 30.1.1957 und 1957 vom 30.1.1958. IfH, 21.

[88](Instituts-) Jahresbericht 1958 vom 27.1.1959 und 1959 vom 22.1.1960 sowie Bericht über den Aufbau und die Arbeiten des Kernphysikalischen Institutes der Deutschen Akademie der Wissenschaften zu Berlin vom Juni 1961. IfH, 21 und 22.

[89]Folglich war 1956 der erste Beschleuniger der DDR im MeV-Bereich, ein Betatron von 17 MeV an der Universität Jena, ein Eigenbau. [Win61], S. 34f.

[90][Mü90], S. 304.

Acht Jahre nach seiner Bestellung im November 1951 konnte der Kaskadengenerator endlich von der Herstellerfirma aus Dresden übernommen werden. Statt bei einer Hochspannung von 2 MV durfte er aber nur bei 1,5 MV betrieben werden.

tungsgemäß nach Zeuthen überführt, wo er in einem Anbau an der ehemaligen Zyklotronhalle aufgestellt werden sollte. Bis auf das Ionenrohr, die Ionenquelle und ein Stahlgerüst zur Aufnahme des Drucktanks und der Hauben meldete Baier den Generator montagefertig. Richter schrieb dazu: „Die Inbetriebnahme des 4-5 MV Van-de-Graaff-Generators soll in Zukunft den Arbeitsbereich auf dem Gebiete der Kernreaktionen erheblich erweitern. Bei Fortdauer der gegenwärtigen Schwierigkeiten in der Beschaffung von Materialien, Halbfertigfabrikaten und Arbeitskräften ist aber die Vollendung der Anlage im Jahre

1959 ausgeschlossen."[91]

In der Tat wurde 1959 lediglich der Turm fertig. Richter hielt sich daher mit einer Prognose sehr zurück und vermerkte lediglich, daß die beschleunigte Fertigstellung des Van-de-Graaff-Generators für das Arbeitsgebiet Kernreaktionen ein wesentlicher Gewinn wäre.[92] Ein Jahr später stand dann die Generatorsäule, Montage und Demontage des Drucktanks waren praktisch erprobt – aber Ionenquelle und -rohr befanden sich noch immer im Bau. Erneut sah sich Richter genötigt, seiner Hoffnung auf „beschleunigte Indienststellung" Ausdruck zu geben.[93]

Adressat dieser Formulierungen war neben staatlichen Stellen, von denen Richter sich mehr Planstellen erhoffte, offensichtlich Baier selbst. Zwar arbeiteten neben ihm lediglich zwei weitere Mitarbeiter an dem Aufbau und der Entwicklung der letzten nötigen Komponenten mit, doch reicht das als Erklärung für den schleppenden Gang der Arbeiten nicht aus. Nach Einschätzung eines der Beteiligten hätte die Anlage 1960 bereits fertig werden können. Baier jedoch arbeitete oft für sich und änderte häufig die Aufträge an die Werkstatt.[94]

Um die Fertigstellung dieser, aber auch anderer Anlagen zu beschleunigen, schlossen das Kernphysikalische Institut und das AKK am 10. November einen Vertrag über Entwicklung, Bau und Erprobung von Beschleunigungsrohren für den Van-de-Graaff. „Alle in der DDR seit Jahren im Aufbau befindlichen Van-de-Graaff-Generatoren sind bis heute ohne Ionenbeschleunigungsrohre", heißt es darin. Der Einsatz dieser Geräte sei daher in Frage gestellt, wenn diese Aufgabe nicht kurzfristig gelöst werde. Da das Institut bei normalem Arbeitsablauf nicht in der Lage sei, diese wichtigen Entwicklungsarbeiten zügig durchzuführen, seien außerordentliche Maßnahmen zu treffen. Im einzelnen sagte das AKK finanzielle Unterstützung zu und ermächtigte das Institut, sich zweier Ingenieure des VEB Werk für Fernsehelektronik zu bedienen. Was jedoch wie eine gewichtige Unterstützung des Instituts aussah und dringend benötigte Hilfe versprach, verstärkte gleichzeitig den Druck auf Richter, denn die Rohre sollten bereits ab dem 1. Mai 1961 auf Spannungsfestigkeit im Generator geprüft werden.[95]

Ein weiterer Engpaß bestand in der Versorgung mit radioaktiven Isotopen: Die in Rossendorf hergestellten Präparate hatten für die Bedürfnisse des Instituts eine zu kleine Variationsmöglichkeit. Richter bat daher darum, auch für die niederenergetische Kernphysik eine Zusammenarbeit mit dem VIK Dubna zu

---

[91] (Instituts-) Jahresbericht 1958 vom 27.1.1959. IfH, 21.
[92] (Instituts-) Jahresbericht 1959 vom 22.1.1960. IfH, 22.
[93] (Instituts-) Jahresbericht 1960 vom 25.1.1961. A.a.O.
[94] Dr. Martin Richter im Interview vom 11.3.1996.
[95] Vertrag vom 10.11.1960. BBA, FG, A 1512.

beantragen.[96] Doch wie so oft zog sich die Angelegenheit lange hin. Es dauerte fast zweieinhalb Jahre, bis auf einer Tagung im AKK beschlossen wurde, eine Kommission zu bilden, die für die Zusammenarbeit in der niederenergetischen Kernphysik mit den sozialistischen Ländern zuständig sein sollte und zu deren Vorsitzenden Richter ernannt wurde.[97]

Wenn es je eine euphorische Stimmung im Institut Miersdorf gegeben haben sollte, so verlor sie sich schnell in Routine und in den Reibungen beim zählebigen Aufbau wichtiger Geräte wie der Beschleuniger. Zugespitzt kann man sagen: Das Institut wurde seinen Aufgaben Ende der 50er, Anfang der 60er Jahre eigentlich nur auf den Gebieten der Ausbildung von Diplomanden – immerhin 30 zwischen 1956 und 1961! – und der Physik hoher Energien voll gerecht.[98]

***

Die Arbeitsgruppe für Kosmische Strahlung, die sich ab 1958 Abteilung Physik höchstenergetischer Prozesse nannte, wurde in zunehmenden Maße ein Institut im Institute: Sie war 1957 in die Villa umgezogen – eine räumliche wie fachliche Trennung mit Symbolcharakter – und unterschied sich von den anderen Abteilungen vor allem dadurch, daß sie fast von Beginn an voll arbeitsfähig war und daß die wissenschaftlichen Mitarbeiter durchweg sehr jung, motiviert und fast sämtlich Mitglieder der SED waren. Frühzeitig und umfassend profitierte sie von der schnell voranschreitenden Internationalisierung der Hochenergiephysik.

Mitte der 50er Jahre war die Kernemulsion neben der Nebelkammer die vorherrschende Methode zum Nachweis von Elementarteilchen und hochenergetischen Kernstößen. Die Emulsionen wurden entweder in großen Höhen (auf Bergspitzen oder mit Hilfe von Ballonen) der Kosmischen Strahlung ausgesetzt oder aber zunehmend an Beschleunigern bestrahlt. Danach wurden sie entwickelt und konnten ausgewertet werden. Den Anfängen internationaler Zusammenarbeit auf dem Gebiet der Hochenergiephysik kam sicher entgegen, daß solche exponierten Emulsionspakete leicht transportiert und so mehrere Institute an einem Experiment beteiligt werden konnten (was die Kosten verteilte und die Auswertung verkürzte oder aber die Belichtung größerer Pakete erlaubte). Durch die Gründungen von CERN Anfang der 50er Jahre und des VIK Dubna 1956 wurde diese integrative Funktion der Hochenergiephysik noch befördert.

---

[96]Frühauf an Rambusch vom 15.9.1959. BAB, DF-1 (AKK), 535.

[97]Beschluß vom 5.2.1962. BAB, DF-1 (AKK), 1144.

[98]Die Rolle der theoretischen Physik ist schwer einzuschätzen, könnte aber ebenfalls genannt werden, da sie nicht von materiellen Engpässen betroffen war.

Vorreiter der Zusammenarbeit über den eisernen Vorhang hinweg wurde Cecil Frank Powell. Angesichts der Bewegung, die 1955 in die politischen Fronten bezüglich der Kernphysik kam, schlug er – wahrscheinlich auf der Genfer Konferenz – vor, daß westliche und östliche Gruppen sich gemeinsam an der Auswertung von Emulsionsschichten beteiligen sollten, die in Ballonaufstiegen in der Poebene exponiert werden sollten.[99]

Bereits im September weilte er zu Gesprächen über Einzelheiten des Projekts in Moskau, wo man sich einigte, daß zwei der fünf zu exponierenden Pakete an die Universitäten in Moskau und Warschau gehen sollten, „die ihrerseits einen Teil der Emulsionen an Budapest (Janossy) und Ost-Berlin (Rompe) abgeben wollen."[100] Die Exponierungen fanden im Oktober 1955 statt. Neben der Miersdorfer Gruppe schlossen sich auch die Gruppen aus Prag, Budapest und Krakau den Warschauer und Moskauer Physikern an,[101] und Lanius führte zwischen Dezember 1955 und März 1956 zweimal „Besprechungen mit den interessierten Kreisen in Warschau" durch.[102]

Mittelfristig ergab sich noch ein weiterer Vorteil: Powell hatte nämlich auf seiner Rückreise von Moskau in Ost-Berlin Station gemacht und dabei angeregt, daß der Osten Kapazitäten für die Entwicklung von Kernemulsionen schaffe. Von den vorgeschlagenen zwei Anlagen sollte eine in Moskau, die andere in Miersdorf errichtet werden. Als sich mit der Gründung des VIK die Aussicht ergab, demnächst auch Emulsionspakete am Synchrophasotron bestrahlen zu können, gewann dieser Vorschlag weiter an Gewicht. Von VIK-Seite wurde ihm schließlich zugestimmt. Wenn die Entwicklungsanlagen auch nicht mehr für gemeinsame Experimente genutzt wurden, so konnte das Prinzip der Zusammenarbeit unter Teilchenphysikern in West und Ost doch als etabliert gelten, was einige Jahre später am CERN Auswirkungen haben sollte.

Für Lanius und Hauser bedeutete diese Entwicklung einen quantitativen wie qualitativen Sprung: Mit Dieter Bebel, Hermann Meier und Ulrich Krecker

---

[99] Als Motive für Powells Initiative kommen zumindest zwei in Frage: Seine politische Haltung, in der Wissenschaft ein einigendes Band über politisch-ideologische Grenzen hinweg zu sehen; und die Notwendigkeit, Kosten und Aufwand auf mehrere Gruppen und Länder zu verteilen. Eine nicht unerhebliche Rolle dürften gleichwohl Verbindungen von früher gewesen sein: Marian Danysz etwa hatte Anfang der 50er Jahre eine längere Zeit in Bristol verbracht. Zu Powell vgl. insbesondere [Loc97].

[100] Gottstein an Heisenberg vom 21.10.1955. Dieser und andere Briefe wurden mir freundlicherweise von Prof. Dr. Klaus Gottstein, München, zur Verfügung gestellt (im folgenden: BKG).

[101] Auf westlicher Seite beteiligten sich Laboratorien in England, Frankreich, Italien, der Schweiz und der Bundesrepublik.

[102] Für den Ankauf wurde ein Beitrag von £ 2.000 fällig. Kernphysikalische Arbeiten in der DAW, Stand vom 7.5.1956. BBA, AKL, 347. Miersdorf erhielt schließlich sieben Emulsionsschichten zur Auswertung. (Instituts-) Jahresbericht 1956 vom 30.1.1957. IfH, 21.

kamen bis 1957 drei wissenschaftliche Assistenten hinzu, drei Diplomanden – darunter Claus Grote und Ulrich Kundt – begannen ihre Ausbildung, und es wurden zunehmend Frauen und Männer zum Auswerten der Emulsionen eingestellt; die bis 1958 errichtete Kernemulsionsanlage mit einer Kapazität von 150 Emulsionsschichten pro Monat war ein wichtiger Beitrag zum Gemeinschaftsinstitut in Dubna; und schließlich handelte es sich bei den angeschafften Kernemulsionen um wissenschaftlich wertvolles Material, das über 2 Jahre lang ausgewertet wurde.[103] Damit war eine wichtige Aufwertung auf internationaler Ebene verbunden, führte aber auch innerhalb der DDR zu Konsequenzen, indem die bescheidenen experimentellen Arbeiten zur kosmischen Strahlung an den Universitäten Rostock (Professor Kunze), Jena (Professor Eckardt) und Halle (Professor Messerschmidt) marginalisiert wurden.[104]

Obwohl die Einrichtung der Entwicklungsanlage zügig vorankam und sich alle Beteiligten über ihren Nutzen einig waren, führte sie zu Komplikationen. Diese waren darin begründet, daß das Kernphysikalische Institut praktisch mittlerweile zwei Institutionen unterstand: der Akademie und dem Amt für Kernforschung und Kerntechnik. Zum Streitpunkt wurde die Finanzierung der Anlage. Rompe bat Rambusch bereits im Januar 1956 um Bereitstellung von etwa 50.000 DM.[105] Dieser Bitte und der Überlegung eines Laboranbaus an die Villa versagte das AKK aber seine Zustimmung. Rambusch schlug statt dessen vor, daß die Arbeitsgruppe Lanius sich dem Zentralinstitut für Kernphysik anschließen und in dem dortigen Bauprogramm mit berücksichtigt werden sollte.[106] Dieses Ansinnen scheint innerhalb der Akademie auf wenig Gegenliebe gestoßen zu sein, denn eine solch (zumal vielversprechende) Grundlagenforschung galt als ihre Domäne.[107] Die Kommission für kernphysikalische Forschung bestimmte daraufhin im September, daß die Kosten für die Entwicklungsanlage aus den Haushaltsmitteln des Instituts bestritten werden sollten.[108]

Die Situation verschlechterte sich allerdings Anfang 1957, als von Seiten der Akademie eine Einstellungssperre ausgesprochen und finanzielle Kürzungen

---

[103] Jahrbuch der DAW von 1957, Berlin 1959, S. 198 und S. 200, (Instituts-) Jahresbericht 1957 vom 30.1.1958 und 1958 vom 27.1.1959. IfH, 21.

[104] Dies könnte politisch erwünscht gewesen sein, da keiner der drei Hochschullehrer als (im Sinne der SED) „fortschrittlich" galt. Diesen Hinweis verdanke ich Dr. Dieter Hoffmann, Berlin.

[105] Rompe an Rambusch vom 26.1.1956. BBA, AKL, 348.

[106] Rambusch an die Klasse für Mathematik, Physik und Technik vom 28.8.1956. A.a.O.

[107] Es darf vermutet werden, daß auch Lanius wenig an einer solchen Veränderung gelegen war, da seine Gestaltungsmöglichkeiten im Großbetrieb Rossendorf zweifellos geringer ausgefallen wären.

[108] Wittbrodt an Rambusch vom 6.9.1957. BAB, DF-1 (AKK), 32.

verfügt wurden.[109] Richter griff nun den Vorschlag Rambuschs aus dem zurückliegenden Sommer insofern auf, als er anregte, das AKK möge die Kosten der „Abteilung Höhenstrahlung" übernehmen, soweit sie durch die Zusammenarbeit mit dem VIK entstünden.[110] Lanius seinerseits wies Rambusch darauf hin, daß man in Miersdorf mit weitaus weniger Kräften – sowohl bei der Auswertung von Emulsionen als auch beim Aufbau der Entwicklungsanlage – als anderenorts arbeite, das VIK aber erwarte, daß man ab Juni/Juli des Jahres mit dem Bau der Anlage fertig sei.[111] Rambusch beharrte: „Die Errichtung der Entwicklungsanlage ist eine ureigene Angelegenheit der Deutschen Akademie der Wissenschaften."[112] Jetzt schalteten sich Rompe und Hertz in die Angelegenheit ein. Schon zwei Tage später kam es zu einem gemeinsamen Gespräch mit Richter und Rambusch in Leipzig, in dem es gelang, den Leiter des AKK dazu zu bewegen, dem Institut „einen Forschungsauftrag in Höhe von 60 TDM für die Entwicklungsanlage für Kernemulsionen zu erteilen."[113]

Der Vorgang verdeutlicht zweierlei: Zum einen war Richter gewillt, die Abteilung von Lanius tatkräftig zu unterstützen, obwohl die Einrichtung der Entwicklungsanlage in den gerade fertiggestellten Laboratoriumsräumen einen Nachteil beim weiteren Ausbau der niederenergetischen Kernphysik bedeutete. Das wog um so schwerer, als die ihm durch die Kernphysikalische Kommission – und damit vor allem Rompe – im September 1956 zugesagte Kompensation in Form eines beschleunigten Ausbaus des Instituts ab Ende 1957 nicht wie erwartet vorankam. Die Akademie sah sich angesichts der von der SPK bekanntgegebenen Planziffern für die Jahre 1958-1960 außerstande, das Vorhaben fristgerecht umzusetzen. Wittbrodt fragte daher beim AKK an, ob von dort 495.000 DM bereitgestellt werden könnten, um den Anbau zu finanzieren.[114] Rambusch verneinte zwei Wochen später,[115] und so wurde der Erweiterungsbau erst im Sommer 1961 fertig.[116]

Zum zweiten gewann das AKK zunehmend an Bedeutung für das Institut. Es koordinierte nicht nur sämtliche Verbindungen zum VIK Dubna, da diese auf Regierungsebene ablaufen mußten, oder alle sonstigen Reisen ins östliche

---

[109] Vgl. etwa: Richter an Rompe vom 13.3.1957 sowie vom 12.4.1957. BBA, AKL, 29. Grund dafür waren offensichtlich Kostensenkungsauflagen des Ministeriums der Finanzen.

[110] Richter an Rambusch vom 13.3.1957. A.a.O.

[111] Lanius und Richter an Rambusch vom 13.3.1957. BAB, DF-1 (AKK), 579.

[112] Rambusch an Richter vom 5.4.1957. BAB, DF-1 (AKK), 40.

[113] Richter an Rompe vom 12.4.1957. BBA, AKL, 29. Und: Winde an Richter vom 26.4.1957. BAB, DF-1 (AKK), 579.

[114] Wittbrodt an Rambusch vom 5.9.1957. BAB, DF-1 (AKK), 32.

[115] Rambusch an Wittbrodt vom 19.9.1957. A.a.O.

[116] Die Radiochemie konnte aufgrund von Heizproblemen sogar erst Anfang 1962 ihre Arbeit im Anbau aufnehmen.

und westliche Ausland. Mit dem oben erwähnten Vertrag zur Entwicklung von Ionenrohren wurde es auch zum Ansprechpartner einer wichtigen kernphysikalischen Arbeit des Instituts. Dessen Geburtsfehler zeigt sich hier in seiner krassesten Form: Während die niederenergetische Kernphysik eigentlich eher in den Zuständigkeitsbereich des AKK gehört hätte, war es die der Akademie zuzurechnende Hochenergiephysik, die die meisten Berührungspunkte mit dem Amt bot.

***

Ein weiterer Umbruch in der Abteilung von Karl Lanius bahnte sich seit 1958 an. Zunehmend zeichnete sich ab, daß die nächsten Jahre von Blasenkammern beherrscht werden würden. Ihre entscheidenden Vorteile waren, daß sie die (im Vergleich zur Kernemulsionsmethode) geringere Ortsauflösung vor allem durch die hohe Aufzeichnungsrate, die schnelle und unkomplizierte Entwicklung der Filme und die wesentlich leichter automatisierbare Auswertung mehr als wettmachten. Allerdings bedingte sie einen höheren Material- und Personaleinsatz.

Bis Anfang 1960 führte die Abteilung von Lanius vor allem vorbereitende Arbeiten durch: Claus Grote, der mehr und mehr zum zweiten Mann in der Abteilung aufstieg, wurde für etwa sechs Wochen zur Einarbeitung nach Dubna geschickt, erste Apparaturen für die Musterung und Auswertung der Aufnahmen wurden konstruiert und anhand einiger Bilder die einzelnen Arbeitsschritte geübt.[117] Im Mai 1960 trafen die ersten 500 Stereoaufnahmen aus Dubna ein, die durch π^--Mesonen von 6,8 GeV hervorgerufene Wechselwirkungen aufwiesen. Gleichzeitig begann Rudolf Pose, einer der Söhne Heinz Poses, in Dubna mit dem Bau eines automatischen Auswertegerätes für die Zeuthener.[118]

Nun ergab sich allerdings ein Problem, mit dem sich alle Hochenergiephysik-Gruppen und -Laboratorien konfrontiert sahen: Sie hatten fortan sehr große Datenmengen – die Wechselwirkungen auf mehreren tausend Photos – zu bewältigen. Wer den Anschluß nicht verpassen wollte, mußte sich der Automatisierung verstärkt zuwenden, da der Möglichkeit, durch Personaleinsatz einen vertretbaren Ausgleich zu schaffen, Grenzen gesetzt waren. Neben den optischen Geräten zur halb- oder vollautomatischen Auswertung der Aufnahmen bedeutete dies vor allem die Notwendigkeit des Einsatzes von moderner Rechentechnik. „Hierzu sind nicht unbeträchtliche Aufwendungen nötig“, schrieb Lanius.[119]

[117](Instituts-) Jahresbericht 1959 vom 22.1.1960. IfH, 22.

[118]Er kehrte 1961 in die DDR zurück und trat in das Kernphysikalische Institut ein.

[119]Vorstellungen zur Perspektive hoher Energien in der DDR, vermutlich vom Sommer 1961. BAB, DF-1 (AKK), 862.

Was er damit meinte, wurde wenig später deutlich, als die unter seiner Leitung inzwischen eingerichtete Unterkommission „Hohe Energien" beim Wissenschaftlichen Rat erste perspektivische Vorschläge vorlegte. Nach der (obligaten) Feststellung, daß die Physik hoher Energien eines der Hauptprobleme der modernen Wissenschaft sei und daß die Aufwendungen auf diesem Forschungsgebiet viel zu niedrig wären, folgte die Betonung der internationalen Anerkennung der Arbeiten der Gruppe im Kernphysikalischen Institut sowie der guten Verbindungen, die man – wie auch die theoretischen Gruppen, die es an den Universitäten in Leipzig und Berlin beziehungsweise im Institut für reine Mathematik gab – besonders zum VIK Dubna habe: „Wenn die DDR den auf diesem Gebiet erreichten Stand auch nur annähernd halten will, so müssen unsere Anstrengungen wesentlich vergrößert werden." Unter anderem erfordere das die Anschaffung einer elektronischen Rechenmaschine – ein Zeiss-Rechenautomat ZRA 1 für die „vereinigten Berliner Gruppen" und die Leipziger Gruppe.[120]

Als es in der Kommission des Forschungsrates zur Entwicklung des maschinellen Rechnens in der DDR am 13. Oktober 1961 um die Verteilung der zehn für das Jahr 1962 zu produzierenden Rechner ging, stand das Zeuthener Institut mit auf dem Zettel der Bewerber. Am 19. Januar 1962 empfahl die Kommission, 1962 unter anderem einen ZRA 1 an das Kernphysikalische Institut zu liefern.[121] Umgehend beantragte Richter bei der DAW die notwendigen Investitionsmittel in Höhe von 1,08 Millionen DM (Kauf) zum IV. Quartal des Jahres und von 250.000 DM (Aufstellung) für 1963.[122] Die Kommission für Investitionsfragen stimmte dem – trotz angespannter Haushaltslage – schon einen Tag später zu und beauftragte das Institut, den Kaufvertrag abzuschließen. Die Bestellung wurde schließlich am 26. Februar abgesandt.[123]

Daß Lanius den Zuschlag vom inzwischen geschaffenen Staatssekretariat für Forschung und Technik (SFT) erhielt, war eine materielle Bestätigung der wachsenden Bedeutung der Hochenergiephysik in der DDR. Das muß umso

[120]Vorschläge der Unterkommission „Hohe Energien" vom Oktober 1961. IfH, 3. Der ZRA 1 war bis 1959 von Zeiss entwickelt worden. Es handelte sich um einen Röhren-Rechner, der mit seinen ca. 150-600 Operationen pro Sekunde – die Quellen variieren da sehr – als langsamer, bisweilen auch mittelschneller Rechenautomat für wissenschaftliche Aufgaben charakterisiert wurde.

[121]Festlegung der Kommision des Forschungsrates zur Entwicklung des maschinellen Rechnens in der DDR über die Verteilung von ZRA 1 im Jahre 1962 vom 19.1.1962. BAB, DF-4 (MWT), 459.

[122]Richter an die Investitionsabteilung vom 5.2.1962. IfH, 3.

[123]Protokoll der Sitzung der Kommission für Investitionsfragen des Vorstandes der Forschungsgemeinschaft vom 6.2.1962, TOP 8. BBA, FG, A 3034. Und: Warmt an Richter vom 16.2.1962. IfH, 3.

höher bewertet werden, als die moderne Büromaschinenindustrie in der DDR noch in ihren ersten Anfängen steckte. Dieser Umstand bedingte allerdings auch, daß der ZRA 1 von Beginn an nur eingeschränkt für die schnell wachsenden Aufgaben taugte, für die die Zeuthener Hochenergiephysiker einen Rechner benötigten. Noch bevor er ausgeliefert war, befand Lanius für den Zeitraum von 1963-65 die „Bereitstellung einer entsprechenden Rechenkapazität an einem elektronischen Schnellrechner“ für nötig, da der ZRA 1 für die weitere Automatisierung um etwa zwei Größenordnungen zu klein sei. „Falls innerhalb der DDR noch kein Platz für die Aufstellung eines Schnellrechners vorgesehen ist, könnte dieses Gerät in der ehemaligen Zyklotronhalle [in Zeuthen] (...) aufgestellt werden. Termin: Anfang 1965.“[124]

***

Ob hier auch parteipolitische Überlegungen im Spiel waren? Wie bereits am Ende von Kapitel 2 erwähnt, war der Anteil der SED-Mitglieder an den im Zeuthener Institut beschäftigten Wissenschaftlern überdurchschnittlich hoch. Das führte 1954 zu der Einschätzung, daß die führende Rolle der Partei im Institut Miersdorf gegeben sei. Was von einer solchen Etikettierung wirklich zu halten ist, ist schwer zu beantworten.[125] Als der (kommissarische) Direktor noch von der Schulenburg hieß, mochte der Einfluß der Parteikader im Institut ein relativ großer gewesen sein – insbesondere, was die noch kaum zentral gelenkte Anstellung von jungen SED-Kadern anging. Da es sich aber bis auf den ohnehin wenig aktiven Otto Baier um junge, unerfahrene Genossen handelte und sich die Einflußmöglichkeiten durch die äußeren Beschränkungen des erst im Aufbau befindlichen Instituts in Grenzen hielten, darf diese „Erfolgsmeldung“ nicht allzu hoch bewertet werden.

1957 hatte sich die Situation entscheidend geändert. Zwar erreichte der Anteil der Genossen an allen im Institut angestellten Wissenschaftlern am Ende dieses Jahres einen einmaligen Spitzenwert von über 54 %, was in den Instituten der naturwissenschaftlichen Klasse nirgends sonst erreicht wurde,[126] doch lag die Leitung nun in den Händen eines (im Parteijargon) kaum als „fortschrittlich“ zu bezeichnenden Mannes, der die Betriebsparteiorganisation (BPO) mit zunehmender Dauer seines Direktorats immer weniger als Gesprächspartner akzeptierte. Das mußte, je nach Lage der allgemein von der Partei vorgegebenen Politik, zu Spannungen führen.

Als in Vorbereitung der Kommunalwahlen „Intelligenz-Aussprachen“ stattfan-

---

[124] Perspektivplan der Forschungsstelle für Physik hoher Energien, Zeuthen, für die Jahre 1963-1965 vom 29.8.1962. IfH, 22.

[125] Vgl. etwa [Sch95], S. 1274f.

[126] Vgl.PMA, AW, DY 30/IV 2/9.04/383, Bl. 191 II/192 III.

den, kam es Anfang Juni 1957 auch zu einer Diskussion von etwa einem Dutzend Mitarbeitern und dem Justitiar der Akademie, Diether Schuster. In einem einleitenden Referat „bewies" der amtierende Parteisekretär, Karl-Heinz Krebs, „die menschenfeindlichen Absichten der Weltreaktion, die im Mißbrauch der Wissenschaft für ihre Ziele münden." Dem hielt Richter entgegen, daß die Bewaffnung beider Seiten eine Garantie gebe, den Frieden zu erhalten. Nach Ansicht Schusters wurde daraufhin in der Diskussion nachgewiesen, „daß eine derartige Argumentation den Feinden des Friedens dient."

Anschließend sei dann zu Fragen des Institutslebens diskutiert worden:

> Es stellte sich heraus und wurde von allen anerkannt, daß noch ernsthafte Mängel in jeder Hinsicht bestehen. Es ging insbesondere um Fragen der Leitung des Wissenschaftler-Kollektivs, der Rechenschaftspflicht über geleistete Arbeit, der Disziplin, der Anwesenheitspflicht und ähnliches mehr. Einem Vorschlag der Parteiorganisation entsprechend wurde schließlich Einmütigkeit darüber erzielt, daß monatlich Arbeitsbesprechungen stattzufinden haben, in denen u.a. jeder wissenschaftliche Mitarbeiter in Kurzform über die von ihm in den letzten 4 Wochen geleistete Arbeit berichtet.

Insgesamt sei zu sagen, so das Resumé Schusters, daß eine politisch-ideologische Arbeit mit dem Kollektiv offensichtlich in den letzten Jahren nur ungenügend geleistet worden sei. „Auf der Grundlage der Tatsache, daß Prof. Richter Schwierigkeiten in der Leitung des Kollektivs hat, muß die BPO die Autorität der Leitung stärken und in all diesen Fragen mehr Einfluß gewinnen. Die Hilfe und Kontrolle durch die Akademie erscheint mir unbedingt notwendig."[126]

In der Tat versuchte die BPO, dieser Forderung gerecht zu werden, als sie Anfang 1958 einen zehnseitigen Vorschlag zur Verbesserung der Arbeit im Institut an die Institutsleitung einreichte. Auslöser war die 33. Tagung des Zentralkomitees der SED vom Oktober des Vorjahres. Nach der obligatorischen Auswertung in Versammlungen der Grundorganisation war diese „zu der Auffassung gelangt, daß im Rahmen der vorhandenen Möglichkeiten die wissenschaftliche Leistungsfähigkeit des Institutes erhöht werden kann." Einer der Vorschläge bezog sich auf das seit Juni 1957 geltende Statut, in dem monatlich stattfindende Abteilungsleiterbesprechungen und regelmäßige Arbeitsbesprechungen sämtlicher wissenschaftlicher Mitarbeiter vorgesehen waren. Weitere Vorschläge betrafen die Verbesserung der Lagerhaltung, der Arbeit der Werkstätten und der Verwaltung sowie der Planung.[127]

---

[126]BBA, FG, A 1669, Bl. 15f.

[127]Vorschläge der BPO der SED an die Direktion des Kernphysikalischen Instituts zur Verbesserung der Arbeit im Institut vom 16.1.1958. IfH, 21.

Solche Bemühungen der BPO scheinen – zeitweilig – durchaus Erfolge gezeitigt zu haben. Folgt man dem Rechenschaftsbericht von Parteisekretär Krebs, mit dem er am 13. Februar 1958 seine einjährige Tätigkeit bilanzierte, hatte sich der Institutsdirektor nicht nur bereit erklärt, „alle wesentlichen Fragen des Instituts mit dem Parteisekretär und dem BGL-Vorsitzenden zu beraten." Darüber hinaus war es gelungen, die angemahnten regelmäßigen Arbeitsbesprechungen der wissenschaftlichen Mitarbeiter durchzudrücken. Inwiefern die Institutsleitung diesen und anderen Veränderungsvorschlägen seitens der Parteiorganisation tatsächlich Widerstand entgegensetzte, ist schwer zu beurteilen, da es zum Selbstverständnis der Parteikader gehörte, die Spannungen zwischen Institutsleitung und Partei als einen „Ausdruck des Klassenkampfes" zu werten, bei dem es darauf ankäme, „die in den Köpfen der Herren Direktoren vorhandene Konzernideologie zu beseitigen." Auch der Nachfolger von Krebs, Heinz Kaiser, zog ein Jahr später eine positive Bilanz und berichtete, daß etwa 80 % der BPO-Vorschläge vom Januar 1958 verwirklicht seien. Die Zusammenarbeit der Parteileitung mit der Leitung des Instituts bezeichnete er als gut.[129]

Offenbar im Zusammenhang mit dem Tode von der Schulenburgs (November 1958) und dem Institutswechsel Bernhards (September 1960) verschlechterte sich die Situation wieder, so daß Lanius im November 1960 bemerkte, daß sich alle Vorschläge beim Direktor totgelaufen hätten.[130] Denkbar scheint auch, daß die Wahl Claus Grotes zum neuen Parteisekretär die Gegensätze zwischen BPO und Direktor verschärfte, denn anders als Krebs und Kaiser kam Grote aus der Abteilung von Lanius, dessen Einfluß und Ambition Richter mehr als die jedes anderen im Institut fürchten mußte.[131]

Im Februar 1960 folgte ein weiterer Vorfall, der zu parteipolitischer Kritik an Richter einlud. Die ehrenamtliche Sekretärin des Kreisfriedensrates Königs-Wusterhausen besuchte das Institut, um von den dort tätigen Wissenschaftlern eine Meinungsäußerung zu einem in Düsseldorf stattfindenden Spionageprozeß zu erhalten. Wie sich zeigte, hatte die BPO bereits ein Protestschreiben verfaßt. Als die Frau gemeinsam mit dem Parteisekretär den Direktor bewegen wollte, seine Zustimmung zu geben, kam es zum Eklat. Gemäß dem Schreiben, das die entsetzten Genossen in Königs-Wusterhausen an den Bezirksfriedensrat in Potsdam richteten und das von dort an das ZK ging, äußerte sich Richter

[129]Rechenschaftsberichte der Parteileitung der SED am Kernphysikalischen Institut der DAW, Zeuthen-Miersdorf, für den Zeitraum vom 23.1.1957 bis zum 13.2.1958 vom 13.2.1958 und vom 13.2.1958 bis zum 6.3.1959 vom 6.3.1959. Die Einsicht in Unterlagen der BPO im Institut verdanke ich Prof. Dr. Arnold Meyer, Berlin (im folgenden mit BPO abgekürzt).

[130]Protokoll der ersten außerordentlichen Mitgliederversammlung zum Umtausch der Parteidokumente am 28.11.1960. A.a.O.

[131]Grote wurde am 6.3.1959 zum neuen Parteisekretär gewählt und behielt diese Funktion für drei Jahre. Protokoll der Wahlberichtsversammlung der BPO am 6.3.1959. A.a.O.

nicht nur negativ über seine Zeit in der Sowjetunion, sondern vertrat außerdem die Ansicht, "daß nur noch Physiker hier [in der DDR] sind, die ein Haus besitzen oder eine Russin zur Frau haben."

Noch führte das zunächst einmal zu Kritik an der BPO, denn in einem markierten Absatz heißt es weiter:

> Nach dieser Diskussion muß der Eindruck entstehen, daß die dortige Parteileitung vor Aussprachen mit den Wissenschaftlern zurückweicht. Uns ist bekannt, daß seit Jahren junge Genossen zu Parteisekretären gewählt werden, die Doktoranden sind und auf Grund ihrer weiteren Ausbildung Hemmnisse gegen diese älteren Wissenschaftler haben. (Abnahme der Prüfungen usw.)[132]

Die „Kaderfrage" war jedoch gestellt und jede Schwäche Richters wurde von der BPO berichtet und im ZK mit zunehmender Aufmerksamkeit vermerkt. Fachlich war ihm nichts vorzuwerfen: Sogar der Parteiapparat bescheinigte ihm, „ein hervorragender Vertreter der theoretischen Physik" zu sein.[133] Ins Kreuzfeuer gerieten aber seine organisatorischen Fähigkeiten als Institutsdirektor. Offenbar im Zusammenhang mit dem „Bericht über den Aufbau und die Arbeiten des Kernphysikalischen Institutes", den Richter im Juni 1961 für eine Sitzung des Wissenschaftlichen Rates anfertigen ließ, bemängelte die Abteilung Wissenschaften, daß trotz der bisher etwa investierten 10 Millionen DM und der zahlreichen wertvollen und kostspieligen Geräte, die das Institut seit Jahren besitze, „noch keine konkrete physikalische Aufgabe mit diesen Geräten gelöst worden (ist)."[134] Diese Kritik geht nachweislich auf einen Brief Grotes zurück, den er im April 1961 an die Zentrale Parteileitung der Akademie geschickt hatte.[135]

Richters Lage verschlechterte sich weiter durch lange Ausfallzeiten infolge von Krankheit. Ab Herbst 1960 stand aber kein Stellvertreter mehr zur Verfügung, da ein Ersatz für den an Leberkrebs verstorbenen von der Schulenburg und den zum Institut für physikalische Chemie gewechselten Bernhard weder von Richter noch vom 1958 gebildeten Wissenschaftlichen Rat des Instituts[136] benannt wurde, so daß das Institut bisweilen monatelang sich selbst überlassen

[132]PMA, AW, DY 30/IV 2/9.04/419, Bl. 183f.

[133]PMA, AW, DY 30/IV 2/9.04/383, Bl. 333.

[134]PMA, AW, DY 30/IV 2/9.04/370, Bl. 85f.

[135]Grote an die Zentrale Parteileitung der DAW vom April 1961. BPO.

[136]Von diesem Rat, dem offenbar Hertz, Rompe, Barwich, Schintlmeister, Amm, Jancke, Fischer, Richter und Bernhard angehörten, fand sich lediglich das Protokoll der 1. Sitzung am 7.11.1958 vom 13.11.1958. BBA, FG, 187. Bis zum April 1960 scheint es lediglich zu einer zweiten Sitzung gekommen zu sein. Grote an die Zentrale Parteileitung der DAW vom April 1961. BPO.

war.[137] Noch hielt Rompe jedoch seine Hand schützend über Richter:

> Wir haben Gen. Prof. Rompe, der im Vorstand [der Forschungsgemeinschaft] für dieses Institut verantwortlich ist, mehrfach aufgefordert und gemahnt, diesen Zustand zu ändern (z.B: auch durch Einsatz eines tatkräftigen stellvertretenden Direktors). Gen. Rompe geht jedoch wie an viele andere, auch an diese wichtige Frage nicht heran, er entschuldigt dies mit dem Hinweis, daß Prof. Richter außerordentlich sensibel sei. Die Empfindlichkeit eines Institutsdirektors kann aber nicht als Entschuldigung dafür gelten, daß ein so wichtiges Institut nicht richtig geleitet wird und die Mitarbeiter zum größten Teil machen, was sie für richtig halten.[138]

Mit dem Mauerbau entfielen solche politischen Rücksichtnahmen auf die „bürgerliche Intelligenz", die die offene Grenze erforderlich gemacht hatten. In der ZK-Abteilung Wissenschaften wurde nun offen „die kaderpolitische Sicherung der weiteren Entwicklung der Deutschen Akademie der Wissenschaften zu Berlin und ihrer Forschungseinrichtungen" vorbereitet. Der dazu vorbereitete Beschluß sah für die Institute der Forschungsgemeinschaft unter anderem vor, Richter von seiner Funktion als Institutsdirektor zu entbinden und „für eine seinen Fähigkeiten und physischen Möglichkeiten entsprechenden Tätigkeit" zu gewinnen:

> An der Leitungstätigkeit von Prof. Dr. Richter, Kernphysikalisches Institut, gibt es seit Jahren erhebliche Kritik, die ihre Ursachen auch in einer längeren chronischen Krankheit des Institutsdirektors hat. (...)
> Es muß erwogen werden, ob aus leitenden jüngeren Mitarbeitern eine kollektive Leitung des Instituts gebildet werden kann.[139]

Auch seine politische Einstellung fand Berücksichtigung: „Er hat zu unserem Staat kein Vertrauen und betrachtet sich durch unsere sozialistische Demokratie in seiner Freiheit eingeengt. Unserer Partei steht er feindlich gegenüber."[140]

War Richters Ablösung damit schon beschlossene Sache und nur noch eine Frage der Zeit – zumal seine Abwanderung in den Westen ab dem Spätsommer 1961 kaum mehr gefürchtet zu werden brauchte? Auf jeden Fall kam mit der Krise der Kernforschung in der DDR ein externer Faktor in diese ungleiche Auseinandersetzung, der noch ganz anderes ermöglichen sollte.

---

[137] So etwa vier Monate lang zwischen Dezember 1960 und März 1961. Dr. Martin Richter im Interview vom 27.2.1996 (nach persönlichen Aufzeichnungen).

[138] PMA, AW, DY 30/IV 2/9.04/370, Bl. 85f.

[139] PMA, AW, DY 30/IV 2/9.04/383, Bl. 303. Die Entstehungszeit des entsprechenden Entwurfs dürfte angesichts des Arbeitsplans des Sektors Naturwissenschaften und Technik der ZK-Abteilung Wissenschaften vom 3.1.1962 (PMA, AW, DY 30/IV 2/9.04/40, Bl. 440) irgendwann im ersten Quartal 1962 liegen.

[140] PMA, AW, DY 30/IV 2/9.04/383, Bl. 333.

4.4 Die Krise der Kernforschung

Etwa 1958 „zeigte sich in den USA, daß bei den Kernkraftwerken die Phase der Kostendegression noch nicht gekommen war, sondern die Kosten wider Erwarten immer höher wurden.“

> Mit dieser internationalen Veränderung der Perspektiven wurden die Deutschen vor allem auf der 2. Genfer Atomkonferenz (1958) konfrontiert, auf der auch die Hoffnungen auf eine baldige Verwirklichung des Fusionsreaktors zerschlagen wurden. Diese Konferenz (...) markiert in der allgemeinen Stimmung eine Wende zur Ernüchterung nicht nur in der Bundesrepublik, sondern auch in den USA.“[141]

Zwar hielt man in der Bundesrepublik daran fest, den Rückstand gegenüber dem Ausland aufholen zu wollen, doch zeigte sich die Industrie nun sehr viel zurückhaltender und versuchte, das finanzielle Risiko auf den Bund zu übertragen.[142]

Auch in der DDR, die dieses Mal mit einer 35-köpfigen Beobachtergruppe in Genf vertreten war, überwog nach der Konferenz die Sicht, der internationalen Entwicklung hinterherzuhinken. Dem Verdikt Barwichs und anderer Wissenschaftler, „daß die Entwicklung der Kernforschung und Kerntechnik in der DDR nicht mit dem Tempo in anderen Ländern, die zum Vergleich herangezogen werden müßten, insbesondere der Bundesrepublik, in ausreichendem Maße Schritt gehalten hat“,[143] schloß sich die politische Klasse an. Angesichts der ökonomischen Hauptaufgabe des V. Parteitages, die „Überlegenheit der sozialistischen Gesellschaftsordnung“ zu beweisen, indem man die Bundesrepublik innerhalb der nächsten Jahre im Pro-Kopf-Verbrauch überhole („Einholen und Überholen“),[144] und der weiterhin gültigen Überzeugung, ab 1970 die Zuwächse in der Energieversorgung der DDR nur noch mit Hilfe der Kernenergie gewährleisten zu können, paßte die pessimistische Sicht der Konferenzergebnisse so gar nicht in diese Phase der ideologischen Offensive. Folglich hielt die Parteispitze an ihrem politischen Willen zum Ausbau der Kernenergie fest und entschied entgegen dem sich abzeichnenden internationalen Trend, den Bau

---

[141] [Rad83], S. 90.

[142] Vgl. [Eck89b], S. 27f.

[143] PMA, NLU, NY 4182/978, Bl. 56-66.

[144] [Soz59], Bd. 1, S. 68 bzw. Bd. 2, S. 1357. Vgl. beispielsweise auch [Sta85], S. 123. Als Motiv kam offenbar hinzu, daß man sich als der deutsche Staat profilieren wollte, der die Kernkraft allein für friedliche Zwecke nutze und nicht (wie man von der Bundesregierung vermutete) auf den Bau von Atomwaffen aus sei. Vgl. „Wo stehen wir bei der Durchführung des Parteibeschlusses Bau des AKW I“ (vermutlich vom Herbst 1959). BAB, DF-1 (AKK), 865.

von Kernkraftwerken sogar zu forcieren.[145]

Weder innerhalb der Funktionseliten, noch bei den Wissenschaftlern erhob sich Widerspruch. In dieser Gruppe gab es verständlicherweise kein Interesse an einer Infragestellung der beträchtlichen Anstrengungen im Bereich der Kernforschung, hingen doch ihr Prestige, ihr Einfluß und – bei den Wissenschaftler – ihre Forschungstätigkeit wesentlich davon ab, und so wurden die wirtschaftlichen Unwägbarkeiten dieser Entscheidung nicht thematisiert. Viel leichter war es zudem, den Blick auf andere Ursachen für die „Rückständigkeit" zu lenken, wie es die Kritik mehrerer Experten zeigt, die eines der entscheidenden Hemmnisse in der unbefriedigenden Zusammenarbeit mit der Sowjetunion sahen.[146] Somit scheint es mehr als Rhetorik, wenn Rambusch einige Wochen später schrieb: „Der friedlichen Anwendung der Atomenergie in der DDR wird von Partei und Regierung ganz besondere Aufmerksamkeit geschenkt." Es gelte auch hier, die Überlegenheit gegenüber Westdeutschland zu beweisen.[147]

Bereits Ende September beriet die Parteikommission für Kernforschung und Kerntechnik eine Beschlußvorlage der SPK, die für den Zeitraum 1961-65 (3. Fünfjahrplan) den Abschluß der Bautätigkeit an der ersten und zweiten Ausbaustufe des AKW Rheinsberg zu je 70 MWe sowie die Errichtung eines zweiten Kernkraftwerkes von 300 MWe vorsah. Weiter sollten 1.200 MWe bis 1970 und noch einmal 4.200 MWe bis 1975 in Kernkraftwerken installiert werden. Um diese Forderungen zu erfüllen, seien die 2. Ausbaustufe des AKW I bis 1964 fertigzustellen, mit den Vorarbeiten für das nächste Kraftwerk zu beginnen und mit der Sowjetunion unverzüglich Verhandlungen bezüglich der Unterstützung beim Bau der beiden Projekte sowie über die Lieferung des dafür benötigten Brennstoffes und die Bereitstellung von Brennstoff für das Kernenergieprogramm der folgenden zehn Jahre aufzunehmen.[148]

Vergleicht man diesen Plan mit den gleichzeitig in der Bundesrepublik diskutierten,[149] so hätte die DDR mit den beabsichtigten 440 MWe bis 1965 demnach absolut ein ähnlich hohes Niveau an installierter Kraftwerksleistung wie die Bundesrepublik erreicht – bei sehr viel kleinerer Bevölkerungszahl –

---

[145] Vgl. [Ham96], S. 47, und [Sta97], S. 929f.

[146] PMA, NLU, NY 4182/978, Bl. 56-66. Der von Barwich gezeichnete Bericht wurde vom Vorsitzenden der SPK, Leuschner, am 27.10.1958 an Ulbricht weitergeleitet. Kritikpunkte waren die mangelhafte Lieferung von besonderen Materialien, die Schwierigkeiten bei der Durchführung von Besuchsreisen sowie die beschränkten Ausbildungsmöglichkeiten ostdeutscher Kerntechniker. Auch der verbreitete Selbstbetrug, indem in der Presse Leistungen gefeiert würden, die noch gar nicht erbracht worden seien, wurde bemängelt.

[147] PMA, AuW, DY 30/IV 2/2.029/160, Bl. 41.

[148] Entwicklung der Atomenergie in der Deutschen Demokratischen Republik (vom 29.9.1958). BBA, VA, 24150.

[149] Siehe etwa [Mü90], S. 374-377.

und mit dem 300 MWe-Kraftwerk das größere Kraftwerk vorweisen können. Während in der Bundesrepublik jedoch mehrere verschiedene Kraftwerkstypen entwickelt werden sollten, bedeutete die Beschlußvorlage der Parteikommission bereits die Festlegung auf einen einzigen Reaktortyp: den Druckwasserreaktor. Dieser Typ war auf der Genfer Konferenz günstig eingeschätzt worden, doch war zu diesem Zeitpunkt noch nicht endgültig entschieden, ob er auch der kostengünstigste sein würde. Dennoch meinte man im ZK-Apparat, der Hilfe der Sowjetunion bezüglich der Hauptausrüstung – namentlich des Reaktordruckgefäßes – nur noch bis zur Fertigstellung des zweiten Kernkraftwerkes zu bedürfen. Die anschließend zu installierenden 5.400 MWe sollten hingegen allein von der DDR-Industrie geschaffen werden.[150]

Die Vorlage der Parteikommission erhielt schließlich Eingang in eine Politbürovorlage und einen Bericht über die weitere Entwicklung bei der Ausnutzung der Kernenergie der ZK-Abteilung Maschinenbau und Metallurgie. Das Politbüro beriet sie in seiner Sitzung vom 6./7. Januar 1959 und stimmte ihr dabei „als Grundlage für die weitere Arbeit" zu.[151] Die weitere Arbeit – das bedeutete Verhandlungen mit der Sowjetunion über die 2. Ausbaustufe, denn das Abkommen von 1955 hatte sich lediglich auf die erste Stufe erstreckt.[152]

Doch die Verhandlungen im April in Moskau scheiterten: Zwar kam es zu einem Vertragsentwurf, aber er wurde anschließend von sowjetischer Seite nicht unterzeichnet, „da nach Mitteilung der sowjetischen Verhandlungspartner die Zustimmung der Regierung der UdSSR zur Unterzeichnung nicht vorlag."[153] In Berlin rätselte man über die Gründe. Rambusch vermutete zweierlei: Zum einen, so könnte man salopp sagen, hatte die DDR in ihren Planungen die UdSSR überholt. Denn anders als in der DDR hatte die Sowjetunion auf die 2. Genfer Atomkonferenz mit Vorsicht reagiert und war „von den ursprünglich geplanten Großkraftwerken, in denen der gleiche Reaktor-Typ mehrfach Verwendung finden sollte, abgekommen und zum Bau von zwölf verschiedenen Prototypen unter Einbeziehung der in der CSR und in der DDR gebauten

[150]Entwicklung der Atomenergie in der Deutschen Demokratischen Republik (vom 29.9.1958). BBA, VA, 24150.

[151]PMA, AuW, DY 30/IV 2/2.029/43, Bl. 58-61. Bericht über die weitere Entwicklung bei der Ausnutzung der Kernenergie und Anwendung der radioaktiven Isotope sowie der internationalen Zusammenarbeit auf diesen Gebieten. PMA, PB, DY 30/J IV 2/2A/674. Und: (Arbeits-) Protokoll der Politbürositzung vom 6./7.1.1959, TOP 11. PMA, PB, DY 30/J IV 2/2A/673.

[152]Zu wichtigen Details der weiteren Entwicklung vgl. [Sta97].

[153]Perspektivplan zur Entwicklung der Kernenergie in der Deutschen Demokratischen Republik bis zum Jahr 1965, vom Spätsommer 1959. BBA, VA, 24150. Vgl. auch den Bericht über den Stand der Verhandlungen zur Errichtung der zweiten Ausbaustufe des AKW I vom 17.6.1959. BAB, DF-1 (AKK), 865.

Kraftwerke übergegangen." Sämtliche Anlagen trügen demnach Versuchscharakter und würden von sowjetischer Seite nicht als Atomkraftwerke eines Energieprogramms angesehen.

Zum zweiten waren der DDR die Lieferschwierigkeiten der Sowjetunion nur allzu bekannt, und da man bei der 2. Ausbaustufe eine Steigerung der Reaktorleistung von 70 auf 100 MWe anstrebte, schloß Rambusch, „daß die von der Sowjetunion zu erbringenden Leistungen (...) eine erhebliche Belastung für die sowjetische Industrie bedeuten." Da man weiterhin vorhatte, später einmal eigene Leistungskraftwerke bauen zu können, erhielt Rambusch den Vorschlag auf den Bau der 2. Ausbaustufe aufrecht – in der Hoffnung, daß es gelingen würde „einen noch größeren Teil an Ausrüstungen (...) in der DDR herzustellen." Damit verbunden war eine Umwidmung des Rheinsberger Kraftwerkes von einem Leistungs- in ein Versuchskraftwerk: „Unsere Aufgabe kann gegenwärtig nur darin bestehen, durch systematische Auswertung der bei der Arbeit am AKW I gesammelten Erkenntnisse, durch eine Weiterentwicklung dieses Reaktortyps sowie durch eine evtl. Neuentwicklung eines ähnlichen Prototyps einen Beitrag zur Schaffung der Grundlagen für diese Festlegung des zukünftigen Reaktortyps zu leisten."[154]

Gemäß der Empfehlung von Parteikommission und – zeitlich versetzt – Wissenschaftlichem Rat wandte sich Grotewohl im Februar 1960 an Chruschtschow mit der Bitte um Unterstützung beim Bau der zweiten Ausbaustufe, während der Ministerrat am 10. März den Bau offiziell beschloß. Vier Tage später ging die Antwort Chruschtschows ein, in der er die Lieferung des Brennstoffes zusagte, die Lieferung des für besonders schwierig erachteten Druckgefäßes aber ausschloß. Wie Hermann Grosse im August an den Leiter der Wirtschaftskommission beim Politbüro, Erich Apel,[155] schrieb, entspreche das der vorher gefaßten Konzeption, „die uns hilft, in die komplizierten technischen Probleme des Baues von Atomkraftwerken einzudringen."[156]

---

[154]Perspektivplan zur Entwicklung der Kernenergie in der Deutschen Demokratischen Republik bis zum Jahr 1965, vom Spätsommer 1959. BBA, VA, 24150.

[155]Die Kommission war im Februar gebildet worden und hing mit der Entmachtung Fritz Selbmanns als Stellvertretender Ministerpräsident im Zuge der Ausschaltung der „Opposition" um Karl Schirdewan und der Umstrukturierung im Staatsapparat (per Gesetz vom 11.2.1958 wurden die Industrieministerien aufgelöst) zusammen; damit änderte sich auch die Zuständigkeit für die Kernforschung: Im Staatsapparat ging sie an Hermann Grosse, Stellvertreter des Vorsitzenden der SPK und Leiter der Abteilung für Forschung und Technik, über. Sein direkter Ansprechpartner im ZK war Apel. Auch die Parteikommission für Kernforschung und Kerntechnik wurde umbesetzt. Vgl. (Arbeits-) Protokoll der Politbürositzung vom 17.6.1958. PMA, PB, DY 30/J IV 2/2A/637.

[156]PMA, AuW, DY 30/IV 2/2.029/43, Bl. 211-214. Vgl. auch [Sta97], S. 931.

Hatten sich nun die Voraussetzungen für Sinn und Zweck der zwei Ausbaustufen des Rheinsberger Kraftwerkes geändert, so war doch noch immer die erwartete Energielücke zu schließen. Die alten Vorgaben waren deshalb von der SPK korrigiert worden, noch immer sollten aber mindestens 300 MWe in den Jahren 1969-1972 und weitere 900 MWe bis 1975 an Kraftwerksleistung installiert werden.[157]

***

Fast genau ein Jahr später lautete der Befund Grosses plötzlich, „daß für die nächsten 20 Jahre bis 1980 keine Notwendigkeit besteht, Atomkraftwerke zu bauen."[158] Damit meinte er nicht nur die geplanten Leistungsreaktoren, sondern auch die 2. Ausbaustufe in Rheinsberg (und selbst die Fertigstellung des 1. Reaktorblocks sollte noch in Frage gestellt werden).

Die Überlieferung zwischen dem August 1960 und dem Juni 1961 gibt keinen eindeutigen Aufschluß darüber, wie es zu dieser Kehrtwende kam. Sicher ist allerdings, daß die krisenhafte Zuspitzung der Jahre 1960/61 Illusionen bezüglich des finanziellen Aufwandes sowie der Leistungsfähigkeit der eigenen Wirtschaft zerstörte. Nach und nach kam es zu genauen Überprüfungen der kostenintensiven Investitionsvorhaben, die bereits im März 1961 das Aus für die Luftfahrtindustrie brachte.[159] Wahrscheinlich haben auch die anhaltenden Schwierigkeiten bei der Fertigstellung der ersten Ausbaustufe in Rheinsberg zur Überprüfung der Kernenergiepläne angeregt.[160]

Auf jeden Fall dämmerte es den Funktionären im Zentralkomitee und der Staatlichen Plankommission allmählich, daß ihre bisher gehegten Vorstellungen alles andere als realistisch waren. Als Geburtshelfer (im sokratischen Sinne) diente Heinz Barwich. Obwohl er bereits seit 1959 in zahlreichen Briefen und Berichten scharfe Kritik an der zweiten Ausbaustufe, an der Umgehung des Wissenschaftlichen Rates – die er allerdings selbst betrieb –, an der Amtsführung von Rambusch, an der mangelnden Ausbildung von Ingenieuren oder aber an dem großen Einfluß sowie der mangelnden Kontrolle Steenbecks und des von ihm geleiteten Wissenschaftlich-Technischen Büros für Reaktorbau (WTBR) geübt hatte, war wenig geschehen. Die Verständigungsversuche etwa von Grosse, Apel oder gar Ulbricht waren im wesentlichen darauf hinausgelaufen, die Vorwürfe in Aussprachen abzuschwächen. Und die Tatsache, daß Barwichs Führungsstil im ZfK umstritten war und daß er sich als einziger

---

[157]Protokoll der Sitzung des engeren Ausschusses der Kommission Kernenergie des Wissenschaftlichen Rates am 23.6.1960. BBA, VA, 24141.

[158]PMA, AuW, DY 30/IV 2/2.029/43, Bl. 230.

[159][Sta97], S. 931.

[160]Vgl. BAB, DF-1 (AKK), 865, passim. Vgl. a. [Rei99], S. 191f und S. 206-211.

offen gegen die allgemein anerkannten Pläne sowie persönlich gegen Rambusch und Steenbeck aussprach, führten dazu, daß die Parteispitze seine Argumente lange Zeit eher als Quertreiberei denn als konstruktive Kritik einschätzte.[161] Indem man seine Wahl zum Vizedirektor des VIK Dubna betrieb, die am 29. November 1960 erfolgte, schien das Problem Barwich weitgehend behoben zu sein.

Doch Barwich beharrte. Am 4. April 1961 wandte er sich in einem Schreiben an den Vorsitzenden der Plankommission, Bruno Leuschner, noch einmal in schärfster Form gegen die 2. Ausbaustufe und betonte, „daß der Bau der 2. Ausbaustufe in Wirklichkeit eine höchst zweifelhafte und u.[nter] U.[mständen] fatale Unternehmung zu werden verspricht“:

> Heute vermag noch niemand einen exakten Termin für den Beginn des vollen Leistungsbetriebes der ersten Stufe des AKW 1 anzugeben...; für die Inbetriebnahme der zweiten Stufe käme m.E. als realistischer Termin (...) kaum weniger als Anno 1970 infrage. Bei einem solchen Termin verlöre aber dieses Objekt endgültig seinen Sinn, nicht zuletzt deshalb, weil für einen Großserienbau solcher oder ähnlicher Kraftwerke ab 1970 bei uns keine Voraussetzungen gegeben sind...

Die Belassung der bestehenden Unklarheiten berge die Gefahr in sich, daß sowohl der Industrie als auch der wissenschaftlichen Forschung „durch die Bindung von Kapazitäten und Kräften größter Schaden zugefügt wird und erst zu spät eine Einstellung nicht lohnender Anstrengungen beschlossen wird.“[162] Im MfS schätzte man nun ein, daß Barwichs Argumentation „offensichtlich einer ehrlichen Absicht und dem Bestreben (entspringt), eine positive Lösung zu finden.“ In jedem Fall erscheine es ratsam, die Perspektive der Kernenergie einer exakten Überprüfung zu unterziehen.[163]

In dieselbe Kerbe hieb schließlich zwei Monate später Jemeljanow, der Leiter der Hauptverwaltung für die Anwendung der Atomenergie beim Ministerrat der UdSSR, indem er zum wiederholten Male eindringlich auf die veränderte Situation in der Kernkraftwerksperspektive hinwies. Rambusch, der designierte Nachfolger Steenbecks, und sein Nachfolger als Leiter des AKK, Winde, berichteten über ihr Gespräch in Moskau, daß sich Jemeljanow außerordentlich vorsichtig zur Frage der weiteren Entwicklung der Kernenergie geäußert habe: „Unklar sei, welche Konstruktion, welches Uran, welches Kühlmittel, wie Abfallbeseitigung – und keiner könne heute sagen, wie lange diese Periode der Unklarheit noch dauern werde.“[164]

[161] BSU, 2753/67 A, passim.
[162] A.a.O., Bl. 165.
[163] A.a.O., Bl. 161f.
[164] PMA, FtE, DY 30/IV 2/6.07/70, Bl. 1-7.

In der SPK war man zu diesem Zeitpunkt selbst schon zu dieser Einschätzung gelangt, denn schon fünf Tage später verschickte Grosse den oben zitierten Vorlagenentwurf. Diese radikale Revision dürfte Grosse kaum noch schwer gefallen sein, da der Ministerrat die SPK am 1. Juni beauftragt hatte, „geänderte Kontrollziffern für den Plan 1962 unter Zugrundlegung der Ergebnisse der Wirtschaftsverhandlungen mit der Sowjetunion auszuarbeiten."[165] Diese hatten aber offensichtlich als neuen Gesichtspunkt ergeben, daß die Bereitstellung von Elektroenergie über Braunkohle länger gesichert werden könne, als dies bisher angenommen worden sei: „Die bisherige Vorstellung, daß die auftretende Energielücke zu einem Großteil nur durch Atomenergie zu schließen sei, ist überholt, da nach den Verhandlungen der Regierungskommissionen der UdSSR und der DDR die Sowjetunion in der Lage und bereit ist, Elektroenergie über Hochspannungsverbindungsnetze zu liefern." Es werde deshalb empfohlen, die 1. Ausbaustufe des AKW I bis Anfang 1964 zu Ende zu führen sowie „von der geplanten Projektierung und Errichtung der 2. Ausbaustufe und der Realisierung des 600 MW[-]Programms Abstand zu nehmen."[166]

Dem schloß sich die Kommission „Kernenergie" des Wissenschaftlichen Rates im November an. Von dem einst beabsichtigten großangelegten Ausbau der Kernenergie war nicht mehr als ein im wesentlichen mit fremder Hilfe errichtetes Kernkraftwerk von 70 MWe geblieben, das erst 1966 fertiggestellt werden konnte. Mittel- und längerfristig bedeutete diese Entwicklung auch den Abschied von einer eigenen Reaktorentwicklung in der DDR, die in den ihr verbleibenden zweieinhalb Dekaden nur noch Kernkraftwerke aus der Sowjetunion importieren sollte. Auf der 3. Atomkonferenz im Spätsommer 1964 mußte die DDR-Delegation schließlich nicht nur die Flucht Heinz Barwichs verzeichnen, sondern auch konstatieren, daß man den Wettlauf mit der Bundesrepublik verloren hatte.[167]

***

Was in den Dokumenten nicht thematisiert wurde, zweifellos aber eine zentrale Rolle gespielt hat: Zu diesem Zeitpunkt befand sich die DDR in einer schweren wirtschaftlichen Krise, die neben planwirtschaftlichen Problemen vor allem durch die Zwangskollektivierung (April 1960), die Maßnahmen der „Störfreimachung" – d.h. die Unabhängigkeit von Lieferungen aus der Bundesrepublik nebst der stärkeren Einbindung in den RGW –, eine verschärfte ideologische Linie und die daraufhin drastisch zunehmende Abwanderung ausgelöst worden

[165] [Wag92], S. 213.

[166] PMA, AuW, DY 30/IV 2/2.029/43, Bl. 227-231.

[167] Bericht zur 3. Internationalen Konferenz für die friedliche Anwendung der Atomenergie vom 31.8-9.9.1964 in Genf. PMA, AW, DY 30/IV A2/9.04/253.

war.[168] Daran änderte zunächst auch der Mauerbau wenig. Die mit der Grenzschließung einsetzende Konsolidierung war zuerst eine politische, aber noch keine wirtschaftliche – 1962 blieb ökonomisch ein kritisches Jahr. Wie erwähnt, traf ein erster radikaler Schnitt die ebenfalls investitionsintensive Luftfahrtindustrie, die Ende Februar 1961 aufgelöst wurde.

Auch der Akademie, und damit vor allem der Forschungsgemeinschaft, wurden die viel zu hoch angesetzten Kennziffern des Siebenjahrplanes sukzessive zusammengestrichen.[169] Unter dem Zwang zu sparen, mußte sie sich genau überlegen, welche Investitionsvorhaben der Jahre 1962-65 sie kürzen, strecken oder aufgeben wollte. Dem Kernphysikalischen Institut wurden beispielsweise 1,5 der vorgesehenen 2,5 Millionen DM gestrichen – Gelder, die vermutlich vor allem in den weiteren Ausbau der Gebäudekapazität investiert werden sollten.[170] Die Zeit der wenig koordinierten Expansion wurde abgelöst von zahlreichen Überlegungen, die eine „Konzentration der vorhandenen Kräfte“ zum Ziel hatten.[171]

Der parteipolitische Anstoß dazu ging vom 14. Plenum des ZK aus, das Ende November 1961 stattfand. In seiner Rede ging Ulbricht auch auf die Rolle der Wissenschaft ein. Zentraler Punkt war wieder einmal die Verbesserung der Überführung wissenschaftlicher Erkenntnisse in die industrielle Produktion.[172] Ulbricht führte aus, daß eine große Anzahl von hervorragenden wissenschaftlichen Ergebnissen zeigten, daß sich viele Wissenschaftler bereits auf die Lösung vordringlicher, volkswirtschaftlich wichtiger Probleme orientieren würden. Um Wissenschaft und Produktion noch enger zu verbinden, sei eine stärkere Nutzung der Erkenntnisse der theoretischen Grundlagenforschung [*sic!*] für den technischen Fortschritt notwendig.

> Auf solch wichtigen theoretischen Gebieten wie der Festkörperphysik, der Spektroskopie aller Wellenlängen, der Chemie der Polymere, der Lumineszenz, Biophysik und Biochemie und anderen wurden beachtliche, international anerkannte Ergebnisse erzielt. In der Plasmaphysik, der Physik der Elementarteilchen von hohen Energien, der Reaktionskinetik, Katalyseforschung, Chemie der seltenen Erden, der maschinellen Rechentechnik sowie bei der Bearbeitung der Probleme der Biochemie

[168] Vgl. [Web93], S. 53-56.

[169] Der Siebenjahrplan hatte 1959 den 2. Fünfjahrplan abgelöst, wurde aber aufgrund der zu hohen Planvorgaben 1961/62 abgebrochen. [Bun75], S. 640f.

[170] Die verbliebene 1 Million DM sei „zur Abrundung und Vervollkommnung des Komplexes einzusetzen.“ Protokoll der Sitzung der Kommission für Investitionsfragen des Vorstandes der Forschungsgemeinschaft am 29.3.1961 vom 30.3.1961, TOP 1. BBA, FG, A 3034.

[171] Frühauf in einem Interview. **In:** *Spektrum*, 8 (1962) 1, S. 16.

[172] Sie war bereits in den Jahren zuvor, zuletzt während des V. Parteitages, thematisiert worden. Vgl. [Soz59], S. 87f.

> und Biophysik der Organismen müßten die Forschungen auf Grund der Bedeutung dieser Gebiete auf einer breiteren Grundlage erfolgen.[173]

Obwohl Ulbricht mit dieser Aufzählung im wesentlichen kürzlich gemachten Ausführungen des Präsidenten der Akademie der Wissenschaften der UdSSR, Mstislaw Keldysch, folgte,[174] wirkt es dennoch ein wenig befremdlich, daß die engere Verbindung von Wissenschaft und Produktion ausgerechnet durch die Förderung der (theoretischen) Grundlagenforschung erreicht werden sollte. Diese Forderung war allerdings schon im Zuge des V. Parteitages im Jahre 1958 erhoben worden: „Ulbricht sah in der Verstärkung der Grundlagenforschung eine Absicherung des Fundamentes, auf dem die Zweckforschung aufbauend Spitzenleistungen erbringen sollte."[175] Damals war die wirtschaftliche Entwicklung noch vielversprechend verlaufen, und das wissenschaftliche Potential war beständig gewachsen. Zur Zeit des 14. Plenums hatte sich die Lage zwar durchgreifend geändert, nicht jedoch Ulbrichts Credo: Die Wirtschaftskrise zwang zu Konzentrierungsmaßnahmen und einer Verstärkung der Bemühungen bei der Überführung wissenschaftlicher Erkenntnisse in die Produktion, der Mauerbau ermöglichte die Durchsetzung harter Einschnitte gegen den Widerstand der betroffenen Wissenschaftler, doch gleichzeitig sollten bestimmte Gebiete der Grundlagenforschung gefördert werden, „die die Entdeckung neuer Gesetzmäßigkeiten der Natur gewährleisten und Voraussetzungen für die Entwicklung des technischen Fortschritts bilden".[176]

Weil den Sätzen Ulbrichts in gewisser Weise gesetzartiger Charakter zukam, da sie in den folgenden Wochen und Monaten nicht nur in den Grundorganisationen der Partei ausgewertet und anschließend ohne Unterlaß zitiert wurden, sondern auch Handlungsrichtlinie für die staatlichen Organe bedeuteten, wollen wir noch kurz bei seinem Referat verweilen:

> Einer straffen Organisation der wissenschaftlichen Arbeit sowie der Konzentration der wissenschaftlichen Kräfte und der materiell-technischen Voraussetzungen für die Forschungsarbeit steht gegenwärtig auch die wenig planmäßige Entwicklung der Forschungseinrichtungen entgegen. Wir stellen die Frage, ob es zweckmäßig ist, am gleichen Ort oder an verschiedenen Orten gleichartige Institute bzw. Arbeitsstellen der Hochschulen, Akademien und der Industriezweige aufzubauen. (...) Wir empfehlen, vor der Entscheidung über den Aufbau neuer wissenschaftlicher Einrichtungen zu überprüfen, ob der Ausbau bzw. die Erweiterung bestehender Einrichtungen nicht volkswirtschaftlich richtiger wäre.

---

[173] [Soz61], S. 81f.
[174] **In:** *Spektrum*, 7 (1961) 5/6, S. 203-216.
[175] [Lan77], S. 131.
[176] [Soz61], S. 84.

Parallel zu diesem mehr als freundlich gemeinten Appell an die Selbstbeschränkung der genannten staalichen Stellen delegierte er den entscheidenden finanzpolitischen Teil an die SPK: „Es ist an der Zeit, daß die Staatliche Plankommission mit der Festlegung der Hauptrichtungen der Forschung auch Empfehlungen über die Verteilung der für die wissenschaftliche Arbeit zur Verfügung stehenden Mittel gibt." Um diese Hauptrichtungen ausmachen zu können, sollte ein Perspektivplan erstellt werden.[177]

Die folgenden Umstrukturierungen im wissenschaftspolitischen Staatsapparat, die im Sommer 1961 einsetzten, spricht eher gegen ein klares Konzept. Was folgte, lief unter dem Schlagwort „Kompetenzerweiterung des Forschungsrates". Tatsächlich ist fraglich, ob seine Unterstellung unter die Plankommission und die Perspektivplanung als Hauptaufgabe eine Aufwertung bedeuteten – wenn man auch sagen muß, daß die Perspektivplanung in den folgenden Jahren an Gewicht zunahm und die Akademie deutlicher als je zuvor dem Forschungsrat untergeordnet wurde. Auf jeden Fall wurde das Zentrale Amt für Forschung und Technik (Nachfolger des ZFT) aufgelöst, und an seine Stelle trat das Staatssekretariat für Forschung und Technik unter Hans Frühauf.[178] Der damit sich zunehmend etablierende wirtschaftliche Primat führte schon bald zu Spannungen, etwa, als die SPK der Akademie Ende 1961 eigenmächtig 16 Objekte aus dem Plan 1962 strich und damit eine Kürzung der Kontrollziffer auf 36,9 Millionen DM verband, nachdem die einst veranschlagten 50 bereits im September auf 42,9 Millionen DM reduziert worden waren.[179]

Im Rahmen dieser Veränderungen müssen auch die Überlegungen zur Eingliederung des AKK in den Staatsapparat gesehen werden. Grosse hatte Rambusch bereits im Frühling 1960 darum gebeten, sich Gedanken über die zukünftige Stellung des Amtes für Kernforschung und Kerntechnik im Staatsapparat zu machen. Rambusch hatte daraufhin erklärt, daß ein erster Entwicklungsabschnitt, der durch die Gründung und den Aufbau von Instituten, Produktions-, Konstruktions- und Projektierungsbetrieben charakterisiert sei, als abgeschlossen betrachtet werden könne. Für den kommenden zweiten Entwicklungsabschnitt hatte er sodann die Unterstellung des AKK als selbständige Abteilung innerhalb der SPK favorisiert, da „der Leiter dieser Abteilung am unmittelbarsten und besten wirksam werden (kann), sowohl bei der Arbeit in der perspekti-

[177] A.a.O., S. 84f.

[178] Vgl. [Wag92], S. 216-218 und S. 241, sowie [Tan97], S. 126-136. Frühauf schied allerdings Ende Juli 1962 schon wieder aus diesem Amt aus. Als Nachfolger wurde Herbert Weiz vom VEB Carl Zeiss Jena ernannt. Vgl. das (Arbeits-) Protokoll der Sekretariatssitzung vom 20.6.1962, TOP 16. PMA, DY 30/J IV 2/3A/874.

[179] Protokoll der Sitzung der Kommission für Investitionsfragen des Vorstandes der Forschungsgemeinschaft am 6.2.1962, TOP 5 und 7. BBA, FG, A 3034.

vischen Entwicklung als auch bei der Lösung der gestellten Tagesaufgaben."[180]

Nun, im Frühjahr 1962, ging man an die Umsetzung dieses Vorschlages. Zunächst beschloß das Sekretariat des ZK jedoch, die Fakultät für Kerntechnik der Technischen Universität Dresden in die Fakultät für Mathematik und Naturwissenschaften einzugliedern, da „eine kerntechnische Spezialausbildung in diesem Umfang und in dieser Form nicht mehr gerechtfertigt ist."[181]

***

Pläne, im Wissenschaftlichen Rat eine Kommission für Kernphysik unter Vorsitz Gustav Richters zu gründen, gehen mindestens bis in das Jahr 1958 zurück.[182] Warum die Kommission erst im Laufe des Jahres 1960 eingerichtet wurde, ist unbekannt. Bekannt ist hingegen, daß Lanius in ihrer 6. Sitzung am 12. Januar 1961 in die Kommission aufgenommen und der Vorschlag gemacht wurde, eine Unterkommission für hohe Energien zu bilden.[183] Sie wurde schließlich im September mit der Begründung konstituiert, daß sich neue aktuelle Probleme in den letzten Jahren besonders auf den Gebieten der Plasmaphysik, der Elementarteilchenphysik und der Festkörperphysik herausgebildet hätten; die Perspektive der Kernphysik müsse deshalb unter diesem Gesichtspunkt gesehen werden.[184]
Die Parteigruppe der Kommission hatte sich zwei Tage zuvor im ZfK in Rossendorf zusammengefunden und formuliert:

> Die niederenergetische Kernphysik bildet z. Zt. nicht mehr die Front der Physik, sie ist in die Etappe zurückgefallen. (...) Aus diesem Grunde sollte man die niederenergetische Kernphysik nicht weiter ausweiten, sondern das Schwergewicht darauf legen, die von den bestehenden Arbeitsgruppen begonnenen Arbeitsgebiete nach Möglichkeit zu vertiefen, d.h. diese weiter zu spezialisieren.

Weitere Vorschläge hatten Einsparungsmaßnahmen zum Thema. So sollte die Kernspektroskopie in Rossendorf, die Arbeiten an Kernreaktionen dafür in Zeuthen zusammengefaßt werden. „Den ursprünglich [für Rossendorf] vorge-

[180] PMA, AuW, DY 30/IV 2/2.029/160, Bl. 93-98.

[181] (Arbeits-) Protokoll der Sekretariatssitzung vom 2.4.1962, TOP 1. PMA, SK, DY 30/J IV 2/3A/853.

[182] Vgl. den Vorschlag an Winde vom 30.10.1958. BAB, DF-1 (AKK), 861. Richter war kurz zuvor in den Rat berufen worden. Aktenvermerk vom 14.10.1958. IfH, 362.

[183] Protokoll der 6. Sitzung der Kommission „Kernphysik" vom 12.1.1961. BAB, DF-1 (AKK), 542.

[184] Richter an Amm vom 2.3.1961. BAB, DF-1 (AKK), 1232. Und: Protokoll der 8. Sitzung der Kommission „Kernphysik" vom 21.9.1961, TOP 1. BAB, DF-1 (AKK), 683.

Prof. Dr. Gustav Richter (1911-1999), einst enger Mitarbeiter von Gustav Hertz, wurde 1956 neuer Institutsleiter. Während seine Fachkenntnis allseits hohe Wertschätzung erfuhr, wurde seine Leitungstätigkeit besonders von seiten der BPO zunehmend kritisiert.

sehenen 5 MV Van-de-Graaff-Generator sollte man (...) nicht mehr beschaffen, vielmehr alles daran setzen, daß das Miersdorfer Gerät fertig wird..." Auch sollte geprüft werden, „den später vorgesehenen 12 MV Van-de-Graaff-Generator statt in Dresden in Miersdorf aufzustellen..."[185]

Die Überprüfung des Status quo fand seine Fortsetzung in den Plenarsitzungen des Wissenschaftlichen Rates. In Vorbereitung der Beratung der Perspektivplanung der kernphysikalischen Grundlagenforschung legte Richter den Mitgliedern zunächst im Juli 1961 eine 30-seitige Dokumentation über das Kernphysikalische Institut vor.[186] Auf der nächsten Tagung des Wissenschaftlichen Rates am 13. Oktober wurde der Perspektivplan der Kommission „Kernphysik" von Richter vorgestellt. Zu den empfohlenen Schwerpunktaufgaben für die niederenergetische Kernphysik gehörten demnach Kernreaktionen und Kernspektroskopie, die vor allem im ZfK, an der TU Dresden und im Kernphysikalischen Institut durchgeführt werden sollten. Zur Kernphysik hoher Energien führte Richter aus, daß die Zusammenarbeit mit dem VIK Dubna zu verbessern und dazu das Schwergewicht auf eine rationelle Meß- und Auswertemethodik

[185] Amm an Winde vom 20.9.1961. BAB, DF-1 (AKK), 862.

[186] Bericht über den Aufbau und die Arbeiten des Kernphysikalischen Institutes der Deutschen Akademie der Wissenschaften zu Berlin, Zeuthen bei Berlin. IfH, 22.

zu legen sei. Er fügte hinzu: „Die Arbeiten könnten erheblich erweitert werden, wenn der in Zeuthen geplante Laborausbau II[187] nicht erst nach 1965, sondern – wie früher vorgesehen – 1963 fertiggestellt würde." Die Diskussion ergänzte die Vorschläge und forderte wie schon in der Kommissionssitzung vom September die Verschiebung der Proportionen innerhalb der Kernphysik zugunsten der Physik hoher Energien.

Das sollte nicht überbewertet werden: Keinem der Beteiligten schwebte zu jenem Zeitpunkt eine radikale Änderung der Prioritäten vor. Auch der Passus, daß die Entscheidung „über den Bau eines Gebäudes für hohe Energien im Kernphysikalischen Institut" bis zur Klärung der Frage zurückgestellt würde, „welche Investitionen der Kernphysik in der Perspektive zur Verfügung stehen werden", schien mehr dem allgemeinen Sparzwang geschuldet. Grundsätzlich wurde dem Perspektivvorschlag zugestimmt. Darüber hinaus wurde festgelegt, „die Aufteilung der einzelnen Arbeitsgebiete auf die verschiedenen [mit Kernphysik beschäftigten] Gruppen zu überprüfen und durch eventuelle Zusammenlegungen zu verändern." Die weitere Beratung sollte im 2. Quartal des nächsten Jahres erfolgen.[188]

***

In dieser Phase stellte Lanius den Antrag auf die Einrichtung einer Arbeitsstelle für Physik hoher Energien in Berlin-Adlershof. Unterstellt man lediglich fachliche Gründe, so war es 1961 in der Tat an der Zeit, über eine Zellteilung des Instituts nachzudenken. Besonders die mit der Blasenkammerphysik einhergehende Expansion der Abteilung Lanius – Auswerteautomaten, Rechentechnik – und die vom Wissenschaftlichen Rat angenommene Perspektive für die niederenergetische Kern- und die Hochenergiephysik legten nahe, getrennte Wege zu gehen: Die vorhandene Gebäudekapazität drohte, zu klein zu werden, da der projektierte Ausbau des Instituts entlang der Platanenallee in weite Ferne gerückt war.[189] Lanius hatte zudem allen Grund zu Selbstbewußtsein, denn die Liste seiner jüngsten Erfolge war ansehnlich: Den ersten Kooperationen mit den osteuropäischen Ländern noch vor den offiziellen Abkommen über wissenschaftliche Zusammenarbeit war die Einbindung und gefragte Mitarbeit an den Auswertungen der mit dem Synchrophasotron exponierten Emulsionen und Blasenkammerfilmen gefolgt; die steigende Bedeutung der Hochenergiephysik war trotz Wirtschaftskrise und Konzentrierungsmaßnahmen sowohl von höchster Parteistelle als auch dem höchsten (kernphysikalischen) Wissen-

---

[187] Er sollte das Labor- mit dem Verwaltungsgebäude verbinden.

[188] Protokoll der 19. Sitzung des Wissenschaftlichen Rates vom 13.10.1961, TOP 4. IfH, 3.

[189] Vgl. das Protokoll der Sitzung der Kommission für Investitionsfragen des Vorstandes der Forschungsgemeinschaft am 29.3.1961 vom 30.3.1961, TOP 1. BBA, FG, A 3034.

schaftlergremium bestätigt worden; gerätetechnisch konnte man auf die Zusammenarbeit mit der Industrie verweisen (AGFA, Zeiss), die zu führenden technologischen Entwicklungen im Ostblock geführt hatten, und auch einer der ersten DDR-eigenen Rechenautomaten war der Abteilung zuerkannt worden; seit 1961 war Lanius Mitglied im Emulsionskomitee des VIK, er hatte 1961 eine eigene Unterkommission im Wissenschaftlichen Rat bekommen und er saß zu dieser Zeit im Beirat für Physik beim Staatssekretariat für das Hoch- und Fachschulwesen; schließlich hatte er es vermocht, den Zugang zum CERN zu erlangen, wo er – für das politische Anerkennungsbestreben der DDR wichtig – mit der Ernennung zum kooptierten Mitglied des Emulsionskomitees sogar einen halboffiziellen Status zuerkannt bekommen hatte.[190]

Wann und wie genau der Antrag auf eine eigenständige Arbeitsstelle zustande gekommen ist, war nicht zu eruieren.[191] Er dürfte allerdings mit oder kurz nach den Vorschlägen der Unterkommission „Hohe Energien“ vom Oktober erfolgt sein, da ein Schreiben an Lanius vom 3. November bereits darauf eingeht und die Vorstandskommission für Physik, Mathematik und Technik der Forschungsgemeinschaft am 16. November 1961 die Gründung einer solchen Arbeitsstelle befürwortete und dem Vorstand ihre Einrichtung bis zum 1. Januar des nächsten Jahres vorschlug. Überlegt wurde, die Theorie durch Professor Frank Kaschluhn von der Humboldt-Universität übernehmen zu lassen und sowohl ihn als auch Lanius im Wechsel zum geschäftsführenden Leiter zu wählen.[192]

Die Behandlung der Frage der Gründung der Arbeitsstelle wurde für die Kuratoriumssitzung am 6. Dezember 1961 vorgesehen. Laut Beschlußvorlage sollte die im Kernphysikalischen Institut vorhandene experimentelle Abteilung mit der Arbeitsgruppe um Prof. Kaschluhn an der Humboldt-Universität zusammengelegt und in Räumen im Forschungszentrum Berlin-Adlershof untergebracht werden, um „eine wesentliche Verbesserung der Forschungstätigkeit auf dem Gebiet der Physik höchster Energien“ zu erreichen.[193] Doch kam es dazu nicht: „Vor Eintritt in die Tagesordnung schlägt der Vorsitzende [Klare] vor, die

[190]Welche Bedeutung dieser Mitgliedschaft beigemessen wurde, verdeutlicht die Tatsache, daß Lanius im November 1961 eine von lediglich 9 Reisen der Forschungsgemeinschaft ins nicht-sozialistische Ausland im IV. Quartal 1961 zu einer Sitzung des Komitees durchführen durfte. Vgl. Statistischer Überblick 1961, Anlage 2, vom 6.3.1962. BBA, AA, 1934/1.

[191]Vermutlich gab es gar keine schriftliche Ausarbeitung. Interview mit Dr. Horst Fischer vom 17.12.1996.

[192]Fischer an Lanius vom 3.11.1961. IfH, 3. Und: Protokoll der Sitzung der Kommission für Mathematik, Physik und Technik des Vorstandes der Forschungsgemeinschaft vom 16.11.1961, TOP 2 und Anlage. BBA, FG, A 3039.

[193]Woytt an Lanius vom 1.12.1961. IfH, 3. Die Vorlage dürfte noch vor dem 14. ZK-Plenum ausgearbeitet worden sein, da sich darin noch kein Hinweis auf das Referat Ulbrichts findet.

Behandlung der Vorlagen [unter anderem] über die Bildung einer Arbeitsstelle für Physik hoher Energien (...) zurückzustellen, bis Richtlinien für die Koordinierung bei Neugründung von Forschungseinrichtungen (...) im Sinne der Empfehlungen des 14. Plenums des Zentralkomitees der SED erarbeitet worden sind.“ Die Vorlagen wurden kurzerhand von der Tagesordnung abgesetzt.[194] Klare unterrichtete Lanius mit Datum vom 11. Dezember von dem Kuratoriumsbeschluß und schloß: „Ich hoffe, Ihnen recht bald weitere Nachricht geben zu können und möchte Sie bitten, bis dahin keine Dispositionen hinsichtlich der beabsichtigten Neugründung zu treffen“[195]

Die Initiative blieb jedoch im Geschäftsgang von Rompes Vorstandskommission – die Vorlage wurde (wahrscheinlich durch Lanius selbst) lediglich umgeschrieben. Wie ein weiterer Entwurf zeigt, der am 1. Februar an den Referenten für Physik im wissenschaftlichen Sekretariat der Forschungsgemeinschaft, Horst Fischer, ging, erweiterte sich die Begründung nun um den Hinweis auf die Empfehlungen Ulbrichts. Das Datum der Bildung einer Arbeitsstelle blieb offen, um jederzeit eingesetzt werden zu können.[196] Mehr noch: Nach einer Umstrukturierung der Vorstandskommissionen bezüglich ihrer Zuständigkeiten für die Institute, holte Rompe Lanius Mitte Februar in das Gremium.[197] Am 9. April beschäftigte sich die Kommission mit der „Verteilung der Räumlichkeiten in den zu errichtenden Einheitslaborgebäuden“ in Adlershof und entschied, daß die Abteilung Physik hoher Energien des Kernphysikalischen Institutes, die etwa 40 bis 50 Mitarbeiter umfassen werde, in zwei Geschossen eines der Gebäude untergebracht werden solle.[198] Einen knappen Monat später unterrichtete Fischer Lanius von dem Beschluß und forderte ihn auf, bis zum 15. Mai „eine wissenschaftliche Aufgabenstellung vorzulegen“.[199] Eine solche Ausfertigung ließ sich in den Akten nicht finden. Es ist lediglich bekannt, daß das Protokoll vom 9. April in der nächsten Kommissionssitzung am 23. Mai bestätigt wurde – unter Teilnahme von Lanius.[200]

---

[194]Protokoll der 12. Sitzung des Kuratoriums der Forschungsgemeinschaft am 6.12.1961. BBA, P 10/2.

[195]Klare an Lanius vom 11.12.1961. IfH, 3.

[196]Vgl. den Entwurf in BBA, FG, A 1588, auf dem das Übergabedatum handschriftlich vermerkt ist.

[197]Entwurf eines Vorstandsbeschlusses über die Neuabgrenzung von Kommissionsbereichen zum 14.2.1962. BBA, FG, A 1587.

[198]Protokoll der Sitzung der Kommission für Physik, Mathematik und Technik am 9.4.1962, TOP 4. IfH, 139.

[199]Fischer an Lanius vom 2.5.1962. IfH, 3.

[200]Protokoll der Sitzung der Kommission für Physik, Mathematik und Technik am 23.5.1962, TOP 1. IfH, 139.

Am 14. Juni 1962 wurde im Institut bekannt, daß das Kuratorium der Forschungsgemeinschaft auf seiner Sitzung am Vortag die Aufteilung des Kernphysikalischen Institutes in Zeuthen mit Ablauf des Monats Juni beschlossen habe. Anders als noch drei Wochen zuvor hatte sich die Lage jedoch grundlegend gewandelt: Die Kernphysik niederer Energien in Zeuthen wurde eingestellt! Nicht mehr Lanius mit seiner Abteilung, sondern Richter sollte nun nach Adlershof gehen: „Unter Heranziehung hierfür in Betracht kommender Mitarbeiter (...) ist mit Wirkung vom 1. Juli 1962 ein „Institut für spezielle Probleme der theoretischen Physik“ zu bilden und in das Forschungszentrum Berlin-Adlershof einzugliedern.“ Dem Institut sollten nicht mehr als zehn Mitarbeiter angehören. Und weiter: „Ein anderer Kreis von (...) Mitarbeitern ist in einer „Forschungsstelle für Physik hoher Energien“ mit Sitz in Zeuthen zusammenzufassen.“ Mit der Leitung der Forschungsstelle werde Dr. Lanius beauftragt.[201]

***

Laut Jahrbuch der Akademie für 1962 war dieser Beschluß durch die Vorstandskommission für Physik, Mathematik und Technik in „einer Reihe gesonderter Beratungen“ vorbereitet worden.[202] Doch wie oben dargestellt, verraten die Protokolle der Kommission keine solche Tätigkeit. Auch im Wissenschaftlichen Rat wurde diese einschneidende Maßnahme nicht behandelt. Wo aber war dann darüber befunden worden? Und welche Überlegungen waren vorausgegangen?

Dazu muß der Faden noch einmal bei der Kuratoriumssitzung am 6. Dezember 1961 aufgenommen werden: Die Aussetzung der Entscheidung über die Einrichtung einer Arbeitsstelle für Physik hoher Energien präjudizierte zwar noch nichts, konnte aber kaum als gutes Zeichen gewertet werden. Obwohl die Entscheidung durchaus im Rahmen des allgemein geltenden Vorbehaltes lag, Neugründungen erst einmal zurückzustellen, bedeutete sie einen zeitlichen Aufschub, der in Partei- und Staatsapparat Zeit für die Sondierung weiterer Varianten gab. Das kritische Interesse richtete sich weiter auf das Zeuthener Institut: Mit dem Vorstandsvorsitzenden der Forschungsgemeinschaft, Hermann Klare, und dem Akademiepräsidenten, Werner Hartke, kam am 8. Januar 1962 hoher Besuch ins Institut.[203] Der Zweck ihrer Visite ist unbekannt, es liegt

---

[201]Beschluß über die Aufteilung des Kernphysikalischen Instituts vom 13.6.1962. **In:** *Beschlüsse und Mitteilungen der Deutschen Akademie der Wissenschaften zu Berlin,* 3 (1962) 7, S. 56.

[202]Jahrbuch der DAW von 1962, Berlin 1963, S. 272.

[203]Den Hinweis auf diesen Besuch verdanke ich Dr. Martin Richter, Zeuthen (Interview vom 11.3.1996), der sich bei seiner Aussage auf persönliche Aufzeichnungen stützen konnte.

aber nahe, daß sie sich vor Ort vom Stand der Arbeiten unterrichten wollten. Zwei Tage zuvor hatte die ZK-Abteilung Maschinenbau und Metallurgie einen „Entwurf einer Vorlage über die Eingliederung der Kernforschung und Kerntechnik in den Staatsapparat" an Apel geschickt, den man als letzten Versuch sehen kann, das Amt für Kernforschung und Kerntechnik und damit eine fachministeriell organisierte Kernforschung zu erhalten. Der Vorschlag sei, so heißt es im Anschreiben, „das Ergebnis von Beratungen, die mit den Genossen Prof. Rompe und Dr. Winde geführt wurden..."[204] Der Entwurf berücksichtigte vor allem die Forderung nach Umstrukturierung und Konzentration der Kräfte. Für das Kernphysikalische Institut lautete der entscheidende Passus der Vorlage:

> Für die Kernphysik hat der Wissenschaftliche Rat (...) einen Perspektivplan beschlossen, nach dem dem Kernphysikalischen Institut der DAdW, Zeuthen, wesentliche Aufgaben zufallen. Im Sinne einer einheitlichen Lenkung der Forschungstätigkeit auf dem Gebiet der Kernphysik ist es daher notwendig, das Kernphysikalische Institut der DAdW, Zeuthen, dem AKK direkt zu unterstellen.

Ein entsprechender Vorschlag wurde auch für die der Forschungsgemeinschaft unterstellten Institute für angewandte Radioaktivität und für physikalische Stofftrennung in Leipzig gemacht. Fazit der Überlegungen war, „in der DDR ein zentrales staatliches Organ [für Kernforschung und Kerntechnik] bestehen zu lassen." Allerdings sollte es dem Staatssekretariat für Forschung und Technik unterstellt werden, das das Amt im Ministerrat vertreten würde.[205]

Von dort kam jedoch Widerstand. Am 17. Januar erklärte Frühauf, daß er mit dem Entwurf nicht einverstanden sei.[206] Überhaupt fanden sich keine oder nur wenige Verbündete für den Vorschlag. Als sich die Parteigruppe der Kernenergiekommission des Wissenschaftlichen Rates am 8. Februar zusammenfand, wurde auch hier die Hauptfrage diskutiert, ob das „AKK im Stadium unserer jetzigen Entwicklung erhalten bleiben (soll) oder nicht". Die Antwort fiel insgesamt negativ aus. Man war lediglich bereit, dem AKK eine Galgenfrist bis zur Fertigstellung und Erprobung des Rheinsberger Kernkraftwerkes und der Beendigung des Aufbaus des ZfK zu gewähren.[207]

---

[204] ZK-Abteilung Maschinenbau und Metallurgie an Apel vom 6.1.1962. PMA, FtE, DY 30/IV 2/6.07/67, Bl. 82.

[205] A.a.O., Bl. 83-96.

[206] Frühauf an Winde vom 17.1.1962. BAB, DF-4 (MWT), 24.

[207] Protokoll der 2. Sitzung der Parteigruppe am 8.2.1962. BBA, VA, 24143. Zu diesem Zeitpunkt war auf jeden Fall eine Vorentscheidung gefallen,was auch das Schreiben Apels an Hertz zeigt, in dem er ihm zwei Tage später die unmittelbare Unterstellung des AKK unter die SPK vorschlug. BAB, DE-1 (SPK), 36253.

Im Zuge der Auswertung des 14. und schließlich auch des 15. Plenums – letzteres hatte vom 21.-23. März stattgefunden – stellte sich der ZK-Abteilung Wissenschaften die Aufgabe: „Analyse der Forschungspläne, Festlegung der Forschungsschwerpunkte, Profilierung (Koordinierung) und Orientierung der Forschung auf die volkswirtschaftlichen Schwerpunkte an den Instituten der Deutschen Akademie der Wissenschaften (Forschungsgemeinschaft) der Universitäten und Hochschulen. Termin: Mai 1962."[208] Dementsprechend dürfte ein Parteiauftrag an die Parteileitung der Akademie ergangen sein. Die für die Forschungsgemeinschaft fragliche Mappe ist mit „Analyse für das ZK" beschriftet.[209] In ihr befinden sich mehrere Ausarbeitungen, darunter eine undatierte, die die hauptsächlichen Arbeitsrichtungen der Forschungsgemeinschaft und die Einschätzung ihrer weiteren Entwicklung zum Thema hat. Als einer der Grundsätze der Untersuchung galt: „Bestehen für bestimmte Wissenszweige (Kernphysik, Landwirtschaft) bereits eigene Organisationsformen, so sollte die Forschungsgemeinschaft auf eine Betätigung auf diesen Gebieten verzichten und die betreffenden Einrichtungen abgeben." Zur Kernphysik lautete das Resumé, das Kernphysikalische Institut Zeuthen zur besseren Koordinierung der Arbeiten auf dem Gebiet der Kernphysik an das AKK zu übergeben.

In einem weiteren Papier, das möglicherweise als Vorstufe zu dem eben genannten diente, wurde darüber hinaus festgestellt, daß die Hochenergiephysik „Hauptschwerpunkt" sei, die anderen Bereiche „wichtige Randgebiete" darstellten. Folglich sei die Hochenergiephysik weitgehender zu fördern:

> Die Teile der Kernphysik, die sich mit der Physik der Elementarteilchen hoher Energien beschäftigen, sollten bei der Akademie verbleiben, weil sie die einzigste Stelle in der DDR ist, die sich mit diesem Problem beschäftigt und keine direkten Beziehungen zu den niederenergetischen Teilen der Kernphysik besitzt. Die Gruppe der Physik der Elementarteilchen läßt sich gut in die allgemein-theoretischen Untersuchungen über die Struktur der Materie eingliedern. Aus diesem Grund sollte ein Institut [*sic!*] für Physik hoher Energien gegründet werden.[210]

[208] PMA, AW, DY 30/IV 2/9.04/40, Bl. 180.

[209] Die Kommission zur Erarbeitung des Arbeitsprogrammpunktes 2 der Aufgabenstellung des ZK traf sich am 19.2.1962 zur ersten Besprechung. Ihre Aufgabe: „1. Jetziger Stand der Forschungsarbeiten in der Forschungsgemeinschaft, 2. Gesamtkonzeption der Forschungsaufgaben nach Gebieten in der Forschungsgemeinschaft, 3. evtl. Veränderungen in den Instituten zur Realisierung der Gesamtkonzeption." In ihr waren unter anderem vertreten: Gerhard Öhlmann (Parteisekretär der Akademieparteileitung), Horst Fischer, und Franz Woytt (Büro des Vorstandes). BBA, FG, A 2923.

[210] A.a.O. Nach Aussage Dr. Horst Fischers (im Interview vom 17.12.1996), handelte es sich bei dieser Ausarbeitung um reine „Papierarbeit", bei der die Meinungen der führenden

Am 26. April beschloß das Präsidium des Ministerrates, „das Amt für Kernforschung und Kerntechnik ab sofort der Staatlichen Plankommission zu unterstellen."[211] Damit verband sich eine Änderung der Aufgabenstellung des Amtes, die seine Verkleinerung sowie die Abgabe einiger dem Amt unterstellter Institute und Betriebe an den Volkswirtschaftsrat und die Forschungsgemeinschaft beinhaltete.[212] Richter dürfte spätestens auf der 21. Tagung des Wissenschaftlichen Rats am 11. Mai von dieser „Umstrukturierung" erfahren haben.[213]

Zu den Gesprächen und Vorgängen hinter den Kulissen fanden sich keine Dokumente, und auch die Erinnerungen der Zeitzeugen helfen hier nicht weiter. Sicher ist, daß Hertz und Rompe Richter gegenüber andeuteten, „daß er in Zukunft mehr auf dem theoretischen als auf dem experimentellen Gebiet arbeiten sollte." Über Einzelheiten hatten sie ihn aber offenbar selbst Anfang Juni noch nicht informiert, obwohl inzwischen – in aller Eile – sein weiterer Verbleib durch ein kurzfristig „erfundenes" Institut für spezielle Probleme der theoretischen Physik geklärt worden war.[214] Am 19. Mai erwähnte Richter gegenüber einem Mitarbeiter, daß er „entscheidende strukturelle Veränderungen für das Institut erwartet."[215]

Spätestens zum 21. Mai waren die wesentlichen Fragen geklärt.[216] Die Anfragen an das Staatssekretariat für Forschung und Technik und an die Staatliche Plankommission vom 4. Juni um Zustimmung zu der beabsichtigen Aufteilung

Leute zusammengefaßt wurden. Für die Physik war das natürlich Rompe, der somit seinen Vorstellungen zur Unterstellung der Zeuthener Kernphysik unter das AKK hier noch einmal Ausdruck verlieh.

[211]Protokoll der Abteilungsleiterbesprechung im AKK vom 30.4.1962. BAB, DF-1 (AKK), 672.

[212]Das Institut für angewandte Physik der Reinststoffe und die Arbeitsstelle für Molekularelektronik (beide Dresden) gingen ab 1.7. an die Forschungsgemeinschaft, während dem Volkswirtschaftsrat die VEB Vakutronik und Entwicklung und Projektierung kerntechnischer Anlagen, dem Nachfolger des WTBR (ab Anfang 1961), unterstellt wurden. Vgl. PMA, FtE, DY 30/IV 2/6.07/67, Bl. 122-127. Das AKK wurde bis Mitte 1963 ganz aufgelöst: Schlußpunkt war die Übernahme des ZfK in die Forschungsgemeinschaft mit Wirkung zum 1. Mai.

[213]Vgl. beispielsweise die Zusammenfassung der 21. Tagung des Wissenschaftlichen Rates am 11.5.1962, TOP 2, etwa vom 21.6.1962. BBA, NL Walter Friedrich, 378.

[214]Schymik an Wittbrodt vom 9.6.1962. BBA, FG, A 3024.

[215]Interview mit Dr. Martin Richter vom 11.3.1996 (nach persönlichen Aufzeichnungen).

[216]Vgl. das Protokoll der Kommission für Investitionsfragen des Vorstandes der Forschungsgemeinschaft vom 23.5.1962, Anlage 1, wo es heißt: „Infolge der Klärung der wissenschaftlichen Aufgabenstellung des [Kernphysikalischen] Institutes durch den Vorstand der Forschungsgemeinschaft in Abstimmung mit dem AKK ist die Durchführung dieses [Laboran-] Baues eingestellt. Die Mittel werden auf andere Vorhaben umgesetzt." BBA, FG, A 3034.

des Kernphysikalischen Instituts waren lediglich formaler Art.[217] Am 13. Juni wurde die BPO und einen Tag später die Belegschaft des Instituts über den Beschluß informiert. Obwohl zuvor Gerüchte aufgekommen waren, traf es die meisten unvorbereitet – nur Richter und Lanius hatten vorzeitig etwas *gewußt*. Es liegt in der Natur der Sache, daß die Mehrzahl der Betroffenen die offiziell abgegebene Begründung für die Einstellung der Kernphysik in Zeuthen anzweifelte und als wenig stichhaltig empfand. Besonders nachhaltig wurde diese Version von Richter in Frage gestellt, wie eine Schilderung aus jener Zeit über Gespräche mit ihm offenbart, in denen klar zum Ausdruck kam, „daß die vom Gen. Dr. Lanius angegebenen Gründe für die Auflösung des Institutes nicht die ursächlichen sein können.“

> Es wären also in der Hauptsache persönliche Beweggründe als treibende Ursache anzusehen. Ebenso wäre doch die Grundlage für das Fortbestehen der Forschungsstelle „Physik hochenergetischer Prozesse“, die sich im 14./15. Plenum des ZK befindet, wissenschaftlich nicht zu rechtfertigen. Dieser Satz wäre wohl vom Herrn Prof. Rompe hineingeschoben worden, um seinem Günstling, Dr. Lanius, die Möglichkeit für ein Institut zu geben.

Bei seiner Verabschiedung gab Richter schließlich der Vermutung Ausdruck, daß es sich um eine langfristig angelegte Intrige von Rompe und Lanius gehandelt habe.[218]

Um einschätzen zu können, was von diesem Verdacht zu halten ist, müssen wir an dieser Stelle also der Rolle von Lanius noch einmal genauer nachspüren. Nachdem die Vorschläge der BPO des Instituts vom Januar 1958 nach ihrer Einschätzung keinen nachhaltigen Erfolg gezeitigt hatten, sondern sich die Situation im Institut nach Bernhards Wechsel wieder verschlechterte, entschied die BPO-Leitung im Herbst 1960, sich nach Hilfe umzusehen.[219] Im November erklärte Lanius den anderen Parteimitgliedern auf einer Mitgliederversammlung der BPO, daß jetzt ein anderer Weg beschritten werde, er darüber aber noch nicht berichten könne.[220] Damit spielte er offensichtlich auf eine Unterredung der BPO-Leitung mit Rompe, Wittbrodt und Fischer vom Vormonat

[217] Klare an Frühauf und Mewis vom 4.6.1962. BBA, FG, A 1512. Frühauf an Klare vom 13.6.1962. BBA, FG, A 1588. Und: Protokoll der Sitzung des Kuratoriums der Forschungsgemeinschaft am 13.6.1962, TOP 3. BBA, P 10/2.

[218] BSU, AIM 6350/70 A, Bd. 2, Bl. 228f.

[219] In der BPO-Leitung befanden sich zu diesem Zeitpunkt Kaderleiter Max Golzow sowie – auffallendg paritätisch – Lanius und Grote (Hochenergiephysik) neben Heinz Kaiser und Karl-Heinz Krebs (Kernphysik). Einschätzung der Arbeit der Parteileitung vom 10.10.1960. BPO.

[220] Protokoll der ersten außerordentlichen Mitgliederversammlung zum Umtausch der Parteidokumente am 28.11.1960. BPO.

an, die mit dem Ziel geführt worden war, die Lage im Institut zu ändern.[221]

Die Idee war, Hertz und Volmer zu bitten, auf Richter einzuwirken, damit er einem neuen Direktorium unter seiner Leitung zustimme. Unabhängig davon scheint Wittbrodt zudem einen entsprechenden Brief an Richter geschrieben zu haben, wie der Stichpunkt einer handschriftlichen Notiz nahelegt, die vermutlich als Leitfaden für die BPO-Leitungssitzung am Nachmittag des 23. März 1961 diente. Denn zu dieser Sitzung, auf der erneut die (unveränderte) Lage im Institut beraten werden sollte, trafen nicht nur die fünf Mitglieder der BPO-Leitung zusammen, sondern als Gäste nahmen auch Horst Fischer und zwei Mitarbeiter der ZK-Abteilung Wissenschaften teil.[222] Ein Ergebnis der Beratung war offenbar der Rat, die Zentrale Parteileitung der DAW durch die Bitte um Unterstützung offiziell in die Sache mit einzubeziehen.

Der Brief, den Grote daraufhin aufsetzte, verdeutlicht noch einmal, welche Punkte die BPO-Leitung als besonders kritisch empfand: das Fehlen einer wissenschaftlichen Planung, die Orientierung und Leistungskontrolle ermöglicht hätte, und die mangelnde Leitungstätigkeit Richters.[223] Die „Auseinandersetzung“ erreichte somit eine neue Dimension: Nicht nur die inzwischen sehr einflußreiche APL war nun zum Eingreifen aufgefordert, sondern auch im Arbeitsbericht der ZK-Abteilung Wissenschaften wurde festgeschrieben, daß der Parteileitung in Zeuthen im zweiten Halbjahr 1961 zu helfen sei: Rompe und Fischer wurden explizit mit der Einsetzung eines stellvertretenden Institutsdirektors beauftragt.[224]

Die Situation spitzte sich durch Mauerbau und den Antrag auf eine Arbeitsstelle für Physik hoher Energien zu. Sie eskalierte schließlich, als Lanius von der BPO-Leitung als stellvertretender Direktor in Vorschlag gebracht wurde, was Richter vehement ablehnte. Lanius bestand daraufhin auf der Einrichtung eines selbständigen Laboratoriums für seine Abteilung, was in der zuständigen ZK-Abteilung entschiedenen Widerspruch hervorrief, da „damit die ganzen Genossen aus dem Institut entfernt werden und die Partei im Institut Miersdorf dann keine Basis mehr hat.“ Im MfS hielt man Richter nun (im Dezember 1961) nicht mehr für tragbar. Sein erneutes Auftreten und die Tatsache, daß er keinerlei wissenschaftliche Leistungen vorweisen könne, seien mit der Belassung als Leiter eines staatlichen Institutes unvereinbar: „Es wird vorgeschlagen, (...) eine Information an die Partei zu erarbeiten und gleichfalls über die

[221]Grote an die Zentrale Parteileitung der DAW vom April 1961. BPO.

[222]Handschriftliche Notiz (wahrscheinlich von Grote) zur Leitungssitzung am 23.3.1961. BPO.

[223]Grote an die Zentrale Parteileitung der DAW vom April 1961. BPO.

[224]PMA, AW, DY 30/IV 2/9.04/40, Bl. 438.

Forschungsgemeinschaft der Akademie seine Abberufung zu fordern."[225] Systematisch wurde in den folgenden Wochen die Ablösung Richters vorbereitet. In die Vorbereitungen, „die noch intern sind und von denen Richter nichts wissen darf",[226] waren vor allem Fischer, Lanius, Wittbrodt und Rompe eingebunden.[227] Bereits Mitte März konnte Wittbrodt berichten, daß „im Vorstand der Forschungsgemeinschaft Klarheit herrscht, daß Prof. Richter seinen Aufgaben als Leiter des Instituts nicht gerecht wird und abgelöst werden soll." Neben dem Wechsel der Gruppe Lanius nach Adlershof sei vorgesehen, daß das Institut durch ein Kollektiv von drei Wissenschaftlern geleitet werden sollte. Schwierigster Punkt war wahrscheinlich, das Einverständnis von Gustav Hertz einzuholen, womit Rompe beauftragt worden war.[228]

Mag sein, daß die Entscheidung über Richters Verbleib und – nicht zuletzt – die ungeklärte Frage seiner Nachfolge wie ein Dammbruch wirkten und die Kernphysik in Zeuthen mit sich zogen. Auf jeden Fall war es im Frühjahr 1962 offensichtlich *nicht* das Bestreben Rompes, Lanius als Institutsleiter einzusetzen.[229] Statt dessen deuten seine Bemühungen darauf hin, Lanius eine eigene Arbeitsstelle zu verschaffen und gleichzeitig die Kernphysik – im Zusammenhang mit dem Versuch, das AKK zu erhalten – aus der Akademie auszugliedern. Erst als diese Option Ende April scheiterte, kam die zweifellos bereits angedachte „2. Variante" zum Tragen,[230] die zu dem Kuratoriumsbeschluß im Juni führte.

Zumindest die Einstellung der Kernphysik im Kernphysikalischen Institut und die Übernahme der Einrichtung durch Lanius stellt sich somit keineswegs als Ergebnis einer „Intrige" dar. Nirgends ist ersichtlich, daß dies auch nur in Teilen die originäre, langfristig geplante Absicht von Rompe und Lanius gewesen sei, wie es ihnen durch einige der von der Entscheidung Betroffenen vorgeworfen wurde. Gerade Rompe war einer der wichtigsten Befürworter der kernphysikalischen Ambitionen der DDR gewesen, und er wird – so darf vermutet werden – genauso schmerzhaft wie manche der Physiker in Zeuthen den scharfen Widerspruch empfunden haben, den die Schließung einer For-

---

[225] BSU, HA XVIII/7581, Bl. 89. Diese plötzliche Verschärfung darf nicht als Alleingang des MfS mißverstanden werden. Vielmehr dürfte eine allgemeine oder sogar explizite Aufforderung aus dem ZK-Apparat vorgelegen haben.

[226] A.a.O., Bl. 96.

[227] In der Tat scheint es gelungen zu sein, Richter bis in den Mai hinein im Unklaren zu lassen. Vgl. Richter an Wittbrodt vom 28.3.1962. Und: Fischer an Richter vom 10.5.1962. BBA, FG, 187.

[228] BSU, HA XVIII/7581, Bl. 101.

[229] Das wäre wahrscheinlich auch schwer durchzusetzen gewesen, da man in der Akademie nicht einfach vom designierten Leiter einer Arbeitstelle zu dem eines Instituts aufsteigen konnte.

[230] Der Begriff fand sich auf einem der frühen Entwürfe des Beschlusses. BBA, FG, 16.

schungseinrichtung just in dem Moment hervorrief, da mit der Fertigstellung der Beschleuniger endlich die eigentliche kernphysikalische Arbeit hätte beginnen können. Der entscheidende Vorgang, in dem Rompe mit seinen Vorstellungen sogar unterlag, war der Sieg der Gegner von Kernforschung und AKK in Folge der von Ulbricht eingeleiteten Betonung wirtschaftlicher Maßstäbe, die an die Forschung anzulegen waren.

Anders ist die Ablösung Richters einzuschätzen. Um ihn zur (Partei-) Raison zu zwingen, wurden die Gegensätze von seiten der BPO-Leitung bewußt forciert. Da Richter auf seiner Haltung beharrte und sich – in seiner organisatorischen Kompetenz bereits mehrfach angezählt – zu einem Zeitpunkt dem wachsenden Einfluß der Partei widersetzte, zu der diese nicht mehr gewillt war, dies zu tolerieren, forderte er ein hartes Durchgreifen geradezu heraus. Nur der Einfluß von Hertz und Volmer hätten ihn noch länger stützen können. Sie nutzten ihn nicht, und so blieb ihnen lediglich die Aufgabe, Richter seine Ablösung schonend beizubringen und zu bewirken, daß Richter als Ausgleich das Institut für spezielle Probleme der theoretischen Physik bekam.

4.5 Zusammenfassung

Wie hart umstritten die Umstrukturierungen von 1962 im kernphysikalischen Bereich waren, bliebe zu untersuchen. Wie die Ruhe nach dem Sturm jedenfalls wirkt die verharmlosende und um „Normalität" bemühte offizielle Version, wie sie etwa in einer Vorlage für den Wissenschaftlichen Rat zum Ausdruck kommt:

> Während es also in den ersten Jahren darauf ankam, unter großzügiger Bereitstellung finanzieller Mittel die Arbeiten auf dem Gebiet der Kernforschung und Kerntechnik möglichst rasch voranzutreiben, wurde 1962 begonnen, die Kernforschung und Kerntechnik in die proportionale Entwicklung der anderen Forschungsgebiete einzuordnen. (...) Kriterium für die Notwendigkeit der Weiterentwicklung einzelner Fachgebiete ist einmal der aus den Arbeiten zu erwartende volkswirtschaftliche Nutzen, zum anderen die bisher erzielten Ergebnisse. Ferner sind hierbei die Möglichkeiten der internationalen Zusammenarbeit innerhalb des RGW, des Vereinigten Instituts für Kernforschung Dubna und der zweiseitigen Abkommen zu berücksichtigen.

Zur Erfüllung dieser Forderung hätten unter anderem die Auflösung von Institutionen beziehungsweise die Einstellung von Arbeitsrichtungen gedient, „deren Weiterführung auf Grund der bisher erzielten Ergebnisse nicht mehr zu rechtfertigen war oder für die keine Aufgabenstellung mehr bestand." Als Beispiele wurden das Zeuthener Institut und die Fakultät für Kerntechnik der TU

Dresden genannt.[231]

Wesentliche Ursache dafür war natürlich – uneingestanden – eine verfehlte Politik, deren entscheidende Fehler bereits bei der Institutionalisierung der Kernforschung 1955/56 gemacht worden waren. Die politische und wirtschaftliche Krise der Jahre 1960-62 förderte vor allem die von Barwich früh kritisierten strukturellen Probleme zutage, welche aufgrund überzogener Erwartungen an Kernphysik und Kernenergie sowie in dem Bestreben, die (zumeist nicht zu den Spitzenkräften ihrer Disziplin gehörigen) Spezialisten nicht allein durch hoch dotierte Verträge, sondern zudem durch Verteilung von Leitungspositionen und „großzügige" Erfüllung ihrer Forderungen zu halten, geschaffen worden waren. Beides war nach Barwich Anlaß „zu vielen faulen Kompromissen" gewesen und hatte in der Folge zu einem „Triumph der Mittelmäßigkeit" geführt.[232]

Gleichzeitig hatte sich die Staats- und Parteiführung durch den Mauerbau, die Veränderungen und Kompetenzverschiebungen im Staatsapparat sowie die bereits 1957/58 eingeleitete verstärkte politische Einflußnahme auf Akademie und Forschungsgemeinschaft die Grundlagen dafür gelegt, darauf zu reagieren und energisch durchzugreifen. Mit dem Scheitern des Siebenjahrplanes setzte nun eine Phase einer von wirtschaftlichen Erwägungen geprägten Politik ein, der prestige-, aber eben auch extrem investitionsintensive Projekte wie der Flugzeugbau oder eben Teile der Kernforschung zum Opfer fielen.

Obwohl die Auflösung des Kernphysikalischen Instituts nicht als zwangsläufig angesehen werden kann, war es doch bereits mit der Entscheidung, die Kernforschung im wesentlichen an der Akademie vorbei aufzubauen, zum Erfolg verdammt. Mit der dadurch bedingten Marginalisierung der Kernphysik innerhalb der Akademie hatte das Institut Miersdorf auch noch den Rest jener Priorität verloren, die es – wenn auch mit den verschiedensten Einschränkungen – einmal besessen hatte. Es nahm nun keinen Sonderstatus mehr ein, während das Amt für Kernforschung und Kerntechnik den zahlreichen Versuchen, seine Haushaltsmittel für das Akademieinstitut anzuzapfen, verständlicherweise Widerstand entgegensetzte.[233] Obwohl es dank des Einflußes von Robert Rompe und Gustav Hertz zunehmend gelang, Unterstützung durch die Rambuschsche Verwaltung für Projekte im Kernphysikalischen Institut zu erhalten, blieb sein weiterer Ausbau, aber auch die Versorgung mit benötigten Ausrüstungsgegenständen hinter den Bedürfnissen zurück. Anfängliche Erfolge und vielversprechende Ansätze auf dem Gebiet der niederenergetischen

---

[231] PMA, FtE, DY 30/IV 2/6.07/26, Bl. 69f.

[232] Einige Schlußfolgerungen aus der Ungarn-Reise des AKK vom 22. Juni bis 1. Juli 1959 vom 8.7.1959. ZfK, 907. Vgl. a. das Zitat am Anfang des Kapitels sowie [Rei99], S. 139f.

[233] Vgl. dazu die exemplarische Aussage im Protokoll der Kuratoriumssitzung vom 31.10.1957, TOP 4. BBA, P 10/1.

Kernphysik hielten somit nicht lange vor. Insbesondere die Betrachtung der Großgeräte zeigt das eindringlich. Als man 1962 Bilanz zog, fiel diese für das Institut nicht gerade günstig aus.

Die Gründe sind teilweise externer, teilweise interner Art gewesen. So kann keiner im Institut für die technischen Schwierigkeiten mit dem 2-MV-Kaskadengenerator, die schlechte Versorgungslage oder die teilweise chaotische Forschungspolitik der SED verantwortlich gemacht werden. Andererseits zeigt das Beispiel Fritz Bernhards, daß mit viel Eigeninitiative Erfolge möglich waren. Leider war seine Arbeitshaltung im Institut nicht allgemein verbreitet und wurde durch die Institutsspitze offenbar auch nicht nachdrücklich durchgesetzt.[234]

Folglich waren der Argumente für das Weiterbestehen der Kernphysik in Zeuthen nur wenige, als die politische und ökonomische Krise nicht nur zu einem Schwenk in den bis etwa 1961 mit großen Ambitionen betriebenen Arbeiten zur Nutzung der Kernenergie, sondern zu einem grundsätzlich geänderten Verhältnis der Partei- und Staatsführung zu den naturwissenschaftlichen Forschungseinrichtungen führte. Denn seine besondere Legitimation hatte das Institut bis zur Zuspitzung 1962 fast einzig aus seiner Aufgabe als Ausbildungsstätte für Nachwuchskräfte, aus den bereits investierten Millionen und aus den – selbst auferlegten – Zwängen bezogen, jemanden wie Richter halten zu wollen. Diese Säulen der Daseinsberechtigung brachen nun, Ende 1961, Anfang 1962, weitgehend weg. Insbesondere war die Parteiführung entschlossen, die bisherige Politik gegenüber den „bürgerlichen“ Wissenschaftlern zu ändern und in der Vergangenheit verausgabte Mittel in mehrstelliger Millionenhöhe abzuschreiben.[235]

In der Wahrnehmung der Betroffenen waren die Ablösung Richters und die Einstellung der Kernphysik in Zeuthen ein und dieselbe Sache. Tatsächlich handelte es sich aber um zwei im wesentlichen separate Vorgänge, wenn auch die konstatierte Erfolglosigkeit auf beide Anwendung fand. Die Personalfrage war jedoch Ausdruck eines institutsinternen Konflikts und die Entscheidung

[234]Die sich besonders nach dem Weggang Bernhards zuspitzende Leitungskrise ist im übrigen nicht allein die Sicht der Parteikader gewesen. Auch Aussagen anderer ehemaliger Mitarbeiter bestätigen die Berechtigung dieser Kritik.

[235]Fast scheint es, als sei an Richter ein Exempel statuiert worden, das den anderen „bürgerlichen“ Institutsdirektoren klarmachen sollte, daß ihnen Ähnliches geschehen könnte, wenn sie nicht besser mit Staat und Partei kooperieren würden. Denn der Vorgang war zweifellos atypisch für diese Phase der Wissenschaftspolitik der SED, und selbst während der Hochzeit für die Übernahme von Institutsleitungen durch Parteikader Ende der 60er Jahre wurden diese – in den Naturwissenschaften allemal – im allgemeinen nicht durch „Palastrevolutionen“ bewirkt, sondern fanden vielmehr im Rahmen des natürlichen Generationswechsels statt.

über Richter schon gefallen, als der Verteilungskampf um die Mittel für die Kernphysik noch andauerte. Erst als sich im April 1962 schließlich die schrittweise Auflösung des AKK abzuzeichnen begann, entschied sich damit auch das Schicksal des Kernphysikalischen Instituts – möglicherweise befördert durch die Schwierigkeiten, einen Ersatz für die Institutsleitung zu finden.

Daß Lanius (Jahrgang 1927) als Leiter der Zeuthener Einrichtung überhaupt in Frage kam, ist hingegen zum einen Rompes Bestrebungen zu danken, ihn zu einem Leitungskader aufzubauen. Der erste Schritt dazu war die Bildung der Unterkommission für hohe Energien im Wissenschaftlichen Rat, der Antrag auf eine eigene Arbeitsstelle, gefolgt von der Berufung Lanius' in das für die Vorbereitung der Entscheidung zuständige Gremium, die Kommission für Physik, Mathematik und Technik. Zum anderen profitierte Lanius vom Bedeutungszuwachs der Hochenergiephysik, deren stärkere Förderung auf einem breiten Konsens in Wissenschaft (Wissenschaftlicher Rat) und Partei (ZK-Abteilung Wissenschaften) basierte und just in dem Augenblick an Momentum gewann, da die Kernforschung in die Krise geriet.

Wie dargelegt, bestand ein realer Hintergrund, denn die Abteilung von Lanius stand spätestens mit dem Einstieg in die Blasenkammertechnik glänzend da: Die äußerst prestigeträchtige internationale Zusammenarbeit in Ost (VIK) und West (CERN) schlug sich für ihn sowohl in Funktionen etwa im Wissenschaftlichen Rat und im Beirat für Physik beim Staatssekretariat für das Hoch- und Fachschulwesen wie auch in wissenschaftlichen Erfolgen in Zusammenarbeit mit der Industrie (Zeiss und AGFA) nieder, was in der Zuerkennung eines der wenigen ZRA 1 gipfelte. Auch wenn die Verbindung von elementarer Grundlagenforschung und der Überführung wissenschaftlicher Erkenntnisse in die Produktion, wie sie von Ulbricht auf dem 14. ZK-Plenum eingefordert wurde, konstruiert erscheint, erfüllte die Hochenergiephysik doch eine der Hauptforderungen der Tagung, indem sie die Entdeckung neuer Gesetzmäßigkeiten der Natur versprach. Und sie erfüllte in idealer Weise die (nach der empfindlichen Einschränkung der Westkontakte unausweichliche) Forderung nach enger Zusammenarbeit mit der Sowjetunion.

Die Entscheidung zur „Aufteilung des Kernphysikalischen Instituts“ fiel somit vor dem Hintergrund einer Vielzahl von plausiblen Gründen und konstruierten Legitimationen.

Kapitel 5

Die Forschungsstelle

Die Zukunft der Physik hoher Energien hängt von der ständigen Anwendung der internationalen Zusammenarbeit und vom Einfluß auf die Lehre ab. Es ist allgemein festzustellen, daß die reine Erkundungsforschung immer in Frage gestellt werden wird und daher bei jeder Gelegenheit durch Hinweis auf die obigen Punkte begründet werden muß.[1]

Fritz Hilbert

5.1 Nach der „Umprofilierung“

Der verbleibende Teil des Jahres 1962 stand organisatorisch unter den Auswirkungen der Nachlaßverwaltung. Das betraf zum einen die Vermittlung der achtzehn Wissenschaftler, die nicht von der Forschungsstelle übernommen werden sollten – ein unter dem Arbeitsrecht der DDR nicht gerade einfaches Unterfangen. Zum anderen mußte der Verbleib jener Geräte und Einrichtungen geklärt werden, die nicht mehr benötigt wurden.

Bezüglich des Van-de-Graaffs legte der Vorstand des Wissenschaftlichen Rates fest, daß die Unterkommission Beschleuniger prüfen sollte, ob die Fertigstellung des Generators und seine Umsetzung bei Berücksichtigung größter Sparsamkeit zweckmäßig sei.[2] Die Überprüfung ergab, daß die Anlage erst zu etwa 60 % fertiggestellt sei. Auch wurde konstatiert, daß weder Konstruktionsunterlagen noch Prüfmeßprotokolle vorlägen. Da für die Fertigstellung noch etwa eine Million DM nötig sein würden und mit dem Einsatz nicht vor 1967 zu rechnen sei, lautete die Empfehlung, „alle weiteren Arbeiten am Zeuthener Genera-

[1] Fritz Hilbert, Stellvertretender Minister für Wissenschaft und Technik, bei der Verteidigung der WK Hochenergiephysik am 13.9.1968. IfH, 25.

[2] Vorlage für die 1. Sitzung des Vorstandes des Wissenschaftlichen Rates am 17.7.1962, TOP 3. BBA, NL Max Steenbeck, 358.

tor sofort einzustellen."[3] Das Gerät wurde anschließend in seine Einzelteile zerlegt und unter dem Zentralinstitut für Kernphysik sowie einigen anderen interessierten Instituten in Dresden, Leipzig und Ilmenau aufgeteilt.[4]

Weitere Fragen dieser Art wurden im Rahmen der Kommission für Physik, Mathematik und Technik in vier außerordentlichen Beratungen zwischen dem 3. und 10. August durch Rompe, Lanius, Fischer und Steenbeck behandelt. Für Massenspektrometer und Massentrenner wurde vorgeschlagen, ersteres an Professor Bernhard an der Humboldt-Universität und letzteren an Professor Mühlenpfordt im Institut für physikalische Stofftrennung in Leipzig abzugeben. Während das Spektrometer in der Tat an die Humboldt-Universität umgesetzt wurde, erklärte Mühlenpfordt den Massentrenner für die Belange seines Instituts als nicht unbedingt erforderlich.[5]

Auch über das radiochemische Labor wurde entschieden: Es sollte für die Aufstellung des ZRA 1 genutzt werden. Dem Gegenvorschlag, das erst kürzlich neu eingerichtete Labor der Halbleiterforschung im Raum Berlin zur Verfügung zu stellen und den Rechner statt dessen in der ehemaligen Zyklotronhalle aufbauen zu lassen, konnte Lanius rasch mit dem Argument des Kosten- und Termindrucks entkräften: Der Ausbau der Zyklotronhalle wäre teurer gekommen und nicht rechtzeitig fertig geworden.[6] Überhaupt wird Lanius kein Interesse daran gehabt haben, in der Forschungsstelle Institutsteile anderer Einrichtungen zu dulden. Genau das drohte aber, da durch die eigentlich geplante Verkleinerung der Forschungsstelle Räumlichkeiten frei werden mußten.[7] Nicht zuletzt deshalb dürfte sich Lanius dazu entschlossen haben, als einzige kernphysikalische Großanlage die Kaskade zu halten. Das band Kapazitäten und bedeutete zusätzlich die Möglichkeit, in Zukunft Auftragsforschung für die Industrie durchführen zu können, d.h. eine – wenn auch bescheidene – wirtschaftliche Relevanz zu erlangen und Gelder einzunehmen: Die Kaskade wurde daher noch im selben Jahr von Protonen- auf Elektronenbetrieb umgestellt und zu Be-

---

[3] Protokoll der 2. Sitzung des Vorstandes des Wissenschaftlichen Rates am 14.9.1962, TOP 6. A.a.O. Diese Einschätzung steht in krassem Widerspruch zu der des am Bau beteiligten Martin Richter, nach dessen Aussage der Van-de-Graaff möglicherweise im Herbst des Jahres einen ersten Strahl hätte liefern können. Interview mit Dr. Martin Richter vom 11.3.1996.

[4] Lanius an Rompe vom 10.1.1963. BBA, FG, 16.

[5] Protokoll der Sitzung der Kommission für Physik, Mathematik und Technik des Vorstandes der Forschungsgemeinschaft am 1.9.1962. IfH, 139. Der Massentrenner wurde anschließend bis Anfang 1965 in Zeuthen konserviert. Sein weiterer Verbleib über dieses Datum hinaus ist nicht bekannt.

[6] Zusammenfassendes Protokoll der Sitzungen der Kommission für Physik, Mathematik und Technik zwischen dem 3. und 10.8.1962, undatiert. A.a.O.

[7] Vgl. etwa die Protokolle der Sitzungen des Kollegiums des Wissenschaftlichen Sekretariats der Forschungsgemeinschaft vom 18.6.1962, TOP 2, und 9.7.1962, TOP 1. BBA, P 12/3.

strahlungen etwa bei der Kunststoffveredelung genutzt.[8]

Die Vermittlung der 18 gekündigten Wissenschaftler stellte eine sehr viel schwierigere Angelegenheit dar als die Umsetzung der wissenschaftlichen Apparaturen, weil ihnen einerseits eine „zumutbare“ Arbeit angeboten werden mußte, andererseits aber in der Industrie zu jener Zeit offenbar eine Einstellungssperre herrschte, wodurch sich die Kernphysiker auf die Straße geworfen fühlten.[9] Mit der Zeit ergaben sich dann doch Möglichkeiten, und die meisten wechselten schließlich entweder in das Institut für spezielle Probleme der theoretischen Physik in Adlershof (4), das Zentralinstitut für Kernphysik in Rossendorf (4) oder die Industrie – etwa zum Werk für Fernsehelektronik in Berlin-Oberschöneweide (3).[10] Übrigens waren nicht alle niederenergetischen Kernphysiker von diesen Maßnahmen betroffen; einige wurden auch von Lanius übernommen.

In den anderen Bereichen trennte man sich ebenfalls von ungefähr einem Dutzend Mitarbeitern, drei weitere begannen ab September mit einem Studium.[11] In der Forschungsgemeinschaft scheint es offenbar keinen gestört zu haben, daß man in Zeuthen somit weit davon entfernt war, die ursprünglich nicht nur für die Arbeitsstelle, sondern ebenso für die Forschungsstelle vorgesehene Anzahl von etwa 40 bis 50 Mitarbeitern zu erreichen.[12] Wie die Statistik in Anhang A zeigt, nahm die Personalstärke des Instituts trotz der Entlassungen des Jahres 1962 nur um etwa 11 % (statt 70 %) ab. Das lag sowohl an der in Zeuthen verbleibenden Kaskade als auch an dem höheren Aufwand, den ein Institut der vorliegenden Größe bedeutet. Zudem wollte Lanius ganz offensichtlich nicht auf den Werkstattbereich verzichten. Das Argument war vermutlich, daß man mittelfristig ausreichend Kapazitäten brauchen würde, um Auswertegeräte, Rechnerperipherie und schließlich einmal Detektorteile bauen zu können. Der Preis dafür war offenbar, vorübergehend „Produktionsaufgaben“ zu übernehmen: So sollten 1963/64 insgesamt zehn Neonverflüssiger gebaut werden.[13] Dementsprechend erhielt die Forschungsstelle für das Jahr 1963

[8](Instituts-) Jahresbericht 1962 vom 12.2.1963. IfH, 22.

[9]BSU, AIM 6350/70 A, Bd. 2, Bl. 224.

[10]Vgl. Anlage 3 zum Bericht über die Durchführung des Beschlusses des Kuratoriums der Forschungsgemeinschaft vom 13. Juni 1962 vom 10.12.1962. BBA, FG, 16.

[11]Zur Zeit im Institut beschäftigte Mitarbeiter, etwa Ende Juni/Anfang Juli 1962. IfH, 156.

[12]Vgl. PMA, AW, DY 30/IV 2/9.04/418, Bl. 242. Vgl. auch die Vorlage für die 3. Sitzung des Vorstandes des Wissenschaftlichen Rates am 12.10.1962, in der es (voreilig) heißt, daß 115 Arbeitskräfte anderen Zweigen der Volkswirtschaft zur Verfügung gestellt werden konnten. PMA, FtE, DY 30/IV 2/6.07/26, Bl. 71.

[13]Vgl. die (Instituts-) Jahresberichte von 1962 vom 12.2.1963 und 1963 vom 9.1.1964. IfH, 22 und 23.

137 Planstellen zugesprochen,[14] so daß die Beschäftigtenzahl ihr Minimum bei 142 (1964) fand – nach 165 zum Ende des Jahres 1961.

So entstand ein Unikum: nämlich ein Institut für Hochenergiephysik, das – ohne im Besitz eines für hochenergetische Experimente tauglichen Beschleunigers zu sein – mit mehr als 140 Mitarbeitern außergewöhnlich groß war. Ebenfalls außergewöhnlich: Die Forschungsstelle war eine der ganz wenigen Institutionen der Forschungsgemeinschaft, deren Leiter ein SED-Nachwuchswissenschaftler war.

Wie sah aber nun die neue Struktur der Forschungsstelle aus? Am 19. September beschloß der Vorstand der Forschungsgemeinschaft, die im Institut für reine Mathematik bestehende Arbeitsgruppe für Quantenfeldtheorie ab dem 1. Oktober der Forschungsstelle zuzuordnen und dort auch unterzubringen.[15] Darauf gründend wurden schließlich drei Abteilungen und zwei Arbeitsgruppen gebildet. Die größte (und wichtigste) war die Abteilung Blasenkammern unter Claus Grote, die acht Physiker und einen Diplom-Ingenieur sowie zahlreiche Hilfskräfte umfaßte. Ulrich Krecker leitete die Abteilung Kernemulsionen (vier Physiker) und Hermann Meier die Abteilung Elektronisches Rechnen, in der es einen Physiker und vier Mathematiker gab. Hinzu kamen die Arbeitsgruppe Quantenfeldtheorie unter Frank Kaschluhn mit vier Physikern[16] sowie die Arbeitsgruppe 2 MV-Kaskadenbeschleuniger unter Erwin Zilinski mit drei Hochschulkräften.[17] Aus diesen Abteilungs- und Gruppenleitern, dem Parteisekretär und dem BGL-Vorsitzenden setzte sich das Leitungskollektiv zusammen, das nun an die Seite des Institutsleiters trat und wöchentlich Sitzungen abhielt.[18]

Es scheint, daß die nun tatsächlich erreichte „führende Rolle der Partei“ die Physiker dazu verleitete, die Parteiarbeit zu vernachlässigen. So sah es jedenfalls eine Stellungnahme der ZK-Abteilung Wissenschaften aus dem Frühjahr 1964, in der es unter anderem heißt: „Die erreichten wissenschaftlichen Arbeitsergebnisse und die Tatsache, daß alle führenden Positionen des Instituts durch Genossen besetzt sind, hat die Parteiorganisation und deren Leitung selbstzufrieden werden lassen.“ Die politisch-ideologische Arbeit sei äußerst schwach

[14] Lanius an Fischer vom 15.12.1962. BBA, FG, 16. Davon waren etwa 21 Stellen für Kaskade und „Produktion“ vorgesehen.

[15] Protokoll der Sitzung des Vorstandes der Forschungsgemeinschaft am 19.9.1962, TOP 2b. BBA, PSV, P 11/4.

[16] Kaschluhn leitete die Gruppe als Angestellter der Humboldt-Universität, seine Mitarbeiter hingegen erhielten Planstellen der Forschungsstelle.

[17] Planstudie 1963 der Forschungsstelle für Physik hoher Energien vom 28.8.1962. IfH, 23.

[18] Vgl. Bericht für die Akademieparteileitung vom 18.2.1964. PMA, AW, DY 30/IV A2/9.04/303. Und: Protokolle der Besprechungen des Leitungskollektivs. IfH, 126.

entwickelt.[19]

Als besondere Kritikpunkte nannte der Verfasser, daß in vielen Jahren „noch kein Parteiloser als Kandidat für unsere Partei gewonnen“ worden sei; daß die rege Reisetätigkeit in das kapitalistische Ausland nicht zum Anlaß genommen würde, „die politisch-ideologische Auseinandersetzung zu verstärken, die Genossen und Parteilosen politisch auf ihre Tätigkeit in den Instituten des kapitalistischen Auslandes vorzubereiten und die ideologische Entwicklung jedes einzelnen ständig zu analysieren und entsprechende Schlußfolgerungen zu ziehen“; und daß Fragen der Leitungstätigkeit des Instituts von der Parteileitung nur behandelt würden, wenn seitens des Institutsleiters eine entsprechende Fragestellung vorliege. Die ungenügende Parteiarbeit müsse früher oder später zu Rückschlägen in der Arbeit des Instituts führen.[20]

Der Vorfall sollte nicht überbewertet werden. Immer wieder schwärmten in diesen Jahren Kommissionen aus, um Schwachstellen der ideologisch-politischen Arbeit auszumachen. Das gehörte zum System der Kontrolle und Disziplinierung und scheint im allgemeinen keine schwerwiegenden Konsequenzen gehabt zu haben. Allerdings: die Hochenergiephysik stand nun mehr als jemals zuvor an exponierter Stelle. Nicht mehr nur eine Abteilung, sondern ein ganzes Institut mit etwa 150 Mitarbeitern und Parteikadern in den wichtigsten Führungspositionen mußte im folgenden seine Bedeutung für Partei, Staat und Gesellschaft beweisen. Das sollte angesichts des ab 1963 begonnenen wirtschaftlichen Reformprogramms (Neues Ökonomisches System – NÖS) für eine Grundlagenforschung, die keine baldigen wirtschaftlichen Erfolge versprach, nicht immer leicht sein.

5.2 Zusammenarbeit mit Ost und West

Während die Reisetätigkeit in die Länder des Warschauer Paktes keinen nennenswerten Einschränkungen – von der ständig steigenden Administration einmal abgesehen – ausgesetzt und bereits 1961 beträchtlich gesteigert worden war, bedeutete die Abschottungspolitik gen Westen, die bereits vor dem Mauerbau einsetzte und sich nach dem 13. August 1961 erheblich verschärfte, eine schwerwiegende Gefährdung der DDR-Wissenschaft. Noch immer waren die innerdeutschen Wissenschaftsbeziehungen beträchtlich und trotz Autarkie-Bestrebungen, vom Bezug wissenschaftlicher Geräte aus dem kapitalistischen Ausland unabhängig zu werden („Störfreimachung“), konnte eine dauernde Iso-

[19]Bezirksleitung Potsdam an das ZK vom 19.2.1964. PMA, FuT, DY 30/IV A2/6.07/181.

[20]Zur Wirksamkeit der Parteiorganisation im Institut (Stellungnahme zum Brief der BL Potsdam vom 29.2.1964). A.a.O.

lierung von Entwicklungen im Westen zwar politisch, aber kaum wirtschaftlich und wissenschaftlich als wünschenswert erscheinen.

Genauso sah es auch die große Mehrheit der Wissenschaftler in der DDR, die mit Verunsicherung und Ärger auf die Maßnahmen der Regierung reagierte. Bereits im Oktober 1961 versuchte Hermann Klare daher zu beschwichtigen. Auf der in jenem Monat stattfindenden Direktorenkonferenz stellte er fest: „Wir werden es nicht zulassen, durch mangelnde Reisetätigkeit den Anschluß an die Spitze der Weltwissenschaft zu verlieren." Allerdings, so schränkte er ein, wolle man erreichen, „daß wir uns gemeinsam mit unseren Freunden in den sozialistischen Ländern die Weltspitze erobern und nicht unbesehen (...) Weltniveau gleich Westniveau setzen." Um wenig später vollends in den offiziellen Kanon einzufallen: „Reisen ins kapitalistische Ausland sollten vorläufig nur durchgeführt werden, wenn zentrale Interessen der DDR wahrzunehmen sind, und die Reisenden Gewähr bieten, daß sie die Politik der DDR aktiv vertreten können und wollen."[21] In den verbleibenden Monaten des Jahres fanden im Bereich der Forschungsgemeinschaft jedoch keine weiteren Reisen in die Bundesrepublik und lediglich 9 Reisen in andere westliche Länder statt.[22]

Auch in den beiden Folgejahren blieben Reisen in das kapitalistische Ausland die Ausnahme.[23] Das lag nicht nur an den erlassenen strengen Richtlinien des Ministerrates, sondern auch daran, daß das Präsidium des Ministerrates bis mindestens zum April 1963 jeden einzelnen Antrag bestätigen mußte.[24] Das konnte natürlich auf Dauer nicht so bleiben. Im eigenen Interesse mußte die DDR zu einer Liberalisierung des Reiseverkehrs in den Westen zurückkehren. In einer Sekretariatsvorlage vom April 1962 heißt es daher auch: „Mit der Praxis der Handhabung der [restriktiven] Beschlüsse des Präsidiums des Ministerrats ist eine unzweckmäßige und überspitzte Einengung der Beteiligung von DDR-Wissenschaftlern an bedeutsamen internationalen wissenschaftlichen Veranstaltungen eingetreten..." Immer wieder hätten Wissenschaftler darauf hingewiesen, „daß dadurch die Gefahr eines ernsten Zurückbleibens einzelner Zweige der Wissenschaft der Deutschen Demokratischen Republik (...) eintreten kann [und] daß auch die enger werdende Verbindung zu den sozialistischen Ländern keinen Verzicht auf die ständige Auswertung auch der Ergebnisse wissenschaftlicher Forschungsarbeiten in den übrigen Ländern zuläßt."[25]

Mit der einsetzenden „Normalisierung" wurde somit zunehmend das Prin-

[21] *Spektrum*, 7 (1961) 7/8, S. 223f.

[22] Statistischer Überblick 1961, Anlage 2, vom 6.3.1962. BBA, AA, 1934/1.

[23] Vgl. undatierte Aufstellung, ohne Titel. BBA, AA, 1935.

[24] Vgl. Rienäcker an Maron und Abusch vom 16.4.1963. PMA, AW, DY 30/IV A2/9.04/347.

[25] PMA, AW, DY 30/IV 2/9.04/26, Bl. 183.

zip des „Reisekaders“ etabliert,[26] das bestimmte Anforderungen an die Zuverlässigkeit des Reisenden stellte und in der Folge zu einem Zweiklassensystem führte. Die „Westreise“ wurde nun mehr und mehr auch zu einem politischen Instrument: Sie hatte der DDR nicht nur wissenschaftlich und ökonomisch zu nutzen, sondern sollte dazu dienen, die DDR und ihre Gesellschaftsordnung nach außen offensiv zu vertreten sowie die internationale Anerkennung der DDR zu befördern. Gleichzeitig diente die Reiseerlaubnis zur Auszeichnung zuverlässiger und folgsamer Wissenschaftler sowie zur Gewinnung und Festigung von Loyalität gegenüber Staat, Partei und – oft genug – MfS.

Auf die internationale Arbeitsteilung in der Hochenergiephysik ist bereits hingewiesen worden. Sie bedingte besonders für Gruppen ohne eigenes Beschleunigerzentrum eine rege Reisetätigkeit, um an Arbeitsbesprechungen und Experimenten teilnehmen zu können. Für die Forschungsstelle kam sehr bald noch ein weiterer Grund für häufige „Westreisen“ hinzu: die mangelnde Rechenkapazität in der DDR. Die Einschränkung der Reisefreiheit bedeutete hier also eine besondere Gefährdung, vor allem angesichts der gerade begonnenen bedeutsamen Zusammenarbeit mit den westdeutschen und englischen Gruppen am CERN.

Der Not gehorchend, war der Reisekaderstamm zunächst ein sehr begrenzter: Aus der Forschungsstelle reisten bis Ende 1963 lediglich drei Personen in die Schweiz oder die Bundesrepublik: Lanius, Grote und Ulrich Kundt.[27] Erst dann war es möglich, die personelle Basis zu erweitern: Noch 1963 reiste Arnold Meyer erstmals in die Schweiz, 1964 kamen Siegmund Nowak, Ulrich Krecker und – als erster Parteiloser – Rudolf Pose als Westreisekader hinzu.[28] Zählt man lediglich die regelmäßigen Reisen in die Schweiz und die Bundesrepublik Deutschland, so wuchs dieser privilegierte Kaderstamm in den 60er Jahren nicht über ein Dutzend Physiker hinaus.

Daß Antrag und Durchführung von Reisen erschwert waren, lag nicht zuletzt am umständlichen Verfahren. Dabei war das von den westlichen Alliierten in Berlin eingerichtete Allied Travel Office für die Hochenergiephysiker zweifellos das kleinere Übel, da es lediglich für die Erteilung von Visa in NATO-

[26]Der Begriff erlangte zwar erst in den 70er Jahren Bedeutung, wesentliche Merkmale des Prinzips wurden aber in den Jahren nach dem Mauerbau geprägt. Um dies zu betonen wird der Terminus deshalb bereits hier verwendet.

[27]In die Bundesrepublik fanden 1963 bereits sechs Reisen dieser drei statt – bei steigender Tendenz. Aufstellung der genehmigten Reisen in das kapitalistische Ausland 1963 vom 20.1.1964 BBA, AA, 2903.

[28]Der Zwang war unabhängig vom Wiederanstieg der Reisen in das kapitalistische Ausland gegeben, da Lanius aufgrund seiner Verpflichtungen in der Forschungsgemeinschaft immer weniger selbst reiste und Ulrich Kundt ab 1963 für mehrere Jahre an das VIK Dubna delegiert wurde.

Länder, nicht aber für solche in die Schweiz oder die Bundesrepublik zuständig war. Schwierig stellte sich hingegen die Beantragung von Reisen bei der eigenen Bürokratie dar. So erfahren wir aus einer Information, die die Abteilung Wissenschaften im ZK für eine Aussprache Kurt Hagers mit Wissenschaftlern erstellte, daß etwa Fachreferenten des SFT oftmals Fehlentscheidungen über die Notwendigkeit des Besuches wissenschaftlicher Veranstaltungen getroffen hätten. Eine weitere gravierende Beeinträchtigung ergab sich aus dem langwierigen Antragswege, der es „dem Staatsekretariat für das Hoch- und Fachschulwesen oder der DAW nicht (gestattet), dem Wissenschaftler in kurzer Zeit eine bindende Antwort zu geben."[29]

Angesichts der großen Zahl begutachtender Behörden war es seitens der beantragenden Stelle nicht nur von Bedeutung, die nötigen Unterlagen rechtzeitig und vollständig einzureichen, sondern sie auch entsprechend zu formulieren. Das führte dazu, daß die Wissenschaftler mehr und mehr von erfolgreichen Anträgen abschrieben. Gleiches gilt für die Abfassung der nach jeder Reise zu schreibenden Berichte, die dem übergeordneten Staatsorgan, aber auch der ZK-Abteilung und dem MfS die Auswertung ermöglichen sollten.[30]

Dieses Begründungs- und Berichtswesen wurde in den folgenden Jahren weiter vervollkommnet und zunehmend politisiert. Bereits Anfang 1964 erging die Weisung, in Zukunft weniger eine ausführliche wissenschaftliche Begründung für eine Reise zu liefern, sondern vielmehr die Beziehung „zu wichtigen ökonomischen oder anderen gesellschaftlichen Hauptaufgaben" sowie der „Stärkung des internationalen Ansehens und der Position der DDR" zu beachten.[31] Das führte schließlich so weit, daß offenbar ab etwa Herbst 1966 Absätze über die mit ausländischen Kollegen geführten politischen Gespräche erwartet wurden. Geschickt eingesetzt, dienten die Anträge und Reiseberichte aber nicht nur der Kontrolle durch übergeordnete Administrationen, sondern auch der Beförderung eigener Absichten.

***

Die Zusammenarbeit mit den Laboratorien Osteuropas gründete Ende der 50er Jahre noch auf zahlreichen Experimenten mit Kernemulsionen, die der kosmischen Strahlung ausgesetzt worden waren. Ab 1958 konnte in Dubna der regelmäßige Betrieb am Synchrophasotron aufgenommen werden, die kosmi-

[29] Es folgt die Beschreibung der Antragstellung im Hochschulwesen. Information für Gen. Hager vom 14.11.1963. PMA, AW, DY 30/IV A2/9.04/311.

[30] Gerade die bisweilen sehr stereotypen Reiseberichte der Forschungsstelle geben von dieser „Rationalisierungsmaßnahme" beredtes Zeugnis. Vgl. BBA, RB, passim.

[31] Aktennotiz Werner Richters (Büro des Generalsekretärs) über eine Mitteilung von Genosse Werner (Büro des Ministerrats) vom 17.2.1964. BBA, AKL, 600.

Die Blasenkammer begann ihren Siegeszug Ende der 50er Jahre. Die Vermessung von Teilchenspuren auf vielen tausend Photos zwang die Laboratorien, die Auswertung zunehmend zu automatisieren und mit der Rechentechnik zu koppeln.

sche Strahlung trat in den Hintergrund und machte Experimenten Platz, bei denen die bestrahlende Teilchenart definiert und ihre Energie in einem engen Korridor bekannt war. Die Zeuthener entschlossen sich damals, vornehmlich Probleme der starken Wechselwirkung zu untersuchen, was es nahelegte, mit Pionen zu arbeiten, die bei den vorhandenen Energien leicht und in ausreichendem Maße erzeugt werden konnten. In einem ersten Experiment beteiligte man sich daher an der Bestrahlung von Kernemulsionen mit negativen Pionen einer Energie von 7,5 GeV. Auch die ersten Blasenkammeraufnahmen, die man in Zeuthen auswertete, waren an einem negativen Pionstrahl von 6,8 GeV gemacht worden.

Eine zweite „Traditionslinie“ ergab sich seit 1958, als man über die rumänische

Akademie der Wissenschaften ein Emulsionspaket zur Verfügung gestellt bekommen hatte, das in Berkeley mit negativen Kaonen bestrahlt worden war.[32] Wie wir in den folgenden Abschnitten sehen werden, wurden in den 60er Jahren diese Untersuchungen bei unterschiedlichen Energien fortgesetzt. Lediglich bei der Zusammenarbeit mit dem DESY wurde für einige wenige Jahre auch ein dritter Weg beschritten: Die Photoproduktion, i.e. die Streuung von Gammastrahlen (Photonen) an Nukleonen.

Die Verbindung zum VIK Dubna, mit dessen Beschreibung wir beginnen wollen, gestaltete sich von Anfang an schwierig. Zunächst äußerte sich das insbesondere in Wartezeiten, wenn es etwa um den Erhalt exponierten Materials ging.[33] Später wirkten sich auch technische Mängel aus, wenn beispielsweise Pion- und Kaonstrahlen bestimmter Energie in Dubna nicht erzeugt werden konnten. Politisch und mental lag am VIK ebenfalls manches im Argen. Als Heinz Barwich 1960 zum Vizedirektor ernannt wurde, deutete das zwar die Bedeutung an, die die Sowjetunion dem deutschen Beitrag zumaß, der Verlauf seiner Amtszeit zeigte aber gleichsam, wie gering die Einflußmöglichkeiten der Mitgliedsländer waren.[34] Das in dieser Konstellation enthaltene Konfliktpotential sollte in den kommenden Jahren schärfer hervortreten.

Mit Beginn der 60er Jahre hatte das VIK Dubna nicht nur seine Vormachtstellung im Bereich des energiereichsten Beschleunigers verloren, der CERN bewies aller Welt zugleich, wie erfolgreich und effizient ein internationales Laboratorium der Hochenergiephysik arbeiten konnte – trotz bisweilen sehr unterschiedlicher Interessen etwa der Mitgliedsländer sowie Spannungen zwischen CERN-eigenen und auswärtigen Gruppen.[35] Im Kontrast dazu standen die starren und von nationalem Egoismus sowie Eifersüchteleien unter den Direktoren der Laboratorien überschatteten Strukturen des VIK. Die Dominanz der Sowjetunion, die im Vergleich zum CERN geringeren Ressourcen und die sich auf Hochenergie- wie Kernphysik gleichermaßen erstreckenden Anstrengungen wirkten sich zunehmend hemmend auf die Arbeit des Gemeinschaftsinstituts aus.

Demgegenüber war das Selbstbewußtsein der anderen Mitgliedsstaaten inzwischen gewachsen. Die Kernforschung in diesen Ländern war mittlerweile den Kinderschuhen entwachsen, und so sehr man noch von sowjetischer Hilfelei-

---

[32][Gro59].

[33]Vgl. Richter an Rambusch vom 26.4.1960 und Rambusch an Blochinzew vom 5.5.1960. BAB, DF-1 (AKK), 530.

[34]Vgl. [Bar67], S. 193-238.

[35]Vgl. [Kri94]. Für eine Beschreibung des CERN aus Sicht von DDR-Wissenschaftlern siehe den Bericht des Ehepaars Johannes und Gisela Ranft über ihren Studienaufenthalt bei CERN vom 4.2.1965. PMA, AW, DY 30/IV A2/9.04/348.

stung abhängig sein mochte, war man nun nicht mehr allein auf die Rolle des unerfahrenen Juniorpartners festgelegt, sondern verfolgte eigene und damit sehr unterschiedliche Ziele. Wenn die Sowjetunion auch weiterhin gut die Hälfte der Kosten trug, stieg das Verlangen, neben der Mitarbeit und den Beitragszahlungen ebenso bezüglich der Perspektivplanung stärker mitreden zu dürfen.

Soweit aus den deutschen Akten erkennbar, stand das Direktorium des VIK dem Versuch, die Arbeitsweise des Instituts zu reformieren, durchaus aufgeschlossen gegenüber. Erbitterter Widerstand ging allerdings von den damals sechs Laboratoriumsdirektoren aus. Hinzu kamen die Vorwürfe der Chinesen, die sich seit einiger Zeit im ideologischen Streit mit der KPdSU befanden, was 1966 zu ihrem Austritt aus dem VIK führte. Mit ihrer Kritik benannten sie die entscheidenden Schwachstellen des östlichen Gemeinschaftsinstituts, nämlich: daß die Sowjetunion das Institut als rein sowjetische Einrichtung betrachte und es für eigene Zwecke ausnutze; daß alle leitenden wissenschaftlichen und verwaltungstechnischen Funktionen von sowjetischen Genossen besetzt seien, was es erschwere, zwischen den übrigen Mitgliedsländern und der Sowjetunion ein vernünftiges Verhältnis herzustellen; und daß in der bisherigen Tätigkeit des VIK Geld- und Menschenreserven verschleudert worden seien, weil die großen Investitionen nicht genügend genutzt wurden.[36]

Mitte April 1965 fand in Dubna eine Beratung zur Verbesserung der Organisationsstruktur des VIK statt. Der bezeichnenderweise von den beiden Vizedirektoren ausgearbeitete Entwurf sah Veränderungen auf zwei Ebenen vor: 1. die Verstärkung des Einflusses der Mitgliedsländer auf die wissenschaftliche Tätigkeit der Laboratorien und 2. die Veränderung der inneren Struktur des Instituts. „Diese Veränderungen sollen der Konzentration der wissenschaftlichen Kräfte und Kapazitäten auf Schwerpunkte dienen, um die bis jetzt bestehende Aufsplitterung des Instituts in sechs sehr selbständige und voneinander unabhängige Laboratorien zu überwinden“, berichtete der Delegierte der DDR, Waldemar Buschinski.

> Bei der Aufstellung des Pespektivplanes 1966-70 zeigte sich immer wieder, daß die einzelnen Laboratoriumsdirektoren in erster Linie nur die Entwicklung ihrer Laboratorien sahen und die Direktion des Instituts auf Grund der bestehenden Machtverhältnisse nicht in der Lage war, zentrale Belange durchzusetzen. Aus diesem Grunde war die Qualität des im Januar den Regierungsbevollmächtigten vorgelegten Perspektivplanes so schlecht, daß er zurückgewiesen wurde.

Ein bedeutender Punkt der Stärkung des Einflusses der Mitgliedsländer auf die

[36] PMA, BMi, DY 30/IV A2/2.021/638, Bl. 13-16.

wissenschaftliche Tätigkeit des VIK sollte die Neuorganisation der für die Experimente zuständigen Komitees sein. Für die Hochenergiephysik etwa sah der Entwurf ein Blasenkammer- und ein Emulsionskomitee vor, dessen Vorschläge von einem wissenschaftlichen Rat für hohe Energien geprüft werden sollten – eine deutliche Anlehnung an die Strukturen im CERN.[37] Zuvor hatten sowohl das Labor für Hochenergiephysik als auch das für Kernprobleme eigene Gremien besessen. Die Vorlage der deutschen Position, die von den Vertretern im Gelehrtenrat, Alexander, Lanius und Heinz Pose vorbereitet worden war, ging sogar noch einen Schritt weiter und forderte gleichsam ein Komitee für elektronische Experimente.[38]

Die Konzentration auf Schwerpunkte war nicht nur wissenschaftlich geboten, denn zu allem Überdruß gesellten sich finanzielle Probleme hinzu. So stellte etwa die Grundorganisation der SED in Dubna allgemein fest, daß "die finanziellen Möglichkeiten des Instituts noch hinter den in anderen Ländern üblichen zurückblieben."[39] Die Frage der Beiträge verschärfte sich noch durch den Austritt der Chinesen und die einseitige Kürzung der Zahlungen durch Rumänien. Für die DDR erhöhte sich dadurch die Zuwendung an das VIK von 6,7 über 8,4 auf 9,3 % im Jahre 1969.[40] Da ein Austritt aus dem Gemeinschaftsinstitut schlechterdings nicht in Frage kam,[41] wurde versucht, über eine Steigerung der delegierten Wissenschaftler eine gewisse Kompensation zu erhalten. Auch die Frage der Einkäufe für Dubna – ein Monopol des sowjetischen Außenhandels – sollte hinterfragt werden.[42]

In diese Richtung äußerte sich auch die Grundorganisation der Partei, die Ende

[37]Vgl. weiter unten.

[38]Bericht über die Beratung zur Verbesserung der Organisationsstruktur im VIK Dubna (13.-15.4.1965) vom 22.4.1965. PMA, FtE, DY 30/IV A2/6.07/108.

[39]Rechenschaftsbericht der Grundorganisation der SED in Dubna für den Zeitraum April 1965 bis November 1966. PMA, AIV, DY 30/IV A2/20/196.

[40]Das entsprach über 2 Millionen Rubel jährlich (nach durchschnittlich etwa 1,1 Millionen Rubel p.a. in den fünf Jahren zuvor). Vgl. den Kurzbericht über die Tagung des Komitees der Regierungsbevollmächtigten (6.-8.6.1966) von Fritz Hilbert vom 10.6.1966 sowie die Protokolle der Tagungen des Komitees vom 17-19.1.1967 und vom 15.-17.1.1969. PMA, FtE, DY 30/IV A2/6.07/108. Und: Bericht über die bisherige Tätigkeit des VIK, eingereicht zur Dienstbesprechung des MWT am 30.10.1968. DF-4 (MWT), 22483.

[41]Neben politischen Rücksichtnahmen fehlte ganz einfach eine Alternative: Bei einem Austritt hätte man den Zugriff auf in der DDR nicht vorhandene Forschungsapparaturen verloren, was zweifellos zur Einstellung von Forschungsrichtungen geführt hätte, man hätte sich im sozialistischen Lager isoliert und Einbußen in der Ausbildung junger Kern- und Hochenergiephysiker hinnehmen müssen.

[42]BSU, AP 50505/92, Bl. 43. Das Ziel von 50 Delegierungen (inklusive Angehörigen) erreichte man in der Tat, ja, übertraf es sogar, denn 1968 befanden sich bereits 65 DDR-Wissenschaftler in Dubna. Bericht über die bisherige Tätigkeit des VIK, eingereicht zur Dienstbesprechung des MWT am 30.10.1968. BAB, DF-4 (MWT), 22483.

1966 zu der Feststellung kam:

> Wie bekannt ist, spielt das VIK im internationalen Maßstab nicht die Rolle, die ihm eigentlich zugedacht war. Das trifft besonders für das Gebiet der Physik hoher Energien zu, wo es nicht gelungen ist, den Zeitraum zwischen der Fertigstellung des Synchrophasotrons und der Fertigstellung des nächstgrößeren Beschleunigers im CERN zur Durchführung konkurrenzloser Experimente zu nutzen. Bis heute verläuft die Arbeit auf dem Gebiete der hohen Energien noch nicht so, wie es eigentlich der Fall sein müßte.

Die Ursachen seien vor allem in der ungenügenden Arbeitsteilung zwischen den einzelnen Gruppen des Instituts und in der fehlenden Schwerpunktbildung zu suchen. Die Folge: Der Zeitraum zwischen Planung, Baubeginn und Auswertung der Meßergebnisse eines Experiments würden viel zu lang und der Rückstand zu den führenden Laboratorien der Welt werde nicht aufgeholt. Zur besonders besorgniserregenden Lage der Hochenergiephysik in Dubna bemerkten die deutschen Genossen: „Wenn das VIK seinen Charakter als Forschungszentrum auf diesem heute führenden Gebiet der Physik nicht verlieren will, so muß es sich stärker als bisher auf die Zusammenarbeit mit dem Institut für Physik hoher Energien in Serpuchow konzentrieren und vor allem die Automatisierung der Auswertung experimenteller Daten und die Rechentechnik vorantreiben.“[43]

Daß es bei letzterem Defizite gab, lag nicht nur an den Schwierigkeiten der Sowjetunion, leistungsfähige Rechenmaschinen in ausreichender Zahl herzustellen. Rudolf Pose etwa berichtete in einem Reisebericht von 1966, daß die Bedeutung der Datenverarbeitung von sowjetischen Kollegen belächelt werde: „Es haben bisher leider noch nicht viele Kollegen im VIK begriffen, daß z. Zt. die Datenverarbeitung das größte und wichtigste Problem für sie ist, um den Anschluß an das Weltniveau wieder zu erreichen.“[44]

Und noch ein Umstand muß angeführt werden, der für CERN und gegen das VIK sprach. Lanius erwähnte ihn in einem Reisebericht über das internationale Seminar erfahrener Wissenschaftler zur Perspektive der Hochenergiephysik, die Ende Juni 1967 in Riga stattfand: die Internationalität der Mitarbeiterschaft. Während 690 (von 1330) oder 52 % der experimentellen Hochenergiephysiker in den Mitgliedsstaaten des CERN ausschließlich mit dem CERN arbeiten

[43]Rechenschaftsbericht der Grundorganisation der SED in Dubna für den Zeitraum April 1965 bis November 1966. PMA, AIV, DY 30/IV A2/20/196. 1963 hatte die Sowjetunion beschlossen, in Protvino in der Nähe von Serpuchow ein Institut für Hochenergiephysik zu gründen und den seit Mitte der 50er Jahre geplanten Beschleuniger dort zu bauen. Vgl. [Loc75], S. 12 und S. 16.

[44]Bericht Rudolf Poses über seine Reise zum VIK Dubna am 1.-11.8.1966 vom 24.10.1966. BBA, RB, 112.

würden, seien es im Osten weniger als 100. „Hierin dürfte sicher einer der wesentlichen Gründe für das wissenschaftliche Zurückbleiben des VIK gegenüber dem CERN zu suchen sein", folgerte er.[45]

Dennoch glaubte die Grundorganisation der SED im Früjahr 1968, Fortschritte erkennen zu können. Dieses Mal lautete ihre (floskelhafte) Einschätzung: „Die Zusammenfassung der geistigen und materiellen Ressourcen mehrerer Länder in einem gemeinsamen Institut hat sich bewährt und zahlt sich in erstklassigen wissenschaftlichen Resultaten aus." Allerdings schränkten sie ein:

> Wenn wir die Stellung Dubnas im größeren internationalen Rahmen, insbesondere in der Konkurrenz mit vergleichbaren Instituten des kapitalistischen Lagers betrachten, so fällt die Antwort nicht so positiv aus. Hier ist nach wie vor ein Zurückbleiben auf wichtigen Gebieten der modernen Forschungstechnik festzustellen (Blasenkammern, Rechentechnik, Elektronik). Das wirkt sich natürlich sehr hemmend auf Qualität und Quantität der Forschungsresultate aus. Jedoch ist anzuerkennen, daß in den letzten Jahren von den leitenden Organen des Instituts sehr große Anstrengungen unternommen wurden, um dieses Zurückbleiben aufzuholen und der Abstand ist zweifellos kleiner geworden.[46]

War diese Einschätzung als Signal an die Funktionäre in Berlin gedacht, das Engagement in Dubna – und damit die kernphysikalische Grundlagenforschung in der DDR – weiter aufrecht zu erhalten? Auf jeden Fall zeigt ein Bericht der DDR-Delegation vom November 1969, daß die versuchten strukturellen Reformen wenig an dem Dilemma geändert hatten, denn erneut ging es um den Versuch, die Finanzmittel auf Schwerpunkte zu verteilen. Zwar hätten sich die Kräfte verstärkt, die um eine wirkliche Stärkung des internationalen Ansehens des Instituts bemüht seien, heißt es dort. Andererseits seien aber die Bestrebungen nicht zu übersehen, wonach die einzelnen Laboratorien aufgrund der Tradition „zum Festhalten an allen zur Zeit betriebenen Forschungsrichtungen neigen (und) in ihren Begründungen nicht immer vom Hauptziel der Erzielung von Weltspitzenleistungen ausgehen, sondern von sozialen und psychologischen Erwägungen geleitet werden."[47]

***

[45]Bericht von Lanius über seine Reise zum Internationalen Seminar erfahrener Wissenschaftler über die Perspektive der Hochenergiephysik in Riga am 26.-29.6.1967 vom 6.7.1967. BBA, RB, 112.

[46]Rechenschaftsbericht der Grundorganisation der SED am VIK Dubna für die Wahlperiode November 1966 bis März 1968. PMA, AIV, DY 30/IV A2/20/196.

[47]Bericht über die Arbeit der DDR-Delegation am VIK Dubna in der Zeit vom 15.10. bis 20.11.69 (Oehler an Hilbert vom 25.11.69). BAB, DF-4 (MWT), 19850.

Spätestens mit der Inbetriebnahme des Proton-Synchrotrons (1960) verlagerte sich das Hauptinteresse der europäischen Hochenergiephysiker zum CERN. Während das VIK sich seine Zusammenarbeit mit den Westeuropäern bereits gesichert hatte und sich allmählich eine gewisse Routine beim Austausch von Wissenschaftlern einzustellen begann, mußten die nationalen Gruppen in den Mitgliedsstaaten selbst tätig werden, wenn sie ohne Umweg über die Sowjetunion und in nennenswertem Umfang von dem neuen Großgerät profitieren wollten. Zweifellos hatte die Zusammenarbeit zwischen CERN und dem VIK die Tür zu einer engeren Zusammenarbeit zwischen den osteuropäischen Physikergruppen und CERN ein gutes Stück weit aufgestoßen. Nun galt es noch hindurchzutreten.

Lanius sollten dabei seine Kontakte zu den bundesdeutschen Gruppen zugute kommen. Im Dezember 1960 informierte Klaus Gottstein (München) Lanius davon, daß auch für ihn die Möglichkeit bestünde, an den Expositionen in Genf teilzunehmen. „Sie brauchten nur einen Brief (...) zu schreiben, in dem Sie Ihr Interesse an Emulsionsexpositionen am Genfer Protonensynchrotron bekunden. Sie würden dann zu den betreffenden Vorbesprechungen nach Genf eingeladen werden.“[48] So geschah es: Der Brief ging am 23. Januar 1961 ab, und neun Tage später lag Lanius bereits ein Telegramm vor, das ihn zur nächsten Sitzung des Emulsion Experiments Committee (EmC) Mitte Februar einlud.[49] Obwohl nur wenig Zeit für die Reiseformalitäten blieb, traf Lanius rechtzeitig zur Sitzung am 15. Februar in Genf ein, und schon drei Monate später wurde er als kooptiertes Mitglied des EmC geführt.[50]

Wie kam es dazu? Das Emulsion Experiments Committee war kurz zuvor aus dem bereits (inoffiziell) bestehenden Coordinating Committee hervorgegangen. Gleichzeitig wurden zwei weitere Gremien für Experimente mit Spurkammer (Blasenkammerkomitee) und elektronische Experimente ins Leben gerufen. Ihre Aufgabe war es, sich mit allen Anträgen für Experimente an den Beschleunigern zu befassen und Arrangements zur Analyse der Ergebnisse zu treffen. Als koordinierende Stelle trat das Nuclear Physics Research Committee auf, das über die wissenschaftliche Legitimität der vorgeschlagenen Experimente befand und daraufhin das Forschungsprogramm für die beiden CERN-Beschleuniger zusammenstellte.[51]

---

[48]Gottstein an Lanius vom 13.12.1960. BKG.

[49]Lanius an Lock und Combe vom 23.1.1961. CAG, E 401.

[50]Draft Minutes of the Meeting of the Emulsion Experiments Committee vom 15.2.1961 and Partial Report of the General Meeting of May 10th, 1961, vom 20.6.1961. CAG, B 140, EmC/61/7 bzw. EmC/61/10.

[51]Minutes of the 1st Meeting of the Emulsion Experiments Committee held at CERN on December 15th, 1960, vom 1.3.1961. A.a.O., EmC/61/1. Vgl. auch [Kri94].

Das Schreiben von Lanius fiel in diese Umstrukturierungsphase. Owen Lock, einer von zwei Sekretären des EmC, übernahm es am 1. Februar, Lanius die oben erwähnte Einladung zu schicken. Zuvor hatte er den Vorsitzenden des Komitees telegraphisch um seine Zustimmung gebeten und diese auch erhalten. Dabei handelte es sich um keinen Geringeren als Cecil Powell.[52] Lanius bedankte sich nach der Sitzung von Mitte Februar bei Lock für die Einladung. In seinem Antwortbrief führte Lock aus, daß er auch mit Weisskopf, dem designierten Generaldirektor, über die Entwicklung guter Kontakte zwischen CERN und Gruppen aus Nicht-Mitgliedsstaaten gesprochen habe: „Er war sehr für solche Kontakte und bat uns, alles Mögliche zu tun, um sie zu befördern."[53]

Auf seiner Sitzung am 10. Mai legte das EmC in einer Art Satzung fest, daß die Mitgliedsländer ein bis drei Mitglieder des EmC würden stellen können – je nach Anzahl der beteiligten Institutionen. Des weiteren könnten bis zu sechs Physiker aus Mitglieds- oder Nichtmitgliedsstaaten kooptiert werden. Die ersten drei Herren, die auf diese Weise Aufnahme in das EmC fanden, waren der Ire Cormac O'Ceallaigh (Dublin), Marian Danysz (Warschau) und Lanius.[54]

Lanius' Versuch, am CERN Fuß zu fassen, erhielt einen empfindlichen Dämpfer durch den Mauerbau vom August 1961 und die daraus resultierende vorläufige Einstellung des Reiseverkehrs in den Westen. Damit war seine Teilnahme an den Sitzungen des EmC Anfang Oktober und Ende November gefährdet. Er wandte sich daher mit seinem Wunsch nach Ausreise um Unterstützung an das AKK. Nach einer Unterredung mit dem kommissarischen Leiter des Amtes, Bertram Winde, und dem Bereichsleiter für Forschung und Entwicklung, Walter Amm, beantragte er in einem Schreiben vom 7. September 1961 die Genehmigung für die notwendigen Reisen. Er schloß seinen Brief mit den Worten: „Meine Teilnahme an den Sitzungen des Emulsionskomitees ist für unsere eigenen, aber auch für die Forschungsaufgaben der befreundeten Institute von großem Wert."[55]

Nachdem die Realisierung des ersten Termins mißlang, da es nicht möglich war, „sämtliche Visen für die Reise nach Genf zu erhalten",[56] schaltete sich Winde

[52]Die Telegramme befinden sich im Besitz von Dr. Lock.

[53]Lock an Lanius vom 2.3.1961. CAG, E 401, NP/740/350. Übersetzung durch den Verfasser.

[54]Partial Report of the General Meeting of May 10th, 1961, vom 20.6.1961. CAG, B 140, EmC/61/10.

[55]Lanius an Amm. BAB, DF-1 (AKK), 605. Amm vermerkte auf dem Schreiben: „Wir legen selbst großen Wert auf diese Teilnahme."

[56]Lanius an Gottstein vom 3.10.1961. BKG.

selbst in den Vorgang ein und wandte sich im Oktober an den Staatssekretär für Auswärtige Angelegenheiten, Otto Winzer, und den Innenminister, Karl Maron. Neben der Erwähnung einiger Punkte aus dem Brief von Lanius hob er hervor, daß Lanius im Auftrage des AKK handele und daß auf der nächsten Sitzung die Neuwahl des Komitees anstünde: „Es besteht die begründete Aussicht, daß bei Anwesenheit des Herrn Dr. Lanius dieser für 1962 wieder in das Komitee gewählt wird.“ Auch das wirtschaftliche Argument wurde angeführt, nämlich daß dem VIK und dem VEB Carl Zeiss die neuesten Erkenntnisse des CERN und seiner Teilnehmerländer auf dem Fachgebiet bekannt werden könnten.[57]

Solcherart gelangte der Antrag in das Präsidium des Ministerrates, der zu dieser Zeit die Entscheidung über Reisen in das kapitalistische Ausland an sich gezogen hatte. Offensichtlich fand man dort die Gründe überzeugend genug, um eine Ausnahme zuzulassen, so daß Lanius am 28. und 29. November des Jahres am CERN weilen konnte. Allerdings wurden in der Sitzung des EmC lediglich die Komiteemitglieder aus den Mitgliedsstaaten des CERN nominiert, nicht jedoch – wie erwartet – die kooptierten Mitglieder. Die Zuwahl dieser Personen sollte erst "auf der 1. Sitzung des neuen Emulsion-Komitees, die am 20. Februar 1962 in Genf stattfindet, durchgeführt werden.“[58] An dieser Sitzung konnte Lanius jedoch wiederum nicht teilnehmen.[59] Seine Anwesenheit war aber offensichtlich nicht zwingend notwendig, und so wurde er in absentia wiedergewählt.

Durch diese Erfolgsmeldung bestärkt, startete Winde wenig später einen neuen Versuch. Dieses Mal sollte Lanius wenigsten zur nächsten Sitzung des Komitees im April fahren können. Auch für seinen Stellvertreter, Claus Grote, setzte sich Winde ein, da er eine Einladung zur Easter School for Physics, ebenfalls im April, bekommen hatte. Zur Begründung schrieb er: „Da nur eine beschränkte Anzahl von Einladungen ausgegeben wurde, glaube ich, daß die Einladung als sehr guter Erfolg dieser Arbeitsgruppe zu werten ist, da ihre wissenschaftlichen Leistungen in dieser Weise eine Anerkennung bedeutender internationaler Institute finden.“[60] Beiden Anträgen wurde daraufhin stattgegeben.

Noch bevor Lanius abreiste, war die Entscheidung gefallen, an welchem Experiment man sich beteiligen würde. Hatte er sich in seinem ersten Schreiben an

[57]Winde an Maron und Winzer vom 20.10.1961. BAB, DF-1 (AKK), 605.

[58]Bericht von Lanius über seine Reise zum CERN am 28.-29.11.1961 vom 6.12.1961. BBA, RB, 35.

[59]Der Grund ist nicht bekannt. Eventuell scheute man sich, nach so kurzer Zeit noch einmal eine Reise mit derselben Begründung zu beantragen. Möglich scheint auch, daß Lanius den Hinweis erhalten hatte, er könne mit seiner Wiederwahl rechnen.

[60]Winde an Maron und Winzer vom 15.3.1962. A.a.O.

Lock noch an der Bestrahlung von Emulsionen mit Pionen hoher Energie (16 GeV) interessiert gezeigt,[61] bemühte er sich im Herbst 1961 um Anschluß an eine Kollaboration[62] aus vier westdeutschen und zwei englischen Gruppen, die Ende 1961 und Anfang 1962 Blasenkammeraufnahmen von 4 GeV/*c*-Pionen an der 81 cm-Wasserstoffblasenkammer machte und von der er durch Gottstein und Martin Teucher (Hamburg) erfahren hatte. Zur Begründung seines Anliegens führte Lanius unter anderem an, daß solche Aufnahmen vorläufig in Dubna nicht möglich seien, da die Wasserstoffblasenkammer noch nicht arbeite.[63] Daß prinzipiell die Möglichkeit bestünde, Blasenkammeraufnahmen in Laboratorien der Nichtmitgliedstaaten zur Bearbeitung zu geben, hatte Lanius sich bereits im November des Vorjahres vom Vorsitzenden des Blasenkammerkomitees, Bernard Gregory, bestätigen lassen.[64]

Auch in der Kollaboration selbst gab es offenbar keine Differenzen über die Frage, die ostdeutschen Kollegen an der Analyse der Filme zu beteiligen. Allerdings fragte Professor Martin Deutschmann von der TH Aachen vorsichtshalber bei Generaldirektor Weisskopf an, ob es seitens der Organisation irgendwelche Vorbehalte gebe, was Weisskopf verneinte.[65]

Der Einfluß des neuen Generaldirektors kann in Hinsicht auf eine verstärkte Einbindung osteuropäischer Gruppen in Forschungsarbeiten am CERN nicht hoch genug eingeschätzt werden. Zwar hatten sich auch die Vorgänger Weisskopfs, Cornelis Bakker und John Adams, für eine Mitarbeit osteuropäischer Physiker an den Experimenten am CERN offen gezeigt, doch erst mit dem Antritt des Amerikaners österreichischer Abstammung im Juli 1961 wurde dies in großer Breite umgesetzt. Weisskopf schrieb später zu seiner Haltung:

> Da wir keine Mitglieder aus dem Ostblock hatten, konnte CERN auch nicht als echte europäische Institution gelten. Für mich war das ein bedauerliches Manko, das sich freilich in jener spannungsgeladenen Periode des Kalten Krieges in keiner Weise korrigieren ließ. Ich hielt trotzdem an dem Ideal eines gesamteuropäischen Forschungszentrums fest und

[61] Lock an Lanius vom 18.5.1961. CAG, E 401.

[62] Das Wort ist eine Entlehnung der Teilchenphysiker aus dem Englischen, wo "Collaboration" historisch unbelastet ist. Es bedeutet die Zusammenarbeit mehrerer Wissenschaftler verschiedener Institute an einem Experiment.

[63] Lanius an Gottstein vom 27.10.1961. BKG. Der Kollaboration gehörten die Hochenergiephysik-Gruppen aus Aachen, Bonn, Hamburg (Universität), München, Birmingham und London (Imperial College) an. [Her90], S. 171. Zum Datum der Bestrahlung vgl. a.a.O., S. 240.

[64] Bericht von Lanius über seine Reise zum CERN am 28. und 29.11.1961 vom 6.12.1961. BBA, RB, 35.

[65] Weisskopf an Deutschmann vom 5.7.1962. CAG, E 401, CERN/7897. Die Anfrage Deutschmanns stammte demnach vom 4.4.1962.

> versuchte, den Ausschluß der osteuropäischen Länder auf anderen Wegen zu überwinden, den beiderseits bestehenden Schwierigkeiten zum Trotz.[66]

Diese Wege mußten – mit der Ausnahme Sowjetunion – im wesentlichen inoffizielle sein, was erklärt, warum sich im CERN-Archiv so wenig Hinweise auf seine „Ostpolitik" finden ließen. Erschwerend kam hinzu, daß es zwischen der DDR und den anderen osteuropäischen Ländern mindestens einen graduellen Unterschied gab, der durch die Hallstein-Doktrin der Bundesrepublik gegeben war: Während etwa Polen – nicht zuletzt dank der Person von Danysz – eine Vorreiterrolle spielte, in den Genuß von Stipendien durch die amerikanische Ford Foundation kam[67] und 1963 sogar Beobachterstatus am CERN erlangte, mußte in der Zusammenarbeit mit der DDR aufgrund des Alleinvertretungsanspruchs der bundesdeutschen Regierung behutsamer vorgegangen werden.[68]

Mutig geworden durch die Erfolge von Lanius und die Anwesenheit Zöllners am CERN nutzend, richtete sich Rompe in seiner Eigenschaft als Sekretar der Klasse für Mathematik, Physik und Technik im Mai 1962 mit der Bitte an Weisskopf, zwei Physiker zu Ausbildungszwecken zum CERN delegieren zu dürfen.[69] Mag es der offizielle Status Rompes gewesen sein oder die Veränderung der deutschlandpolitischen Lage seit dem August 1961, jedenfalls hielt es Weisskopf nun doch für geraten, die Zustimmung des Ratsausschusses einzuholen.[70]

Am 8. Juni schrieb er an Rompe, daß man im Einverständnis mit dem Rat „den Fall der D.D.R. genau in gleicher Weise behandeln (möchte) wie alle anderen Nicht-Mitgliedsstaaten. Irgendwelche politischen Beweggründe sollen dabei völlig außer acht gelassen werden." Er legte Rompe allerdings nahe, „ein solches Ansuchen nicht von der Regierung Ihres Landes ausgehen zu lassen, sondern von einer akademischen Institution... Wir sind nicht imstande, Regierungsanträge von Staaten, die nicht der CERN angehören, zu berücksichtigen."[71]

---

[66][Wei91], S. 269.

[67]Vgl. den Bericht über die Zusammenarbeit mit osteuropäischen Ländern, vermutlich aus dem Frühling 1962. CAG, G 152.

[68]Es ist nicht erkennbar, daß staatliche Stellen der Bundesrepublik gegen wissenschaftliche Kontakte mit DDR-Physikern gewesen seien – eher das Gegenteil scheint der Fall. Allerdings durfte der DDR-Regierung kein Grund geliefert werden, über die CERN-Zusammenarbeit auch nur irgendeinen Anspruch auf Anerkennung ihrer staatlichen Souveränität erheben zu können.

[69]Rompe an Weisskopf vom 10.5.1962. CAG, G 145.

[70]Leider ist das Protokoll der fraglichen Sitzung vom 23. Mai 1962 verschollen.

[71]Weisskopf an Rompe. A.a.O., CERN/7850. Vgl. auch das Memorandum von Weisskopf an Zöllner vom 25.5.1962. A.a.O., CERN/DGO/Memo/1236. Das Ehepaar Ranft (Leipzig)

Indem man die Kontakte auf Jahrzehnte auf diesem inoffiziellen und lediglich fachlichen Niveau hielt, gelang es im großen und ganzen, politische Komplikationen zu vermeiden. Hilfreich dabei war, daß es unter den Physikern der Mitgliedsstaaten keine Berührungsängste mit den östlichen Kollegen gab. Im Gegenteil: Viele Bekanntschaften datierten bereits aus den zwei vorherigen Dekaden, und die Bereitschaft am Austausch von Ergebnissen, Erfahrungen und schließlich auch Personen war weit verbreitet. Selbst die Bundesregierung, der die Teilnahme von Physikern aus der DDR an Experimenten am CERN nicht verborgen geblieben war, scheint diesen Status quo als befriedigend empfunden zu haben.[72]

Die ersten Monate, in denen die Filme vom CERN ausgewertet wurden, dürften für die Physiker und Laboranten der Blasenkammergruppe schwierig und anstrengend gewesen sein, da der ZRA 1 zwar im Aufbau befindlich, aber noch nicht voll verfügbar war, und „das im Institut für Gerätebau im Bau befindliche Gerät zur automatischen Vermessung von Blasenkammeraufnahmen nicht termingemäß fertiggestellt worden" war.[73] Der dadurch bedingte hohe Aufwand an manuellen Auswerte- und Rechenarbeiten ist heute nur noch schwer nachzuempfinden, zumal zusätzlich noch Aufnahmen aus Dubna untersucht wurden.

1963 rückte das 4-GeV/c-Pion-Experiment zur wichtigsten Arbeit der Abteilung Blasenkammern auf.[74] Im Frühjahr waren 9 Filme mit insgesamt etwa 10.000 Aufnahmen in Zeuthen eingetroffen, und nicht ohne Stolz berichtete Lanius an das AKK, daß man nun „von diesem Material den gleichen Anteil wie die Laboratorien in London, Birmingham, München, Hamburg, Aachen und Bonn" habe.[75] Der Bedeutung und Quantität dieser Filme entsprechend wurde kurz darauf ein Mehrschichtsystem eingeführt, daß die Auslastung der Arbeitsplätze zwischen 5.55 Uhr und 22 Uhr gewährleistete.[76] Durch diese Maßnahmen waren im Juli bereits 4 Filme abgesucht und die Zeit für das Vermessen eines zweiarmigen Ereignisses hatte sich von 42 Minuten auf etwa

---

konnte später aufgrund dieser Zusage einige Monate am CERN verbringen.

[72]Diese Einschätzung stützt sich auf die (fast) vergebliche Suche nach Zeugnissen im CERN-Archiv, die eine Intervention der politischen Kreise der Bundesrepublik angezeigt hätten. (Eine amüsante Episode zu dem Versuch, die von CERN geübte Terminologie im Umgang mit der DDR zu beeinflussen, fand sich immerhin. Sie läßt sich in einer Notiz über den Besuch des Grafen von Hardenberg, Gesandter der Bundesrepublik Deutschland und Delegierter bei den internationalen Institutionen in Genf, nachlesen, die vermutlich vom 9.11.1962 stammt. CAG, G 411.) Eine Sichtung der Unterlagen des Auswärtigen Amtes bzw. des Atomministeriums mußte aus zeitlichen Gründen unterbleiben.

[73](Instituts-) Jahresbericht 1962 vom 12.2.1963. IfH, 22.

[74](Instituts-) Jahresbericht 1963 vom 9.1.1964. IfH, 23.

[75]Lanius und A. Meyer an Buschinski vom 6.4.1963. BAB, DF-1 (AKK), 1232.

[76]Arbeitszeit in der Abteilung Blasenkammern vom 11.4.1963. IfH, 366.

eine halbe Stunde verringert.[77] Auch der ZRA 1, der am 13. Mai übernommen werden konnte, wurde im Zweischichtbetrieb genutzt.[78] Da dennoch etwa 450 ZRA 1-Stunden an anderen Rechenzentren zusätzlich benötigt wurden, wurde für 1964 der Dreischichtbetrieb in Aussicht genommen. Das Jahr 1963 diente demnach dazu, um an den damaligen Weltstand der experimentellen Technik heranzukommen.[79]

Im Laufe dieses Jahres begann Lanius, eine erste längerfristige Delegierung eines seiner Mitarbeiter vorzubereiten. Um den Gedanken an die zuständige staatliche Stelle, das SFT, heranzutragen, schrieb er am 11. Juni 1963 einen Brief. Zur unabdingbaren Praxis gehörte es dabei, zunächst von der außerordentlich fruchtbaren Zusammenarbeit mit dem VIK Dubna zu berichten. Erst dann konnte das eigentliche Thema, die Kontakte zum CERN, berührt werden, als deren fachliche Begründung die höhere Energie des Beschleunigers angeführt wurde.

> Entscheidend für die weitere Verbesserung unserer Beziehungen zum CERN wäre ein ca. einjähriger Aufenthalt eines unserer Mitarbeiter beim CERN in Genf. Wir erwarten, daß sich dadurch unsere Verbindungen soweit festigen, daß wir die außerordentlich günstigen experimentellen Möglichkeiten des CERN weit mehr als bisher für die Entwicklung unserer eigenen Forschung in Anspruch nehmen können.

Als Kandidat wurde Arnold Meyer vorgesehen, „Mitglied der SED (...) und gegenwärtig Sekretär unserer Institutsparteiorganisation", der in der Forschungsstelle vorwiegend mit Softwarearbeiten an der ZRA 1 beschäftigt war. Um der Angelegenheit weiteren Nachdruck zu verleihen, verwies Lanius abschließend darauf, daß die Amtszeit von Weisskopf bald ablaufen werde und nicht bekannt sei, ob der nächste Generaldirektor ähnlich „an einer Festigung der Verbindungen zu den sozialistischen Staaten interessiert" sein werde.[80]

Mitte Oktober holte Lanius mündlich die Zusage Weisskopfs ein. Auch mit der Datenverarbeitungsabteilung, in der Meyer eingesetzt werden sollte, sprach sich Lanius ab. Zwei Monate später traf die offizielle Zustimmung aus Genf ein.[81] Das Datum der Abreise Meyers ist nicht gesichert, doch dürfte sie Anfang März 1964 stattgefunden haben.[82] Im ZK-Apparat schien man sich indessen

[77] Lanius an Grote vom 29.6.1963. IfH, 4.

[78] Protokoll über die Sitzung des Leitungskollektivs am 18.7.1963. IfH, 126.

[79] (Instituts-) Jahresbericht 1963 vom 9.1.1964. IfH, 23.

[80] Krecker (BPO), Golzow (Kaderleiter) und Lanius an Buschinski vom 11.6.1963. IfH, 1.

[81] Lanius an Weisskopf vom 18.10.1963. Und: Weisskopf an Lanius vom 19.12.1963. A.a.O.

[82] Vgl. den Antrag auf Genehmigung einer Reise nach Genf vom 3.11.1964. A.a.O. Nach Mitteilung von Prof. Dr. Arnold Meyer vom 11.9.1997 könnte der Tag der Abreise der 7. März gewesen sein.

nicht sicher zu sein, ob die Delegierung Meyers eine Angelegenheit war, die der Zustimmung des Sekretariats bedurfte. Erst am 29. Februar ging ein Schreiben mit der Aufforderung an seine Mitglieder, unter anderem die Vorlage zu Meyer doch schnellstens im Umlauf zu bestätigen. Die Genehmigung des Sekretariats auf seiner Sitzung vom 4. März 1964 erfolgte somit eigentlich zu spät.[83]

Da sich das Ende der ersten Kollaboration ab Herbst 1963 abzeichnete, besprach sich Lanius im Oktober mit Weisskopf über Möglichkeiten der weiteren Zusammenarbeit.[84] Durch die positive Antwort ermutigt, reichte die Forschungsstelle einen Antrag ein, worin sie bat, sich den neun Gruppen anschließen zu dürfen, die die Wechselwirkung von hochenergetischen Pionen an Protonen untersuchen wollten.[85] Schließlich wurde daraus die zweite CERN-Kollaboration der Zeuthener. Die Bilder wurden im Februar und März 1964 aufgenommen.[86]

Dieselben neun Gruppen hatten im September 1963 auch Untersuchungen mit Kaonen vorgeschlagen.[87] Nachdem zwischenzeitlich einige ähnliche Proposals zusammengefaßt worden waren und sich die Erzeugung eines Kaonstrahls bei 10 GeV/c abzeichnete, schloß sich die Forschungsstelle im Frühherbst 1964 auch hier an. Gemeinsam mit Aachen, CERN, dem Imperial College und Wien wurden im April und Dezember 1965 die Bestrahlungen durchgeführt und etwa 250.000 Bilder aufgenommen.[88]

Als Mann vor Ort sah Lanius nun Siegmund Nowak vor. Wieder wandte er sich direkt an Weisskopf.[89] Auch Grote nutzte die Gelegenheit, während eines Besuches am CERN im November 1964, sowohl mit dem Generaldirektor als auch mit dem Leiter der Blasenkammerabteilung, Charles Peyrou, über diese zweite langfristige Delegierung zu sprechen: „Sowohl von meiner als auch von ihrer Seite wurde betont, daß der enge Kontakt zwischen unseren Gruppen sich vorteilhaft auf unsere Arbeit auswirkt und deshalb unbedingt fortgeführt werden sollte“, berichtete Grote.[90] In seiner Begründung des Arbeitsaufenthaltes von Nowak hob Lanius besonders darauf ab, daß nicht nur die Expe-

[83](Arbeits-) Protokoll der Sekretariatssitzung vom 4.3.1964, TOP 4. PMA, SK, DY 30/J IV 2/3A/1037.

[84]Bericht über die Teilnahme an der Sitzung des EmC vom 28.10.1963. BBA, RB, 66.

[85]Proposal to Study High Energy π^--p Interactions vom 24.10.1963. CAG, E 350, CERN/TC/COM 63-58. Bei den Kollaborationspartnern handelte es sich um Gruppen aus Aachen, Cambridge, CERN, Hamburg, Krakau, Prag, Stockholm, Wien und Warschau (“High Energy Collaboration”).

[86]Vgl. [Her90], S. 240.

[87]Proposal to study the interactions of 14 GeV/c $K^{\pm}$ mesons vom 3.9.1963. CAG, E 350, CERN/TC/COM/63-53.

[88]Vgl. [Her90], S. 242.

[89]Lanius an Weisskopf vom 10.11.1964. IfH, 1.

[90]Bericht Grotes über seine Reise zum CERN am 12.-24.11.1964 von Ende November.

rimentiermöglichkeiten einmalig seien, sondern auch Know-how für die eigene Arbeit gewonnen werde könne, da sowohl die Aufstellung eines neuen modernen Rechners (einer CDC 6600) als auch die weitere Automatisierung des Meß- und Auswerteprozesses bevorstünden.[91]

Der Vorgang der Delegierungen, die nun fast im jährlichen Rhythmus erfolgten, wurde schnell zur Routine, die alten Texte lediglich leicht umgeschrieben und erweitert. Allerdings wuchs der Verwaltungsaufwand, da nunmehr ausführliche Direktiven und Reiseberichte, Beurteilungen und Kurzbiographien verfaßt werden mußten.[92] Von seiten des CERN wurde das Procedere hingegen durch die Tatsache erleichtert, daß ab 1965 (nachdem die Ford Foundation ihre Unterstützung von Besuchern aus Nichtmitgliedsländern eingestellt hatte) die Bezahlung der "Visiting Scientists" direkt durch den CERN übernommen wurde – zuvor hatte die Akademie die Kosten für Meyer und Nowak noch selbst tragen müssen. Es war dabei sicher von Vorteil, daß der Ansprechpartner im Komitee, das über die Anträge zu entscheiden hatte, William Owen Lock war, der sich mit Lanius gut verstand.[93]

***

Das Deutsche Elektronen-Synchrotron (DESY) gehört zu der ersten Generation von Großforschungseinrichtungen der Bundesrepublik, die seit 1955 und 1956 entstanden waren. Willibald Jentschke hatte es zur Voraussetzung der Annahme seiner Berufung an die Universität Hamburg gemacht, ein Synchrotron zur Beschleunigung von Elektronen zu bekommen. Nachdem er entsprechende Zusagen erhalten hatte, nahm er im Oktober 1955 die Berufung an.[94]

Der erste erfolgreiche Probelauf des Beschleunigers fand am 25. Februar 1964 statt. Im Gegensatz zum international organisierten CERN war das DESY ein nationales Beschleunigerzentrum, das vorwiegend für deutsche Gruppen zugänglich war.[95] Als 1964 die „deutsche" Blasenkammer fertig war, setzten die bundesdeutschen Hochenergiephysik-Gruppen aus Aachen, Bonn, Hamburg, München und nun auch Heidelberg ihre Zusammenarbeit in Hamburg

---

BBA, RB, 66.

[91] Lanius an Ziert vom 25.11.1964. IfH, 1. Zusammen mit der Abteilung für auswärtige und internationale Angelegenheiten der DAW formulierte Lanius auch die Vorlage für das Sekretariat des ZK. (Arbeits-) Protokoll der Sekretariatssitzung vom 24.2.1965, TOP 17. PMA, SK, DY 30/J IV 2/3A/1151.

[92] Vgl. etwa die Unterlagen zur Delegierung von Helmut Böttcher. PMA, SK, DY 30/J IV 2/3A/1417, und IfH, 1.

[93] Dr. William Owen Lock im Interview vom 3.7.1996.

[94] [Eck89b], S. 67.

[95] Ausführlich kann die Entwicklungsgeschichte des DESY bis etwa 1970 bei [Hab89] nachgelesen werden.

fort und reichten den Antrag auf Zulassung eines Experimentes zur Untersuchung der Photoproduktion ein.[96] Ziel war es, einen „Überblick über die Photoproduktion von Mesonen und Hyperonen am Proton zwischen 1 und 5 GeV" zu gewinnen und insbesondere ρ- und f-Resonanzen zu untersuchen. „Geplant ist die Auswertung von ca. 10^6 Bildern in einer 80 cm H_2-Blasenkammer, die ca. 10^4 Photoproduktionsereignisse (...) liefern werden."[97] Als Sprecher der Kollaboration fungierte Erich Lohrmann.

Lanius signalisierte sein Interesse an einer Zusammenarbeit im Dezember des Jahres, nachdem man „Klarheit über die für das nächste Jahr zu erwartenden Aufgaben unserer Blasenkammergruppe in Zusammenarbeit mit Dubna bzw. CERN gewonnen" hatte. Als Zeuthener Beitrag stellte er 3-4 Physiker und mindestens einen Meßautomaten in Aussicht. Für die umfangreichen Fit-Rechnungen, die in Hamburg durchgeführt werden sollten, sah Lanius Arnold Meyer vor, dessen Rückkehr aus Genf er im kommenden Monat erwartete.[98]

In seinem Antwortschreiben meinte Lohrmann, daß sich die Mitarbeit der Zeuthener ohne weiteres ermöglichen lassen werde und Meyer in Hamburg jederzeit willkommen sei. Probleme sehe er lediglich bezüglich des Einlesens der Zeuthener Daten (auf Lochkarten) in die IBM in Hamburg, die mit Lochstreifenperipherie arbeite. Wenn die Zeuthener dieses Verfahren anwenden wollten, so Lohrmann, müßte Meyer die notwendigen Programme dafür schreiben.[99] Angesichts der EDV-Probleme in Zeuthen war man in der Tat sehr an Rechnungen in Hamburg interessiert, und so reiste Meyer am 11. Februar zu einem ersten, auf drei Wochen angelegten Aufenthalt in die Hansestadt.

Bereits bei dieser ersten Reise trat ein Problem auf, das Meyer am Ende seines Reiseberichtes ansprach:

> Es wäre wesentlich günstiger gewesen, wenn ich eine Ausreisegenehmigung nach Westdeutschland gehabt hätte, mit der ein mehrmaliges Passieren der Grenze möglich gewesen wäre, da die mehrtägigen Ausfälle während der Bestrahlung und die begrenzte Rechenzeit, die mir an der IBM 7044 zur Verfügung stand, nicht meine ständige Anwesenheit in Hamburg erforderte; speziell für die Anfertigung des Programms wären Diskussionen in Zeuthen sogar notwendig gewesen. (...) Eine derartige

[96] Wenn Elektronen in einem Target abgebremst werden, strahlen sie Lichtquanten (Bremsstrahlung) ab. Diese Photonen eines bestimmten Energiespektrums können anschließend mit den Nukleonen in der Blasenkammer wechselwirken.

[97] Antrag vom 8.7.1964. DAH, HS.

[98] Lanius an Lohrmann vom 7.12.1964. A.a.O., Ordner: Allg. Korrespondenz. Ob Lanius dieses Vorgehen vorher mit staatlichen Stellen abklären mußte, ist unbekannt. Für die Mitarbeit Zeuthens sprach, daß dies die einzige Möglichkeit des Ostblocks darstellte, am DESY-Programm teilzuhaben.

[99] Lohrmann an Lanius vom 6.1.1965. A.a.O.

> Regelung wäre auch vom ökonomischen Standpunkt günstiger, denn die Fahrtkosten nach Hamburg und zurück entsprechen den Aufenthalts- und Übernachtungskosten in Hamburg in DM West für einen Tag.[100]

Gerade das letzte Argument hatte angesichts der Devisenknappheit in der Forschungsgemeinschaft ausreichend Gewicht, so daß eine solche Genehmigung allem Anschein nach im Herbst des Jahres bereits vorlag.[101]

Trotz üblicher Anfangsschwierigkeiten mit Strahl, Kammer, Magnet- und optischem System kam das Experiment rasch auf Touren: Während Meyers erstem Aufenthalt lieferte das Synchrotron etwa 40.000 verwertbare Aufnahmen. Im Mai und von November bis Dezember des Jahres folgten weitere gut 970.000 Bilder.[102] Dabei attestierte Lohrmann den Zeuthenern früh, bei den Auswertearbeiten gute Erfolge aufweisen zu können,[103] und Lanius berichtete gar im Jahresbericht 1965, daß man nach der Anzahl der analysierten Ereignisse an der Spitze der teilnehmenden Laboratorien stehe.[104] Im Juni 1966 wurden noch einmal 720.000 Aufnahmen gemacht, so daß für die Auswertung insgesamt 1,7 Mio. Bilder zur Verfügung standen. Trotz dieser riesigen Zahl waren bereits im August 800.000 davon vollständig ausgewertet.

Im Sommer 1965 stand bereits fest, daß die Kammer im Anschluß an das γ-p-Experiment mit Deuterium gefüllt werden sollte, um die Untersuchungen durch γ-n-Daten zu ergänzen. Der Fortsetzung des Photoerzeugungsexperiments und dem Entwurf eines Antrages, der am 18. August gestellt wurde, hatte Lanius zwei Wochen zuvor zugestimmt.[105] Im Herbst des Folgejahres wurden dann die ersten 300.000 Aufnahmen mit Deuteriumfüllung aufgenommen, eine Zahl, die bis Ende 1967 auf 1,9 Mio. anwuchs.[106] Für 1968 war geplant, das Experiment mit Hilfe einer Streamerkammer fortzusetzen. Wie selbstverständlich setzte Lohrmann die Zeuthener mit auf den Antrag vom 22. April. In Berlin war die Entscheidung gegen eine Fortführung der Kollaboration allerdings schon gefallen.

Die Bedeutung der beiden DESY-Experimente – methodisch, wissenschaftlich

---

[100] Bericht von Meyer über seine Reise zum DESY am 11.2.-5.3.1965 vom 16.3.1965. BBA, RB, 35.

[101] Zu dem Zeitpunkt führte Meyer innerhalb eines Monats drei Reisen durch. Bericht von Meyer über seine Reisen zum DESY am 18.-26.11, 30.11.-3.12. und 13.-17.12.1965 vom 28.12.1965. BBA, RB, 106.

[102] DESY Jahresbericht 1965, S. 3-4.

[103] Protokoll der Direktoriumssitzung am 31.5.1965, TOP 5. DAH, HS.

[104] (Instituts-) Jahresbericht 1965, undatiert. IfH, 23.

[105] Lanius an Teucher vom 5.8.1965 und Antrag auf Erweiterung eines Experiments (Deuteriumkammer) vom 18.8.1965. DAH, Ordner: Allgemeine Korrespondenz (bis 1966) und HS.

[106] DESY Jahresberichte 1966, S. 3-5f, und 1967, S. 3-3.

und politisch, nicht aber bezüglich der Rechenarbeit! – war für die Zeuthener Forschungsstelle zweifellos geringer als die Kollaborationen am CERN. Obwohl Kosten und Zeitaufwand der Reisen wesentlich niedriger lagen, hielt allein Meyer die Verbindung aufrecht. Das lag natürlich nicht zuletzt an der zunehmend heftigeren Abgrenzungspolitik der DDR gegenüber der Bundesrepublik, die die Kontakte nach Hamburg zunehmend überschattete. Daher ist das Erstaunliche dieser vier Jahre vielleicht etwas, was erst nach einer langen Durststrecke von fast zwei Dekaden zum Tragen kam: Sie legten den Grundstein dafür, daß die Zusammenarbeit Mitte der 80er Jahre beinahe nahtlos wieder aufgenommen werden konnte. Die gegenseitige wissenschaftliche Wertschätzung, die indirekt über das CERN aufrechterhaltene Verbindung, aber vor allem wohl die Metaebene der internationalen Verflechtung in der Hochenergiephysik ermöglichten es, daß diese deutsch-deutsche Kollaboration die politisch forcierte Spaltung der deutschen Nation anscheinend unbeschadet überstand.

5.3 EDV-Probleme

Bundesdeutsche Quellen waren sich schon in den 70er Jahren darin einig, daß sich die Entwicklung der elektronischen Datenverarbeitung (EDV) in der DDR schleppend vollzog und es bis Anfang der 60er Jahre „weder eine der Bedeutung der Rechentechnik gerecht werdende Konzeption der Forschungs- und Entwicklungstätigkeit sowie der Produktion noch ausreichend Pläne für den Einsatz der vorhandenen Rechnerkapazitäten in Betrieben bzw. Rechenstationen“ gab.[107] Nach damaligen Schätzungen „waren 1962 in der Gesamtwirtschaft der DDR nur 33 elektronische Rechenanlagen (...) und 1965 60 solcher Anlagen im Einsatz.“[108] 1969 sollen es dann etwa 630 Computer, und 1971 rund 800 EDV-Anlagen gewesen sein – „eine grotesk niedrige Zahl, wenn der enorme Bedarf einer hochindustrialisierten und zentral verwalteten Wirtschaft berücksichtigt wird.“[109]

In der SPK hatte man zwar Anfang der 60er Jahre das Problem erkannt und am 29. März 1961 per Beschluß ein Programm zur Errichtung eines Netzes von wissenschaflichen und ökonomischen Rechenzentren „nach dem Vorbild anderer hochentwickelter Industrieländer, insbesondere der Sowjet-

[107][Bun75], S. 184. Auch neuere Untersuchungen bestätigen im wesentlichen diese Einschätzung. Vgl. etwa [Sob96].

[108][Lud77], S. 212. Diese Angaben scheinen ausreichend zuverlässig. So schrieb Lanius im Oktober 1966, daß es „ca. 100 Elektronenrechner in der DDR“ gebe, und zwar in der Mehrzahl vom Typ SER 2 und ZRA 1. Bemerkungen zur Entwicklung der Datenverarbeitung in der DDR vom 5.10.1966. BBA, VA, 24172.

[109][Sob96], S. 91. Und: [Lud77], S. 212.

union," bis zum Jahre 1965 gefordert, doch wurde eine Umstrukturierung der EDV-Industrie erst ab 1964 durchgeführt.[110] Eine Vorlage, die im Juni 1964 Gegenstand der Beratungen des Politbüros war, stellte einen „starken Rückstand der DDR auf diesem Gebiet" fest: Die Dichte der datenverarbeitenden Maschinen liege weit unter der vergleichbarer anderer Industrieländer. Bei programmgesteuerten Anlagen betrage sie $\frac{1}{3}$ der Dichte in England und Frankreich, während der Vergleich mit der Bundesrepublik Deutschland und den USA ein Verhältnis von 1:9 respektive 1:40 ergab. Am besten schnitt man gegenüber der Sowjetunion ab: hier kam man auf 1:2! Doch es stand noch schlimmer, als es diese Zahlen nahelegten: „Elektronische [d.h. transistorisierte] Datenverarbeitungsanlagen fehlen in der DDR überhaupt."

> Die Unvollständigkeit des zur Verfügung stehenden Sortiments, das niedrige qualitative Niveau und die unverhältnismäßig hohen Produktionskosten und Preise, besonders der Transistoren, machen die Entwicklung und Produktion hochwertiger, dem Weltstand entsprechender und auf dem Weltmarkt konkurrenzfähiger Rechenautomaten unmöglich...[111]

Der Rückstand des gesamten Ostblocks war also mehr als nur ein quantitativer, er war vor allem auch ein qualitativer und betraf Bauelemente ebenso wie Fachpersonal. Peter Christian Ludz schrieb 1977, daß die DDR durch den langsamen Anlauf der Produktion, die Konzeptlosigkeit auf dem Gebiet der EDV-Technik, fehlende Erfahrungen, den Mangel an qualifiziertem Personal und anderen Hemmnissen[112] in der weltweiten stürmischen Entwicklung von Großrechenanlagen, von Geräten mittlerer Größenordnung wie von leistungsfähigen peripheren Systemen den Anschluß verpaßt hatte.[113]

Die Zeuthener Forschungsstelle mußte dieser Rückstand als eine der ersten naturwissenschaftlichen Institutionen treffen, da die Automatisierung und folglich der Rechenaufwand in der Hochenergiephysik gewaltig voranschritt. Es verwundert daher nicht, daß der ZRA 1, der im Frühling 1963 in den ehemaligen Räumen des radiochemischen Labors untergebracht worden war, die am

[110] Beschluß der Staatlichen Plankommission zur Entwicklung des maschinellen Rechnens in der DDR vom 29.3.1961. BAB, DF-4 (MWT), 50. Und: [Bun85], S. 259f.

[111] Programm zur Entwicklung, Einführung und Durchsetzung der maschinellen Datenverarbeitung in der DDR in den Jahren 1964 bis 1970. (Arbeits-) Protokoll der Politbürositzung vom 23.6.1964, TOP 4. PMA, PB, DY 30/J IV 2/2A/1035.

[112] Vgl. dazu den Zwischenbericht zur Ausarbeitung des Perspektivplanes über die Entwicklung der Elektronik, der Elektrotechnik und der Datenverarbeitung vom Juni 1966, insbesondere Anlage 2. (Arbeits-) Protokoll der Politbürositzung vom 21.6.1966, TOP 6. PMA, PB, DY 30/J IV 2/2A/1161.

[113] [Lud77], S. 213.

intensivsten genutzte Rechenanlage dieser Art in der Forschungsgemeinschaft war.[114]

Die Anregung des Perspektivplanvorschlages vom Spätsommer 1962, der Forschungsstelle für Physik hoher Energien bis 1965 eine entsprechende Rechenkapazität an einem Schnellrechner bereitzustellen,[115] stimmte der Vorstand des Wissenschaftlichen Rates auf seiner 2. Sitzung am 14. September 1962 zu, indem er grundsätzlich die Anschaffung eines solchen Rechners empfahl.[116] Reichlich ein Jahr später beantragte die Forschungsstelle die Genehmigung des Ankaufs eines Rechenautomaten bei der Forschungsgemeinschaft. Grote, der Lanius vertrat, führte in einer Sitzung der zuständigen Vorstandskommission aus, daß die Anschaffung eines großen und schnellen Rechners vom Typ IBM 7090 notwendig sei, damit „die Forschungsstelle den internationalen Stand halten und weiterhin mitbestimmen könne." Das SFT stünde dem positiv gegenüber und die Investitionsmittel in Höhe von circa 6 Mio. DM würden gesondert zur Verfügung gestellt werden. Da die Bedenken bezüglich der Folgeinvestitionen und der Arbeitskräfteforderungen in der Diskussion jedoch nicht zerstreut werden konnten, forderte die Kommission die Forschungsstelle auf, ein Projekt mit genauen Angaben hierzu auszuarbeiten.[117]

Das geschah mit Datum vom 3. Januar 1964. Darin nannte Lanius als Grund des Antrages die in Genf und USA vor sich gehende weitere Automatisierung des Meßprozesses, die eine Steigerung der Bearbeitung von Blasenkammeraufnahmen um einen Faktor 10 – statt 10.000 circa 100.000 bis 200.000 Aufnahmen – ermöglichen werde, und in der Perspektive den Einsatz von Onlinetechnik beim Betrieb von Funkenkammern. Hierzu seien insgesamt 16 zusätzliche Arbeitskräfte bis Anfang 1966 notwendig, wenn zu diesem Zeitpunkt die Inbetriebnahme des Computers stattfinden sollte. Da die Zyklotronhalle ohnehin ausgebaut werde, würden Investitionsmittel lediglich für den Ankauf benötigt, die Kosten des Rechenautomaten und seiner Peripherie seien aber gegenwärtig noch unbekannt.[118]

Daß Lanius den Kaufpreis noch nicht benennen konnte, lag vor allem daran,

---

[114]Laut einer Aufstellung aus dem November 1966 brachte es die Forschungsstelle zwischen 1963 und 1966 auf über 19.400 Stunden Einschaltzeit. Davon konnten über 15.800 Stunden (81,5 %) für Rechnungen genutzt werden. Bericht über elektronische Rechenanlagen in der Forschungsgemeinschaft vom 14.11.1966. BBA, AKL, 371.

[115]Perspektivplan der Forschungsstelle für Physik hoher Energien, Zeuthen, für die Jahre 1963-1965 vom 29.8.1962. IfH, 22.

[116]Protokoll der 2. Sitzung des Vorstandes des Wissenschaftlichen Rates am 14.9.1962, TOP 7. BBA, NL Max Steenbeck, 358.

[117]Protokoll über die Sitzung der Kommission für Physik, Mathematik und Technik des Vorstandes der Forschungsgemeinschaft am 12.12.1963. IfH, 139.

[118]Lanius an Rompe vom 3.1.1964. A.a.O.

daß noch unklar war, welche Rechenanlage geeignet war und ob diese überhaupt würde gekauft werden können. Klar war, daß der Rechner volltransistorisiert und etwa 50-100.000 Operationen/s schnell sein sollte. Wahrscheinlich orientierte man sich in Zeuthen vor allem an den bei den Kollaborationspartnern im Westen gebräuchlichen Rechnern (etwa IBM 7044 oder 7090), doch hatte Lanius auch in England angefragt, ob man ihm bezüglich der dort gebauten Maschinen raten könne.[119] Der Grund dafür, daß man sich trotz einer angespannten Devisensituation überhaupt mit der Anschaffung eines Rechners aus dem Westen beschäftigte, lag nicht zuletzt darin, daß eine vergleichbare Maschine aus der Sowjetunion zu diesem Zeitpunkt nicht zu bekommen war.[120]

Eine erste Maßnahme, die fehlende Rechenkapazität zu kompensieren, war der Übergang zum Dreischichtbetrieb des ZRA 1 im Februar 1964. Das lief aber nicht ohne Schwierigkeiten ab, da es Widerstände des technischen Personals gab. „Unser Versuch, mit Hilfe des 3-Schichtbetriebes weiterzukommen, hat die Konsequenz, daß unser Rechenzentrum ausstirbt“, beklagte Lanius gegenüber dem SFT. Auch den Luxus, beim VEB Atomkraftwerk Berlin sowie den Instituten für angewandte Mathematik und für Strukturforschung, die ebenfalls ZRA 1 besaßen, zu rechnen, könne man sich nur so lange leisten, „bis die uns zur Verfügung gestellten Mittel für Fremdleistungen (bisher 60 TDM) verbraucht sind.“ Bei dem Bedarf der Forschungsstelle und einem Preis von 160 DM pro Rechenstunde sei das in wenigen Wochen der Fall.[121]

Aus dem Protokoll der Kommission des Fachbereiches Physik Nord der Forschungsgemeinschaft, die Anfang 1964 aus der Auflösung der Vorstandskommission für Physik, Mathematik und Technik hervorgegangen war und am 20. März in Zeuthen tagte, geht hervor, daß die Staatliche Plankommission um diese Zeit zwei mittelschnelle Rechenautomaten vom Typ Elliott 503 in England bestellt hat.[122] Die Kommission empfahl dem Kollegium beim Vorsitzenden der Forschungsgemeinschaft, darum zu bitten, daß eine der Anlagen im Berliner Raum aufgestellt und den Instituten der Forschungsgemeinschaft ausreichende Rechenkapazität an beiden Rechenautomaten zur Verfügung gestellt werden möge. Des weiteren empfahl sie, der Aufstellung einer Elliott zum Anfang 1966 in Zeuthen zuzustimmen und die erforderlichen Schritte einzuleiten.[123]

---

[119]Hutchinson an Lanius vom 30.12.1963. IfH, 364.

[120]Sobeslavsky vermutet – wie auch der Verfasser – als Grund nationale Interessen der Sowjetunion, „in der Hauptsache auf dem Gebiet der Rüstungsproduktion.“ [Sob96], S. 105.

[121]Lanius an Buschinski vom 8.2.1964. IfH, 153. Vgl. auch Bericht an die Akademieparteileitung vom 18.2.1964. PMA, AW, DY 30/IV A2/9.04/303.

[122]Diesen Typ hatte auch Lanius favorisiert, wenn die Anschaffung einer IBM durch Embargobestimmungen verhindert würde. Lanius an Rompe vom 14.1.1964. IfH, 139.

[123]Protokoll über die Sitzung der Kommission des Fachbereichs Physik Nord der Forschungsgemeinschaft am 20.3.1964, TOP 2. IfH, 138.

Nachdem sich allerdings herausgestellt hatte, daß die Schaffung eines ausreichenden inneren Speichers bei der Elliott 503 mit großem Programmieraufwand verbunden sein würde, verlegte man sich auf eine dänische Rechenmaschine vom Typ GIER. Ein entsprechender Brief Rompes ging im Sommer 1964 an den Staatssekretär für Forschung und Technik, Herbert Weiz.[124] Obwohl die Verhandlungen mit der Firma Regnecentralen in Kopenhagen bis zum Sommer 1965 soweit gediehen waren, daß Wittbrodt am 9. Juli einen formellen Antrag an die SPK stellen konnte,[125] schätzte Lanius die Aussichten bereits im April als sehr schlecht ein, als er an den in Dubna weilenden Kundt berichtete, daß es im Moment mit der Rechenmaschine wieder einmal ganz mies aussehe.[126]

Die Ablehnung des Antrages erfolgte am 24. November 1965. Als Grund wurde das Fehlen ausreichender Valutamittel „über die schon festgelegten Planzahlen hinaus" genannt.[127] Einen weiteren empfindlichen Rückschlag hatte die bereits im August 1964 verfügte Verschiebung des Ausbaus der Zyklotronhalle, die ursprünglich für Anfang 1966 geplant worden war, auf 1968 bedeutet.[128] Alle Unterstützung, etwa seitens der unter der Leitung von Rompe stehenden Sektion für Physik,[129] änderte nichts daran: Die Versuche, im nächsten Jahr einen schnellen Rechner nach Zeuthen zu bekommen, waren gescheitert.

Diesem Dilemma begegnete die Forschungsstelle auf zweierlei Weise. Zum einen wurden der ZRA 1 und seine Peripheriegeräte ständig optimiert. Dabei war von besonderer Bedeutung, eine Kompatibilität von Software und Ein- bzw. Ausgabe zu anderen in der DDR, der Bundesrepublik oder am CERN zugänglichen Rechnern zu schaffen. Andererseits wurde eine intensive Reisetätigkeit zu modernen, schnelleren Computern durchgeführt - ein „Rechentourismus" Er hatte einen beträchtlichen Anteil an der schnell steigenden Anzahl von Dienstreisen in die Bundesrepublik und die Schweiz.

Gerechnet wurde, wo man nur konnte, vor allem aber am CERN, in Hamburg, in München, in Aachen und Darmstadt, wo die Rechenzentren im allgemeinen mit den gerade gängigen Großrechenanlagen von IBM oder CDC ausgerüstet waren, sowie in Dresden am Institut für Datenverarbeitung, wo es ab 1965

[124]Rompe an Klare vom 14.7.1964. IfH, 153.

[125]Wittbrodt an Winde vom 9.7.1965. A.a.O.

[126]Lanius an Kundt vom 22.4.1965. IfH, 4.

[127]Fischer (SFT) an Lanius vom 24.11.1965. BBA, A 2635.

[128]Schober an Lanius vom 12.8.1964. BBA, FG, 16. Der Hintergrund für diesen allgemeinen Baustopp bis 1968 war, daß die DAW „zugunsten der Investitionen in der Landwirtschaft für einen Zeitraum von drei Jahren (1965-67) auf den Neubau von Instituten und Einrichtungen zur Vergrößerung der wissenschaftlichen Kapazitäten der Forschungsgemeinschaft verzichtet." Schober an die ZK-Abteilung Wissenschaften vom 9.4.1965. PMA, AW, DY 30/IV A2/9.04/307.

[129]Rompe an Weiz vom 13.5.1965. BBA, AKL, 249.

eine Elliott 503 gab. Das bedingte häufiges Umschreiben der Software oder – je nach Speicherkapazität – die Unterteilung der Analyseprogramme in kleinere Einheiten. Wie einst Richter predigte Lanius allerdings tauben Ohren, wenn er diese Problematik im Jahresbericht der Forschungsstelle wiederholt erwähnte. 1966 etwa schrieb er:

> Es muß jedoch bemerkt werden, daß unsere Resultate, verglichen mit dem Weltstand, mit zu hohem Aufwand menschlicher Arbeitskraft erzielt wurden. Dies liegt an der immer noch unzureichenden technischen Ausrüstung, insbesondere macht sich das Fehlen einer größeren Rechenmaschine nachteilig bemerkbar.[130]

Wie sehr sich dies auswirkte, zeigt sich gerade an der Reisetätigkeit in die Bundesrepublik im Jahr 1966: Die insgesamt 23 Reisen wurden nur von zwei Physikern, nämlich Arnold Meyer und Dietrich Pose, durchgeführt! Mit den umständlichen Antragsverfahren von Reisen war das natürlich nicht vereinbar. Wie bereits an anderer Stelle angeführt, wies Meyer frühzeitig darauf hin, daß eine Erlaubnis, die mehrere Aus- und Einreisen ermögliche, eine große Erleichterung bedeuten würde. Die Frage wurde im Frühjahr 1965 auf höherer Ebene diskutiert. In einem Brief an Wittbrodt wies der Leiter der Abteilung für auswärtige und internationale Angelegenheiten, Karl-Heinz Schmidt, darauf hin, daß die Frage der im Rahmen der internationalen Zusammenarbeit für die Forschungsstelle für Physik hoher Energien erforderlichen Reisetätigkeit einer baldigen Klärung bedürfe: „Sollte die Reisetätigkeit des Instituts (...) denselben oder einen noch größeren Umfang annehmen als im Jahre 1964, werden die benötigten Mittel mit Sicherheit in einem krassen Mißverhältnis zu den Möglichkeiten stehen, die anderen Instituten der Forschungsgemeinschaft geboten werden können."

Die Abteilung, fuhr Schmidt fort, habe Verständnis dafür, daß sich Arbeitssitzungen am CERN nicht immer langfristig planen ließen, doch habe man den Eindruck, daß die Mitarbeiter der Forschungsstelle nicht verstünden, „welche nicht selten unzumutbaren Schwierigkeiten bei sehr kurzfristig beantragten Reisen bei uns und bei den zuständigen zentralen staatlichen Stellen entstehen."[131] Wittbrodt leitete das Schreiben an Rompe (inzwischen Leiter des Fachbereichs Physik Nord der Forschungsgemeinschaft) weiter, der sich seinerseits am 18. März an Generalsekretär Rienäcker wandte. Zunächst betonte er, daß sich die vielen Reisen der Zeuthener aus der notwendigen Zusammenarbeit mehrerer Laboratorien ergebe und es sich dabei nicht um Studienreisen handele: „Reisen, die im Rahmen einer direkten Zusammenarbeit auf gleichberechtigter Basis durchgeführt werden, sind wesentlich höher in ihrer Bedeutung

---

[130](Instituts-) Jahresbericht von 1966, undatiert. IfH, 23.

[131]Schmidt an Wittbrodt vom 10.3.1965. BBA, AKL, 370.

einzuschätzen.“ Weiterhin gab Rompe zu bedenken, daß die Höhe der Reisekosten nur ein Bruchteil dessen sei, „was uns (...) in Realisierung des Experimentes durch notwendigen Aufwand praktisch geschenkt wird“. Um weitere Schwierigkeiten der Visumbeschaffung zukünftig zu vermeiden, schlug er vor, für Grote und Meyer eine Dauergenehmigung auszustellen.[132]

Auf diesen Brief reagierte der Generalsekretär drei Wochen später. Bezüglich der Reisekosten schob Rienäcker den Schwarzen Peter an die Forschungsgemeinschaft zurück, die sich darüber im klaren sein müsse, „ob sie unter Berücksichtigung des zur Verfügung stehenden Gesamtbetrages [für Westreisen] wiederum im Jahre 1965 TMDN 21,- wie im Jahre 1964 für die Reisen der Forschungsstelle ausgeben will oder nicht.“[133] Und schließlich habe man sich schon vor einiger Zeit beim SFT um Dauerausreisegenehmigungen bemüht, die jedoch zweimal abschlägig beschieden worden seien.[134]

Von der weiteren Entwicklung des Vorgangs ist bekannt, daß es wenig später doch noch Dauervisa gegeben hat, sonst wäre die Reisetätigkeit von Pose und Meyer in den Jahren 1965 bis 1967 nicht denkbar gewesen.[135] Das zeigt die Ausnahmesituation, die die internationale Organisation der Zusammenarbeit und der hohe Bedarf an Rechenkapazität auf dem Gebiet der Hochenergiephysik bedeuteten. Und daß dies – unter der Protektion Rompes – von der Forschungsgemeinschaft auch akzeptiert wurde. Allerdings mußte all das mehr und mehr mit der politischen Verhärtung im innerdeutschen Verhältnis kollidieren.

Erklärtes Ziel war dabei, daß die Forschungsstelle mittelfristig alle Rechnungen auf DDR-Maschinen durchführen sollte, etwa einer neu in Leuna installierten CDC-Maschine. Die politische Entwicklung verlief jedoch rasanter: So waren noch im Mai 1967 sechzehn Reisen Meyers und Poses für 1967 und 1968 geplant, von denen die große Mehrzahl aber nicht mehr durchgeführt wurde. Auch die Feststellung Rompes, daß sich anschließend – ab Mitte 1968 – „die Reisen nach Westdeutschland auf die Teilnahme an Bestrahlungen im DESY (Hamburg) sowie auf gewöhnliche Collaborationsmeetings beschränken“ würden, war einige Monate später bereits Makulatur.[136] Mit der CDC in Leuna verschwand somit das Phänomen des „Rechentourismus'“ in die Bundesrepublik wieder. Daß dafür nur politische, aber keinesfalls wirtschaftliche Gründe

[132]Rompe an Rienäcker vom 18.3.1965. A.a.O.

[133]Notabene: Der Forschungsgemeinschaft standen in jenem Jahr insgesamt 100.000 MDN für Westreisen zur Verfügung. Schmidt an Wittbrodt vom 10.3.1965. A.a.O.

[134]Rienäcker an Rompe vom 7.4.1965. A.a.O.

[135]Vgl. auch den Hinweis auf eine solche Regelung für Dietrich Pose im Brief Rompes an Schmidt vom 31.5.1967. BBA, FG, 16.

[136]Rompe an Schmidt vom 31.5.1967. BBA, FG, 16.

eine Rolle spielten, ist offensichtlich: Da man bei den Kollaborationspartnern umsonst rechnen durfte, fielen nur jeweils die Reisekosten an, was günstiger als die Bezahlung der Rechenstunden in Leuna oder andernorts in der DDR war.[137]

Unbefriedigend blieb die Situation so oder so und Lanius gar nichts anderes als Hartnäckigkeit übrig. Daher hatte Wittbrodt in Absprache mit ihm Ende 1965 einen weiteren Antrag auf Import einer Großrechenanlage gestellt.[138] Inzwischen hatte sich das Rechenproblem zu einem für die gesamte Forschungsgemeinschaft ausgedehnt: ihr Bedarf übertraf die vorhandenen Kapazitäten bei weitem. Klare erhöhte daraufhin den Druck auf die maßgeblichen staatlichen Stellen durch dezidierte Forderungen, denen präzise Konzeptionen für die Installation eines Rechennetzes zugrundelagen.[139] Indem die in Zeuthen zu installierende Maschine zum integralen Bestandteil eines solchen Netzes erklärt wurde, gelang es, ab dem Frühjahr 1966 erstmals positive Signale von staatlicher Seite zu erhalten.

Allerdings rückte die Anschaffung eines leistungsfähigen Computers westlicher Produktion aufgrund der angespannten Valutamittelsituation zunehmend in weite Ferne. Als letzten Versuch in diese Richtung muß der Brief Klares an das Ministerium für Elektrotechnik und Elektronik vom 25. Juli angesehen werden, in dem er die Anschaffung einer ICT 1907 forderte. Einen Monat später erfuhr man in der Forschungsgemeinschaft, daß „der weitere Import von Datenverarbeitungsanlagen aus dem kapitalistischen Ausland abgelehnt worden ist." Statt dessen wurde der Import einer sowjetischen Ural 16 empfohlen, die „voraussichtlich im Jahre 1968 oder 69 lieferbar" sein würde.

Offenbar hatte sich auf entsprechenden Druck also doch noch die Möglichkeit ergeben, in der Sowjetunion zu ordern. Allerdings zeigte sich Lanius befremdet über das Vorgehen des Stellvertretenden Ministers für Elektrotechnik und Elektronik, Gerhard Merkel, insbesondere darüber, daß „bereits eine schriftliche Vereinbarung über Lieferung von Großrechenanlagen des Typs Ural 16 in langfristigen Handelsabkommen (...) vorliegt", obwohl es in der DDR prak-

---

[137] Vgl. Bedarfsentwicklung an Rechenkapazität der Hochenergiephysik, am 5.5.1967 von Lanius an Rompe geschickt. IfH, 153. Eine Rechenstunde in Leuna kostete 1.500 MDN. Lanius an Berschik vom 28.3.1967. IfH, 140.

[138] Protokoll der Besprechung im Fachbereich Physik Nord vom 15.12.1965, TOP 5. IfH, 138.

[139] Vgl. hierzu das Schreiben Klares an den Vorsitzenden der Kommission für Maschinelle Datenverarbeitung, Minister Grünheid, vom 20.11.1965. IfH, 153. Für die konzeptionelle Arbeit stand dem Präsidenten der Forschungsgemeinschaft die bereits 1964 gegründete Ständige Kommission Maschinelle Datenverarbeitung zur Seite, deren Vorsitzender 1967 Lanius wurde.

tisch keine Kenntnisse über die Eigenschaften der Maschine gäbe.[140] Sein Unbehagen lag wahrscheinlich nicht nur in den Zweifeln an der Peripherie sowjetischer Anlagen begründet, sondern auch in der Kenntnis um die fragwürdige Liefertreue der Sowjetunion.

Auf jeden Fall war aber der Durchbruch erreicht, und der Antrag eines Investitionsvorhabens „Aufbau einer Rechenstation" wurde im Frühherbst bestätigt.[141] Lanius hatte allerdings von Anfang an Vorbehalte geäußert, daß die Ural 16 den Anforderungen der Forschungsgemeinschaft gerecht werden könnte. Nachdem ihm die Eigenschaften der BESM 6 bekanntgeworden waren, bat er Merkel im Oktober daher, statt der Ural eine solche Anlage für die Forschungsgemeinschaft vorzusehen.[142] Wenig später (am 24. November) beschloß der Ministerrat das Programm Datenverarbeitung bis 1970, das festlegte, „daß aus der SU Rechenanlagen vom Typ Ural 14, Ural 16 und BESM 6 importiert werden." Mit der Auflage, dem Staatssekretariat für das Hoch- und Fachschulwesen eine volle Schicht zur Verfügung zu stellen, erhielt die Forschungsgemeinschaft den Zuschlag für eine von zwei BESM 6, die 1968 und 1969 ausgeliefert werden sollten.[143]

Es bestand offensichtlich kein Zweifel daran, daß diese Großrechenanlage in Zeuthen aufgestellt werden sollte. Die Gründe liegen auf der Hand: Hier war das Problem fehlender Rechenkapazität seit langem am dringlichsten und drohte nunmehr, die Ausrichtung auf das neue sowjetische Beschleunigerzentrum in Serpuchow unmöglich zu machen; hier gab es das umfangreichste Know-how in der Forschungsgemeinschaft; und Lanius und Rompe verfügten offenbar auch über genügend Rückhalt in den Leitungsgremien der Forschungsgemeinschaft, der Akademie und im Staatsapparat, um keine größere Diskussion um die Entscheidung aufkommen zu lassen.[144]

Das Gebäude, das die riesige Maschine aufnehmen sollte, wurde innerhalb kürzester Zeit soweit fertiggestellt, daß die Installation ab dem September

[140] Aktennotiz betreffend eine Besprechung im Ministerium für Elektrotechnik und Elektronik am 19.8.1966 und Lanius an Wittbrodt vom 22.8.1966. BBA, VA, 24173.

[141] Vgl. Stellungnahme zur Technisch-ökonomischen Zielstellung durch Rompe vom 21.9.1966. BBA, FG, 16. Und: Lanius an Rompe vom 21.3.1967. IfH, 140.

[142] Lanius an Merkel vom 11.10.1966. IfH, 153. Anscheinend hatte die DDR die Sowjetunion sehr drängen müssen, bevor sie der Lieferung der BESM 6 zustimmte. Vgl. Merkel an Rompe vom 4.1.1967. BBA, FG, 16.

[143] Aktennotiz H. Meiers und Wiedemanns über eine Besprechung im Ministerium für Elektrotechnik und Elektronik am 25.11.1966 vom 28.11.1966. IfH, 153. Der Versuch, die erste der beiden BESM 6 zu bekommen, schlug jedoch fehl. Merkel an Rompe vom 4.1.1967. BBA, FG, 16.

[144] Lanius berichtet allerdings, daß sein Institut die BESM-6 ohne die Befürwortung durch Max Steenbeck, zu dieser Zeit Vorsitzender des Forschungsrates, nicht erhalten hätte. Auskunft von Prof. Dr. Karl Lanius vom 28.7.1997.

Das Schaltpult der BESM-6, eine sowjetische Großrechenanlage mit 1 Million Operationen pro Sekunde, die 1969 in Zeuthen aufgestellt wurde.

1969 begonnen werden konnte.[145] Sie wurde im Dezember abgeschlossen und die Hardware am 15. des Monats an das Institut übergeben.[146] Damit war das Ziel erreicht, das erste Großrechenzentrum der DAW rechtzeitig „zu Ehren des 20. Jahrestages der Deutschen Demokratischen Republik“ in Betrieb zu nehmen - zumindest auf dem Papier. Denn als die Betriebssoftware am 12. März in Zeuthen eintraf, stellte sich diese als völlig unbrauchbar heraus. Daraufhin wurde in aller Eile ein neues Betriebssystem entwickelt,[147] wobei es sich als besonders hilfreich erwies, daß die meisten Operateure der Gruppe von Hermann Meier das System in längeren Aufenthalten in Dubna kennengelernt hatten.

Die Kosten des Projekts waren enorm: Statt im einstelligen Millionenbereich, was möglicherweise für den Ankauf eines mittelschnellen Rechners ausgereicht hätte,[148] war das Investitionsvorhaben für den Großrechner 1967 mit einem Wertumfang von 24 Millionen MDN angesetzt worden, hatte im Juni 1969 aber auf über 30 Millionen Mark erhöht werden müssen.[149] Da 1971 noch eine

[145]Die Anlieferung begann am 28.8.1969, zu der 40 sowjetische Spezialisten anreisten, und am 22.9. begann die Installation. Aktennotiz H. Meiers vom 29.9.1969. IfH, 136.

[146]Kurzbericht über den Stand der Investition „Rechenzentrum“ per 20.12.1969 vom 22.12.1969. IfH, 256.

[147]Auskunft von Prof. Dr. Karl Lanius vom 28.7.1997.

[148]Vgl. Perspektivplan bis 1970 auf dem Gebiete der Kernphysik vom 4.1.1964. PMA, FtE, DY 30/IV A2/6.07/65.

[149]Die Gründe waren die Ergänzung der Peripherie, die allgemein zu niedrig geschätzten

Speichererweiterung sowie weitere Geräte und Bauelemente angeschafft werden sollten, beliefen sich die Kosten für die Rechenstation schließlich auf fast 40 Millionen M.[150]

Mit der Rechenstation, die der Forschungsstelle den zentralen Rechner der DAW zuordnete, war es Lanius gelungen, seiner Forschungsstelle ein gewichtiges zweites Standbein zu verschaffen. Wie die Statistik der Beschäftigten im IfH in Anhang A verdeutlicht, nahm die Zahl der Mitarbeiter ab Mitte der 60er Jahre kräftig zu. Waren es Ende 1965 noch 150 Mitarbeiter gewesen, nennt die Kaderstatistik 156 für Ende 1966 und 164 für Ende 1967 – entsprechend einer Planstellenzahl von 148. Ein noch größerer Zuwachs (auf 163 Planstellen) bahnte sich 1968 an, und zwar vor allem durch die Vorbereitungen auf die neue Rechenmaschine bedingt.[151]

Das wog umso mehr, als die Hochenergiephysik angesichts der sich andeutenden neuerlichen Überprüfung der ökonomischen Zweckmäßigkeit der Forschungsrichtungen in der Forschungsgemeinschaft einen schweren Stand haben würde: Einer teuren und wirtschaftlich unerquicklichen Grundlagenforschung wie der Hochenergiephysik drohte das Aus. Wieder einmal war es eine offizielle Verlautbarung Walter Ulbrichts, die das Institut in Schwierigkeiten brachte, hatte er doch auf dem VII. Parteitag gefordert: „*Auch für die Grundlagenforschung gilt als Leistungsmaßstab die internationale Anerkennung der Forschungsergebnisse und ihre Verwertbarkeit für Spitzenerzeugnisse und Verfahren, die unserem Land einen hohen volkswirtschaftlichen Nutzen erbringen.*“[152] Auf die internationale Anerkennung der Forschungsleistungen konnte man in der Forschungsstelle zwar guten Gewissens verweisen, einen möglichen volkswirtschaftlichen Nutzen (wie überall auf der Welt) allerdings lediglich in der langfristigen Perspektive versprechen, weshalb man gern – und notgedrungen – auf die Erfolge bei der Nutzung der Rechentechnik verwies.

In dieser heiklen Lage schien es Lanius ratsam, sich und der Forschungsstelle auch nominell mehr Gewicht zu verleihen, und so wandte er sich Ende November 1967 an Rompe, um ihn um seine Zustimmung zu bitten, „daß aus der

---

Kosten und ein höherer Preis. Stellungnahme zum Nachtrag für das Investitionsvorhaben „Aufbau einer Rechenstation“ des Instituts für Hochenergiephysik durch die Gutachterstelle für Investitionen der DAW vom 10.6.1969, IfH, 256. Vgl. auch Lanius an Klare vom 9.6.1970. IfH, 136.

[150]Davon betrug der Bauanteil 1,2 Mio. M. Stellungnahme zum Investitionsnachtrag des IfH vom 2.7.1970 und Bestätigung der Investitionsmaßnahmen zur effektiven Nutzung der EDVA BESM-6 im IfH vom 15.7.1970. IfH, 256. Und: Krecker an Klare vom 9.6.1970. IfH, 136.

[151]Für das Rechenzentrum waren insgesamt 34 Planstellen (entsprechend einem Anteil von $\approx$ 21 %) vorgesehen. Vgl. Lanius an Flemming vom 2.11.1967. BBA, FG, 16.

[152][Soz67], Bd. I, S. 127f. Hervorhebung im Original.

bisherigen Forschungsstelle für Physik hoher Energien ein „Institut für Hochenergiephysik“ wird“.[153] Rompe gab die Angelegenheit weiter an Wittbrodt, der anschließend Staatssekretär Helmut Lilie, Stellvertreter des Vorsitzenden der SPK, und das Ministerium für Wissenschaft und Technik (MWT) mit Bitte um Zustimmung zur Umwandlung anschrieb.[154]

Während das MWT zustimmte, kam von der SPK Einspruch. Der Stellvertreter des Vorsitzenden, Heinz Klopfer, schrieb, daß er die Umwandlung der Forschungsstelle derzeit für verfrüht halte: Die Frage der Bildung eines Instituts für Hochenergiephysik müsse im Rahmen der Gesamtkonzeption für die Entwicklung der Forschungsgemeinschaft geklärt werden. Die Einrichtung eines Rechenzentrums könne dafür nicht ausschlaggebend sein.[155] Hinter diesen entgegengesetzten Haltungen der beiden Staatsorgane könnte eine Rivalität zwischen der ZK-Abteilung Wissenschaften unter Johannes Hörnig und der Arbeitsgruppe/Abteilung Forschung und technische Entwicklung unter Hermann Pöschel - sie gehörte zum Bereich des Wirtschaftssekretärs im ZK, Günter Mittag - gestanden haben.[156] Das führte dazu, daß sich die Angelegenheit bis zum Juni des Jahres hinzog, als der Minister für Wissenschaft und Technik endlich grünes Licht für die „Beförderung“ geben konnte.[157] Mit Wirkung vom 1. Juli 1968 wurde somit die Forschungsstelle zum IfH, zum Institut für Hochenergiephysik.[158]

Eine weitaus kritischere Situation stand aber noch bevor. Sie wurde weit weg von Zeuthen, und zwar in Dubna ausgelöst. Dort war am 19. Februar 1969 eine Delegation des Deutschen Fersehfunks eingetroffen, in deren Anwesenheit der dritte Teil des Fernsehfilms *Wege übers Land* vor „DDR-Bürgern und Wissenschaftlern anderer sozialistischer Staaten“ vorgeführt wurde. Der Delegation gehörten unter anderem der Autor des Films und Kandidat des ZK der SED, Helmut Sakowski, der Regisseur, Martin Eckermann, und der Schauspieler Manfred Krug an.

Wie ein Vermerk der Kulturabteilung der Moskauer Botschaft berichtete, wurden von deutschen Wissenschaftlern im Laufe der „verschiedenen Gespräche“

---

153 Lanius an Rompe vom 30.11.1967. IfH, 140.

154 Wittbrodt an Lilie und Prey vom 11.12.1967. BBA, FG, 16. Das Ministerium für Wissenschaft und Technik war wenige Monate zuvor aus dem Staatssekretariat für Forschung und Technik hervorgegangen.

155 Klopfer an Wittbrodt vom 16.1.1968. A.a.O.

156 Konkrete Hinweise auf eine solche Rivalität ließen sich zwar nicht finden. Die eingangs des Kapitels zitierten Sätze Fritz Hilberts, des stellvertretenden Ministers im MWT, deuten aber darauf hin, und auch Claus Grote vertritt diese Einschätzung (Grote an den Verfasser vom 24.2.1997).

157 Prey an Klare vom 20.6.1968. A.a.O.

158 Anweisung Klares vom 24.7.1968. IfH, 362.

Auffassungen geäußert, wonach Dubna von deutschen Wissenschaftlern aufgebaut worden sei, die Deutschen erfolgreicher arbeiten würden als Vertreter anderer Länder, es nicht genügend Mittel gebe oder die sowjetischen Geräte und Anlagen im Vergleich mit amerikanischen als veraltet und unmodern betrachtet wurden.

> Während der Diskussion im engeren Kreis (ca. 20 Gäste) wurde von den Verantwortlichen (Dr. Musiol, Prof. Alexander) nicht verhindert, daß Dr. Kundt in betrunkenem Zustand die Diskussion störte und alle politischen Äußerungen und Trinksprüche ins Lächerliche zog.

Eine Abschrift dieses Vermerkes fand schließlich den Weg in das Büro Mittags.[159]

Zwei Wochen später beschäftigte sich das Sekretariat des ZK mit der Angelegenheit und verfügte, daß unter Leitung der Abteilung Forschung und Wissenschaftsorganisation[160] eine Arbeitsgruppe einzusetzen sei, der je ein Vertreter der Abteilungen Wissenschaften, Kaderfragen und Internationale Verbindungen angehören und die die Situation unter den Mitarbeitern aus der DDR in Dubna überprüfen sollte.[161]

Bereits am folgenden Tag fand eine Aussprache mit Sakowski statt, der zwar einschränkte, daß die in dem Vermerk dargestellten ideologischen Fragen nicht so deutlich aufgetreten seien, da sie vor allem von Manfred Krug berichtet wurden, der „selbst unter Alkoholeinfluß stand.“ Allerdings bestätigte er die Entgleisungen Kundts, „der alle vernünftigen Gespräche und Trinksprüche zerquatschte.“ Der Leiter der Abteilung Forschung und Wissenschaftsorganisation, Hermann Pöschel, stellte im Ergebnis der Aussprache fest, „daß die politische Einschätzung des Genossen Sakowski den Ernst der politischen Lage der DDR-Delegation in Dubna bestätigt.“ Bei den durchzuführenden Untersuchungen gehe es deshalb in erster Linie darum, die politische Arbeit der Grundorganisation und in der gesamten DDR-Delegation zu prüfen und daraus Schlußfolgerungen zu ziehen. Dabei seien die Ursachen der aufgetretenen politischen Unklarheiten einzuschätzen.[162]

Am 17. März reiste die ZK-Arbeitsgruppe unter „formaler“ Leitung des stellvertretenden Ministers für Wissenschaft und Technik, Hilbert, nach Dubna ab. Bei der anschließenden Überprüfung kam Kundt noch relativ glimpflich davon. Die Arbeitsgruppe schätze in ihrem Bericht an das Sekretariat ein, „daß Genosse Dr. Kundt im Verlaufe und im Ergebnis der geführten Aussprachen sein

[159]PMA, BMi, DY 30/IV A2/2.021/629, Bl. 31-33.

[160]So hieß die Abteilung Forschung und technische Entwicklung zwischenzeitlich.

[161](Arbeits-) Protokoll der Sekretariatssitzung vom 12.3.1969, TOP 10. PMA, SK, DY 30/J IV 2/3A/1708.

[162]PMA, BMi, DY 30/IV A2/2.021/629, Bl. 34-37.

politisch falsches Verhalten erkannt hat. Die Ursache seines Verhaltens liegt in einer ungenügenden politischen Erziehungsarbeit, was bei ihm zu einem einseitigen Spezialistentum und zu einem Zurückbleiben seines gesellschaftlichen Verantwortungsbewußtseins geführt hat.“[163] In einem Parteiverfahren wurde er verwarnt und umgehend aus Dubna zurückbeordert.

Gefährlicher war da schon, daß die Untersuchung Kreise zog. Nicht nur die Parteiorganisation der SED in der UdSSR und die SED-Grundorganisation in Dubna mußten sich harsche Kritik – vor allem den Vorwurf mangelhafter politischer Arbeit – gefallen lassen. Denn es stellte sich schnell heraus, daß die meisten Unklarheiten in einer Gruppe junger [parteiloser] DDR-Wissenschaftler und -Ingenieure beständen, die vom IfH in das Laboratorium für Automatisierung und Rechentechnik nach Dubna delegiert worden seien. Die Untersuchungen zeigten daher, daß besonders im IfH Mängel in der Erziehung des wissenschaftlichen Nachwuchses und bei Auslandsdelegierungen vorhanden seien:

> Von 43 nach Dubna delegierten Wissenschaftlern und Ingenieuren stammen 15 aus diesem Institut. Vom Direktor dieses Instituts, Genossen Prof. Dr. Lanius, wurden u.a. die erwähnten Mathematiker und Elektroniker in das Rechenzentrum nach Dubna vorgeschlagen, die in ihrer Mehrzahl politisch unreif sind und kein ausreichendes Staatsbewußtsein besitzen, um die DDR im Ausland vertreten zu können.
> Eine Überprüfung der politisch-ideologischen Situation und der Praxis bei Auslandsdelegierungen ist dringend erforderlich.

Das MWT wurde ebenfalls kritisiert: Die staatlichen Organe nähmen ihre Verantwortung bei der Delegierung von DDR-Vertretern in das VIK ungenügend wahr. Delegationsvorschläge würden fast ausschließlich unter fachlichen Gesichtspunkten bearbeitet, die politische Befähigung hingegen sei unzureichend beachtet worden. Dem MWT wurde deshalb u.a. die Auflage erteilt, ein langfristiges Kaderprogramm und die Verbesserung der sozialen Zusammensetzung der Delegation in Dubna zu sichern. Weiterhin sollte es die politisch-ideologische Situation und die Kaderarbeit speziell im Zusammenhang mit der Auslandsdelegierung im Institut für Physik hoher Energien der DAW in Zeuthen überprüfen.[164]

---

[163]Tatsächlich war Kundt frustriert über die Ablehnung des Baus einer großen Blasenkammer, an deren Konzeption er jahrelang gearbeitet hatte. Interview mit Prof. Dr. Ulrich Kundt vom 7.1.1997.

[164](Reinschriften-) Protokoll der Sekretariatssitzung vom 2.4.1969, TOP 5. PMA, SK, DY 30/J IV 2/3/1514. Das führte zu einer weiteren Komplizierung der ohnehin schon umständlichen Formalitäten für Reisen in die Sowjetunion.

In dieser kritischen Phase fand im April das 10. ZK-Plenum statt, auf dem Kurt Hager eines der Referate hielt, in dem er auch der Physik hoher Energien einen breiten Raum gab. Dabei leitete er aus Überlegungen Lenins zur „Unerschöpflichkeit der Materie" die Feststellung ab, daß Weltanschauung und Methode des dialektischen Materialismus sich in voller Übereinstimmung mit den Erkenntnissen und Forschungsmethoden der modernen Naturwissenschaft befänden. Die Entwicklung der Physik habe in überzeugender Weise diese so bedeutsame These Lenins bestätigt, **„die aufs engste verknüpft ist mit (...) dem relativen, aber objektiven Charakter jeden wissenschaftlichen Wissens über die Struktur der Materie und ihre Eigenschaften."**

> Dies wird deutlich, wenn man bedenkt, daß zu Lebzeiten Lenins nur drei Elementarteilchen (...) und nur wenige ihrer Eigenschaften (Masse, Ladung) bekannt waren. Gegenwärtig sind etwa 30 Elementarteilchen bekannt, und wenn man zu ihnen die Quasiteilchen hinzuzählt, so ergibt sich eine Zahl von ungefähr 200. Die Physik der hohen Energien weist also mit ihren Erfolgen der letzten Jahre deutlich aus, daß die These von der Unerschöpflichkeit der Eigenschaften materieller Objekte, das heißt eine der Grundthesen des dialektischen Materialismus, experimentell bestätigt und begründet wird.[165]

Indem er Lenin zum Vordenker und damit Verbündeten der Hochenergiephysik erklärte, stärkte er dem IfH – zweifellos gewollt – den Rücken. Mit dem Sturz Ulbrichts und den Festlegungen des VIII. Parteitages, die die Zurücknahme der Vernachlässigung der Grundlagenforschung einleiteten, schien die Gefahr weitgehend gebannt. Statt dessen stiegen mit Grote und Lanius zwei Hochenergiephysiker in Nomenklaturkaderränge des Ministerrates respektive des Sekretariats des ZK auf: Grote wurde 1972 zum Nachfolger Lauters als Generalsekretär bestimmt und Lanius wurde ein Jahr später zu einem der zwei Vizedirektor im VIK Dubna gewählt.

5.4 Zur sozialistischen Forschungsakademie

Etwa seit 1964 mehrten sich die Indizien auf eine weitere Verschärfung des deutschlandpolitischen Kurses der SED, der eine verstärkte Abgrenzung zum Westen im allgemeinen und zur Bundesrepublik im speziellen zum Ziel hatte. In der Akademie machte sich das etwa durch eine immer drastischere Kürzung bei den Devisen für Literatur und Dienstreisen bemerkbar. Auf ideologischem Gebiet wurde nun zunehmend Front gegen die „Vorstellung von einer gesamtdeutschen Wissenschaft" gemacht. Für die Akademie bedeutete das: „Man muß

[165] [Soz70], S. 49f. Hervorhebung im Original.

Schluß machen mit der Ideologie, daß die Akademie ein gesamtdeutsches, über den Klassen und Staaten stehendes Gremium ist.“[166]

Von der Akademie wurde in dieser Phase erwartet, eine umfassende Analyse über die Beziehungen zu Westdeutschland sowie eine exakte Konzeption dazu zu erarbeiten. Zwar räumte man in der ZK-Abteilung Wissenschaften ein, „daß viele Verbindungen zu wissenschaftlichen Einrichtungen Westdeutschlands und Westberlins zweifelsohne von erheblichem wissenschaftlichen Nutzen bei der Lösung der Forschungsaufgaben unserer Institute sind und daß in einigen Fällen echter ökonomischer Nutzen für unsere Volkswirtschaft nachweisbar ist“ – wobei als eines von zwei Beispielen die Kooperation der Forschungsstelle in Zeuthen mit Aachen und Hamburg genannt wurde. Doch weil es keine genügende Klarheit über die politische Zielsetzung der Auslandstätigkeit der Akademie gebe und es an Bereitschaft und Mut fehle, sich mit Mängeln auseinanderzusetzen, vollziehe sie sich vornehmlich nach sporadischen und individuellen Gesichtspunkten. Deshalb sei die Masse der Auslandsreisen hinsichtlich ihrer Aufgabenstellung und ihrer Ergebnisse nicht unter exakter Kontrolle.[167]

Die Haltung der SED-Führung verhärtete sich insbesondere nach den Wahlen in der Bundesrepublik:

> Die Bildung der Großen Koalition im November 1966 versetzte die SED-Führung in höchste Beunruhigung. Sie befürchtete, daß nun mit Unterstützung der SPD das von Erhard begonnene Konzept einer Entspannung unter Ausschluß der DDR weitere Schubkraft gewinnen könnte. (...) Sie reagierte hierauf mit einer Verschärfung ihrer Abgrenzungspolitik.[168]

Verschärft wurde auch die Sprache, und man scheute sich dabei nicht, die neue Bundesregierung in die unmittelbare Nähe Hitlers zu rücken.[169] Bezüglich der wissenschaftlichen Verbindungen schlug sich die Abgrenzungspolitik etwa in einem Thesenpapier nieder, in dem es heißt, daß die wissenschaftlichen Beziehungen gegenüber Institutionen kapitalistischer Länder gemäß den Prizipien der Außenpolitik der DDR differenziert durchzuführen und vor allem den Interessen prognostischer Untersuchungen unterzuordnen seien. „Eine Zusammen-

[166]Hörnig laut Protokoll einer Beratung mit leitenden Genossen der DAW vor der Leitung der Abteilung Wissenschaften am 11.5.1966 vom 12.5.1966. PMA, AW, DY 30/IV A2/9.04/289.

[167]Vorlage für die Abteilungsleitung betreffend die Erarbeitung einer Analyse über die bestehenden Verbindungen der DAW zu westdeutschen Wissenschaftseinrichtungen, zu westdeutschen Wissenschaftlern und Wirtschaftsunternehmen vom 20.5.1966. PMA, AW, DY 30/IV A2/9.04/326.

[168][Sta93], S. 225.

[169]Vgl. etwa Schreiben an alle Institute und Einrichtungen der DAW vom 27.2.1967. BBA, VA, 7968.

arbeit muß der Akademie optimalen Nutzen bringen. Sie muß nachweislich den politischen, wissenschaftlichen, wirtschaftlichen bzw. kulturellen Interessen der DDR dienen und zur Stärkung der DDR beitragen."[170]

Auf der Ebene der Forschungsgemeinschaft war eine unmittelbare Folge solcher Überlegungen eine Kürzung des Valutalimits auf 45 % des Ists des Jahres 1966.[171] Eine weitere Stufe tiefer wurden Lanius beispielsweise vier Auslandsreisen gestrichen.[172] Im April beschloß das Sekretariat des ZK das Ende für alle Institutionen mit gesamtdeutschem Anstrich:[173] Für Existenz und Tätigkeit sogenannter gesamtdeutscher Gesellschaften und für die Mitgliedschaft von DDR-Bürgern in westdeutschen Gesellschaften gebe es keine Grundlage mehr.[174]

Nach dem sich anschließenden Ministerratsbeschluß vom 18. Mai 1967 über die Gestaltung der Arbeit im Bereich der Wissenschaft und Kultur nach Westdeutschland und Westberlin und der Bildung der Kommission für die Gestaltung der Arbeit nach Westdeutschland und Westberlin beim Ministerrat[175] begann nun auch die Akademie mit einer genauen Analyse und Einschätzung der Beziehungen zu westdeutschen Gesellschaften.[176] Als Ergebnis wurde eine „wissenschaftspolitische Orientierung" erarbeitet, die neben der bereits im Thesenpapier formulierten Forderung nach einer gezielten Einladungspolitik von westdeutschen Wissenschaftlern und nach einer „Normalisierung der Beziehungen zu Westdeutschland und Westberlin" verlangten. Diese habe in dem Sinne zu erfolgen, „daß die Wissenschaftsbeziehungen zwischen den beiden hinsichtlich ihrer politischen und weltanschaulichen Ausrichtung so verschiedenen Staaten auf ein diesem Unterschied entsprechendes Maß zu reduzieren sind."[177] In der Folge wurden die innerdeutschen Ein- und Ausreisen von Wissenschaftlern zwischen 1966 und 1968 um über 66 % respektive 79 % herabgedrückt.[178]

[170]Thesen zum Referat des Generalsekretärs auf der Hauptversammlung zum Thema 'Grundsatzfragen der außenpolitischen Tätigkeit der Akademie' vom 10.2.1967. BBA, VA, 7968.

[171]Schmidt (DAW-Auslandsabteilung) an Merkel (Ministerium für Auswärtige Angelegenheiten) vom 14.4.1967. BBA, AA, 2904/1.

[172]Mohaupt an Lanius vom 21., 23. und 27.1.1967. BBA, FG, 16.

[173][Sta93], S. 235.

[174](Reinschriften-) Protokoll der Sekretariatssitzung vom 5.4.1967, Anlage 31. PMA, SK, DY 30/J IV 2/3/1290.

[175]Die konstituierende Sitzung fand am 25.7.1967 statt. Die Aufgabe der Kommission waren die Umsetzung des Beschlusses und die Koordination der Maßnahmen. Vgl. das Protokoll in BAB, DD-2 (SWF), 15.

[176]Vgl. die Mitteilung Schmidts an Bräutigam vom 7.8.1967. BBA, AA, 2223.

[177]Betr.: Jahresbericht über wissenschaftliche Auslandsbeziehungen im Jahre 1967. A.a.O.

[178]Vgl. Bericht zur Durchführung des Ministerratsbeschlusses vom 18.5.1967 über die Gestaltung der Arbeit im Bereich von Wissenschaft und Kultur der DDR nach Westdeutschland

Die Abgrenzungspolitik bedeutete das Ende für die Zusammenarbeit des Zeuthener Instituts mit dem DESY. Wie die Forderung nach ihrer Beendigung an Lanius herangetragen wurde – ob fernmündlich, schriftlich oder im Verlauf der Sitzung eines der Gremien, denen er angehörte –, war nicht zu rekonstruieren.[179] Die Entscheidung muß aber spätestens Ende 1967 gefallen sein, da Lanius bereits im abschließenden Jahresbericht vom Auslaufen der Photoproduktionsarbeiten berichtete.[180] Den Kollaborationspartnern überbrachte Arnold Meyer die Nachricht offenbar erst bei seinem für viele Jahre letzten Besuch in der Bundesrepublik im Juli 1968. Er berichtete, daß das Ausscheiden der Forschungsstelle aus der Gemeinschaftsarbeit von allen Laboratorien sehr bedauert wurde.[181]

Bedauern herrschte auch auf Zeuthener Seite, denn unter wissenschaftlichen Gesichtspunkten war die Zusammenarbeit mit dem DESY eine wertvolle Ergänzung der anderen Forschungsthemen gewesen. Das lag vor allem daran, daß in Hamburg andere Experimente durchgeführt werden konnten, weil es sich bei dem Synchrotron nicht wie am CERN, in Dubna oder Serpuchow um einen Protonen-, sondern um einen Elektronenbeschleuniger handelte. Hinzu kam, daß die hier möglichen Untersuchungen zur Photoproduktion nach einem Brand bei den Konkurrenten in Cambridge (USA) auf Jahre hinaus konkurrenzlos waren.[182] Und schließlich sollte nach der Photonstreuung an Deuterium (γn) zukünftig mit einer Streamerkammer gearbeitet werden.[183] Wenn das Zeuthener Institut auch nicht an Entwicklung und Aufbau der Streamerkammer beteiligt gewesen wäre, hätte man doch erste Erfahrungen mit einem opto-elektronischen Experiment sammeln können, die für die eigenen Ambitionen auf diesem Gebiet von Bedeutung gewesen wären.

Die direkte Zusammenarbeit mit dem DESY blieb anschließend für fast zwei Jahrzehnte unmöglich. Daran änderten auch der Abschluß des Grundlagenvertrages 1972 und die in seiner Folge ab 1973 aufgenommenen Verhandlungen

---

und Westberlin, gegeben durch Generalsekretär Lauter am 12.12.1968 vor der Kommission des Ministerrates für die Gestaltung der Arbeit im Bereich Wissenschaft und Kultur nach Westdeutschland und Westberlin. BBA, VA, 10160.

[179] Auch Lanius und Grote konnten sich nicht daran erinnern. Da Rompe für die Überprüfung der Beziehungen zu Kernforschungseinrichtungen verantwortlich war, hat eventuell ein persönliches Gespräch genügt – oder es handelte sich um einen Fall vorauseilenden Gehorsams.

[180] (Instituts-) Jahresbericht 1967, undatiert. IfH, 23.

[181] Bericht Meyers über seine Reise nach München am 7.-15.7.1968 vom 23.7.1968. BBA, RB, 750.

[182] Vgl. den Bericht Arnold Meyers über seine Reisen zum DESY am 18.-26.11., 30.11.-3.12. und 13.-17.12.1965 vom 28.12.1965. BBA, RB, 106.

[183] Antrag auf Zulassung eines Experimentes vom 22.4.1968. Das Deckblatt dieses Proposals wurde mir freundlicherweise von Prof. Dr. Norbert Schmitz, München, zugeschickt.

über einen Vertrag zur wissenschaftlich-technischen Zusammenarbeit nichts, da sich diese bis 1987 hinziehen sollten.[184] Ungeachtet des wissenschaftlichen wie wirtschaftlichen Schadens stellte die Akademie etwa 1973 fest:

> Bei der Gestaltung der Beziehungen zur BRD geht die AdW der DDR davon aus, daß die BRD keine gesonderte Rolle im Gesamtrahmen der Wissenschaftsbeziehunge zu den kapitalistischen Industrieländern spielt. Vom wissenschaftlichen Standpunkt aus ist die BRD gleichrangig mit Ländern wie etwa Frankreich oder Großbritannien einzustufen.[185]

Zum Glück für das Institut war der DDR jedoch weiterhin sehr an der internationalen Anerkennung gelegen, so daß die Verbindung zum CERN erhalten bleiben konnte. Der Auftrag lautete nun zwar, die Zusammenarbeit „im Rahmen der Forschungskooperation mit der UdSSSR auf dem Gebiet der Hochenergiephysik" weiterzuführen,[186] als die gemeinsamen Projekte sich jedoch hinzogen und sowjetische Kollegen begannen, Lanius diesbezüglich Vorschriften zu machen, regelte er alles weitere wieder direkt.[187] Auf jeden Fall sicherte dieser Tatbestand zu einem erheblichen Teil das Fortbestehen des IfH. Denn, so Lanius, wäre diese Verbindung auch noch gekappt worden, „dann hätten wir die Arbeit einstellen können."[188]

***

Pläne, die DAW endlich in eine sozialistische Akademie umzugestalten, finden sich bereits im Sommer 1962, als das Politbüro erstmals über diese Frage beriet.[189] Wieder einmal wurde ein neues Statut (1963) nötig, um den geänderten Bedingungen seit den Umstrukturierungen von 1957 und den neuen politischen Rahmenbedingungen angepaßt zu werden. Daß es dann noch fünf Jahre dauerte, bevor mit der Akademiereform der endgültige Umbau begann, wird zum einen an den inneren Strukturen der DAW (die erst in den folgenden Jahren zunehmend von der SED kontrolliert wurden), der noch immer aufrechterhaltenen westdeutschen Ausrichtung, dem Reformversuch in der Wirtschaftspolitik, aber auch an den Schwierigkeiten, den Weg zum Ziel deutlich zu formulieren, gelegen haben.

[184] Die bewußte Verzögerungstaktik der DDR-Delegation ist dokumentiert in BAB, DF-4 (MWT), 11233.

[185] Konzeptionelle Vorstellungen der Akademie der Wissenschaften der DDR für die Entwicklung von Wissenschaftsbeziehungen zu Institutionen ausgewählter kapitalistischer Industrieländer von (vermutlich) 1973. BBA, VA, 12054.

[186] A.a.O.

[187] Interview mit Prof. Dr. Karl Lanius vom 12.11.1996.

[188] Interview mit Prof. Dr. Karl Lanius vom 15.11.1994.

[189] Vgl. das (Reinschriften-) Protokoll der Politbürositzung vom 17.7.1962, TOP 7. PMA, PB, DY 30/J/IV 2/2/839.

Die Ziele der Akademiereform waren gemäß einer 1969 in der Akademie erarbeiteten Vorlage für das Politbüro das Erreichen planmäßiger hervorragender Spitzen- und Pionierleistungen, eine sozialistische Wissenschaftsorganisation nach neuesten Erkenntnissen, sozialistische Führungstätigkeit (Einzelleitung/demokratischer Zentralismus), die Einheit der Akademie sowie die Förderung des geistig-kulturellen Lebens der sozialistischen Gesellschaft durch die Potentiale der Akademie.[190] Die Aufzählung zeigt, daß sich seit fast zwei Jahrzehnten wenig geändert hatte: Neben dem Wunsch, die Wissenschaft stärker für den dringend benötigten wirtschaftlichen Fortschritt zu instrumentalisieren, strebte man noch immer nach einer weiteren Verbesserung der Anleitung und Kontrolle durch die Partei.

Letztere war Mitte der 60er Jahre allerdings schon weit gediehen: Aufgrund des neuen Statutes von 1963 war bis Anfang 1964 bereits „die kollektive Leitung der Forschungsgemeinschaft durch Einzelleitung" abgelöst worden. Anstelle von Kuratorium und Vorstand übernahm der Vorsitzende der Forschungsgemeinschaft die Gesamtleitung, eine Ebene darunter waren die Vorstandskommissionen zu fünf Fachbereichen (darunter allein zwei für Physik, unterteilt in einen nördlichen (Rompe) und einen südlichen (Frühauf) Zuständigkeitsbereich) umgestaltet worden. Da „der Vorsitzende wie auch seine fachlichen Stellvertreter zugleich Institutsdirektoren sind, wurde die hauptamtliche Funktion eines Ständigen Stellvertreters des Vorsitzenden und eines Direktors der Hauptverwaltung der Forschungsgemeinschaft geschaffen", eine Aufgabe, die Hans Wittbrodt zufiel.[191] Doch noch immer lag aus Parteisicht die Schwierigkeit der Leitungstätigkeit an der Akademie darin, „daß wir nur mit dem Mittel der Überzeugung arbeiten können und nur an ganz wenigen Stellen mit dem Mittel der Anordnung." Es herrsche eine übertriebene Demokratie und ein ausgeprägter Liberalismus vor. „Man sollte sich überlegen, wie man diese Mängel des Liberalismus an der Akademie bekämpfen kann..."[192] Und zur Kontrolle führte Hartke im April 1967 aus:

> Eine entscheidende Lehre ist, daß jede Maßnahme ohne entsprechende Kontrolle ihrer Verwirklichung wirkungslos bleibt. (...) Die Kontrolle ist immer zugleich auch ein wesentliches Kriterium für die Richtigkeit und den Wert der eigenen Anordnungen, der Beschlüsse... Alle Leiter und kollektiven Leitungsorgane müssen daher dazu übergehen, jede

[190] Die Vorlage ist auf den 12.9.1969 datiert. BBA, VA, 15568.

[191] Beratungsgrundlage über die Möglichkeit zur weiteren Verbesserung der Leitungstätigkeit der Forschungsgemeinschaft vom Sommer 1964. BBA, VA, 24161.

[192] Werner Hartke laut Protokoll einer Beratung mit leitenden Genossen der DAW vor der Leitung der Abteilung Wissenschaften am 11.5.1966 vom 12.5.1966. PMA, AW, DY 30/IV A2/9.04/289.

Maßnahme mit zweckmäßigen Kontrollmaßnahmen zu verbinden."[193]

Was die Zielvorgabe der engeren Verknüpfung der Wissenschaft mit den Bedürfnissen der Wirtschaft anbetraf, so lautete das Credo gemäß Walter Ulbricht nun: „*Die zentrale Aufgabe der Leitung von Forschung und Technik besteht darin, das wissenschaftlich-technische Potential entsprechend den gesellschaftlichen Erfordernissen zu entwickeln und auf jene Schwerpunkte zu konzentrieren, die die Herausbildung einer optimalen Struktur der Volkswirtschaft bestimmen.*[194]

Als Vorbild sollte sich das seit 1963 laufende wirtschaftliche Reformwerk, das Neue Ökonomische System (NÖS), und sein Nachfolger, das Ökonomische System des Sozialismus (ÖSS, ab 1967), auf die geplanten Strukturen und Lenkungsmethoden auswirken. Die Stich- und Schlagwörter, die damals eine Hochkonjunktur erfuhren, waren die Wissenschaftlich-technische Revolution, die (einem internationalen Trend folgende) Großforschung[195] und das der Wirtschaft entlehnte Prinzip der wirtschaftlichen Rechnungsführung beziehungsweise der aufgabengebundenen Finanzierung, die einen ökonomischen Zwang ausüben sollten, die volkswirtschaftlich vordringlichen Aufgaben zu bearbeiten. Große Erwartungen verknüpften sich dabei mit der Prognostik sowie arbeitsorganisatorischen Theorien aus der Kybernetik und der Netztheorie. Die wissenschaftliche Struktureinheit, die diesen Forderungen gerecht werden sollte und sich an den seit 1966 verstärkt gebildeten Industriekombinaten orientierte, war das Zentralinstitut.

Entscheidender Auslöser dieser Entwicklung war der VII. Parteitag. So sehr die Wissenschaft dabei im Mittelpunkt stand, so sehr dürfte vielen in der Akademie unbehaglich geworden sein. Sie mußten die Dominanz der Wirtschaftsfunktionäre als bedrohlich empfinden, wenn sie etwa die bereits zitierten Worte hörten oder lasen, daß auch für die Grundlagenforschung die internationale Anerkennung der Forschungsergebnisse sowie ihr hoher volkswirtschaftlicher Nutzen als Leistungsmaßstab zu gelten hatten.[196]

Kurze Zeit später schrieb der Vorsitzende des Ministerrates, Stoph, dem Präsidenten der Forschungsgemeinschaft einen vierseitigen Brief. Um die großen, vom VII. Parteitag gestellten Aufgaben erfolgreich lösen zu können, benannte Stoph 10 „Effektivitätskriterien", auf die sich die Forschungsgemeinschaft vor allem konzentrieren sollte. Dazu zählte er unter anderem die „Erhöhung der Effektivität" durch Konzentration der Kräfte „auf die Sicherung des wissen-

[193]Jahrbuch der DAW von 1967, Berlin 1968, S. 123.

[194][Soz67], Bd. I, S. 125. Hervorhebung im Original.

[195][Tri95], S. 121. Auf einige andere Ähnlichkeiten der Entwicklungen in Bundesrepublik und DDR am Ende der 60er Jahre verweist [Tri90].

[196][Soz67], Bd. I, S. 127f.

schaftlichen Vorlaufs auf den für unsere Volkswirtschaft bedeutendsten, strukturbestimmenden Gebieten", die straffe „Planung, Leitung und Organisation der wissenschaftlichen Arbeit", die Orientierung am Weltniveau und die Erweiterung der potentiellen Möglichkeiten für Forschung und Entwicklung durch die systematische Einbeziehung der internationalen Kooperation mit den sozialistischen Ländern in die wissenschaftliche Arbeit.[197]

Mit diesem Forderungskatalog war aber keineswegs Klarheit über die nötigen Maßnahmen erreicht. Die Versuche Klares, eine Antwort auf den Brief zu formulieren, deuten an, daß wesentliche Charakteristika der ein Jahr später einsetzenden Reform noch nicht bekannt oder gar noch völlig offen waren: „Nach den bisher zugänglichen Unterlagen soll die Forschungsgemeinschaft in Zukunft den Charakter eines Forschungskombinates erhalten, für das das Ministerium für Wissenschaft und Technik eine zentrale Planungsfunktion ausüben wird."[198] Ein knappes Jahr später jedoch sollte er als Nachfolger Hartkes als Akademiepräsident die Auflösung der Forschungsgemeinschaft verfügen.

In der Tat weisen zwei Protokolle des Politbüros darauf hin, daß zwischen März und Juni 1968 entscheidende Änderungen – man ist versucht zu sagen: eine Radikalisierung – in der Konzeption der Reformpläne stattfand. So war die Vorlage zur Sitzung am 19. März noch sehr stark am (strukturellen) Status quo orientiert und in ihren Konsequenzen weitaus harmloser formuliert, als später angestrebt wurde: Von einer erneuten Verschmelzung von natur- und gesellschaftswissenschaftlichen Teilen der Akademie war zu diesem Zeitpunkt noch keine Rede. Dementsprechend waren auch die Vorschläge zur Besetzung der Nomenklaturfunktionen prinzipiell andere, als die schließlich umgesetzten. So waren als Akademiepräsident Steenbeck (der erst im letzten Jahr Forschungsratsvorsitzender geworden war) bzw. – als Alternativvorschlag – Kurt Schröder vorgesehen, Lauter sollte Generalsekretär werden, und als Vizepräsidenten standen Günther Drefahl (für Naturwissenschaften) und Hartke (für Informations- und Publikationswesen) in der Vorlage. Vorsitzender der Forschungsgemeinschaft sollte Klare bleiben, gleiches galt für die Leitung der Arbeitsgemeinschaft durch Leo Stern.[199] „Der von der Arbeitsgruppe (...) vorgelegten Grundkonzeption (...) sowie den Vorschlägen zur Besetzung der Nomenklaturfunktionen wird in erster Lesung mit den in der Diskussion gemachten Änderungen zugestimmt", hieß es abschließend im Protokoll. Die

---

[197]Stoph an Klare vom 22.6.1967. IfH, 146.

[198]Entwurf einer Beantwortung des Stoph-Briefes aus dem November 1967. BBA, FG, A 3922.

[199]Die Arbeitsgemeinschaft der gesellschaftswissenschaftlichen Institute und Einrichtungen war in Anlehnung an die Forschungsgemeinschaft mit dem neuen Statut von 1963 ins Leben gerufen worden.

aufgeworfenen Fragen seien zu prüfen und dem Politbüro neu vorzulegen.[200]

Drei Monate später und genau einen Monat vor der entscheidenden Plenarsitzung in der Akademie wurde eine neue Grundkonzeption der DAW im Politbüro beraten. Um an dieser Stelle wieder nur auf die Kadervorschläge einzugehen: Da nunmehr Forschungsgemeinschaft und Arbeitsgemeinschaft vereinigt werden sollten, hatte man sich für die nächsten vier Jahre auf das Triumvirat mit Klare (als DAW-Präsident), Lauter und Hartke geeinigt, während nach einem Vizepräsidenten für Planung und Ökonomie noch gesucht wurde.[201]

Der praktische Beginn der Reform kann auf den 25. Juli datiert werden, als Hermann Klare in einer laut den Statuten längst überfälligen Wahl zum neuen Akademiepräsidenten bestimmt wurde. Diese Personalentscheidung verwundert zunächst, denn Klare war nicht Mitglied der SED. Für Klare sprach jedoch, daß er ein besonders loyaler Wissenschaftler war. Diese Loyalität hatte er bereits bei der Leitung der Forschungsgemeinschaft bewiesen. Dabei hatte er, zum zweiten, wichtige Erfahrungen in der Leitungstätigkeit des weiterhin dominierenden Teiles der naturwissenschaftlich-technischen Institute in der nun wieder vereinigten Akademie erworben. Und drittens erwarteten die Parteifunktionäre zweifellos Widerstände, die zu überwinden Klare aufgrund seiner wissenschaftlichen Reputation und eben seiner Parteilosigkeit sicher geeigneter schien als ein Parteikader. Sollte es sich also bei seiner Wahl um ein taktisches Manöver der SED gehandelt haben, so scheint das Kalkül schon am Wahltag aufgegangen zu sein. Alfred Rieche, Leiter des Instituts für organische Chemie, schrieb zumindest wenig später an Klare: „Daß die Neuordnung der AK[ademie], die m.E. viele gute Möglichkeiten bietet, so verhältnismäßig glatt im Plenum angenommen wurde, war nur möglich, weil diese mit der Wahl Ihrer Person zum Präsidenten verknüpft war."[202]

Vier Tage später erließ Klare Maßnahmen zur übergangsweisen Regelung der Leitungstätigkeit, woraufhin die Klassen ihre Arbeit vorübergehend einstellten.[203] Fortan wurden „problemorientierte Klassen" konzipiert.[204] Am

---

[200](Arbeits-) Protokoll der Politbürositzung vom 19.3.1968, TOP 7. PMA, PB, DY 30/J IV 2/2A/1285.

[201](Arbeits-) Protokoll der Politbürositzung vom 25.6.1968, TOP 7. PMA, PB, DY 30/J IV 2/2A/1310. Die Vorlage sollte noch einmal überarbeitet werden, was schon wenig später passiert sein muß, da es von staatlicher Seite am 3.7.1968 einen Beschluß „Grundkonzeption und Struktur der Deutschen Akademie der Wissenschaften zu Berlin" des Ministerrates gab.

[202]Rieche an Klare vom 7.8.1968. A.a.O. Wie vorgesehen, wurden in derselben Sitzung sein Vorgänger zum Vizepräsidenten und Ernst August Lauter zum neuen Generalsekretär gewählt.

[203]Erlaß des Präsidenten über Maßnahmen zur übergangsweisen Regelung der Leitungstätigkeit vom 29.7.1968. BBA, VA, 4887/1.

[204]Das waren die Klassen für Mathematik und Physik in Naturwissenschaften und Technik,

18. Oktober folgte die „Anweisung über Maßnahmen zur weiteren Regelung der Leitungstätigkeit in der DAW im Prozeß der Akademie-Reform", mit der der Präsident Forschungs- und Arbeitsgemeinschaft auflöste. Des weiteren wurden die Fachbereiche abgeschafft und bis zu einer endgültigen Regelung die Forschungsbereiche kosmische Physik unter Hans-Jürgen Treder, Mathematik und physikalische Grundlagen unter Karl Lanius, Metallwissenschaften unter Ulrich Hofmann, Chemie unter Eberhard Leibnitz, Medizin und Biologie unter Helmut Böhme und Gesellschaftswissenschaften unter Herbert Schindler gebildet.[205] Bis zum Ende des Jahres kam noch der Forschungsbereich Kern- und Isotopentechnik unter Justus Mühlenpfordt hinzu.[206]

Zur Durchsetzung der Umstrukturierung mußte sprachlich Front gemacht werden gegen die zu erwartenden Beharrungskräfte in der Akademie. Dazu gehörte, daß die alten „Prinzipien des Aufbaues, der Leitung und der Organisation" als rückständig dargestellt wurden, Prinzipien, „die sich mehr und mehr als Hemmnis für unsere weitere Arbeit erweisen."[207] Zweifel an der auftraggebundenen Forschung und aufgabengebundenen Finanzierung der Grundlagenforschung durch die Industrie wurden als „alte Denkweise" diffamiert.

Widerstand kam natürlich von jenen, die durch die Veränderungen an Einfluß verlieren mußten – also vor allem von Institutsdirektoren, da die Forschungsthemen ihrer Einrichtungen zukünftig fast ausschließlich durch die Interessen der Auftraggeber bestimmt werden sollten.[208] Hinzu kam, daß vielen die Eingliederung in ein Zentralinstitut drohte, in dem sie nurmehr Leiter einer größeren Abteilung sein würden.[209] Ähnliche Sorgen dürften auch viele der wissenschaftlichen Mitarbeiter gehabt haben.

Es scheint aber, daß sich insbesondere Friktionen zwischen den an den Umstrukturierungen maßgeblich Beteiligten hinderlich auf die Durchsetzung der „Reform" auswirkten. In den Unterlagen des MfS findet sich ein Bericht an Hager (offenbar vom 25. Oktober 1968), der das beleuchtet:[210] Demnach waren

---

für Theorie und Methodologie der Wissenschaften, für Biowissenschaften, für Grundlagen der Werkstoffe und ihrer Anwendungen, für Kybernetik, für die Wechselbeziehung zwischen Basis und Überbau in Vergangenheit, Gegenwart und Zukunft, für Sprachwissenschaft und Sprache der Wissenschaft, für den Zusammenhang von national- und weltgeschichtlicher Entwicklung auf ideologischem und literarischem Gebiet sowie für Biologische Probleme der Humanmedizin/Theoretische Grundlagen der Immunbiologie.

205 BBA, A 4887. Schindler wurde kurz darauf durch Wolfgang Eichhorn ersetzt.

206 Jahrbuch der DAW von 1968, Berlin 1969, S. 1.

207 *Spektrum*, 14 (1968) 9, S. 291-295.

208 [Lan77], S. 402.

209 Lanius etwa bezeichnete es nachträglich als einen „Hauptkampf" in dieser Phase, nicht Teil eines Zentralinstituts zu werden. Interview mit Prof. Dr. Karl Lanius vom 15.11.1994.

210 Wie gegenüber allen Unterlagen des MfS ist auch gegenüber diesem Dokument Vorsicht

die zunächst gravierendsten Hemmnisse – neben den allgemein zu konstatierenden fehlenden Erfahrungen in der Leitung eines solchen umfangreichen und komplizierten Prozesses wie der Akademiereform –, daß „die Arbeit der neuen Leitung durch die Passivität einer Reihe älterer Akademiemitglieder (...) behindert (wird)", da sie aus verschiedenen Gründen, etwa wegen des Verlustes ihrer bisherigen Funktionen, nicht an der Durchsetzung der Akademiereform interessiert seien. Verschärfend kämen unterschiedliche Auffassungen und ungelöste Probleme zwischen Klare, Generalsekretär Lauter und dem 1. Sekretär der Parteiorganisation, Lotar Ziert, hinzu. Besonders Ziert machte Klare das Leben schwer:

> Von Prof. Klare wurde auch wegen des Verhaltens des Gen. Ziert auf der Dienstbesprechung des Präsidenten am 17.10.1968 Unverständnis geäußert.
> Auf dieser Dienstbesprechung, auf der wichtige Maßnahmen für die alten Fachbereiche und für die Neuformierung der Forschungsbereiche beschlossen werden sollten, trat Gen. Ziert gegen die Bestätigung einer entsprechenden Anweisung des Präsidenten auf. Er verlangte vielmehr, daß die Vorlagen der staatlichen Leitung erst in der Akademieparteileitung beraten und bestätigt werden, bevor der staatliche Leiter sie als Anweisung erläßt.

Von leitenden Genossen der DAW werde in diesem Zusammenhang eingeschätzt, daß Genosse Ziert die Akademieparteileitung für die Durchsetzung seiner persönlichen Vorstellungen und Interessen mißbrauche.[211]

Weitere Schwierigkeiten ergaben sich daraus, daß die Reform keinen ausreichenden politisch-ideologischen, wissenschaftlichen und kadermäßigen Vorlauf habe – das „Dokument wurde vor der Beschlußfassung im Ministerrat nur mit einem kleinen Kreis ausgewählter Wissenschaftler beraten" –, daß die Verwaltungen der Einrichtungen noch nicht auf die nötigen Aufgaben bezüglich der auftragsgebundenen Forschung und aufgabenbezogenen Finanzierung eingerichtet seien, daß es nur schwer gelinge, „das bisher vorhandene Spezialfachdenken in ein Komplexdenken umzuwandeln" und daß die Umwandlung der DAW von der Gelehrtengesellschaft zur Forschungsakademie eine Reihe ideologischer Probleme mit sich bringe, etwa angesichts der Meinung, „wonach kleine Wissenschaftlergruppen effektiver seien als Groß- und Komplexforschung".[212]

---

geboten. Interessant scheint aber, daß der Bericht im wesentlichen Meinungen referiert, die entweder im Beisein von inoffiziellen Mitarbeitern oder aber in Aussprachen mit Mitarbeitern des Ministeriums geäußert wurden.

[211]Entweder war Ziert schlecht gelitten unter den Genossen in der Akademie, oder aber es sollte verhindert werden, daß er die Position Klares schwäche.

[212]BSU, Z 1600.

Vergleicht man diese Ausführungen mit einem weiteren Bericht aus dem MfS (offenbar vom 9. März 1970 und dieses Mal an Ulbricht gerichtet), so waren die Zwistigkeiten zwischen staatlicher Leitung der DAW und der 1969 gegründeten SED-Kreisleitung der DAW zu diesem Zeitpunkt anscheinend überwunden – nicht zuletzt durch die Wahl eines neuen 1. Sekretärs (Horst Klemm). Soviel hatte sich geändert. Hingegen wurde wiederum erwähnt, daß mehrere namhafte Akademie-Mitglieder Auffassungen vertreten würden, „die sich gegen die Grundgedanken der Akademiereform wenden", indem sie sich etwa für kleinere Struktureinheiten sowie eine größere Unabhängigkeit der Institutsdirektoren aussprächen. Spannungen bestanden auch in der Akademiespitze, wo Generalsekretär Lauter Schwächen in der Leitungstätigkeit Klares zur Stärkung seiner Position nutzen würde. Probleme ergaben sich zudem aus der Forderung, daß die Positionen vom Präsidenten bis zu den Forschungsbereichsleitern hauptamtlich ausgefüllt werden sollten. Das war ein Novum und stieß vor allem deshalb auf Skepsis, weil es die Hintertür zurück in die Forschung zu verbauen drohte. Die sich darin ausdrückenden Befürchtungen deuten auf Zweifel an personalpolitischer Kontinuität, aber auch an der zukünftigen Stellung und den Kompetenzen besonders der Forschungsbereichsleiter hin.[213]

Wie aber war es nun um die von der Akademie geforderten „Pionier- und Spitzenleistungen" bestellt? Hier bereitete besonders die Kooperation mit der Industrie Kopfzerbrechen, denn seitens „der Industrieministerien und Kombinate besteht z.T. noch ein Mangel an Bereitschaft für die Zusammenarbeit mit Wissenschaftlern der DAW zur Lösung konkreter Forschungsaufgaben." Die Industrie würde vielfach Tagesaufgaben an Stelle perspektivischer Aufgaben an die Institute der DAW herantragen, was verbreitet den Eindruck erwecke, die Industrie wolle die DAW zu einem „Dienstleistungsbetrieb" degradieren.[214]

Die angeführten Beispiele weisen einmal mehr auf die strukturelle Schwäche der Planwirtschaft hin, radikale Innovationen zu scheuen „wie der Teufel das Weihwasser (...), zum einen deshalb, weil radikale Investitionen sehr riskant waren und im Falle eines Fehlschlages schmerzhafte Sanktionen der Zentrale in sich bargen, zum anderen, weil im Falle eines Erfolgs sprunghafte Effektivitätssteigerungen möglich wurden, die im nächsten Jahr nur schwer wiederholt werden konnten."[215]

***

Auf der 16. Tagung des Zentralkomitees der SED, am 3. Mai 1971, bat Wal-

[213]Vgl. dazu auch die Diskussion auf der Klausurtagung der Akademiespitze am 18. und 19.11.1968 in Kleinmachnow. BBA, VA, 4887/1.

[214]BSU, Z 1796.

[215][Deu95], Bd. II,1, S. 654.

ter Ulbricht, ihn aus Altersgründen von der Funktion des Ersten Sekretärs des ZK der SED zu entbinden. Das ZK entsprach seinem Wunsch und wählte Erich Honecker zu seinem Nachfolger. Dieser Machtwechsel an der Spitze der SED war „gleichbedeutend mit dem endgültigen Aus für das NÖS."[216] Er war auch für die Akademiereform der Anfang vom Ende – zumindest was die extreme wirtschaftliche Bewertung der Wissenschaft mit ihrer Vernachlässigung der Grundlagenforschung betrifft. Die neu geschaffenen Leitungsstrukturen hingegen wurden während der nächsten zwanzig Jahre nicht mehr wesentlich verändert.

Im Zusammenhang mit der generellen Kritik an der Wirtschaftspolitik wurde die Bindung der Akademieforschung an externe Auftraggeber und ihre Ausrichtung an Bedürfnissen der Wirtschaft abgeschwächt, da deutlich geworden war, „daß die Ende der sechziger Jahre verfolgte Strategie auf einer ungeheuren Überschätzung der Möglichkeiten für eine rasche Modernisierung der DDR-Wirtschaft beruhte und praktisch gescheitert war."

> Das Scheitern des wirtschaftspolitischen Kurses schwächte auch die mit ihm verbundene Doktrin einer vollständigen Unterordnung der AdW unter externe Auftraggeber und insbesondere unter wirtschaftliche Interessen; auf die Notwendigkeit einer eigendynamischen Entwicklung der Wissenschaft verweisende Stimmen aus Wissenschaft und Wissenschaftspolitik konnten sich wieder Gehör verschaffen.[217]

Was nun war die Akademiereform? Sie war sicherlich mehr als ein Euphemismus. Gerade, wenn man mit dem Begriff „Reform" das Wort „Verbesserung" assoziiert, muß festgestellt werden, daß die strukturelle Umbildung der Akademie aus Sicht des Parteiapparats als gelungen gelten mußte. Das wird besonders deutlich, wenn man die drei wesentlichen Ziele der Reform mit der Situation Anfang der 70er Jahre vergleicht: So stellt man fest, daß die führende Rolle der Partei vollends durchgesetzt worden war. Die Akademie war nun nicht nur „in das hierarchische System der Planung und Leitung der DDR eingeordnet", sondern gleichzeitig war „auch ihre interne Leitungsstruktur verändert und endgültig in eine Hierarchie umgewandelt" worden.[218] Darüber hinaus war ein wichtiger Generationswechsel vollzogen worden, in dessen Folge sowohl die meisten der einflußreichen „bürgerlichen" Wissenschaftler als auch einige der oftmals so störrischen älteren Genossen in der Akademie durch eine junge, der SED im allgemeinen treu ergebene Garde hatten ersetzt werden können.

---

[216] [Pro96], S. 23. Ausführlich äußert sich der Wirtschaftshistoriker Jörg Roesler zum Ende der Wirtschaftsreform. Vgl. etwa [Roe93], S. 32-41.

[217] [Gla96], S. 109-111.

[218] A.a.O., S. 103.

Das seit Anfang der 50er Jahre verfolgte Ziel der engen Bindung an die Wirtschaft war ebenfalls endlich erreicht worden – wenn auch nicht mit dem erwarteten Erfolg. Die SED konnte jetzt aber „nicht nur die Forschungsarbeit in ihrer Richtung und Thematik lenken, sondern auch eine politisch-ideologisch ausgerichtete Tätigkeit herbeiführen. Es war ihr gelungen, aus der DAW eine „sozialistische" Forschungsakademie zu machen."[219] Die Akademiereform war demnach der Schlußpunkt einer über zwei Jahrzehnte dauernden, wechselvollen forschungspolitischen Entwicklung, in der die SED mit verschiedenen Ansätzen versucht hatte, die Gelehrtengesellschaft und die Institute mit ihren zahlreichen Provinzfürsten und Partikularinteressen zu beeinflussen und unter ihre Kontrolle zu bringen.

Angesichts der Herausforderungen des nicht zuletzt durch wissenschaftliche und technische Veränderungen hervorgerufenen gesellschaftlichen Wandels, aber auch der Notwendigkeit, wirtschaftliche Erfolge erringen zu müssen, um die innere Stabilität zu erhöhen, war der Zeitpunkt für eine Reorganisation des Forschungspotentials nicht einmal schlecht gewählt. Die Idee der Großforschung oder der Forschungsplanung, aber auch Forderungen nach stärkerer Orientierung der Wissenschaft auf die Bedürfnisse der Volkswirtschaft – das alles waren in jenen Jahren keine lediglich auf die DDR oder den Ostblock beschränkten Moden. Zumal es nur folgerichtig war, nach dem beispiellosen Reformversuch in der Wirtschaft auch im Wissenschaftsbetrieb Umstrukturierungen vorzunehmen.

Die Rücknahme einiger der ökonomischen Vorgaben deutet jedoch auf Verwerfungen hin und darauf, „welche vereinfachten linearen Vorstellungen über Forschungs- und Innovationsprozesse" der Akademiereform zugrunde gelegen haben, Vorstellungen, die der Wissenschaft nur eine begrenzte, relativ passive Rolle im Innovationssystem zubilligten.[220] Das aber hatte bedeutet, der Akademieforschung mehr und mehr jene lebenswichtigen Freiräume für Flexibilität und Eigeninitiative zu beschneiden, die den Betrieben und Kombinaten andererseits durch die Wirtschaftsreformen zugestanden worden waren. Peter Christian Ludz meint mit dem ewig gleichen, aber deshalb nicht weniger zu beachtenden Argument gegen eine solche Forschungspolitik:

> Wäre diese Politik aufrechterhalten worden, so hätte sie (...) schon in naher Zukunft ernsthafte wirtschaftliche Konsequenzen für die DDR mit sich gebracht. Die Orientierung an den Bedürfnissen und an den Märkten von heute wäre mit einem Verzicht auf die Märkte von morgen und übermorgen erkauft worden. Einer möglicherweise kurzfristig zu erzielenden wirtschaftlichen Expansion durch Intensivierung der wis-

[219] [Lan77], S. 402.
[220] [Gla96], S. 106.

senschaftlichen Forschung wäre (...) eine langfristige wirtschaftliche Schrumpfung schon in den Jahren ab 1975 gefolgt.[221]

Was Ludz 1977 noch als abgewendet ansehen mußte, trat langfristig dennoch ein, denn die Reform hatte das entscheidende Ziel, nämlich die Planung des technologischen Fortschritts, verfehlt und strukturell höchstens partiell ein leistungsfähigeres Forschungspotential geschaffen. Den wohl gravierendsten Fehler im Ansatz der SED-Politik scheint mir Werner Meske auf den Punkt zu bringen:

> Die Innovationsprobleme der Industrie wurden in erster Linie durch das Wirtschaftssystem selbst verursacht, das den Betrieben zu wenig Entscheidungsspielraum beließ und zu wenig Kapazitäten für Investitionen bereitstellte. Die Strategien, mit denen die Politik die Innovationsprobleme lösen wollte, setzten aber nie an diesem eigentlichen Schwachpunkt an, sondern beinhalteten Versuche einer besseren Anpassung der Forschung (als Innovationsquelle) an die Wirtschaft. (...) Die Grundlage dieser Fehlleistungen des politischen Systems war die unvollständige Ausdifferenzierung von Wirtschafts- und Wissenschaftspolitik, bei der letztere den politisch prioritären wirtschaftlichen Interessen nachgeordnet wurde.[222]

Somit gilt wohl leider die vernichtende Feststellung: „Was immer in der DDR und im realen Sozialismus insgesamt wissenschaftlich geleistet wurde, ist trotz der offiziellen Politik der Staatspartei entstanden, nicht durch sie."[223]

***

Daß das Institut für Hochenergiephysik bei all den Umstrukturierungen fast unverändert aus der Reform hervorging, war vor allem Lanius zuzuschreiben: Mit der Ernennung zum beauftragten Leiter des Forschungsbereichs Mathematik und Physik war er ab September 1968 sein eigener Vorgesetzter geworden (die wesentlichen administrativen Aufgaben wurden dabei von seinem Stellvertreter Ulrich Krecker wahrgenommen[224]) und konnte auf die Zuschneidung der (Zentral-) Institute seines Forschungsbereiches entscheidenden Einfluß nehmen.

---

[221][Lud77], S. 75. Ähnlich wurde natürlich auch in der DDR argumentiert, und das durchaus schon Jahre vorher. Vgl. den Entwurf zu Bemerkungen zur weiteren Entwicklung der Physik in der DDR vom 9.9.1964 (Stempel). PMA, FtE, DY 30/IV A2/6.07/109.

[222][Gla96], S. 135.

[223][Bie90], S. 112.

[224]Eigentlich hätte diese Aufgabe Claus Grote zufallen müssen, der bis dahin als (inoffizieller) Stellvertreter von Lanius fungiert hatte, doch sei er Lanius für die viele Verwaltungsarbeit zu schade gewesen. Interview mit Prof. Dr. Claus Grote vom 5.3.1996.

Seit seiner Ernennung zum Direktor der Forschungsstelle für Physik hoher Energien war Lanius in der wissenschaftlichen Hierarchie kontinuierlich aufgestiegen. So war er zum Mitglied des Wissenschaftlichen Rates (1963) und zum Professor der Humboldt-Universität berufen worden (1964), er hatte den Vaterländischen Verdienstorden in Bronze (1965) sowie den Nationalpreis III. Klasse (1967) erhalten, er war Mitglied des Vorstandes der Physikalischen Gesellschaft in der DDR (1966-1972) und schließlich auch in die Akademie gewählt worden (1969). Bei allen wissenschaftlichen Meriten, die er vorweisen konnte, war die Förderung mitentscheidend, die er in diesen Jahren durch Rompe erfuhr.

Bereits Anfang 1962 hatte Rompe Lanius – wie berichtet – in die Vorstandkommission für Physik, Mathematik und Technik geholt und ihn Ende 1964 als seinen Stellvertreter als Leiter des Fachbereichs Physik Nord vorgeschlagen.[225] Offenbar in diesem Zusammenhang schrieb Rompe in einer Einschätzung über Lanius: „Herr Professor Dr. Karl Lanius repräsentiert den modernen Typ des Wissenschaftlers und Forschers, welcher es hervorragend versteht, höchste wissenschaftliche Leistungen mit wissenschaftlicher Organisationstätigkeit und gesellschaftlicher Arbeit in angemessener und wohl ausgewogener Art zu verbinden."[226]

Etwa im Juli 1967 fiel eine Vorentscheidung bezüglich zukünftiger Aufgaben von Lanius:

> Zur weiteren Verbesserung der Leitungstätigkeit im FB [Fachbereich] Physik Nord sollen alle Einrichtungen, die sich vorwiegend mit Erkundungsforschung befassen, zusammengefaßt werden. In Auswertung der bisherigen guten Erfahrungen hinsichtlich der Leitung der Geo-Astro-Einrichtungen soll verantwortlich durch Herrn Prof. Lanius eine analoge Zusammenfassung erfolgen. Mit dieser Maßnahme soll erreicht werden, eine gesunde Relation zwischen wirklicher Erkundungsforschung und gezielter Grundlagenforschung bzw. industriegebundener Forschung herzustellen.[227]

Noch war von der Akademiereform explizit keine Rede, doch es gab bereits verschiedene Aktivitäten, die auf weitreichende Maßnahmen hinwiesen. Im November berichtete Rompe im Fachbereich von beabsichtigten Strukturveränderungen innerhalb der Forschungsgemeinschaft, nach denen die Institute fachbezogen nach Komplexen zusammengefaßt werden sollten.[228] Nach der Beratung der daraufhin vom Büro der Physik-Fachbereiche ausgearbeiteten Vari-

[225] Rompe an Lanius vom 9.11.1964 (Eingangsstempel). IfH, 139.
[226] Wissenschaftliche Einschätzung, undatiert. BBA, FG, 16.
[227] Protokoll der Besprechung im Fachbereich Physik Nord am 12.7.1967, TOP 2. IfH, 138.
[228] Protokoll der Besprechung im Fachbereich Physik Nord am 15.11.1967, TOP 3. A.a.O.

ante wurde eine Woche später unter anderem als zweckmäßig erachtet, daß die bisherige territoriale Trennung der beiden Fachbereiche aufgehoben werden sollte. Auch lag eine erste Konzeption der zu bildenden Institutskomplexe vor, nach denen die Forschungsstelle in Zeuthen mit der reinen Mathematik, der Biophysik, dem Forschungsinstitut für Aufbereitung und der Technologie der Faser zusammengelegt werden könnte beziehungsweise in der Perspektive einer Einheit angehören sollte, zu der noch die Statistische Physik und die angewandte Mathematik und Mechanik hinzukommen würden.[229]

Mit diesen Vorschlägen, die in aller Eile zusammengestellt worden waren, versuchten die Physik-Fachbereiche offenbar, den im Forschungsrat eingeleiteten Entscheidungsprozessen eine eigene Konzeption entgegenzustellen.[230] In der Zeit bis zum Spätsommer des nächsten Jahres wurden dann aber doch keine weiteren Entscheidungen mehr gefällt. Wie berichtet, nahm erst in diesen Monaten der Gedanke Gestalt an, die Umformung der Akademie im größeren Rahmen durchzuführen. Die nächste Runde der Umprofilierung begann somit nach der Wahl Klares zum Akademiepräsidenten. Etwa zwei Monate später wurde Lanius dann in einem Gespräch mit Lauter und Rompe damit beauftragt, „den Entwurf einer Konzeption für den Forschungsbereich Physik II zu erarbeiten“, in dem diejenigen Einrichtungen der DAW vereint seien, „die von entscheidender Bedeutung für den wissenschaftlichen Vorlauf der Entwicklung der DDR sind.“ In der Festlegung der Orientierung war keine Rede mehr davon, daß das IfH einem Institutskomplex zugeordnet werden sollte.[231] Da sich später keinerlei Hinweise mehr auf einen Konflikt um die Einbindung des IfH in ein Zentralinstitut fanden, scheint das Überleben des Instituts als selbstständige Struktureinheit bereits Ende 1968 gesichert gewesen zu sein.

Nicht so erfolgreich erging es Lanius bezüglich des Rechenzentrums des Instituts. Die Entscheidung, die erste Großrechenanlage der DAW in Zeuthen zu installieren, erwies sich Anfang 1971 als handfester Nachteil, als der Generalsekretär der Akademie Lanius davon in Kenntnis setzte, „daß durch die Leitung der DAW entschieden wurde, in das aufzubauende Rechenzentrum in Adlershof eine BESM 6 zu installieren.“[232] Da es in der ganzen Akademie lediglich in Zeuthen eine BESM 6 gab, verlor das Institut nicht nur die Verfügungsgewalt und den direkten Zugriff auf die Rechenmaschine, sondern auch das sie be-

[229]Protokoll der Besprechung im Fachbereich Physik Nord am 22.11.1967, TOP 3 und Anlage. A.a.O.

[230]Vgl. das Protokoll der Besprechung im Fachbereich Physik Nord am 30.8.1967, TOP 3. A.a.O.

[231]Notiz über ein Gespräch zwischen Prof. Lauter, Prof. Rompe und Prof. Lanius am 17.9.1968 vom 18.9.1968. IfH, 141.

[232]Lanius an Völz und Krecker vom 5.2.1971. IfH, 143.

dienende Personal – laut Lanius ein „grauenhafter Schlag“.[233] Die Installation einer zweiten Großrechenanlage dieses Typs war zwar ab 1972 vorgesehen, ob und wann diese Forderung allerdings realisiert werden könne, dürfte zu diesem Zeitpunkt fraglich gewesen sein.[234]

Somit begann das Rechenproblem des Instituts in den 70er Jahren von Neuem, wie mehrfach in den Jahresberichten beklagt werden mußte.[235] Erst ab 1981 wurde die BESM 6 – inzwischen schon sehr betagt und zunehmend anfälliger – schließlich wieder in das Institut eingegliedert;[236] es mußte dann aber noch immer über die Hälfte der Rechenleistung an auswärtige Nutzer abgeben werden.[237]

Im Spätsommer 1970 begann sich abzuzeichnen, daß die Position eines Forschungsbereichsleiters zu einer hauptamtlich zu verrichtenden Aufgabe umgestaltet werden würde. Für diesen Fall sei zu erwarten, so heißt es im Protokoll einer Sitzung des Leitungskollektivs des IfH, daß Lanius die Leitung des Forschungsbereiches übernehmen werde. Die Geschäfte eines Direktors sollte weiterhin Krecker ausüben. Damit war klar, daß sich Lanius die Rückkehr ins Institut offenhielt. Das brachte er Anfang 1971 auch gegenüber Klare zum Ausdruck, als er diesem seine Bereitschaft erklärte, „hauptamtlich bis zum Ende meiner Berufungsperiode 1973 die Funktion des Leiters des Forschungsbereiches Mathematik und Physik zu übernehmen.“ Anschließend beabsichtigte er, für zwei Jahre nach Dubna zu gehen, „da ich nach einer doch relativ langen Periode einer vorwiegend wissenschafts-organisatorischen Tätigkeit die Notwendigkeit sehe, mich auch wissenschaftlich intensiv durch konkre-

[233]Interview mit Prof. Dr. Karl Lanius vom 15.11.1994.

[234]Wie rückständig die Ausrüstung mit EDV-Anlagen nach wie vor war, verdeutlichen folgende Zahlen: An nennenswerter Rechenleistung standen der Akademie per 31. Dezember 1971 neben der Zeuthener BESM 6 mit ihren eine Million Operationen/s lediglich noch deutlich langsamere Anlagen vom Typ ZRA 2 (eine) mit 20.000 Op/s sowie R 300 (drei) mit 5.000 Op/s zur Verfügung. Damit war die im Rechenschaftsbericht des Zentralkomitees vor dem VIII. Parteitag ausgesprochene Erwartung, „auf wichtigen Wissenschaftsgebieten hohe Forschungsergebnisse zu erlangen“, ohne die Durchsetzung der für den Zeitraum 1971-75 vorgesehenen Maßnahmen nicht zu realisieren. Diese sahen vor, zumindest alle zwei Jahre an eine Verdopplung der Rechenkapazität heranzureichen. Im internationalen Maßstab war das damit zu erreichende Niveau dennoch sehr bescheiden, sah die Extrapolation für den CERN doch vor, bis 1972 eine um das Zehnfache höhere Rechenleistung zu erreichen, als die gesamte DAW sie sich erhoffte! Überprüfungsergebnis zum Investitionsvorhaben Zentrum für Rechentechnik Adlershof von Anfang 1972. IfH, 145.

[235]Vgl. die (Instituts-) Jahresberichte von 1974, undatiert, und 1979 vom 19.11.1979. IfH, 27 und 29.

[236](Instituts-) Jahresbericht 1980, undatiert. IfH, 29.

[237](Instituts-) Jahresbericht 1981 vom 23.12.1981, IfH, 30. Obwohl ihr Betrieb zunehmend Schwierigkeiten bereitete, konnte das Institut sie erst 1987 endgültig durch eine modernere Anlage ersetzen.

te ununterbrochene Forschungsarbeit weiter zu qualifizieren."[238] Tatsächlich zog sich Lanius dann doch vor der Zeit in seine Fachwissenschaft zurück und „lernte Russisch".[239] Offiziell wurde er im Juli 1972 entpflichtet, zuvor hatte aber bereits seine Stellvertreterin, Irene Hauser, die Geschäfte kommissarisch übernommen.[240] Der Grund war, daß zu dieser Zeit die Entscheidung fiel, daß er ein Jahr später Vizedirektor in Dubna werden sollte.

Als Kandidat für diese Funktion war er bereits seit 1967 im Gespräch gewesen. In den informellen Absprachen, die einer solchen Entscheidung vorausgehen mußten, setzten sich damals aber vorerst die Bulgaren mit ihrem Wunschkandidaten durch.[241] Zwei Jahre darauf kam die Sprache wieder auf einen Kandidaten der DDR für die Funktion eines Vizedirektors für das Gebiet der Elementarteilchenphysik. „Nach gründlicher Prüfung der Möglichkeiten in der DDR auf dem Gebiet der Hochenergiephysik (...) käme z. Zt. nur ein Kandidat, nämlich Gen. Prof. Dr. Lanius in Frage, der diesen Anforderungen gerecht würde." Mittlerweile war Lanius aber verhindert, „da sein Einsatz im Rahmen der Verwirklichung der Akademiereform dringend notwendig ist. Erst zu einem späteren Zeitpunkt wird ein Herauslösen aus seiner jetzigen Funktion als Forschungsbereichsleiter möglich sein." So rückte neben Lanius ein anderer zu einem aussichtsreichen Bewerber für den nächsten möglichen Zeitpunkt – ab 1972/73 – auf: Claus Grote.[242] Um ihn auf diese Aufgabe vorzubereiten, wurde Grote daher für 1970 in den Leitungsbereich des Stellvertreters des Präsidenten für Forschung berufen.[243] Als Lanius Anfang 1971 also seinen Brief an Klare schrieb, hatte er sich entschieden, der Arbeit in der Akademiespitze den Rücken zu kehren und nach Dubna zu gehen, obwohl er allem Anschein nach keine Aussichten mehr hatte, dort Vizedirektor zu werden.

Ein Jahr später begann sich das Personalkarussell allerdings neu zu drehen: Am 24. April erfuhr Lanius von Klare, daß Grote für den Posten des Generalsekretärs der Akademie vorgesehen war.[244] Lauters Wiederwahl war offenbar aufgrund der oben angedeuteten Spannungen mit Klare durch diesen hintertrieben worden. Grote erhielt drei Tage Bedenkzeit mit der Bemerkung, er

[238]Lanius an Klare vom 29.1.1971. IfH, 143.

[239]Interview mit Prof. Dr. Karl Lanius vom 12.11.1996.

[240]Hauptamtlicher Nachfolger wurde 1973 Klaus Fuchs.

[241]Lanius an Kundt vom 2.11.1967. IfH, 4.

[242]Aktennotiz Hilberts vom 29.10.1969. PMA, FtE, DY 30/IV A2/6.07/108.

[243]„Er wird diese Funktion für ca. 2 Jahre ausüben und im Anschluß daran eine leitende Funktion im VIK Dubna übernehmen." Protokoll über die Sitzung des Leitungskollektivs am 15.9.1970. IfH, 366.

[244]Auskunft von Prof. Dr. Karl Lanius vom 3.3.1997, der sich dabei auf eigene Aufzeichnungen stützte.

bräuchte nur noch zuzustimmen, alles andere wäre bereits abgestimmt.[245] Grote nahm an und Lanius avancierte wieder zum Kadervorschlag Nr. 1 für den Vizedirektorenposten in Dubna. Im Zusammenhang damit kam es am 3. Mai zu einer erneuten Unterredung mit Klare, worin dieser mitteilte, daß sich Lanius einen Vorschlag der Staats- und Parteiführung gut überlegen sollte: Er, Klare, wolle sich noch einmal auf vier Jahre als Akademiepräsident zur Verfügung stellen; im Anschluß an die Zeit in Dubna sei Lanius für seine Nachfolge im Gespräch.[246]

Im Februar 1973 war es dann soweit: Am 13. des Monats wurde Lanius in einer Sitzung des Komitees der Bevollmächtigten Vertreter der Regierungen der Mitgliedsländer gewählt. Das Sekretariat des ZK nahm am 3. April die Funktion eines Vizedirektors im VIK Dubna in die Nomenklatur des Zentralkomitees auf und bestätigte Lanius für diese Funktion.[247] Lanius blieb drei Jahre in Dubna. Als er im August 1976 zurückkehrte, bot man ihm die Rückkehr in die Leitung des Forschungsbereiches an. Er erklärte daraufhin, nicht mehr auf leitender Ebene arbeiten zu wollen, und bat, ihn wieder zum Direktor des Instituts zu berufen.[248] Lanius widmete sich in den ihm verbleibenden zwölf Jahren als Institutsdirektor dem, was er bis dahin so gut beherrscht hatte, nämlich der kontinuierlichen Neuorientierung des Instituts angesichts sich immer wieder ändernder Herausforderungen der internationalen Entwicklung auf dem Gebiet der Hochenergiephysik sowie der wissenschaftspolitischen Rahmenbedingungen in der DDR.

Im Alter von 61 Jahren nahm er 1988 seinen Abschied und übergab die Leitung des Instituts an Rudolf Leiste. Zum einen erlaubte ihm dies eine Bestimmung für Verfolgte des Naziregimes, bereits ab 60 (statt erst mit 65) in Rente zu gehen. Zudem war, wie er im nachhinein meint, das Haus gut bestellt und ein Nachfolger vorhanden.[249] Die Amtszeit Leistes währte bis 1991. Nach der Auflösung der DDR wurde das Institut durch den Wissenschaftsrat im Januar 1991 positiv beurteilt und überlebte. Gemäß dem am 11. Novem-

---

[245]Interview mit Prof. Dr. Claus Grote vom 5.3.1996.

[246]Auskunft von Prof. Dr. Karl Lanius vom 3.3.1997. Der Vorschlag zu diesem Zeitpunkt überrascht allerdings, da es innerhalb der Akademie sicher keine Mehrheit für zwei Hochenergiephysiker im Präsidium gegeben hätte. Prof. Dr. Claus Grote im Interview vom 5.3.1996, wiederholt in einem Brief an den Verfasser vom 4.9.1997.

[247]Die Vorlage wurde dem Sekretariat erst nach erfolgter Wahl von Lanius unterbreitet, „weil von dem zuständigen Staatssekretär im Ministerium für Wissenschaft und Technik, Genossen Dr. Stubenrauch, die rechtzeitige Einreichung des Vorschlages versäumt wurde." (Arbeits-) Protokoll der Sekretariatssitzung vom 3.4.1973, TOP 2. PMA, SK, DY 30/J IV 2/3A/2316.

[248]Interview mit Prof. Dr. Karl Lanius vom 12.11.1996 und Auskunft desselben vom 28.7.1997.

[249]Interview mit Prof. Dr. Karl Lanius vom 12.11.1996.

ber 1991 unterzeichneten Staatsvertrag wurde das ehemalige Akademieinstitut entsprechend den Empfehlungen des Wissenschaftsrates Teil des Deutschen Elektronen-Synchrotrons in Hamburg.

5.5 Zusammenfassung

In den sechs Jahren, in denen die Forschungsstelle für Physik hoher Energien zum Institut für Hochenergiephysik aufstieg, profitierte das Institut in entscheidendem Maße von der Entwicklung der fünfziger Jahre, als sich die Hochenergiephysik von der Kernphysik emanzipierte und Westeuropa entschied, den CERN und ein großes Protonen-Synchrotron zu errichten. Darauf hatte – wie am Ende von Kapitel 3 ausführlich berichtet – die Sowjetunion mit der Gründung eines östlichen Gemeinschaftsinstituts, dem VIK Dubna, reagiert.

Diese Entscheidung war natürlich eine vorwiegend politische gewesen. So sehr man sich auch große Mühe gab, das Statut des VIK ähnlich liberal aussehen zu lassen wie das des CERN, war die Konstruktion des östlichen Gemeinschaftsinstituts dennoch von Anfang an mit mehreren schweren Hypotheken belastet, die sich in den 60er Jahren zunehmend bemerkbar machten und zu Zwistigkeiten unter den Mitgliedsländern um Finanzen und Mitspracherecht sowie zu nur teilweise von Erfolg gekrönten Reformversuchen führten. Auch wissenschaftlich verlor es in dieser Zeit an Attraktivität, insbesondere, nachdem die Sowjetunion entschied, den nächsten „größten Beschleuniger der Welt“ in einem nationalen Laboratorium bei Serpuchow zu bauen. Anders als in der Raumfahrt war es ihr auf dem Gebiet der Hochenergiephysik nicht gelungen, den Westen durch „konkurrenzlose“ Experimente und Ergebnisse in Aufregung zu versetzen.

Möglicherweise hat das dazu beigetragen, daß sich die osteuropäischen Wissenschaftler Anfang der 60er Jahre verstärkt dem CERN zuwandten. Andererseits hatte sich in den Hochenergiephysiklaboratorien schon in den 50er Jahren der Trend abzuzeichnen begonnen, die Aktivitäten jeweils vorwiegend auf die gerade energiereichsten Beschleuniger in der Welt auszurichten. Die in diesen Jahren begonnenen ersten Kollaborationen sowie der wissenschaftliche Austausch – ideell und personell – über die Trennlinien der Blöcke hinweg legten den Grundstein dafür, daß mit der Inbetriebnahme des Protonen-Synchrotron am CERN auch osteuropäische Physiker zunehmend die Zusammenarbeit mit westeuropäischen Partnern suchen und finden konnten. Dabei kamen den Osteuropäern traditionelle Verbindungen zustatten: Danysz etwa war aufgrund seiner guten Kontakte zu Franzosen und Engländern, die noch aus den 40er und 50er Jahren stammten, Motor der Zusammenarbeit zwischen polnischen und westeuropäischen Physikern. Und für Lanius erwiesen sich die Kontakte zu den bundesdeutschen Hochenergiephysikgruppen als wertvoll.

Sieht man einmal von der Reiseproblematik in den ersten Jahren nach dem Mauerbau ab, so vollzog sich die Einbeziehung der Zeuthener in Experimente am CERN erstaunlich reibungslos. Dabei muß das außenpolitische Interesse der DDR an der CERN-Zusammenarbeit nicht weiter thematisiert werden. Vielmehr fällt auf, daß in dieser frühen Phase die Wissenschaft – und hier war der Hochenergiephysik zweifellos eine Vorreiterrolle beschieden – in West und Ost bereits als ein wirksames Mittel der Entspannung verstanden wurde. Das Stillhalten bundesdeutscher Regierungsstellen angesichts der „gleichberechtigten" Teilnahme von DDR-Physikern an CERN-Experimenten ist denn wohl auch damit zu erklären, daß man Kontakte fördern, aber ebenso die Offenheit und die überlegene westliche Technik des Westens demonstrieren wollte.

Für die Zeuthener waren die CERN-Kollaborationen ein Glücksfall. Neben den vorzuweisenden physikalischen Ergebnissen erhielten dabei vor allem die Impulse für die Arbeitsorganisation, die Unterstützung durch Know-how, Rechenzeit oder Programmroutinen eine nicht zu unterschätzende Bedeutung für die Forschungsstelle. Sie brachte Grote nicht nur eine Prämie und den lobenden Satz ein: „Die unter Ihrer Leitung arbeitende Abteilung Blasenkammern ist nach unserem Eindruck hinsichtlich der Organisation der Arbeiten die beste Einrichtung ihrer Art im sozialistischen Lager."[250] Ohne sie wäre das Institut zudem am Ende der 60er Jahre zu einer Kollaboration mit westlichen Gruppen nicht mehr in der Lage gewesen. Andererseits konnte man auf diese Weise sowohl die weitere Entwicklung im Ostblock maßgeblich mitbestimmen als auch aufgrund der erworbenen EDV-Kompetenz in der Forschungsgemeinschaft zu einem unerläßlichen Ansprechpartner für den ab Mitte der 60er Jahre forcierten Aufbau von Rechenzentren in der wissenschaftlichen Forschung der DDR werden.

Große Gefahr für die Zusammenarbeit mit dem CERN und dem DESY erwuchs zu dieser Zeit aus der politischen Verhärtung in den innerdeutschen, aber auch internationalen Beziehungen. Ende 1967 führte das zum Abbruch der Kontakte zum DESY, und auch gegenüber dem CERN deutete sich eine Zeitlang eine ähnliche Entwicklung an. Schlimmer noch aber war die durch den wirtschaftlichen Reformkurs der SED heraufbeschworene generelle Infragestellung von Grundlagenforschung, die keinen direkten Nutzen für die DDR-Volkswirtschaft versprach. Damit wurde das Institut in toto zum Streitobjekt, wie sowohl die eingangs zitierten Sätze Fritz Hilberts als auch die Vorgänge um die mögliche Eingliederung des Instituts für Hochenergiephysik in eines der

[250] Wittbrodt an Grote vom 7.12.1965. BBA, FG, 16.

im Zuge der Akademiereform zu bildenden Zentralinstitute verdeutlichen.

Diese Konstellation galt noch Anfang 1969, als die Gefahr einer Eingliederung in eine übergeordnete Institutsstruktur bereits gebannt schien, nun aber die „Verfehlungen“ von nach Dubna delegierten Wissenschaftlern über das Institut hereinbrachen. Ob Mittag tatsächlich versuchte, diesen Vorgang gegen das IfH zu instrumentalisieren, geht aus den Akten nicht hervor. Allerdings liefert die Rede Hagers Anzeichen dafür, daß es hier tatsächlich zu einem Gerangel um Einfluß und Einflußsphären gekommen war. Die Tatsache, daß Lanius inzwischen wichtiger Bestandteil bei der Umsetzung der Akademiereform war, er zweifellos über gute Verbindungen zu Rompe, Klare, aber auch zur ZK-Abteilung Wissenschaften verfügte und es eine nur zeitweise unterdrückte Gruppierung gab, die die Grundlagenforschung nicht gänzlich preisgeben wollte, schützten das Institut schließlich vor den Auswirkungen eines übertrieben zur Geltung gebrachten wirtschaftlichen Primats. Auch außenpolitische Interessen der DDR dürften einen nicht zu vernachlässigenden Beitrag dazu geleistet haben.

Die Hochenergiephysik ging jedoch keineswegs gestärkt aus diesem Streit hervor, denn in der Hierarchie der Forschungsthemen tauchte sie nur mehr als eines von mehreren Arbeitsgebieten (nach Hauptarbeitsrichtungen und Arbeitsrichtungen) auf, die lediglich im Interesse der Wissenschaftsentwicklung im Rahmen staatlich festgelegter internationaler Kooperationsbeziehungen oder aus kulturellen Gründen an der DAW bearbeitet werden sollten.[251] Die Entmachtung Ulbrichts und die Beendigung der Wirtschaftsreformen brachten immerhin eine merkliche Entspannung, was sich auch in den Kadervorschlägen des Jahres 1972 niedergeschlagen zu haben scheint, als man kurz nacheinander sowohl Grote (Generalsekretär) als auch Lanius (Nachfolge von Klare) hohe Posten im Akademiepräsidium anbot.

Die Akademiereform kann somit als ein weiterer bedeutsamer Einschnitt in der Institutsgeschichte angesehen werden. Nicht nur hatte das IfH die mächtige Wirtschaftsclique in der SED-Spitze erfolgreich überlebt, sondern stand zu Beginn der Ära Honecker sogar kurz davor, den zukünftigen Akademiepräsidenten stellen zu können. Daß Lanius seine Karriere als staatlicher Leiter an dieser Stelle abbrach und auch in der Partei über die Jahre als Direktor keinen Aufstieg suchte, ist vielleicht wirklich seiner Präferenz für die Wissenschaft geschuldet, die – das scheint er instinktiv oder durch leidvolle Erfahrung erkannt zu haben – sich nicht mit dem politischen Primat und dem Unfehlbarkeitsanspruch der Partei vertrug. Er selbst sagt, daß ihn die Akademie-

[251]Konzeption zur Gestaltung der sozialistischen Wissenschaftsorganisation der DAW bei der Weiterführung der Akademie-Reform von 1969. BBA, VA, 12056.

reform desillusioniert habe; nach seiner Rückkehr aus Dubna habe er daher seine Aufgabe darin gesehen, das Institut gegen die bestehenden Widerstände zu behaupten.[252]

Auf jeden Fall gehörten Lanius wie sein langjähriger Ziehvater Rompe in dem Sinne zu den Verlierern der letzten großen Umstrukturierung der Akademie, als die Ideologielastigkeit (und folglich ein Überhand nehmender Bürokratismus) für sie einen herben Rückschlag bedeutete. Als Beleg mag gelten, daß Rompe diese Auswüchse noch 1985 heftig, wenn auch verklausuliert, kritisiert hat, indem er schrieb: „Die Edisonsche Aussage, an einem wissenschaftlichen Ergebnis sind 99 % Transpiration und 1 % Inspiration, muß heute leider noch etwas differenzierter betrachtet werden, denn Transpiration kann auch durch Geschäftigkeit und bürokratische Hektik entstehen."[253]

[252]Interview mit Prof. Dr. Karl Lanius vom 12.11.1996. Und: Auskunft von Prof. Dr. Karl Lanius vom 28.7.1997.

[253][Nö85], S. 49.

Abkürzungsverzeichnis

Im Text vorkommende Abkürzungen

a.a.O.	am angegebenen Ort
ADN	Allgemeiner Deutscher Nachrichtendienst
AdW	Akademie der Wissenschaften der DDR
AKK	Amt für Kernforschung und Kerntechnik
AKW	Atomkraftwerk
APL	Akademieparteileitung
APS	Amt für physikalische Sonderfragen
Bd.	Band
BGL	Betriebsgewerkschaftsleitung
BPO	Betriebsparteiorganisation
CDU	Christlich-Demokratische Union
CERN	Conseil/Centre Européen pour la Recherche Nucléaire
DAW	Deutsche Akademie der Wissenschaften zu Berlin
DBD	Demokratische Bauernpartei Deutschlands
DESY	Deutsches Elektronen-Synchrotron
DFG	Deutsche Forschungsgemeinschaft
DM	Deutsche Mark (DDR)
DRP	Deutsche Reichspost
DVV	Deutsche Verwaltung für Volksbildung
EDV	Elektronische Datenverarbeitung
EmC	Emulsion Experiments Committee (CERN)
EVG	Europäische Verteidigungsgemeinschaft
FWU	Friedrich-Wilhelms-Universität zu Berlin
GBl	Gesetzblatt der DDR
Gen.	Genosse(n)
GeV	Gigaelektronenvolt (10^9 eV)
HA	Hauptabteilung

IfH	Institut für Hochenergiephysik
IHEP	Institut für Hochenergiephysik Serpuchow
KPD	Kommunistische Partei Deutschlands
KPdSU	Kommunistische Partei der Sowjetunion
kW	Kilowatt (10^3 W)
kWh	Kilowattstunde (10^3 Wh)
KWG	Kaiser-Wilhelm-Gesellschaft
LDP	Liberal-Demokratische Partei
M	Mark (DDR)
MDN	Mark der Deutschen Notenbank (DDR)
MeV	Megaelektronenvolt (10^6 eV)
MfS	Ministerium für Staatssicherheit
MPG	Max-Planck-Gesellschaft
MW	Megawatt (10^6 W)
MWe	Megawatt elektrischer Leistung
MWT	Ministerium für Wissenschaft und Technik
NATO	North Atlantic Treaty Organization
ND	Neues Deutschland („Zentralorgan der SED“)
NDPD	National-Demokratische Partei Deutschlands
NKWD	Volkskommissariat für Innere Angelegenheiten (Vorläufer des KGB)
NÖS	Neues Ökonomisches System (der Planung und Leitung)
NSDAP	Nationalsozialistische deutsche Arbeiterpartei
OKW	Oberkommando der Wehrmacht
ÖSS	Ökonomisches System des Sozialismus
PA	Personalakte
PO	Parteiorganisation
PTR	Physikalisch-Technische Reichsanstalt
REM	Reichserziehungsministerium
RGW	Rat für gegenseitige Wirtschaftshilfe
Rj.	Rechnungsjahr
RLM	Reichsluftfahrtministerium
RM	Reichsmark
RPF	Reichspostforschungsanstalt

RPM	Reichspostministerium
SAG	Sowjetische Aktiengesellschaft
SBZ	Sowjetische Besatzungszone
SED	Sozialistische Einheitspartei Deutschlands
SFT	Staatssekretariat für Forschung und Technik
SKK	Sowjetische Kontrollkommission
SMA	Sowjetische Militäradministration
SPD	Sozialdemokratische Partei Deutschlands
SPK	Staatliche Plankommission
SU	Sowjetunion
TDM	Tausend Deutsche Mark (DDR)
TH	Technische Hochschule
TMDN	Tausend Mark der Notenbank (DDR)
TOP	Tagesordnungspunkt
TU	Technische Universität
uk	unabkömmlich
UNESCO	United Nations Educational, Scientific and Cultural Organization
VEB	Volkseigener Betrieb
VIK	Vereinigtes Institut für Kernforschung (Dubna)
WK	Wissenschaftliche Konzeption
ZfK	Zentralinstitut für Kernphysik/Kernforschung
ZFT	Zentralamt für Forschung und Technik
ZK	Zentralkomitee (der SED)
ZKSK	Zentrale Kommission für Staatliche Kontrolle
ZPL	Zentrale Parteileitung
ZRA	Zeiss-Rechenautomat

Zitierte Archive und Bestände

BAB Bundesarchiv Berlin[254]

AKK	Bestand Amt für Kernforschung und Kerntechnik – DF-1
MPF	Bestand Ministerium für Post- und Fernmeldewesen – DM-3
MWT	Bestand Ministerium für Wissenschaft und Technik – DF-4
RLM	Bestand Reichsluftfahrtministerium – RL-3
RPM	Bestand Ministerium der Reichspost – R 47.01
RPF	Bestand Forschungsanstalt der Deutschen Reichspost – R 47.01
SPK	Bestand Staatliche Plankommission DE-1
SWF	Bestand Staatssekretariat für westdeutsche Fragen – DD-2

BBA Archiv der Berlin-Brandenburgischen Akademie der Wissenschaften, Berlin

AA	Bestand Auslandsabteilung
ABL	Bestand Aufbauleitung
AKL	Bestand Akademieleitung
AKV	Bestand Akademieverwaltung
FG	Bestand Forschungsgemeinschaft
KMN	Bestand Klasse für Mathematik und allgemeine Naturwissenschaften
KMPT	Bestand Klasse für Mathematik, Physik und Technik
PSP	Bestand Protokolle der Sitzungen des Präsidiums der Akademie
PSV	Bestand Protokolle der Sitzungen des Vorstandes der Forschungsgemeinschaft
RB	Bestand Reiseberichte
VA	Bestand Verwaltungsarchiv

BKG Kopien von Briefen, die mir Prof. Dr. Klaus Gottstein freundlicherweise zur Verfügung stellte

BPO Kopien von Unterlagen der Betriebsparteiorganisation im Miersdorfer/Zeuthener Institut, die mir Prof. Dr. Arnold Meyer freundlicherweise zur Verfügung stellte

---

[254] Wegen der anhaltenden Umstrukturierungen im Bereich des Bundesarchivs subsumiert dieses Kürzel die Bestände der Standorte in Freiburg/Breisgau, Coswig/Sachsen-Anhalt, Hoppegarten und Berlin-Lichterfelde.

BSU Archiv des Bundesbeauftragten für die Unterlagen des Ministeriums für Staatssicherheit der ehemaligen Deutschen Demokratischen Republik

CAG CERN-Archiv, Genf

DAH DESY-Archiv, Hamburg

- HS Habfast-Sammlung[255]

DMM Archiv des Deutschen Museums, München

- IMS Irving-Microfilm-Sondersammlung

FZR Archiv des Forschungszentrums Rossendorf (ehemals Zentralinstitut für Kernphysik bzw. Kernforschung)

HUB Archiv der Humboldt-Universität, Berlin

IfH Archiv des DESY-Zeuthen[256]

LAB Landesarchiv Berlin

- GOA Bestand Grundorganisation der SED der Akademie der Wissenschaften

LMU Archiv der Ludwig-Maximilians-Universität, München

MPG Archiv der Max-Planck-Gesellschaft, Berlin

OAD Unterlagen der Abteilung Organisation und Allgemeine Dienstleistungen Zeuthen (IfH)

PFA Philips Firmen-Archiv, Hamburg

PMA Stiftung Archiv der Parteien und Massenorganisationen der DDR im Bundesarchiv, Berlin

- AuW Bestand Büro Dr. Erich Apel und Wirtschaftskommission beim Politbüro

---

[255] Hierbei handelt es sich um eine Zusammenstellung von Dokumenten (Kopien), die Claus Habfast für seine Geschichte des DESY ([Hab89]) angelegt hat.

[256] Die diesem Kürzel folgende Zahl bezeichnet die Zugangsnummer.

AIV	Bestand Abteilung Internationale Verbindungen im ZK der SED
AW	Bestand Abteilung Wissenschaften im ZK der SED
BMi	Bestand Büro Mittag
BUl	Bestand Büro Ulbricht
FtE	Bestand Abteilung Forschung und technische Entwicklung im ZK der SED
NLG	Bestand Nachlaß Grotewohl
NLU	Bestand Nachlaß Ulbricht
PB	Bestand Politbüro des ZK der SED
SK	Bestand Sekretariat des ZK der SED

SAM Siemens-Archiv, München

Mitarbeiterstatistik

Die Entwicklung der Mitarbeiter-, Wissenschaftler- und SED-Mitgliederzahlen ließ sich anhand der offiziellen Kaderstatistiken, die jedes Institut um das jeweilige Jahresende an die Akademiezentrale schicken mußte, exakt nachvollziehen. Das obere Diagramm zeigt die Entwicklung der Angestellten des Instituts für Hochenergiephysik und seiner institutionellen Vorgänger zwischen 1952-1972.[257]

Die einzelnen Phasen der Institutsentwicklung lassen sich anhand der Beschäftigtenzahl gut erkennen: sie weist bis 1956 einen steilen Anstieg auf, der dann abflacht und 1961 ein erstes Maximum erreicht. Der Abfall der nächsten Jahre hängt mit der Einstellung der Kernphysik und den damit verbundenen Entlassungen zusammen. Erst 1968 wird der Wert von 1961 wieder übertroffen, wobei der Anstieg dieses Mal zu einem großen Teil durch den Aufbau der Rechenstation bedingt ist, während der Einbruch von 1972 gleichsam mit der Ausgliederung der BESM-6 aus dem IfH in Verbindung steht.

Das untere Diagramm verdeutlicht den prozentualen Anteil der SED-Wissenschaftler an den Wissenschaftlern insgesamt und an den SED-Mitgliedern. Die Zahlen zeigen, daß nicht nur der Anteil der SED-Wissenschaftler an den SED-Mitgliedern konstant außerordentlich hoch war (immer über 40 %, meist sogar über 60 %), sondern bis zur „Umprofilierung“ (1962) auch etwa jeder zweite Wissenschaftler Parteimitglied war! Dies bestätigt die große Bedeutung, die die SED der Kernphysik – besonders in der zweiten Hälfte der 50er Jahre – beigemessen hat, resultiert aber sicher auch daraus, daß junge Wissenschaftler eher zum Eintritt in die Partei neigten als Arbeiter und technische Angestellte.

[257]Vgl. BBA, VA, 4592, 4594-4601, 4603, 4605, 4608-4610, 5680-5682, 6202 und 6727. Für 1952 wurden die ersten beiden Zahlen dem Jahresbericht 1952 des Instituts Miersdorf vom 14.1.1953 (IfH, 20) entnommen. Die Zahl der SED-Mitglieder ist nicht gesichert: Die angegebene Ziffer folgt aus der Teilnehmerzahl der ersten Sitzung der Betriebsparteiorganisation am 23.2.1953 (Protokoll vom 28.2.1953. BPO).

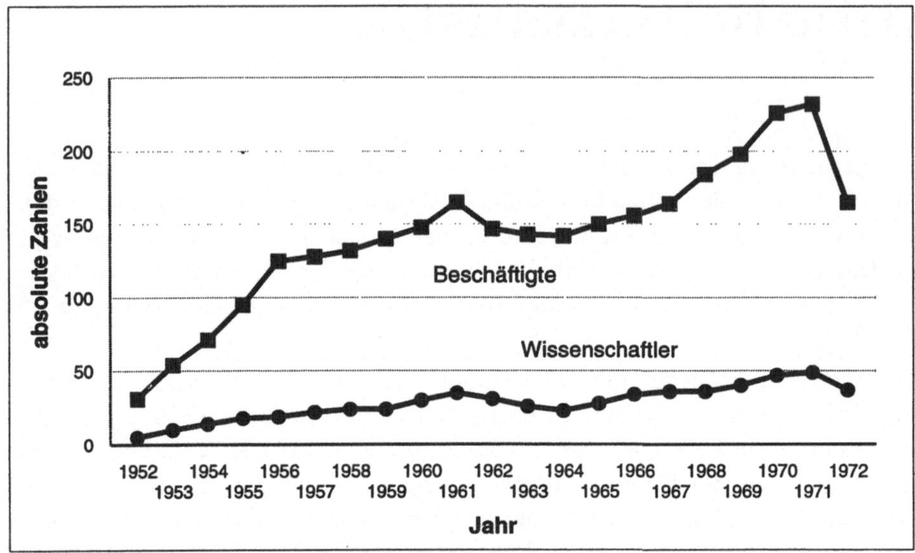

Entwicklung der im Zeuthener Institut beschäftigten Mitarbeiter und Wissenschaftler zwischen 1952 und 1972

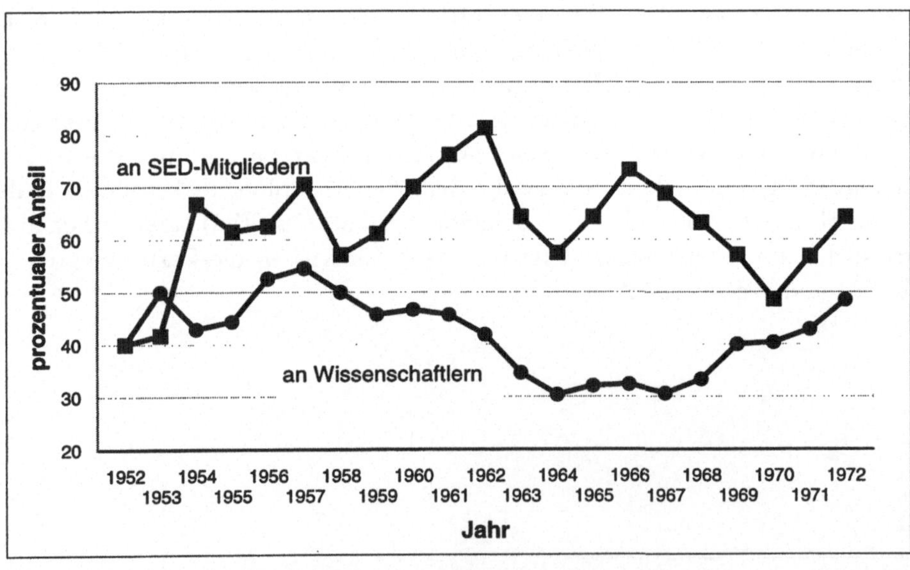

Prozentualer Anteil von SED-Wissenschaftlern an Wissenschaftlern bzw. SED-Mitgliedern des Zeuthener Instituts zwischen 1952 und 1972

Reisestatistik (1960er Jahre)

Die Reisen von Mitarbeitern der Abteilung Physik höchstenergetischer Prozesse, der Forschungsstelle für Physik hoher Energien bzw. des Instituts für Hochenergiephysik (im folgenden unter der Bezeichnung Forschungsstelle für Physik hoher Energien zusammengefaßt) zwischen 1961-1969 (VIK und CERN) und 1964-1969 (Bundesrepublik Deutschland) zeigen die Bedeutung von Reisen zu Kollaborationstreffen, Komiteetagungen, Konferenzen und Arbeitsaufenthalten in der sich zunehmend international organisierenden Hochenergiephysik.

Angesichts der politischen Priorität, die die Zusammenarbeit mit der Sowjetunion hatte, der tiefer reichenden Integration in das Vereinigte Institut für Kernforschung, aber natürlich auch aufgrund der finanziell günstigeren Situation überwiegt Anfang der 60er Jahre die Anzahl sowohl der Reisen als auch der Reisenden nach Dubna die jedes anderen Reisezieles (vgl. das Diagramm).[258]

Obwohl das Synchrophasotron in Dubna bereits 1958 seine Arbeit aufnahm, zeigt das niedrige Ausgangsniveau von 1961, das die Einbindung der DDR-Wissenschaftler bis dahin noch nicht sehr ausgeprägt war. Das änderte sich schlagartig im darauffolgenden Jahr. Diese Tatsache und die folgende Verteilung sind vor allem auf zweierlei zurückzuführen: Zum einen auf den wachsenden Wunsch der Mitgliedsländer des VIK, für ihre Beiträge eine Gegenleistung in Form von Einfluß und Arbeitsaufenthalten zu erhalten; zum anderen auf das Bestreben der DDR, eine „Ersatzprivilegierung“ durch Reisen ins sozialistische Ausland zu schaffen, nachdem die Hindernisse für Reisen in den Westen durch den Mauerbau immens gewachsen waren. Die Gründe für das im Vergleich zu CERN- und DESY-Reisen niedrigere Niveau ab Mitte der 60er Jahre sind darauf zurückzuführen, daß zum einen keine langfristigen Delegierungen berücksichtigt werden konnten, die aber gerade in dieser Zeit stark zunahmen, zum anderen weist das Diagramm lediglich die Reisen von Physikern aus. Anders als bei den Reisen in die Schweiz oder die Bundesrepublik Deutschland reisten aber vermehrt auch Ingenieure und Mathematiker nach Dubna.

Zum Vergleich damit sind die Zahlen für Reisen zum CERN bzw. zu CERN-

[258]Zu den Angaben ab 1962 vgl. BBA, RB, 5, 40, 56, 57, 75, 76, 77, 85, 86, 86/1, 87, 111, 112, 113, 175, 176, 177, 179, 185, 219, 223 und 226 sowie dem Jahresbericht von 1963 (IfH, 23). Die Angaben für 1961 entstammen dem Jahresbericht 1961 (IfH, 22). Für 1961 und die ersten sieben Monate des Jahres 1962 wurden nur die Reisen der Abteilung Lanius gezählt. Die genannten Zahlen müssen als Untergrenzen gelten.

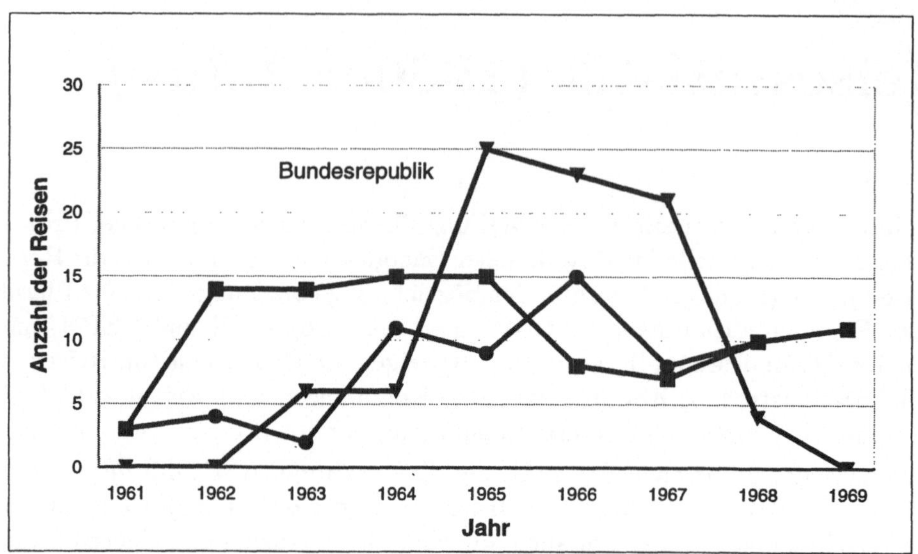

Anzahl der Reisen zum VIK Dubna, in die Schweiz sowie die Bundesrepublik Deutschland zwischen 1961 und 1969 im Vergleich

Veranstaltungen in der Schweiz zu sehen.[259] Hier fällt nicht nur die hohe Anzahl an Reisen auf, die die enorme Bedeutung der CERN-Zusammenarbeit in den 60er Jahren unterstreicht, sondern auch die gänzlich andere Verteilung der Reisenden (über zwei Drittel aller Reisen wurden von lediglich drei Personen durchgeführt!). Daß bis 1963 nur neun Reisen von drei Reisenden verbucht werden können, lag zweifellos an den restriktiven Maßnahmen des Ministerrates nach dem Mauerbau.

Ein etwas anderes Bild bieten die Statistiken zu den Reisen in die Bundesrepublik Deutschland.[260] Die überwältigende Mehrzahl der Reisen führten nach Hamburg und Aachen/Darmstadt, und zwar vor allem, um an den dortigen Re-

---

[259]Sämtliche Angaben ab 1962 stammen aus BBA, RB, 66, 171, 198, 268 und 269, aus FG, A 4087, sowie dem Jahresbericht 1963 (IfH, 23). Für 1961 vgl. Abschnitt 5.2. Die vier jeweils etwa einjährigen Aufenthalte in diesen Jahren wurden zum besseren Vergleich mit den Dubna- und DESY-Daten nicht als Reisen gezählt. Die genannten Zahlen müssen als Untergrenzen gelten.

[260]Es wurden die Reisen zu den westdeutschen Kollaborationspartnern bzw. in das Rechenzentrum Darmstadt gezählt. Die Angaben ab 1964 stammen aus BBA, RB, 81, 82, 97, 98, 106, 213, 214, 483, 484, 485, 486, 487 und 750. Ein Hinweis auf zehn Reisen im Jahre 1967 (†), die sich nicht in den RB-Akten fanden, liefert das Schreiben von Schmidt (Auslands-Abteilung) an Rompe vom 22.3.1967. BBA, FG, 16. Für 1963 wurde die Aufstellung der Auslandsabteilung über die genehmigten Reisen in das kapitalistische Ausland 1963 vom 20.1.1964 (BBA, AA, 2903) herangezogen. Die genannten Zahlen müssen als Untergrenzen gelten.

chenzentren rechnen zu können. Bonn und Heidelberg hingegen wurden kaum angefahren. Aufgrund der Abgrenzungspolitik der SED gegenüber der Bundesrepublik Deutschland fand 1969 keine Reise mehr dorthin statt.

Die diskutierten Entwicklungen zeigen sich besonders auffällig im Vergleich der drei Statistiken. Daß sich für Reisen in die Bundesrepublik Deutschland zwischen 1965-1967 ein so hohes Niveau einstellte, lag auch daran, daß Arnold Meyer und Dietrich Pose die Möglichkeit zur mehrfachen Aus- und Einreise erhielten, so daß die vielen Reisen meist nur wenige Tage dauerten. Interessant ist, daß die Anzahl der Reisen zu den drei Hochenergiephysikzentren quantitativ in diesem Jahrzehnt nicht sehr weit auseinanderliegen: 97 Reisen (von 21 Physikern) stehen 74 Reisen (von 12 Physikern) zum CERN oder zu CERN-Veranstaltungen in der Schweiz beziehungsweise 85 Reisen (von 10 Physikern) in die Bundesrepublik Deutschland gegenüber.

Kleine Zeittafel

April 1940	Georg Otterbein übernimmt die Leitung des wenige Monate zuvor gegründeten Amtes für physikalische Sonderfragen (APS) der Reichspostforschungsanstalt in Miersdorf bei Zeuthen.
19.02.1944	Übergabe der 1,5-MV-Kaskade an das APS.
Februar 1945	Teile des APS weichen nach Bad Salzungen (Thüringen) aus. Im Frühsommer wird das APS vollständig durch sowjetische Truppen demontiert.
30.05.1950	Erste Ausarbeitung einer Planung für ein Institut für Kernphysik in Miersdorf.
19.10.1950	Die Klasse für Mathematik und allgemeine Naturwissenschaften der Deutschen Akademie der Wissenschaften (DAW) billigt die Errichtung eines kernphysikalischen Instituts in Miersdorf. Am 16.11. folgt die Zustimmung des Plenums der DAW.
03.01.1951	Die DAW bestellt einen 2-MV-Kaskadengenerator für das Institut.
22.04.1952	Die Post leitet die ihr gehörigen Grundstücke in Miersdorf an die DAW über.
25.09.1952	Der aus München verpflichtete Michael Graf von der Schulenburg wird zum kommissarischen Leiter des Instituts ernannt. Am 1.10. wird der Diplom-Physiker Karl Lanius dort wissenschaftliche Hilfskraft.
Frühling 1955	Zahlreiche Spezialisten kehren aus der Sowjetunion zurück, darunter Gustav Richter.
14.06.1956	Im Institut Miersdorf übernimmt ein Direktorium unter Vorsitz von G. Richter die Leitung.
18.04.1957	Das Präsidium der DAW beschließt, das Institut Miersdorf in *Kernphysikalisches Institut* umzubenennen.
1958	Erste Beteiligung an Experimenten am VIK Dubna.
Sommer 1959	Achteinhalb Jahre nach der Bestellung kann der Kaskadengenerator (bei 1,5 MV) endlich vom Institut übernommen werden.
Frühj. 1961	K. Lanius nimmt den Kontakt zum CERN auf und wird in das Emulsion Experiments Committee kooptiert.
13.06.1962	Das Kuratorium der Forschungsgemeinschaft der DAW beschließt die Auflösung des Kernphysikalischen Instituts. Ab dem 1.7. kommt es zur Einrichtung der Forschungsstelle für Physik hoher

	Energien unter der Leitung von K. Lanius sowie eines Instituts für spezielle Probleme der theoretischen Physik unter G. Richter in Berlin-Adlershof.
13.05.1963	Die Forschungsstelle erhält ihren ersten Rechner (Typ: ZRA-1).
November 1964	Robert Rompe ernennt K. Lanius zu seinem Stellvertreter als Leiter des Fachbereiches Physik-Nord der Forschungsgemeinschaft.
Dezember 1964	Die Forschungsstelle nimmt am Photoproduktionsexperiment am DESY teil.
24.7.1968	Die Forschungsstelle für Physik hoher Energien wird mit Wirkung zum 1.7. in das Institut für Hochenergiephysik (IfH) umbenannt. Einen Tag später wird Hermann Klare 5. Präsident der DAW (Beginn der Akademiereform).
18.10.1968	K. Lanius wird Beauftragter für den Forschungsbereich Mathematik und physikalische Grundlagen, der sich fünf Monate später als Forschungsbereich Mathematik und Physik konstituiert.
16.12.1969	Inbetriebnahme eines Großrechners in Zeuthen (Typ: BESM 6).
1.1.1972	Die BESM 6 wird in das Zentrum für Rechentechnik ausgegliedert.
Juli 1972	Entpflichtung von K. Lanius als Forschungsbereichsleiter.
13.2.1973	K. Lanius wird zum Vizedirektor des Vereinigten Instituts für Kernforschung gewählt. Seine Amtszeit währt drei Jahre.
1.1.1981	Die BESM 6 wird wieder in das IfH eingegliedert.
31.8.1988	Verabschiedung von K. Lanius als Institutsdirektor. Sein Nachfolger wird Rudolf Leiste.
1.1.1992	Das IfH wird als DESY-Institut für Hochenergiephysik in das Deutsche Elektronen-Synchrotron (Hamburg) eingegliedert. Institutsdirektor wird Paul Söding.
1.1.1998	Das Institut erhält die Bezeichnung DESY-Zeuthen.

Literaturverzeichnis

[Alb92] ALBRECHT, Ulrich et al.: *Die Spezialisten.* Berlin, 1992

[Ard43] ARDENNE, Manfred v.: Über eine Atomumwandlungsanlage für Spannungen bis zu 1 Million Volt. **In:** *Zeitschrift für Physik,* 121 (1943) 3/4, S. 236–267

[Ard86] ARDENNE, Manfred v.: *Mein Leben für Forschung und Fortschritt.* Frankfurt/M. – Berlin, 1986

[Are55] ARENDT, Paul R.: Einige Ergebnisse von der Internationalen Konferenz für friedliche Anwendung der Atomenergie. **In:** *Physikalische Blätter,* 11 (1955) 11 u. 12, S. 507–517 und S. 541–548

[Bar67] BARWICH, Heinz und Elfi: *Das rote Atom.* München – Bern, 1967

[Bey82] BEYERCHEN, Alan D.: *Wissenschaftler unter Hitler. Physiker im Dritten Reich.* Frankfurt/M., 1982

[Bie90] BIERWISCH, Manfred: Wissenschaft im realen Sozialismus. **In:** *Kursbuch,* (1990) 101, S. 112–123

[Bir60] BIRJUKOW, W. A. et al.: *Das Vereinigte Institut für Kernforschung in Dubna.* Leipzig, 1960

[Bot53] BOTHE, Walther und Siegfried Flügge (Hrsg.): *Kernphysik und kosmische Strahlen, Teil II.* Weinheim, 1953 (Naturforschung und Medizin in Deutschland, 1939-1946, Bd. 14)

[Bro90] BROSZAT, Martin und Hermann Weber (Hrsg.): *SBZ-Handbuch. Staatliche Verwaltungen, Parteien, gesellschaftliche Organisationen und ihre Führungskräfte in der Sowjetischen Besatzungszone Deutschlands 1945-1949.* München, 1990

[Bru96] BRUYN, Günter de: *Vierzig Jahre. Ein Lebensbericht.* Frankfurt/M., 1996

[Buc95] BUCHHAUPT, Siegfried: *Die Gesellschaft für Schwerionenforschung. Geschichte einer Großforschungseinrichtung.* Frankfurt/M., 1995

[Bun75] BUNDESMINISTERIUM für innerdeutsche Beziehungen (Hrsg.): *DDR Handbuch*. Köln, 1975

[Bun85] BUNDESMINISTERIUM für innerdeutsche Beziehungen (Hrsg.): *DDR Handbuch*. Köln, 1985

[Cie93] CIESLA, Burghard: Der Spezialistentransfer in die UdSSR und seine Auswirkungen in der SBZ und DDR. **In:** *Aus Politik und Zeitgeschichte,* (1993) B 49-50, S. 24–31

[Con94] CONNELLY, John: Zur „Republikflucht" von DDR-Wissenschaftlern in den 50er Jahren. **In:** *Zeitschrift für Geschichtswissenschaft,* 42 (1994) 4, S. 331–352

[Deu95] DEUTSCHER Bundestag (Hrsg.): *Materialien der Enquete-Kommission „Aufarbeitung von Geschichte und Folgen der SED-Diktatur in Deutschland" (12 Wahlperiode des Deutschen Bundestages)*. Baden-Baden, 1995

[Dö58] DÖRGE, Rolf: Atomkraft verändert unser Leben. **In:** *Urania-Universum,* 4 (1958) 29, S. 449–459

[Eck89a] ECKERT, Michael: Die Anfänge der Atompolitik in der Bundesrepublik Deutschland. **In:** *Vierteljahreshefte für Zeitgeschichte,* 37 (1989) 1/2, S. 115–143

[Eck89b] ECKERT, Michael und Maria Osietzki: *Wissenschaft für Macht und Markt. Kernforschung und Mikroelektronik in der Bundesrepublik Deutschland*. München, 1989

[Eic85] EICHHOLTZ, Dietrich: *Geschichte der deutschen Kriegswirtschaft 1939-1945, Bd. 2*. Berlin, 1985

[Fei91] FEIGE, Hans-Uwe: Vor dem Abzug: Brain Drain. Die Zwangsevakuierung von Angehörigen der Universität Leipzig durch die U.S.-Army und ihre Folgen. **In:** *Deutschland Archiv,* 24 (1991) 12, S. 1302–1313

[Fö85] FÖRTSCH, Eckart: Die Entwicklung von Wissenschaft und Technik in der DDR. **In:** BERTELSMANN, Lexikothek (Hrsg.): *Deutschland – Porträt einer Nation, Bd. 5*. Gütersloh, 1985, S. 396–402

[Fö88] FÖRTSCH, Eckart: Die Institutionalisierung der Forschungspolitik in der DDR bis 1955. **In:** KRAL, Gerhard und Peter Eisenmann (Hrsg.): *Mensch – Gesellschaft – politische Ordnung*. Bamberg, 1988, S. 231–254

[Gla96] GLÄSER, Jochen und Werner Meske: *Anwendungsorientierung von Grundlagenforschung? Erfahrungen der Akademie der Wissenschaften der DDR.* Frankfurt/M. - New York, 1996

[Gro59] GROTE, Claus et al.: Absorptions of K^- Mesons at Rest in Light and Heavy Nuclei of the Emulsion. **In:** *Nuovo Cimento,* XIV (1959) 3

[Hä57] HÄRLE, Elfried: Die kernphysikalische Forschungsgemeinschaft der sozialistischen Staaten. **In:** *Wissenschaftliche Annalen,* 6 (1957) 11, S. 753–762

[Hab89] HABFAST, Claus: *Großforschung mit kleinen Teilchen. DESY 1956-1970.* Berlin, 1989

[Ham96] HAMPE, Eckhard: *Zur Geschichte der Kerntechnik in der DDR von 1955 bis 1962. Die Politik der Staatspartei zur Nutzung der Kernenergie.* Dresden, 1996 (Berichte und Studien Nr. 10, hrsg. vom Hannah-Arendt-Institut für Totalitarismusforschung)

[Har75] HARTKOPF, Werner: *Die Akademie der Wissenschaften der DDR. Ein Beitrag zu ihrer Geschichte.* Berlin, 1975

[Har91] HARTKOPF, Werner und Gert Wangermann (Hrsg.): *Dokumente zur Geschichte der Berliner Akademie der Wissenschaften von 1700 bis 1990.* Berlin - Heidelberg - New York, 1991 (Berliner Studien zur Wissenschaftsgeschichte, Bd. 1)

[Hei41] HEIJN, F.A. und A. Bouwers: Beschreibung einer Apparatur zur Umwandlung von Atomkernen. **In:** *Philips' Technische Rundschau,* 6 (1941) 2, S. 46–53

[Her87] HERMANN, Armin et al.: *History of CERN, Vol. I.* Amsterdam, 1987

[Her90] HERMANN, Armin et al.: *History of CERN, Vol. II.* Amsterdam, 1990

[Hey59] HEYM, Stefan: *Das kosmische Zeitalter. Ein Bericht.* Berlin, 1959

[HHA97] HAENDCKE-HOPPE-ARNDT, Maria: Die Hauptabteilung XVIII: Volkswirtschaft. **In:** SUCKUT, Siegfried et al. (Hrsg.): *Anatomie der Staatssicherheit. Geschichte, Struktur und Methoden (MfS-Handbuch, Teil III/10).* Berlin, 1997

[Hof93] HOFFMANN, Dieter (Hrsg.): *Operation Epsilon. Die Farm-Hall-Protokolle oder Die Angst der Alliierten vor der deutschen Atombombe*. Berlin, 1993

[Hof97a] HOFFMANN, Dieter: Robert Rompe. **In:** MÜGGELHEIMER, Heimatverein e.V. (Hrsg.): *Das Müggelheim Buch. Landschaft – Geschichte – Personen*. Berlin, 1997, S. 168–170

[Hof97b] HOFFMANN, Dieter und Mark Walker: Der Physiker Friedrich Möglich (1902-1957) – ein Antifaschist? **In:** HOFFMANN, Dieter und Kristie Macrakis (Hrsg.): *Naturwissenschaft und Technik in der DDR*. Berlin, 1997, S. 361–382

[Hof97c] HOFFMANN, Dieter und Kristie Macrakis (Hrsg.): *Naturwissenschaft und Technik in der DDR in vergleichender Perspektive*. Berlin, 1997

[Hol94] HOLLOWAY, David: *Stalin and the Bomb. The Soviet Union and Atomic Energy 1939-1956*. New Haven – London, 1994

[Hop95] HOPPE, Joseph: Fernsehen als Waffe. Militär und Fernsehen in Deutschland 1935-1950. **In:** MUSEUM, für Verkehr und Technik (Hrsg.): *Ich diente nur der Technik. Sieben Karrieren zwischen 1940 und 1950*. Berlin, 1995 (Berliner Beiträge zur Technikgeschichte und Industriekultur. Schriftenreihe des Museums für Verkehr und Technik Berlin; Bd. 13), S. 53–88

[Kah88] KAHLERT, Joachim: *Die Kernenergiepolitik in der DDR. Zur Geschichte uneingelöster Fortschrittshoffnungen*. Köln, 1988

[Kai93] KAISER, Monika: Die Zentrale der Diktatur – organisatorische Weichenstellungen, Strukturen und Kompetenzen der SED-Führung in der SBZ/DDR 1946 bis 1952. **In:** KOCKA, Jürgen (Hrsg.): *Historische DDR-Forschung: Aufsätze und Studien*. Berlin, 1993, S. 57–86

[Kar93] KARLSCH, Rainer: *Allein bezahlt? Die Reparationsleistungen der SBZ/DDR 1945-1953*. Berlin, 1993

[Kli55] KLIEFOTH, Werner: Nachdenkliches zur Atomkonferenz. **In:** *Physikalische Blätter*, 11 (1955) 10, S. 442–444

[Kow61] KOWARSKI, Lew: *An account of the origin and beginnings of CERN*. CERN, 1961 (Yellow Report 61-10)

[Kra81] KRAFFT, Fritz: *Im Schatten der Sensation. Leben und Wirken von Fritz Straßmann.* Weinheim – Deerfield Beach, Florida – Basel, 1981

[Kri94] KRIGE, John: The Contribution of Bubble Chambers to European Scientific Collaboration. **In:** *Nuclear Physics B (Proc. Suppl.),* 36 (1994), S. 419–426

[Lan77] LANDROCK, Rudolf: *Die Deutsche Akademie der Wissenschaften zu Berlin 1945-1971. Ihre Umwandlung zur sozialistischen Forschungsakademie.* Erlangen, 1977

[Leo90] LEONHARD, Wolfgang: *Das kurze Leben der DDR. Berichte und Kommentare aus vier Jahrzehnten.* Stuttgart, 1990

[Loc75] LOCK, William O.: *A History of the Collaboration between the European Organization for Nuclear Research (CERN) and the Joint Institute for Nuclear Research (JINR), and with Soviet Research Institutes in the USSR 1955-1970.* CERN, 1975 (Yellow Report 75-7)

[Loc97] LOCK, William O.: Cecil Powell: pions, peace and politics. **In:** *Physics World,* (1997) 11, S. 35–40

[Lud77] LUDZ, Peter C.: *Die DDR zwischen Ost und West.* München, 1977

[Lud79] LUDWIG, Karl-Heinz: *Technik und Ingenieure im Dritten Reich.* Düsseldorf, 1979

[Meh94] MEHRTENS, Herbert: Kollaborationsverhältnisse: Natur- und Technikwissenschaften im NS-Staat und ihre Historie. **In:** MEINEL, Christoph und Peter Voswinckel (Hrsg.): *Medizin, Naturwissenschaft, Technik und Nationalsozialismus. Kontinuitäten und Diskontinuitäten.* Stuttgart, 1994, S. 13–32

[Mü90] MÜLLER, Wolfgang D.: *Geschichte der Kernenergie in der Bundesrepublik Deutschland. Anfänge und Weichenstellungen.* Stuttgart, 1990

[Nö85] NÖTZOLDT, Peter und Kurt Werner (Hrsg.): *Robert Rompe: Ausgewählte Vorträge und Aufsätze, Bd. 2.* Berlin, 1985

[Nö96] NÖTZOLDT, Peter: Wissenschaft in Berlin – Anmerkungen zum ersten Nachkriegsjahr 1945/46. **In:** *Dahlemer Archivgespräche,* 1 (1996), S. 115–130

[Nö97] NÖTZOLDT, Peter: Der Weg zur „sozialistischen Forschungsakademie“: Der Wandel des Akademiegedankens zwischen 1945 und 1968. **In:** HOFFMANN, Dieter und Kristie Macrakis (Hrsg.): *Naturwissenschaft und Technik in der DDR*. Berlin, 1997, S. 125–146

[Nö98] NÖTZOLDT, Peter: *Wolfgang Steinitz und die Deutsche Akademie der Wissenschaften zu Berlin. Zur politischen Geschichte der Institution (1945-1968)*. Dissertation Humboldt-Universität Berlin. Berlin, 1998

[Osi94] OSIETZKI, Maria: The ideology of early particle accelerators: an association between knowledge and power. **In:** RENNEBERG, Monika und Mark Walker (Hrsg.): *Science, Technology and National Socialism*. Cambridge (MA), 1994, S. 255–270

[Pro95] PROKOP, Siegfried: Aspekte der Sozialgeschichte der ostdeutschen intellektuellen Elite (1945-1949/50). **In:** *Hochschule Ost,* (1995) 3, S. 44–52

[Pro96] PROKOP, Siegfried: *Das SED-Politbüro. Aufstieg und Ende (1949-1989)*. Berlin, 1996 (hefte zur ddr-geschichte Nr. 40, hrsg. vom Forscher- und Diskussionskreis DDR-Geschichte)

[Rad83] RADKAU, Joachim: *Aufstieg und Krise der deutschen Atomwirtschaft 1945-1975. Verdrängte Alternativen in der Kerntechnik und der Ursprung der nuklearen Kontroverse*. Reinbek, 1983

[Rad90] RADKAU, Joachim: Revoltierten die Produktivkräfte gegen den real existierenden Sozialismus? **In:** *1999,* (1990) 4, S. 13–42

[Rad95] RADKAU, Joachim: Kontinuität und Wandel nach 1945 in West- und Ostdeutschland. **In:** FRIESS, Peter und Peter M. Steiner (Hrsg.): *Forschung und Technik in Deutschland nach 1945*. München, 1995, S. 57–75

[Ram60] RAMBUSCH, Karl: Fünf Jahre Kernforschung und Kerntechnik in der DDR. **In:** *Kernenergie,* 3 (1960) 10/11, S. 932–940

[Rei96] REICHERT, Mike: Zusammenhänge zwischen früher Kernenergieplanung und Ansätzen zur Lösung der Brennstoffproblematik. **In:** KARLSCH, Rainer und Harm Schröter (Hrsg.): *„Strahlende Vergangenheit“ - Studien zur Geschichte des Uranbergbaus der Wismut*. St. Katharinen, 1996, S. 301–342

[Rei99] REICHERT, Mike: *Kernenergiewirtschaft in der DDR. Entwicklungsbedingungen, konzeptioneller Anspruch und Realisierungsgrad (1955-1990)*. St. Katharinen, 1999 (Studien zur Wirtschafts- und Sozialgeschichte, Bd. 19)

[Ren95] RENNEBERG, Monika und Mark Walker: Naturwissenschaftler, Techniker und der Nationalsozialismus. **In:** MUSEUM, für Verkehr und Technik (Hrsg.): *Ich diente nur der Technik. Sieben Karrieren zwischen 1940 und 1950*. Berlin, 1995 (Berliner Beiträge zur Technikgeschichte und Industriekultur. Schriftenreihe des Museums für Verkehr und Technik Berlin; Bd. 13), S. 15–24

[Rho86] RHODES, Richard: *The Making of the Atomic Bomb*. New York, 1986

[Rie88] RIEHL, Nikolaus: *Zehn Jahre im goldenen Käfig. Erlebnisse beim Aufbau der sowjetischen Uran-Industrie*. Stuttgart, 1988

[Rit95] RITSCHL, Albrecht: Aufstieg und Niedergang der Wirtschaft der DDR: Ein Zahlenbild 1945-1989. **In:** *Jahrbuch für Wirtschaftsgeschichte* (1995) 2, S. 11–46

[Roe93] ROESLER, Jörg: *Das Neue Ökonomische System – Dekorations- oder Paradigmenwechsel?*. Berlin, 1993 (hefte zur ddr-geschichte Nr. 3, hrsg. vom Forscher- und Diskussionskreis DDR-Geschichte)

[Sch95] SCHROEDER, Rüdiger: SED und Akademie der Wissenschaften. Zur Durchsetzung der „führenden Rolle“ der Partei in den fünfziger Jahren. **In:** *Deutschland Archiv,* 28 (1995) 12, S. 1264–1278

[Sel56] SELBMANN, Fritz: *Die neue Epoche der technischen Entwicklung*. Berlin, 1956

[Sob96] SOBESLAVSKY, Erich und Nikolaus Joachim Lehmann: *Zur Geschichte von Rechentechnik und Datenverarbeitung in der DDR 1946-1968*. Dresden, 1996 (Berichte und Studien Nr. 8, hrsg. vom Hannah-Arendt-Institut für Totalitarismusforschung)

[Soz56] SOZIALISTISCHE Einheitspartei Deutschlands (Veranst.): *Protokoll der 3. Parteikonferenz der SED (24.-30.3.1956)*. Berlin, 1956

[Soz59] SOZIALISTISCHE Einheitspartei Deutschlands (Veranst.): *Protokoll des V. Parteitages der SED (10.-16.7.1958)*. Berlin, 1959

[Soz61] Sozialistische Einheitspartei Deutschlands (Veranst.): *Der XXII. Parteitag der KPdSU und die Aufgaben in der Deutschen Demokratischen Republik. Bericht des Genossen Walter Ulbricht und Beschluß der 14. Tagung des ZK der SED, 23. bis 26. November 1961*. Berlin, 1961

[Soz67] Sozialistische Einheitspartei Deutschlands (Veranst.): *Protokoll der Verhandlungen des VII. Parteitages der SED (17.-22.4.1967)*. Berlin, 1967

[Soz70] Sozialistische Einheitspartei Deutschlands (Veranst.): *Grundfragen des geistigen Lebens im Sozialismus. Referat Kurt Hagers auf der 10. Tagung des ZK der SED, 28./29.4.1969*. 2. Auflage. Berlin, 1970

[Spe69] Speer, Albert: *Erinnerungen*. Berlin, 1969

[Sta81] Stamm, Thomas: *Zwischen Staat und Selbstverwaltung. Die deutsche Forschung im Wiederaufbau 1945-1965*. Köln, 1981

[Sta85] Staritz, Dietrich: *Geschichte der DDR 1949-1985*. Frankfurt/M., 1985 (Neue Historische Bibliothek, edition suhrkamp, Neue Folge, Bd. 260)

[Sta93] Staadt, Jochen: *Die geheime Westpolitik der SED 1960-1970. Von der gesamtdeutschen Orientierung zur sozialistischen Nation*. Berlin, 1993

[Sta97] Stange, Thomas: Zu früh zu viel gewollt. Der mißglückte Start der DDR in die Kernenergie. **In:** *Deutschland Archiv,* 30 (1997) 6, S. 923–933

[Tan97] Tandler, Agnes: *Geplante Zukunft. Wissenschaftler und Wissenschaftspolitik in der DDR 1955-1971*. Dissertation Europäisches Hochschulinstitut Florenz (eingereichte Fassung). Florenz, 1997

[Tri90] Trischler, Helmuth: Planungseuphorie und Forschungssteuerung in den 1960er Jahren in der Luft- und Raumfahrtforschung. **In:** Szöllösi-Janze, Margit und Helmuth Trischler (Hrsg.): *Großforschung in Deutschland*. Frankfurt/M., 1990, S. 117–139

[Tri95] Trischler, Helmuth: Großforschung und Großforschungseinrichtungen. **In:** Friess, Peter und Peter M. Steiner (Hrsg.): *Forschung und Technik in Deutschland nach 1945*. München, 1995, S. 112–123

[Wag92] WAGNER, Matthias: *Der Forschungsrat der DDR. Im Spannungsfeld von Sachkompetenz und Ideologieanspruch (1954-April 1962).* Dissertation Humboldt-Universität Berlin. Berlin, 1992

[Wal90] WALKER, Mark: *Die Uranmaschine. Mythos und Wirklichkeit der deutschen Atombombe.* Berlin, 1990

[Wal95] WALTHER, Peter T.: It Takes Two to Tango. Interessenvertretungen an der Deutschen Akademie der Wissenschaften zu Berlin in den fünfziger Jahren. **In:** *Berliner Debatte,* 6 (1995) 4/5, S. 68–78

[Web93] WEBER, Hermann: *Die DDR 1945-1990.* 2., überarbeitete und erweiterte Auflage. München, 1993 (Grundriß der Geschichte, Bd. 20)

[Wei91] WEISSKOPF, Victor: *Mein Leben. Ein Physiker, Zeitzeuge und Humanist erinnert sich an unser Jahrhundert.* Bern – München – Wien, 1991

[Wei94a] WEISS, Burghard: *Großforschung in Berlin. Geschichte des Hahn-Meitner-Instituts.* Frankfurt/M., 1994

[Wei94b] WEISS, Burghard: The 'Minerva' project. The accelerator laboratory at the Kaiser Wilhelm Institute/Max Planck Institute of Chemistry: continuity in fundamental research. **In:** RENNEBERG, Monika und Mark Walker (Hrsg.): *Science, Technology and National Socialism.* Cambridge (MA), 1994, S. 271–290

[Wei96] WEISS, Burghard: Harnack-Prinzip und Wissenschaftswandel. Die Einführung kernphysikalischer Großgeräte (Beschleuniger) an den Instituten der Kaiser-Wilhelm-Gesellschaft. **In:** BROCKE, Bernhard vom und Hubert Laitko (Hrsg.): *Die Kaiser-Wilhelm/Max-Planck-Gesellschaft und ihre Institute. Studien zu ihrer Geschichte: Das Harnack-Prinzip.* Berlin – New York, 1996, S. 541–560

[Wei97] WEISS, Burghard: Kernforschung und Kerntechnik in der DDR. **In:** HOFFMANN, Dieter und Kristie Macrakis (Hrsg.): *Naturwissenschaft und Technik in der DDR.* Berlin, 1997, S. 297–315

[Win61] WINDE, Bertram und Lotar Ziert: *Organisation der Kernforschung und Kerntechnik in der DDR.* Leipzig, 1961

[Wis83] WISTRICH, Robert: *Wer war wer im Dritten Reich: Anhänger, Mitläufer, Gegner aus Politik, Wirtschaft, Militär, Kunst und Wissenschaft.* München, 1983

Index